SCIENCE

南京大学大理科丛书

相对论及其应用

黄天衣 编著

清华大学出版社
北京

内 容 简 介

本书内容分成两部分.第 1 章至第 7 章和附录 A 为第一部分,包括弯曲时空的张量代数、狭义相对论、等效原理和时空弯曲、弯曲时空中的物理定律、引力场方程及其解、相对论效应.目的是让读者快速进入相对论领域,掌握开展研究工作和进一步学习所需的基础知识.这部分内容可以作为具备高等数学和经典力学基础的学生学习相对论的简易教材.第 8 章和第 9 章、附录 B 和附录 C 为第二部分,针对相对论应用工作,诸如在测地、历表、导航、测时和引力理论检验等涉及高精度测量资料处理的领域,提供对国际天文学联合会(IAU)有关相对论天文参考系决议的诠释,以及这些决议的理论依据.不从事这些领域工作的读者可以忽略第二部分.

图书在版编目(CIP)数据

相对论及其应用 / 黄天衣编著. -- 北京 : 清华大学出版社,2025.5.
(南京大学大理科丛书). -- ISBN 978-7-302-69126-6

Ⅰ. O412.1

中国国家版本馆 CIP 数据核字第 2025L6H388 号

责任编辑:朱红莲
封面设计:常雪影
责任校对:赵丽敏
责任印制:沈 露

出版发行:清华大学出版社
       网 址:https://www.tup.com.cn, https://www.wqxuetang.com
       地 址:北京清华大学学研大厦 A 座   邮 编:100084
       社 总 机:010-83470000   邮 购:010-62786544
       投稿与读者服务:010-62776969,c-service@tup.tsinghua.edu.cn
       质量反馈:010-62772015,zhiliang@tup.tsinghua.edu.cn
印 装 者:三河市科茂嘉荣印务有限公司
经 销:全国新华书店
开 本:185mm×230mm   印 张:18.5   字 数:400 千字
版 次:2025 年 7 月第 1 版   印 次:2025 年 7 月第 1 次印刷
定 价:58.00 元

产品编号:108234-01

南京大学大理科丛书
总　序

　　南京大学从 1989 年起实施大理科培养模式.实施的平台从基础学科教学强化部、基础学科教育学院到学院命名为匡亚明学院,规模不断扩大.在这种模式下,主修数学和理科不同一级学科(物理、化学、天文、地质地理、生物)的学生混合组班,构成了特殊的氛围.我们强调以学生为中心,实行学生自主选择学科方向的举措,"多次选择、逐步到位",为学生的个性化发展提供了基本条件.学生比在一般按学科设置的院系中有更多的选择.学生可以自行决定是否选择学科交叉以及交叉的程度等.有相当数量的学生**自行设计成才之路**,这是一种近乎理想的境界.

　　高等学校理科人才培养历来采取"按学科设系"的格局,这几乎成为一种传统.20 世纪 50 年代以后又出现了"专业""专门化".这两种做法与自然科学本身发展的趋势有密切的关系.随着人们对自然的认识逐步深入,各学科及分支学科逐步建立,在每个学科领域又层层深入、越分越细.还原论的观点是发展过程的基本指导原则.然而在解释自然现象的过程中却时不时需要某种"综合"、多个学科或学科分支的配合,毕竟自然现象错综复杂,并不是按照人们的意志分门别类地发生.逐渐人们开始关注学科间的交叉、融合、综合以及自下层向上层的**演生**现象并形成相应理论.关于演生论请看物理学家对于物理学领域的评论[①]:

　　"在物理学过去的发展历史中,还原论的观点一直是物理学工作者进行研究的最基本的指导原则.它对整个学科的发展起到了巨大的推动作用,并取得了辉煌的成就.但是,以还原论为基础来研究和讨论复杂系统的合作现象时,却遇到了前所未有的挑战,从而使演生论的思想孕育而生,并成为当今物理学研究的重要指导原则."

　　而学科交叉早在 20 世纪 50 年代就取得了令人瞩目的成绩,例如,华生和克里克(J. D. Watson,F. H. Crick)的合作导致了 20 世纪生命科学的最伟大的成就:DNA 的双螺旋结构.随着时代的进步,学科交叉出现了两个明显的特征:**大规模团队作业和个人知识结构的丰富**.1997 年物理学诺贝尔奖得主朱棣文领导了 Biox 这样的项目,而在第 4 届世界华人物理学家大会(Oversea Chinese Physicists Association 4)上他作的报告是"What can physics say about life?"这似乎彰显个人知识出现学科交叉的魅力.为这样的人才或对人才的这种知识结构的需求提供机会和环境是顺应时代的要求.大理科模式的 20 年实践初步证明了这

---

① 张广铭,于渌.物理学中的演生现象[J].物理,2010,39(8):543-549.

种选择是合时宜的.

　　本套丛书涵盖了大理科培养平台上所用的自行撰写的教材,包括数学和相关的自然科学.其中既有用于**拓宽**类的课程,如非生物学科的大学生物学,数理类的大学化学,化学生物类的理论物理、数理方法,数理类非天文学科的大学天文学,以及化学生物类和数理类的物理实验、化学实验等;也有用于**提升**类的课程:把传统的外系课程提升到交叉学科课程.教材既能满足传统的单纯学科方向的需要,又可供交叉选课采用.尽管当前传统型人才培养还是主流,但越来越多的人已经开始关注学科交叉的知识结构.希望本套丛书能够为有志于从事学科交叉的尝试提供参考.

　　教材的学术性、先进性是我们重点关注的.除了提供物质基础让学生通过选课构建交叉的知识结构外,丛书的作者也在教材内注意相关学科、相邻学科的链接,也在不同程度上注意物质世界层次间还原和演生的关系.至于学术层面深度融合的方面虽然出现了一些成果,但在教育层面还无法完全同步,需要时间研究、酝酿和采纳.

　　本套丛书由清华大学出版社出版发行.各书均经教学实践检验,先成先出,相对独立,文责自负.

卢德馨

2014 年 4 月

前　言

本书的写作有两个目标,相应地,内容可以分成两部分.

第 1 章至第 7 章和附录 A 为第一部分,目的是让读者快速进入相对论领域,掌握开展研究工作和进一步学习所需的基础知识.这部分内容可以作为具备高等数学和经典力学基础的学生学习相对论的简易教材.

第 8 章和第 9 章、附录 B 和附录 C 为第二部分,针对相对论应用工作,诸如在测地、历表、导航、测时和引力理论检验等涉及高精度测量资料处理的领域,提供对国际天文学联合会(IAU)有关相对论天文参考系决议的诠释,以及这些决议的理论依据.阅读这一部分需要先学习前 7 章或已经具备相对论基础知识.不从事这些领域工作的读者可以忽略第二部分.

因工作需要,从 20 世纪 80 年代开始,我通过多种书籍和文献学习相对论,有一些快速切入并着手做一点研究工作的经历.20 世纪 90 年代起的十年多,我在南京大学基础学科教学强化部讲授广义相对论,学生来自强化部、天文系和物理系的高年级本科生和研究生.在天文系和物理系,这属于选修课,每周 3 学时,内容主要为本书第 1 章至第 5 章,以及第 6 章和第 7 章的部分内容.课程教学推荐了一些教材,讲课则按我不断修改的备课笔记进行.这次整理了当时的备课笔记,并进一步修订,完善数学推导,来完成本书.

在学习、教学和研究的历程中,我觉得学习相对论的难点主要是物理概念.本书内容的推进重在概念的学习和建立,很多数学工具在物理内容需要时才予以引入,并没有先系统讲解微分几何,再学习广义相对论.这样安排是为了让读者感觉自然而目的明确地学习必要的数学.我个人觉得,要快速入门,这样会更容易一些,也更接近爱因斯坦创建广义相对论的历史进程.新的物理思想的萌芽通常与数学无关,但完整建立、表述、发展和应用需要数学.

教学经验表明,课堂讨论对狭义相对论和广义相对论教学极其重要.多数人会经历从困惑到明朗,再次陷入困惑到更明朗的反复历程.建议课程进行得不要太快,要引导和鼓励学生提出问题,或是教师主动提出问题.组织课堂讨论是行之有效的方式,因为相对论常常和学生已有的传统概念不一致.在此衷心感谢在课堂讨论和课外与我有过互动的学生,他们帮助我改进教学,对我的进步和本书做出了贡献.

第二部分的背景是 20 世纪 60 年代开始的时频和空间技术的迅猛发展,广义相对论成为高精度天文观测数据处理的理论框架.1976—2012 年,IAU 做出了一系列关于相对论天文参考系的决议.我有幸了解,并作为工作小组成员参与了部分决议的制定过程.第 8 章和附录 B 解释了这些决议,第 9 章和附录 C 则介绍这些决议的理论依据.两章次序如此安排,是考虑到很多应用工作者并没有时间和兴趣去探讨相对论 N 体问题的理论,而只希望正确了解 IAU 的有关决议及其正确应用.

南京大学天文系的易照华教授长期讲授和研究天体力学,引导我接触了天体力学的多个领域.许邦信教授从 20 世纪 70 年代末起促使我关注天文参考系,他对天文概念的透彻了解和思维方式对我有很大影响.他们让我快速掌握这些领域的概念、理论和发展现状,感谢两位恩师.

我要感谢研究课题和论文的合作者,以及在南京大学进行的讨论班,上海天文台唐正宏研究员和赵铭研究员组织的相对论天文参考系讨论班的参与者.大家彼此交换看法和信息,不同意见之间的热烈争论,这是我人生中的美好时光.还有与国际同行之间的讨论和邮件交换,都在本书留下了印记.特别感谢 BK 体系的建立者 Victor Brumberg 和 Sergei Kopeikin,以及 DSX 体系的建立者 Miachael Soffel 和 Chongming Xu(须重明).然而,本书写下的对 IAU 决议等问题的诠释,如果有错误,一概是我的责任.

成书过程中,北京卫星导航中心的韩春好研究员,南京大学物理学院的肖明文教授,紫金山天文台的吴雪峰研究员,谢懿研究员,邓雪梅研究员,上海天文台陶金河研究员等专家及其团组,曾受作者咨询,或看过书稿的部分章节,提出过宝贵的修改意见,在此一并致谢.

苏定强院士一直鼓励我完成此书,他和崔向群院士赠送我多个放大镜,帮助我能够继续工作.丛书主编卢德馨教授给予我长期的友谊并促成了本书的出版.谢谢他们的支持.衷心感谢清华大学出版社的朱红莲编辑在本书出版过程中的修改建议和富有成效的工作.

感谢清华大学出版社和南京大学对本书出版基金的资助.

最后,谢谢我的亲人们的耐心和支持.

黄天衣

2025 年 4 月

目　　录

第1章

弯曲时空的张量代数

广义相对论是一个几何化的引力理论.引力表现为时空的弯曲,而时空弯曲由物质及其分布决定.弯曲时空中的几何不再是欧几里得几何(简称欧氏几何),而是黎曼几何.广义相对论中物理量组成的物理定律是广义协变的,亦即一条物理定律由一些物理量的相互关系所组成,物理定律和物理量本身独立于物理参考系和数学坐标系的选择,在不同的坐标系里有不同的形式和数值.作为一个几何化的理论,应当寻求与这些物理量对应的几何量,这些几何量独立于坐标系的选择.在已为大家熟悉的欧几里得空间(简称欧氏空间)里,向量显然符合这样的要求.经典力学里用向量表示位移、速度和加速度等物理量.在黎曼空间里这样的几何量是张量.本章简单扼要地介绍本书后文章节需要的张量代数知识.

1.1 度规

1.1.1 弯曲空间和平直空间

以 2 维平面、柱面和球面为例,讨论平直空间和弯曲空间的差别.要判断柱面和球面是不是平直,只要将柱面和球面连续地变形,看它们能不能变成平面.注意在变形过程中,无穷小邻近两点间的距离要保持不变.换句话说,曲面上任何一条曲线的长度在变形过程中保持不变.这个条件使得曲面的基本几何性质不发生改变.容易想象,如果曲面像橡皮泥一样可以随意压缩和拉伸,任何曲面都能连续变形成平面.显然,沿一条母线剪开后的柱面,不用挤压和拉伸,就可以将它展开成平面.去除了一点的球面是一个不闭合的曲面,但它不能以保距的方式变形为平面.这说明,柱面和球面有本质的不同,前者平直,后者弯曲.

平面、柱面和球面的区别可用相邻两点间距离的表达式来表示.设无穷小邻近两点间的距离为 $\mathrm{d}s$,对平面和柱面选择直角坐标系 $\{x,y\}$[①],有

$$\mathrm{d}s^2 = \mathrm{d}x^2 + \mathrm{d}y^2. \tag{1.1}$$

---

① 本书用 $\{t,x,y,z\}$,$\{t,x^i\}$,$\{x^a\}$ 等表示坐标系,用 (t,x,y,z),(t,x^i),(x^a) 等表示时空点的坐标,也用 (T^0, T^1,T^2,T^3),(T^a) 等表示向量的坐标分量表达式,用 T^1,T^i,T^a 等表示向量的某个坐标分量.

注意,这里和后续的 $\mathrm{d}x^2$ 等符号表示的是 $(\mathrm{d}x)^2$ 而不是 $\mathrm{d}(x^2)$.对单位半径球面选择球面坐标系 $\{\theta,\phi\}$,有

$$\mathrm{d}s^2 = \mathrm{d}\theta^2 + \sin^2\theta \mathrm{d}\phi^2. \tag{1.2}$$

显然,在左边 $\mathrm{d}s^2$ 保持不变的情况下,无论进行什么坐标变换,方程(1.2)在形式上都不可能转换成方程(1.1).这表明,邻近两点之间距离的表达式可以区分空间的弯曲状况. $\mathrm{d}s^2$ 的表达式称为度规.

必须指出,说球面度规(1.2)不可能变换成平面度规(1.1),是对整个球面而言的.对于球面上一给定点 (θ_0,ϕ_0),球面度规可以写成

$$\mathrm{d}s^2 = \mathrm{d}\theta^2 + \mathrm{d}(\phi\sin\theta_0)^2.$$

进一步,令 $x = \theta, y = \phi\sin\theta_0$,上式就具有平面度规的形式.上面的过程实际上说明:球面上任何一点的无穷小邻域可以用球面在该点的切平面来代替,但在球面上的大范围,或是整个球面的几何性质与平面完全不同.要强调的是,对于弯曲空间,需要分清"全局"(global)和"局域"(local)的概念.在弯曲空间里,将度规转换成平直空间度规的坐标变换,对大范围或整个空间(全局)并不存在,然而对任何给定点的无穷小邻域(局域)总是存在.在数学学习中,常见命题在局域成立而全局不成立.今后要多次遇到全局和局域的差别,对这两个概念会有更深刻的理解.

1.1.2　牛顿力学的空间度规

牛顿力学的空间是 3 维欧几里得空间 E_3,用直角坐标 $\{\xi^i\}$ $(i = 1,2,3)$ 表示的度规为

$$\mathrm{d}s^2 = \delta_{ij} \mathrm{d}\xi^i \mathrm{d}\xi^j, \tag{1.3}$$

其中, δ_{ij} 是克罗内克 δ 符号,即

$$\delta_{ij} = \begin{cases} 0, & i \neq j, \\ 1, & i = j. \end{cases} \tag{1.4}$$

这里沿用了爱因斯坦求和的书写规则:当一项中有两个指标相同时,对该指标的所有可能的取值求和,求和号则予以省略.这样,度规方程(1.3)等价于

$$\mathrm{d}s^2 = \sum_{i=1}^{3} \sum_{j=1}^{3} \delta_{ij} \mathrm{d}\xi^i \mathrm{d}\xi^j.$$

E_3 的度规在一般坐标系 $\{x^i\}$ 中不再具有方程(1.3)的简单形式.例如,在球坐标系 $\{r, \theta,\phi\}$ 中为

$$\mathrm{d}s^2 = \mathrm{d}r^2 + r^2(\mathrm{d}\theta^2 + \sin^2\theta \mathrm{d}\phi^2). \tag{1.5}$$

这样, E_3 的度规在任意坐标系中的一般形式可写成

$$\mathrm{d}s^2 = g_{ij} \mathrm{d}x^i \mathrm{d}x^j, \tag{1.6}$$

其中, $\mathrm{d}x^i$ 是相邻两点的坐标差,而 g_{ij} 是度规表达式中的关键部分,表示空间的几何性质,

称为度规张量,常简称为度规. 在一般坐标系里,g_{ij} 通常不是常数,而是坐标的函数. 也就是说,即使在平直的欧几里得空间里,空间各点处的度规张量的分量不一定相同. 例如,在球坐标系里,当规定 $x^1 = r, x^2 = \theta$ 和 $x^3 = \phi$,从式(1.5)可见,3 维欧几里得空间的度规张量各分量是

$$g_{11} = 1, \quad g_{22} = r^2 \quad g_{33} = r^2 \sin^2\theta,$$
$$g_{12} = g_{21} = g_{13} = g_{31} = g_{23} = g_{32} = 0.$$

欧几里得空间的度规式(1.6)有以下特点:①度规张量对称,亦即 $g_{ij} = g_{ji}$. 所以它的 9 个分量中只有 6 个是独立的.②一项里每个指标都出现 2 次,1 个上标和 1 个下标,说明对它们都进行了从 1~3 的求和,度规右边的计算结果是 1 个数. 至于写成上标或下标的理由,将在本章后面说明.③度规式(1.6)的左边是坐标变换的不变量,该式给出了在给定的坐标系中计算相邻两点间距离的公式,进一步可以计算曲线长度等几何量,也就是给出了空间的一种量度. 这就是名词"度规"的来源. 熟悉线性代数的读者可以将它与线性空间中的"内积"对照和联系起来理解.④欧几里得空间度规的特征是无论式(1.6)中的度规张量分量形式有多复杂,一定存在全空间的坐标变换,将度规变换成简单的式(1.3),亦即 g_{ij} 转换成 δ_{ij}. 这是因为 E_3 是平直的空间. 前面已经讨论过,如果空间是弯曲的,不可能存在这样的坐标变换.

现在进一步阐明度规在测量上的意义. 记 $\boldsymbol{D}$ 是 E_3 空间的一个向量,它在坐标系 $\{x^i\}$ 中的坐标分量是 (D^i),并且 $D^i = \mathrm{d}x^i$,向量的长度为 $|\boldsymbol{D}| = \mathrm{d}s$,则式(1.6)可以写成

$$\boldsymbol{D} \cdot \boldsymbol{D} = g_{ij} D^i D^j. \tag{1.7}$$

上式说明,度规给出了向量的内积在任意坐标系中的计算公式. 设 $\boldsymbol{T}$ 和 $\boldsymbol{K}$ 是 E_3 中的 2 个向量,在坐标系 $\{x^i\}$ 中的坐标分量分别为 (T^i) 和 (K^i),则两向量的内积在该坐标系中的表达式定义为

$$\boldsymbol{T} \cdot \boldsymbol{K} \equiv g_{ij} T^i K^j. \tag{1.8}$$

有了度规,等价于在向量空间里建立了向量的内积,从而能够定量计算向量的长度和两向量间的夹角. 度规的这一功能可以推广到高维和弯曲空间.

1.1.3 狭义相对论的时空度规

第 2 章将讲解狭义相对论. 狭义相对论中的时间和空间相互纠缠,构成了 4 维平直的闵可夫斯基时空 M_4. 选择坐标系 $\{ct, \xi, \eta, \zeta\}$,这里 c 是真空中的光速,t 表示一个物理时间,它对应的 3 维空间有欧几里得空间 E_3 的结构,(ξ, η, ζ) 是空间位置的直角坐标. 习惯上用 ct 而非 t 为时间坐标,使得每个坐标有相同的长度量纲. 这时度规为闵可夫斯基度规:

$$\mathrm{d}s^2 = -c^2 \mathrm{d}t^2 + \mathrm{d}\xi^2 + \mathrm{d}\eta^2 + \mathrm{d}\zeta^2, \tag{1.9}$$

其中,时间项前面的负号表示时间与空间的区别. 时间有方向,不会倒流. 这个负号标志 4 维时空 M_4 和 4 维欧几里得空间 E_4 有不同的结构.

引入符号 $\{\xi^\alpha\}$ ($\alpha=0,1,2,3$) 标记上面的坐标系,而用 $\{x^\alpha\}$ ($\alpha=0,1,2,3$) 表示任意坐标系.沿用爱因斯坦求和规则,M_4 的度规为

$$ds^2 = \eta_{\alpha\beta}\,\mathrm{d}\xi^\alpha\,\mathrm{d}\xi^\beta = g_{\alpha\beta}\,\mathrm{d}x^\alpha\,\mathrm{d}x^\beta, \tag{1.10}$$

其中,$\eta_{00}=-1$,$\eta_{11}=\eta_{22}=\eta_{33}=1$,$\eta_{\alpha\beta}$ 的其余分量为零.这时称度规的符号为 $(-1,1,1,1)$.一些相对论的教科书和文献采用的度规符号为 $(1,-1,-1,-1)$,读者阅读时需注意.

现在对本书采用的符号做进一步的约定.当指标用希腊字母书写时,表示这是时空指标,其可能的取值为 $0,1,2,3$.取值为 0 时表示时间指标,否则为空间指标.当指标用拉丁字母书写时,表示这是空间指标,其可能的取值为 $1,2,3$.全书都遵守这样的指标书写规定.

和欧几里得空间的度规一样,闵可夫斯基时空的度规同样有对称性等特征,它的度规张量 16 个分量中只有 10 个独立.闵可夫斯基时空也是平直的,具体表现为一定存在坐标变换,将任意坐标系里的度规张量 $g_{\mu\nu}$ 在时空的每一点都转换成 $\eta_{\mu\nu}$.例如,下面的度规

$$ds^2 = -\left(1-\frac{\omega^2 r^2}{c^2}\right)c^2\,\mathrm{d}t^2 + \mathrm{d}r^2 + r^2\,\mathrm{d}\theta^2 + \mathrm{d}z^2 + 2\omega r^2\,\mathrm{d}t\,\mathrm{d}\theta. \tag{1.11}$$

这是 M_4 中以 ω 为角速度匀速旋转的参考系,用柱坐标系 $\{ct,r,\theta,z\}$ 表示的度规,其中

$$g_{00}=-(1-\omega^2 r^2/c^2), \quad g_{rr}=g_{zz}=1, \quad g_{\theta\theta}=r^2, \quad g_{0\theta}=g_{\theta 0}=\omega r^2/c,$$

其余的度规分量为零.显然,只要进行坐标变换,将 θ 换成 $\theta-\omega t$,再将柱坐标变换成直角坐标,度规式 (1.11) 就可以在时空的每一点转换成闵可夫斯基度规 $\eta_{\alpha\beta}$.这说明转盘度规式 (1.11) 对应的时空是闵可夫斯基时空.

1.1.4　广义相对论的时空度规

与牛顿力学 3 维平直的欧几里得空间和狭义相对论 4 维平直的闵可夫斯基时空不同,广义相对论的时空是 4 维的弯曲时空.广义相对论与狭义相对论的差别是后者的物理框架里没有引力而前者包括引力.当引力场及其引力效应可以忽略,例如在远离引力源物质的地方,时空接近平直的闵可夫斯基时空.引力和时空弯曲间的关系,以及如何判断时空是平直还是弯曲等问题将从第 3 章开始予以仔细阐述.广义相对论时空度规的一般形式为

$$ds^2 = g_{\alpha\beta}\,\mathrm{d}x^\alpha\,\mathrm{d}x^\beta. \tag{1.12}$$

对称的度规 $g_{\alpha\beta}$ 是时空坐标 x^μ 的函数,10 个独立分量的形式依赖时空的几何性质和坐标系的选择.

表面看来,式 (1.12) 与式 (1.10) 类似.重要的区别是对于弯曲时空,不存在一个全时空的坐标变换,使度规张量 $g_{\alpha\beta}$ 在时空的每一点都转换成闵可夫斯基度规 $\eta_{\alpha\beta}$.例如,一个物质分布为球对称的恒星周围,时空的度规是著名的施瓦西度规

$$ds^2 = -\left(1-\frac{2Gm}{c^2 r}\right)c^2\,\mathrm{d}t^2 + \left(1-\frac{2Gm}{c^2 r}\right)^{-1}\mathrm{d}r^2 + r^2(\mathrm{d}\theta^2 + \sin^2\theta\,\mathrm{d}\phi^2), \tag{1.13}$$

其中,G 和 m 分别为牛顿引力常量和恒星的质量.在学习了黎曼几何后,容易证明,不可能

找到一个全局的坐标变换,使上述度规在时空的所有点都变换成闵可夫斯基度规 $\eta_{\alpha\beta}$,这是一个弯曲而非平直的时空.

在度规的表达式(1.12)中,表示时空几何性质的量显然是 $g_{\alpha\beta}$. 在 1.3 节中将说明,它是一个称为度规张量的 2 阶张量的协变坐标分量. 名词"张量"和"协变"的含义将在本章的后续章节中予以解释. 应当这样来理解,度规张量表示时空几何,它本身与坐标系的选择无关,但是它的坐标分量 $g_{\alpha\beta}$ 的形式依赖坐标系的选择. 在广义相对论中度规张量是对称的,在任意坐标系中,恒有 $g_{\alpha\beta}=g_{\beta\alpha}$.

现在看 $g_{\alpha\beta}$ 在坐标变换下的变换规律. 设从 $\{x^\alpha\}$ 系变换到 $\{x^{\alpha'}\}$ 系,注意 $\mathrm{d}s^2$ 是坐标变换的不变量,从式(1.12)有

$$\mathrm{d}s^2 = g_{\alpha\beta}\frac{\partial x^\alpha}{\partial x^{\alpha'}}\frac{\partial x^\beta}{\partial x^{\beta'}}\mathrm{d}x^{\alpha'}\mathrm{d}x^{\beta'} = g_{\alpha'\beta'}\mathrm{d}x^{\alpha'}\mathrm{d}x^{\beta'}.$$

所以度规张量的协变坐标分量在坐标变换下的变换规律是

$$g_{\alpha'\beta'} = g_{\alpha\beta}\frac{\partial x^\alpha}{\partial x^{\alpha'}}\frac{\partial x^\beta}{\partial x^{\beta'}}. \tag{1.14}$$

初学者在进行上面这些简单的推导时,要特别当心指标的书写. 因为应用了爱因斯坦求和规则,每一个指标在一项中出现不得超过 2 次,否则一定发生了错误. 在式(1.14)的右边,指标 α 和 β 各出现了 2 次,经过求和以后不应当出现在左边. 读者可以用这种方法检查自己的推导.

式(1.14)可写成矩阵形式. 记 $G=(g_{\alpha\beta})$ 和 $G'=(g_{\alpha'\beta'})$,分别为 2 个坐标系中由度规张量的协变坐标分量组成的 4×4 矩阵,而 $J=(\partial x^\alpha/\partial x^{\alpha'})$ 为坐标变换的雅可比矩阵,则式(1.14)可写成

$$G' = J^\mathrm{T}GJ, \tag{1.15}$$

其中,J^T 表示 J 的转置矩阵.

定义 $G^{-1}=(g^{\alpha\beta})$ 为 G 的逆矩阵,即在任意坐标系中恒有

$$g_{\alpha\beta}g^{\beta\gamma} = \delta_\alpha^\gamma. \tag{1.16}$$

$g^{\alpha\beta}$ 由 $g_{\alpha\beta}$ 唯一确定,可以猜测两者在几何意义上并无本质的区别. 今后将说明,两者都是度规张量在不同基底下的坐标分量. 称 $g^{\alpha\beta}$ 为度规张量的逆变坐标分量. 名词"逆变"和"协变"的含义将在本章后续章节解释.

从式(1.15)立即得到,$g^{\alpha\beta}$ 在坐标变换下的变换规律是

$$G'^{-1} = J^{-1}G^{-1}J^{-\mathrm{T}}, \tag{1.17}$$

或

$$g^{\alpha'\beta'} = g^{\alpha\beta}\frac{\partial x^{\alpha'}}{\partial x^\alpha}\frac{\partial x^{\beta'}}{\partial x^\beta}. \tag{1.18}$$

今后规定将度规协变分量的指标写在右下角,逆变分量的指标写在右上角,坐标 x^α 的指标也写在右上角. 这些规定有利于张量运算的数学表示. 当张量运算的一项中一个指标出现 2 次时,其中一个必定是上指标,另一个必定是下指标,这是检查推导是否正确的手段之一.

为了熟悉爱因斯坦求和规则和用这种规则进行数学推导,当度规协变和逆变在坐标变换下的变换规律为式(1.14)和式(1.18)时,证明两者在任何坐标系中都为互逆,亦即当式(1.16)在一个坐标系中成立,则在所有坐标系中都成立.作为练习,下面的证明不采用矩阵运算.

式(1.14)和式(1.18)表明有下式成立:

$$g_{\alpha'\beta'}g^{\beta'\gamma'} = \frac{\partial x^{\alpha}}{\partial x^{\alpha'}}\frac{\partial x^{\beta}}{\partial x^{\beta'}}\frac{\partial x^{\beta'}}{\partial x^{\mu}}\frac{\partial x^{\gamma'}}{\partial x^{\nu}}g_{\alpha\beta}g^{\mu\nu}.$$

在上式等号的右边,一个指标最多出现 2 次,凡出现 2 次的指标均为一个上指标和一个下指标,按照爱因斯坦求和规则对这些指标从 0 到 3 求和.求和之后上式等号右边只剩下上指标 γ' 和下指标 α',与上式左边一致.这些检查有助于发现推导中的错误.

利用

$$\frac{\partial x^{\beta}}{\partial x^{\beta'}}\frac{\partial x^{\beta'}}{\partial x^{\mu}} = \delta^{\beta}_{\mu},$$

前式变成

$$g_{\alpha'\beta'}g^{\beta'\gamma'} = \frac{\partial x^{\alpha}}{\partial x^{\alpha'}}\frac{\partial x^{\gamma'}}{\partial x^{\nu}}g_{\alpha\beta}g^{\beta\nu}.$$

假定协变度规和逆变度规的互逆在坐标系$\{x^{\alpha}\}$中成立,则有

$$g_{\alpha'\beta'}g^{\beta'\gamma'} = \frac{\partial x^{\alpha}}{\partial x^{\alpha'}}\frac{\partial x^{\gamma'}}{\partial x^{\nu}}\delta^{\nu}_{\alpha} = \delta^{\gamma'}_{\alpha'}.$$

这就证明了两者在坐标系$\{x^{\alpha'}\}$中也互逆.

1.2　1 阶张量

1.2.1　切空间和切向量

图 1.1 显示 2 维曲面 M.设想这个曲面是光滑的,或者说是可微的,也就是在曲面上任一点 A 都有曲面的切平面 $T_A M$ 存在.曲面是弯曲的,然而切平面是平直的,可以看成是曲面在切点局域的线性近似.图中的向量 $\boldsymbol{T}$ 在 A 点与曲面相切,是 M 在 A 点的一个切向量.切空间 $T_A M$ 可以看成由曲面在 A 点的全部切向量所组成.这幅图像可以自然地推广到高维的情况.广义相对论的时空 M 是维数为 4 的超曲面,在时空点 A 处的切空间 $T_A M$ 是维数为 4 的平直时空.以后会知道,广义相对论时空的切空间是闵可夫斯基时空.注意,这里的时空超曲面、时空点、切空间和切向量都是几何量,不会因坐标系的选择而有所变化.以后会了解这些几何量与物理量相对应,物理量和几何量一样是客观存在的,与坐标系的选择无关.当选择了一组坐标系后,整个时空就会打上坐标网格,每一个时空点有了 4 个数作为该点的坐标,平直的切空间同样可以建立相应的坐标系,每一个切向量有 4 个坐标分量.

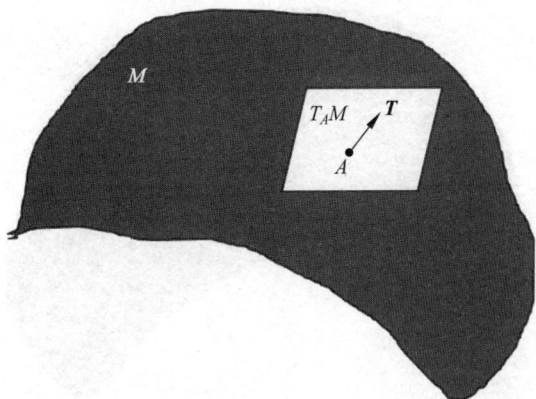

图 1.1　弯曲空间 M 在点 A 的切空间 T_AM 和切向量 T

当提到一个切向量时,必须指出它属于哪个时空点的切空间,但本章只讨论同一切空间中切向量之间的运算,不同切空间中向量之间的关系将在后面几章讨论. 在后文和很多教科书中,常简称切向量为向量.

1.2.2　协变基底

前面已经提到,切空间 T_AM 由所有的切向量组成,是一个 4 维的线性向量空间. 可以选定 4 个线性独立的向量 $\{e_{(\alpha)}\}$ $(\alpha=0,1,2,3)$ 为基底,切向量 T 在该组基底上分解就有了坐标分量,形如

$$T=T^\alpha e_{(\alpha)}. \tag{1.19}$$

这里要注意圆括号指标 (α) 表示的是第 α 个基底. 上式中同样应用了爱因斯坦求和规则,同时用黑斜体表示 4 维时空中的切向量,以后均按此约定书写.

显然,切空间 T_AM 可以有无穷多组基底. 然而,在整个时空 M 上建立坐标系 $\{x^\alpha\}$ 后,自然地在 A 点的切空间产生了一组基底,如图 1.2 所示. 建立了坐标系意味着在 M 上建立了坐标网格,在 A 点也有 4 条坐标线经过. 图 1.2 画的是 2 维时空中 x^0 和 x^i 坐标线,后者在 4 维时空代表了 3 条空间坐标线. 这些坐标线就是在 A 点处的坐标轴. 坐标系 $\{x^\alpha\}$ 自然地确定了切空间 T_AM 的一组基底,第 α 个基底向量 $e_{(\alpha)}$ 在 A 点与第 α 根坐标线相切,并指向坐标 x^α 增加的方向.

基底向量的长度和相互交角由该点处的度规来度量. [①] 设在所选的时空坐标系里度规

---

① 当 M 上的坐标系 $\{x^\alpha\}$ 选定后,M 上每一点处的度规就有了确定的数值. 例如,为了得到 A 点处的度规 $g_{\alpha\beta}$,可以测量 A 点与邻近点之间的距离 Δs,同时有两点间的坐标差 Δx^α. 当两点极其接近时,它们可以作为 ds 和 dx^α 的近似值. 只要对 A 点和多个邻近点进行这样的测量,就可以从式(1.12)计算 $g_{\alpha\beta}$ 的值. 这说明在坐标系选定后,原则上确定 $g_{\alpha\beta}$. 实际工作中当然不会这样操作,在广义相对论里,通过解爱因斯坦场方程得到度规,见第 5 章和第 6 章.

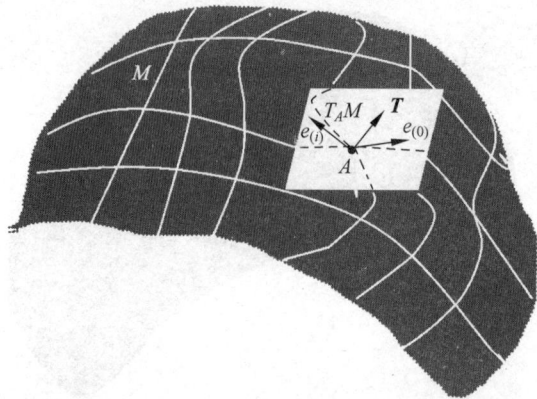

图 1.2   引入坐标系$\{x^{\alpha}\}$后的协变基底$\{\boldsymbol{e}_{(\alpha)}\}$

的坐标分量为 $g_{\alpha\beta}$,基底向量自身的坐标分解为 $\boldsymbol{e}_{(\alpha)}=\delta_{\alpha}^{\mu}\boldsymbol{e}_{(\mu)}$. 所以 $\boldsymbol{e}_{(\alpha)}$ 的第 μ 个分量应当是 δ_{α}^{μ},于是将式(1.8)推广到 4 维时空的切空间,得到两个基底向量的内积为

$$\boldsymbol{e}_{(\alpha)} \cdot \boldsymbol{e}_{(\beta)} = g_{\mu\nu}\delta_{\alpha}^{\mu}\delta_{\beta}^{\nu} = g_{\alpha\beta}, \tag{1.20}$$

而基底向量长度的平方为

$$\mid \boldsymbol{e}_{(\alpha)} \mid^{2} = \boldsymbol{e}_{(\alpha)} \cdot \boldsymbol{e}_{(\alpha)} = g_{\alpha\alpha}. \tag{1.21}$$

式中,α 是给定值,对它并不应用爱因斯坦求和规则. 这样,在整个时空 M 建立了一组坐标系$\{x^{\alpha}\}$后,在时空任一点的切空间里产生了一组对应的基底 $\boldsymbol{e}_{(\alpha)}$,与过该点的坐标线相切,指向坐标增加的方向,其长度和相互夹角由该点处的协变度规 $g_{\alpha\beta}$ 确定. 这组基底称为协变基底. 请注意,一般情况下,这组基底不是正交归一的. 只有当该时空点的度规为闵可夫斯基度规 $\eta_{\alpha\beta}$ 时,对应的协变基底才正交归一.

余下的问题,是当时空坐标系从$\{x^{\alpha}\}$变换到$\{x^{\alpha'}\}$后,对应的协变基底将如何变换. 考虑切向量 $\boldsymbol{D}=(\mathrm{d}x^{\alpha})$,它的坐标分量 $\mathrm{d}x^{\alpha}$ 是 A 点与其无穷小邻近一点的坐标差. 注意切向量本身是坐标变换的不变量,因此有

$$\boldsymbol{D} = \mathrm{d}x^{\alpha}\boldsymbol{e}_{(\alpha)} = \mathrm{d}x^{\alpha'}\boldsymbol{e}_{(\alpha')}.$$

从上式立即得到

$$\boldsymbol{e}_{(\alpha)} = \frac{\partial x^{\alpha'}}{\partial x^{\alpha}}\boldsymbol{e}_{(\alpha')}. \tag{1.22}$$

1.2.3   逆变坐标分量

式(1.19)给出选择了协变基底组$\{\boldsymbol{e}_{(\alpha)}\}$后切向量 $\boldsymbol{T}$ 的坐标分量 T^{α},称为 $\boldsymbol{T}$ 的逆变坐标分量,指标 α 写在右上角. 考虑 $\boldsymbol{T}$ 是客观的几何量,与坐标系和基底的选择无关,有

$$\boldsymbol{T} = T^{\alpha}\boldsymbol{e}_{(\alpha)} = T^{\alpha'}\boldsymbol{e}_{(\alpha')}.$$

应用协变基底在坐标系变换下的变换式(1.22),1 阶张量的逆变坐标分量 T^α 在坐标变换下的变换规律是

$$T^\alpha = \frac{\partial x^\alpha}{\partial x^{\alpha'}} T^{\alpha'}. \tag{1.23}$$

请注意,上式是线性齐次变换,其中的系数 $\partial x^\alpha/\partial x^{\alpha'}$ 是坐标变换的雅可比矩阵的元素,应当赋予给定点的坐标值以计算其数值.前面多次强调过,切向量本身是几何量,不受坐标变换的影响,坐标变换仅仅改变该向量的坐标分量,所以上式不能有非齐次项,否则一个零向量在坐标变换后可以变成非零向量.一些教科书将式(1.23)看成是逆变张量的定义,和本书的叙述等价.

还有一点要提请注意,初学者常常将任何含有指标的序列都看成向量.例如一个时空点的坐标 (x^α),它的变换一般不是线性齐次变换,不具有式(1.23)的变换规律.以 $\partial x^\alpha/\partial x^{\alpha'}$ 为表征的线性齐次变换是坐标变换 $\{x^\alpha\} \to \{x^{\alpha'}\}$ 对应的切空间的变换.

1.2.4 逆变基底

显然,切空间中任何一组线性独立的向量都可以充作基底.现在从协变基底出发,用度规来构造另一组基底,为

$$\boldsymbol{e}^{(\alpha)} = g^{\alpha\beta} \boldsymbol{e}_{(\beta)}. \tag{1.24}$$

称这组基底为逆变基底,表示第 α 个基底的指标 (α) 标注在右上角.从协变度规 $g_{\alpha\beta}$ 和逆变度规 $g^{\alpha\beta}$ 的互逆关系式(1.16)得到

$$\boldsymbol{e}_{(\alpha)} = g_{\alpha\beta} \boldsymbol{e}^{(\beta)}. \tag{1.25}$$

请仔细审视上面这两个公式.首先注意指标的标记位置,右上角还是右下角.含有圆括号的指标表示基底组中第几个基底,对逆变基底标注于右上角,协变基底标注在右下角.度规张量指标的位置类似,逆变指标标注在右上角,协变指标标注在右下角.仔细查看上面的公式,例如式(1.24),发现公式右边的 β 一个在上、一个在下,进行了求和,余下的上指标 α 和左边的 (α) 指标位置一致,说明了上述书写规则的合理性.这也是检查张量公式是否正确的一种手段.

现在计算两个逆变基底之间的内积,如

$$\boldsymbol{e}^{(\alpha)} \cdot \boldsymbol{e}^{(\beta)} = g^{\alpha\mu} g^{\beta\nu} \boldsymbol{e}_{(\mu)} \cdot \boldsymbol{e}_{(\nu)} = g^{\alpha\mu} g^{\beta\nu} g_{\mu\nu} = g^{\alpha\mu} \delta^\beta_\mu = g^{\alpha\beta}. \tag{1.26}$$

同时有逆变基底向量的长度为

$$|\boldsymbol{e}^{(\alpha)}|^2 = \boldsymbol{e}^{(\alpha)} \cdot \boldsymbol{e}^{(\alpha)} = g^{\alpha\alpha}. \tag{1.27}$$

式(1.27)中,指标 α 是给定值,并不进行求和.用完全类似的方法,得到一个协变基底向量和一个逆变基底向量的内积为

$$\boldsymbol{e}^{(\alpha)} \cdot \boldsymbol{e}_{(\beta)} = \delta^\alpha_\beta. \tag{1.28}$$

从上面的推导过程中,可以再次看到指标位置的书写规则.

以上公式说明逆变基底的长度和相互的夹角由逆变度规 $g^{\alpha\beta}$ 来决定,也说明在时空坐标系和度规的表达式确定之后,切空间自然有协变和逆变两组基底,它们相互之间由度规联系.

有了协变基底和逆变基底的关系式(1.24),以及在坐标变换下逆变度规的变换规律式(1.18)和协变基底的变换规律式(1.22),可以推得逆变基底在坐标变换下的变换规律是

$$e^{(\alpha)} = \frac{\partial x^{\alpha}}{\partial x^{\alpha'}} e^{(\alpha')}. \tag{1.29}$$

请读者自行证明上式,推导时注意指标的书写位置,同一指标在一项中出现不得超过 2 次,且相同的 2 个指标一定是 1 个在上(逆变指标)、1 个在下(协变指标).

1.2.5　协变坐标分量

这样,张量 $\boldsymbol{T}$ 在选择 2 个不同的基底组后有不同的坐标分量:逆变坐标分量和协变坐标分量,写为

$$\boldsymbol{T} = T^{\alpha} \boldsymbol{e}_{(\alpha)} = T_{\alpha} \boldsymbol{e}^{(\alpha)}. \tag{1.30}$$

T_{α} 称为张量 $\boldsymbol{T}$ 的协变坐标分量.

在定义了逆变基底和协变基底的关系后,立即导出两组坐标分量之间的关系,为

$$T_{\alpha} = g_{\alpha\beta} T^{\beta},$$
$$T^{\alpha} = g^{\alpha\beta} T_{\beta}. \tag{1.31}$$

同时可以知道张量的协变坐标分量随坐标变换的变换规律为

$$T_{\alpha} = \frac{\partial x^{\alpha'}}{\partial x^{\alpha}} T_{\alpha'}. \tag{1.32}$$

综合起来说,给定的弯曲时空 M 在选择了一个坐标系 $\{x^{\alpha}\}$ 后,时空各点的协变度规 $g_{\alpha\beta}$ 和逆变度规 $g^{\alpha\beta}$ 也就确定了,这时时空中任一点 A 的切空间 $T_A M$ 里生成了 2 组基底:协变基底 $\boldsymbol{e}_{(\alpha)}$ 和逆变基底 $\boldsymbol{e}^{(\alpha)}$. 切空间里的 1 阶张量 $\boldsymbol{T}$ 在这 2 组基底上有两组坐标分量:逆变坐标分量 T^{α} 和协变坐标分量 T_{α}. 它们之间的关系由度规决定. 作为几何量的张量本身与坐标系的选择无关,但其坐标分量依赖坐标系的选择,在坐标变换 $\{x^{\alpha}\} \rightarrow \{x^{\alpha'}\}$ 下为线性齐次变换,由坐标变换的切变换,亦即雅可比矩阵 $(\partial x^{\alpha}/\partial x^{\alpha'})$ 来决定. 从协变基底和逆变基底的内积关系式(1.28)和张量在基底上的分解表达式(1.30)立即可得

$$T^{\alpha} = \boldsymbol{T} \cdot \boldsymbol{e}^{(\alpha)}, \quad T_{\alpha} = \boldsymbol{T} \cdot \boldsymbol{e}_{(\alpha)}. \tag{1.33}$$

因为基底向量与坐标系选择有关,上式清晰地表明,张量的坐标分量与坐标系的选择有关.

申明一下,为了尽快让读者进入相对论及其应用,本书对弯曲时空上的微分几何进行了处理,主要是不区分切空间和余切空间,不用映射等数学语言来定义张量,不引入微

分形式和外积. 这些简化不影响读者对后文章节的学习和应用. 希望深究的读者可研读推荐的教材.[①]

1.2.6　张量之间的运算

张量之间的代数运算有加减法, 数和张量的乘法, 张量指标的升降, 张量间的内积, 张量指标的缩并和张量积. 本节只介绍 1 阶张量, 亦即向量的运算. 张量积涉及高阶张量, 将在 1.3 节介绍.

首先要注意弯曲时空和平直时空的一个重要差异: 在弯曲时空中不同点的切空间并不重合, 因此不同点处的切向量属于不同的切空间. 在定义怎样将一点切空间里的向量移动到另一点的切空间之前, 只有属于同一切空间的切向量之间才能进行代数运算.

两个张量相加之后仍然是一个张量. 例如, $S = K + T$, 其坐标分量的关系为

$$S^{\alpha} \equiv K^{\alpha} + T^{\alpha}, \quad S_{\alpha} \equiv K_{\alpha} + T_{\alpha}. \tag{1.34}$$

容易验证当 K 和 T 为张量时, S^{α} 和 S_{α} 在坐标变换下分别满足式(1.23)和式(1.32), 所以 S 是张量. 张量间的减法与加法的定义完全相同, 不再赘述.

数和张量相乘的结果也是张量. 例如 $S = \lambda T$, 定义为

$$S^{\alpha} \equiv \lambda T^{\alpha}, \quad S_{\alpha} \equiv \lambda T_{\alpha}. \tag{1.35}$$

这些规则和一般线性空间中向量的运算规则完全一样.

张量指标的升降用度规来实行, 如式(1.31)所示. 用逆变度规实现指标的上升, 协变度规实现指标的下降.

两个 1 阶张量的内积定义为

$$T \cdot K \equiv g_{\alpha\beta} T^{\alpha} K^{\beta}. \tag{1.36}$$

利用指标升降的规则, 向量间的内积可以写成

$$T \cdot K = T^{\alpha} K_{\alpha} = T_{\alpha} K^{\alpha} = g^{\alpha\beta} T_{\alpha} K_{\beta}. \tag{1.37}$$

上两式也可看成是张量指标的缩并. 一项中一个指标出现 2 次, 按爱因斯坦规则进行求和而发生了缩并. 在上面的两式中指标 α 和 β 都进行了缩并, 使得内积的结果不再是一个向量而是数. 注意张量指标的缩并永远在一个协变指标和一个逆变指标之间进行, 亦即在一个上指标和一个下指标之间进行. 现在来证明这样缩并之后的结果与坐标系的选择无关:

$$T^{\alpha} K_{\alpha} = \frac{\partial x^{\alpha}}{\partial x^{\alpha'}} T^{\alpha'} \frac{\partial x^{\beta'}}{\partial x^{\alpha}} K_{\beta'} = \delta^{\beta'}_{\alpha'} T^{\alpha'} K_{\beta'} = T^{\alpha'} K_{\alpha'}. \tag{1.38}$$

这是非常重要的结论, 容易看到, $T_{\alpha} K_{\alpha}$ 或 $T^{\alpha} K^{\alpha}$ 的结果与坐标系的选择有关.

① Robert, M. Wald, *General Relativity*[M]. Chicago and London: The University of Chicago Press, 1984.
梁灿彬, 周彬, 微分几何入门与广义相对论, 上册[M]. 2 版. 北京: 科学出版社, 2006. 微分几何教科书: Michael Spivads, *Calculus on Manifolds*[M], 1965, Addison-Wesley publishing Company.

1.3　各阶张量和四元基

1.3.1　标量

前面关于向量内积的讨论中, $\lambda = \boldsymbol{T} \cdot \boldsymbol{K}$ 是与坐标系选择无关的量, 符合张量的概念, 这是标量的一个实例. 标量也称为零阶张量. 在一个时空点, 标量和 1 阶张量一样, 不依赖坐标系的选择. 两者的差别是 1 阶张量有 4 个坐标分量, 坐标分量的数值随坐标变换而变化, 标量只有一个数值, 不随坐标变换而变化.

现在, 用牛顿力学的实例来理解标量和 1 阶张量. 设牛顿力学的 3 维欧几里得空间里分布着稳定而不随时间变化的连续介质, 空间的每一个点上有介质元的质量密度和速度向量. 每一个空间点处的质量密度和速度向量是客观的物理量, 与坐标系的选择无关. 质量密度和速度向量就是在牛顿力学框架里标量和 1 阶张量的实例, 可以表达为 $\rho(x^i)$ 和 $\boldsymbol{v}(x^i)$. 在一个空间点质量密度是确定的值. 在不同的空间点, 质量密度可能有不同的值, 所以质量密度是空间点坐标的函数. 速度向量的情况类似. 这就给出了牛顿力学中的一种标量场和 1 阶张量场.

因为上文还没有涉及相对论, 上面用牛顿力学中的质量密度和速度向量作为 3 维欧几里得空间中标量场和 1 阶张量场的实例. 第 2 章将说明, 在相对论 4 维时空里, 质量密度和空间速度向量不能看成与坐标系选择无关的标量和 1 阶张量. 对此, 这里先予以说明. 物理实验和天文观测是物理学和天文学的基础. 爱因斯坦(Albert Einstein, 1879—1955)指出, 弯曲时空和平直时空中的测量概念有很大的不同. 这是相对论学习中的一个难点. 标量在相对论的观测量理论中占有重要的位置. 本书后文章节会比较详细地介绍广义相对论框架中的观测量理论.

1.3.2　不变体元

本节导出一个常用的标量: 时空的体元. 先来讨论平直的闵可夫斯基时空 M_4 的体元, 它是无穷小的 4 维立方体的体积, 与坐标系的选择无关, 是一个标量.

考虑狭义相对论的平直时空, 选择坐标系 $\{\xi^\alpha\}$ 使度规为闵可夫斯基度规 $\eta_{\alpha\beta}$. 今后称这样的坐标系为笛卡儿坐标系或直角坐标系. 用 $\{x^\alpha\}$ 表示任意坐标系, 度规为 $g_{\alpha\beta}$. 按平直空间笛卡儿坐标系中的体元表达式, 以及数学分析中体元在坐标变换后的表达式, 有

$$dV = d\xi^0 d\xi^1 d\xi^2 d\xi^3 = |\,\boldsymbol{J}\,|\, dx^0 dx^1 dx^2 dx^3,$$

其中, $\boldsymbol{J} = (\partial \xi^\alpha / \partial x^\beta)$ 是坐标变换的雅可比矩阵, $|\boldsymbol{J}|$ 是其行列式. 希望得到的是在任意坐标系里的体元表达式, 其中每一个元素都应该是变换后坐标系中的量, 也就是将雅可比行列式 $|\boldsymbol{J}|$ 用坐标系 $\{x^\alpha\}$ 中的量来表示.

式(1.15)是度规张量在坐标变换下的变换关系,用矩阵表示.将该式看成是从笛卡儿坐标系$\{\xi^{\alpha}\}$到任意坐标系$\{x^{\alpha}\}$的变换,利用矩阵乘积的行列式等于各矩阵行列式的乘积,矩阵及其转置矩阵有相同的行列式,以及闵可夫斯基度规的行列式是-1,记度规矩阵$(g_{\alpha\beta})$的行列式为g,得到$g=-|J|^{2}$,于是闵可夫斯基时空不变体元的表达式为

$$dV=\sqrt{-g}\,dx^{0}dx^{1}dx^{2}dx^{3}. \tag{1.39}$$

学习经典微积分时知道,在进行曲线、曲面等积分时,无穷小的线元或面元等是线性近似.广义相对论时空是4维弯曲时空,在一个时空点的无穷小邻域,时空的线性近似就是该点处的4维切空间.在学习广义相对论后,会知道这样的切空间有闵可夫斯基时空的结构.所以,广义相对论的不变体元作为一个标量,具有如式(1.39)所示的表达式,这在第5章将会用到.

1.3.3　张量积

两个1阶张量$\boldsymbol{T}$和$\boldsymbol{K}$的张量积$\boldsymbol{M}$是一个2阶张量,记成$\boldsymbol{M}=\boldsymbol{T}\otimes\boldsymbol{K}$.规定张量积运算对$\boldsymbol{T}$和$\boldsymbol{K}$都是线性的.对常数$a$和$b$,向量$\boldsymbol{T}$、$\boldsymbol{Q}$和$\boldsymbol{K}$,有

$$(a\boldsymbol{T}+b\boldsymbol{Q})\otimes\boldsymbol{K}\equiv a(\boldsymbol{T}\otimes\boldsymbol{K})+b(\boldsymbol{Q}\otimes\boldsymbol{K}).$$

用$\boldsymbol{T}$和$\boldsymbol{K}$的基底分解表示可得

$$\boldsymbol{M}=M^{\alpha\beta}\boldsymbol{e}_{(\alpha)}\otimes\boldsymbol{e}_{(\beta)}=M_{\alpha\beta}\boldsymbol{e}^{(\alpha)}\otimes\boldsymbol{e}^{(\beta)}=M^{\alpha}{}_{\beta}\boldsymbol{e}_{(\alpha)}\otimes\boldsymbol{e}^{(\beta)}=M_{\alpha}{}^{\beta}\boldsymbol{e}^{(\alpha)}\otimes\boldsymbol{e}_{(\beta)}, \tag{1.40}$$

其中,

$$\begin{cases} M^{\alpha\beta}=T^{\alpha}K^{\beta}, & M_{\alpha\beta}=T_{\alpha}K_{\beta}, \\ M^{\alpha}{}_{\beta}=T^{\alpha}K_{\beta}, & M_{\alpha}{}^{\beta}=T_{\alpha}K^{\beta}. \end{cases} \tag{1.41}$$

从上式可知张量积一般情况下不是对称的.$M^{\alpha\beta}=T^{\alpha}K^{\beta}$,而$M^{\beta\alpha}=T^{\beta}K^{\alpha}$,两者一般不相等.读者也应当注意,上式中指标书写中空格的位置,用于严格区分第一指标和第二指标.

1.3.4　2阶张量

一般的2阶张量可以用式(1.40)来表示.注意,并不是任何1个2阶张量都是2个1阶张量的张量积.可以用反证法,如果这一论断成立,式(1.41)应在任意坐标系中都成立,于是该2阶张量在任意坐标系中必须满足一定的性质,例如有$M^{11}/M^{21}=M^{12}/M^{22}$恒成立.

2维阵列$(M^{\alpha\beta})$要满足什么样的性质才能成为一个2阶张量的坐标分量呢?式(1.40)的左边$\boldsymbol{M}$是一个独立于坐标系选择的张量,在不同的坐标系里方程右边有不同的基底.基底在坐标变换下的变换规律已在1.2节中给出,所以2阶张量$\boldsymbol{M}$的各种坐标分量在坐标变换下的变换规律应当服从

$$
\begin{cases}
M^{\alpha'\beta'} = \dfrac{\partial x^{\alpha'}}{\partial x^{\alpha}} \dfrac{\partial x^{\beta'}}{\partial x^{\beta}} M^{\alpha\beta}, \\[3mm]
M_{\alpha'\beta'} = \dfrac{\partial x^{\alpha}}{\partial x^{\alpha'}} \dfrac{\partial x^{\beta}}{\partial x^{\beta'}} M_{\alpha\beta}, \\[3mm]
M^{\alpha'}{}_{\beta'} = \dfrac{\partial x^{\alpha'}}{\partial x^{\alpha}} \dfrac{\partial x^{\beta}}{\partial x^{\beta'}} M^{\alpha}{}_{\beta}, \\[3mm]
M_{\alpha'}{}^{\beta'} = \dfrac{\partial x^{\alpha}}{\partial x^{\alpha'}} \dfrac{\partial x^{\beta'}}{\partial x^{\beta}} M_{\alpha}{}^{\beta}.
\end{cases}
\tag{1.42}
$$

因此,可以将在坐标变换下满足式(1.42)规律的 2 维方阵看作是 2 阶张量的坐标分量. 在给定的时空点,所有的 2 阶张量构成了一个线性空间. 从式(1.40)可见,对于一个给定的坐标系,逆变基底和协变基底组成了该空间的 4 个基底组,从而 1 个 2 阶张量 $\boldsymbol{M}$ 有 4 组坐标分量:逆变坐标分量 $M^{\alpha\beta}$,协变坐标分量 $M_{\alpha\beta}$,混变坐标分量 $M^{\alpha}{}_{\beta}$ 和 $M_{\alpha}{}^{\beta}$. 对于 4 维时空,每一组有 16 个分量. 这 4 组之间的换算可用度规张量来进行指标的升降,对应基底的变换. 例如,$M^{\alpha\beta} = g^{\alpha\mu} g^{\beta\nu} M_{\mu\nu}$. 同时再次提醒,逆变指标要写在右上角,协变指标写在右下角. 当两指标一在上、一在下时,书写时要注意指标的次序,必要时留有空格以标明这是第几个指标.

1.3.5   张量的对称性和不变量

本章一开始就强调,在相对论中引入张量是因为张量是独立于坐标系选择的几何量,可能与物理量对应. 在相对论的实际应用中,要选择坐标系,用张量的坐标分量来进行演算,人们自然就关心张量的坐标分量表现出的一些性质,例如,对称性和反对称性是否在任意坐标系中都成立. 如果是,这种性质重要,有几何意义和物理意义.

若 2 阶张量的坐标分量在一坐标系中满足 $M^{\alpha\beta} = M^{\beta\alpha}$,亦即该张量对 2 个逆变指标对称,从式(1.42)容易证明这种对称关系在任意坐标系下都成立. 从度规张量的对称性也可以证明同时有 $M_{\alpha\beta} = M_{\beta\alpha}$,亦即对 2 个协变指标也对称. 这说明张量对 2 个逆变指标或 2 个协变指标的对称性是该张量的固有性质,此时称该张量为对称张量. 对称张量的 16 个坐标分量中只有 10 个独立. 度规张量就是一个对称的 2 阶张量.

同样,当 $M^{\alpha\beta} = -M^{\beta\alpha}$,$M_{\alpha\beta} = -M_{\beta\alpha}$,称该张量为反对称张量. 逆变指标和协变指标的对称性或反对称性一定同时成立. 对于反对称张量,对角线上的坐标分量 $M^{\alpha\alpha}$ 或 $M_{\alpha\alpha}$ 显然都等于零,这里 α 有给定的数值而不采用爱因斯坦求和规则. 反对称张量的 16 个坐标分量中只有 6 个独立. 电磁场张量是物理中反对称张量的一个重要例子. 在电动力学课程中讲到电场强度和磁场感应强度是同一个物理量的不同坐标分量,它们在不同的参考系中相互转换. 电场强度和磁场感应强度总共有 6 个坐标分量,在一起正好组成一个 2 阶反对称张量,以后将予以详细讨论.

需要特别强调,如果在某一个特定的坐标系里有 $M^{\alpha}{}_{\beta} = M^{\beta}{}_{\alpha}$,也就是在逆变指标和协变指标之间出现了对称,这种性质并不能在任意坐标变换后继续保持,所以不是张量的固有属性.

在 1.2 节中讨论张量间的运算时,曾经讲到指标的缩并一定发生在一个逆变指标和一个协变指标之间.2 阶张量的混变坐标分量对角线上元素之和 $M^\alpha{}_\alpha$ 或 $M_\alpha{}^\alpha$ 是缩并运算,在坐标变换下有

$$M^{\alpha'}{}_{\alpha'} = \frac{\partial x^{\alpha'}}{\partial x^\mu} \frac{\partial x^\nu}{\partial x^{\alpha'}} M^\mu{}_\nu = \delta^\nu_\mu M^\mu{}_\nu = M^\alpha{}_\alpha,$$

同时有

$$M^\alpha{}_\alpha = g^{\alpha\mu} g_{\alpha\nu} M_\mu{}^\nu = \delta^\mu_\nu M_\mu{}^\nu = M_\alpha{}^\alpha.$$

这说明,2 阶张量的混变坐标分量的迹是一个标量,是坐标变换的不变量.

任何一个 2 阶协变张量 $T_{\alpha\beta}$ 可分解成对称和反对称两部分,

$$T_{\alpha\beta} = T_{(\alpha\beta)} + T_{[\alpha\beta]}, \tag{1.43}$$

其中,

$$T_{(\alpha\beta)} \equiv \frac{1}{2}(T_{\alpha\beta} + T_{\beta\alpha}),$$
$$T_{[\alpha\beta]} \equiv \frac{1}{2}(T_{\alpha\beta} - T_{\beta\alpha}). \tag{1.44}$$

这里,$T_{(\alpha\beta)}$ 和 $T_{[\alpha\beta]}$ 分别是 2 阶张量的对称和反对称部分,它们显然都是张量.前者的指标可以调换次序,即 $T_{(\alpha\beta)} = T_{(\beta\alpha)}$,后者则有 $T_{[\alpha\beta]} = -T_{[\beta\alpha]}$.

类似的符号也可用于 2 阶逆变张量,如

$$T^{\alpha\beta} = T^{(\alpha\beta)} + T^{[\alpha\beta]}. \tag{1.45}$$

对 2 个指标加上圆括号或方括号就是提取了对称或反对称部分.这是在张量运算里通用的符号.当然,这 2 个指标必须同为协变或同为逆变指标,而不用于一个协变指标和一个逆变指标,因为这时加括号的结果不再是张量.

1.3.6　度规张量

迄今为止,已经多次遇到和使用度规张量.在学习了标量、1 阶张量和 2 阶张量之后,有必要对度规张量进一步归纳和总结.重写广义相对论度规的表达式(1.12)如下:

$$\mathrm{d}s^2 = g_{\alpha\beta} \mathrm{d}x^\alpha \mathrm{d}x^\beta.$$

等号左边是与坐标系选择无关的标量,等号右边中的 $\mathrm{d}x^\alpha$ 是一个 1 阶张量的逆变坐标分量,所以 $g_{\alpha\beta}$ 应当是一个 2 阶对称张量的协变坐标分量.重写式(1.16)如下:

$$g^{\alpha\nu} g_{\nu\beta} = \delta^\alpha_\beta.$$

在 1.1 节里,上式定义了逆变度规 $g^{\alpha\beta}$.按照用度规将指标升降的规定,δ^α_β 其实就是度规张量的混变坐标分量 g^α_β.因为度规张量是对称张量,不必再区分指标的次序,不需要留有空格.可以像式(1.40)一样,对度规张量的协变、逆变和混变坐标分量用基底来表示.在本书有

关张量的表示和运算中,大部分情况下直接用张量的坐标分量进行,不写明基底,很多书籍和文献中常将张量的坐标分量简称为协变张量、逆变张量或混变张量.

现在推导今后要用到的与度规张量的微分有关的两个公式.第一个是逆变度规的微分.从逆变度规和协变度规的互逆关系,立即得到

$$\mathrm{d}g^{\mu\nu} = -g^{\mu\alpha}g^{\nu\beta}\mathrm{d}g_{\alpha\beta}. \tag{1.46}$$

上式也表明,张量的微分并不一定是张量,不符合指标升降的运算规则.我们已经多次强调张量的重要性,因此有必要构造一种新的微分,将在第 4 章讲述.

另一个是协变度规矩阵($g_{\alpha\beta}$)的行列式 g 的微分.不管用何种方式计算行列式,它是矩阵所有元素的函数,因此有

$$\mathrm{d}g = \sum_{\alpha,\beta} \frac{\partial g}{\partial g_{\alpha\beta}} \mathrm{d}g_{\alpha\beta}.$$

上式等号右边对指标 α 和 β 均求和,这里的求和指标不是标准的一上一下,并不是张量指标的缩并运算,所以没有省略求和符号.按照线性代数,有

$$g = \sum_{\beta} g_{\alpha\beta}G^{\alpha\beta}, \qquad \frac{\partial g}{\partial g_{\alpha\beta}} = G^{\alpha\beta}, \qquad g^{\alpha\beta} = g^{\beta\alpha} = \frac{1}{g}G^{\alpha\beta},$$

式中,$G^{\alpha\beta}$ 是矩阵($g_{\alpha\beta}$)元素 $g_{\alpha\beta}$ 的代数余因子,与元素 $g_{\alpha\beta}$ 无关,所以上式的第二式成立;第三式则是逆矩阵元素的算法,利用了度规的对称性.这样可立即得到

$$\mathrm{d}g = gg^{\alpha\beta}\mathrm{d}g_{\alpha\beta}. \tag{1.47}$$

上式适用爱因斯坦求和规则.

1.3.7　高阶张量

用完全相同的方式可以了解更高阶的张量.下面仅举一个 5 阶张量的一种坐标分量在坐标变换下的变换公式,

$$T'^{\alpha\beta}{}_{\gamma\mu\nu} = \frac{\partial x^{\alpha}}{\partial x^{\alpha'}} \frac{\partial x^{\beta}}{\partial x^{\beta'}} \frac{\partial x^{\gamma'}}{\partial x^{\gamma}} \frac{\partial x^{\mu'}}{\partial x^{\mu}} \frac{\partial x^{\nu'}}{\partial x^{\nu}} T^{\alpha'\beta'}{}_{\gamma'\mu'\nu'}. \tag{1.48}$$

只要掌握了协变指标和逆变指标在坐标变换下的变换规律,不难快速写出高阶张量的坐标分量在坐标变换下的变换公式.

3 阶以上的张量并不能简单地分解成对称和反对称两部分之和,但仍可以实行圆括号和方括号运算.以 3 阶协变张量 $T_{\alpha\beta\gamma}$ 为例,定义

$$\begin{cases} T_{(\alpha\beta\gamma)} \equiv \dfrac{1}{3!}(T_{\alpha\beta\gamma} + T_{\beta\gamma\alpha} + T_{\gamma\alpha\beta} + T_{\alpha\gamma\beta} + T_{\beta\alpha\gamma} + T_{\gamma\beta\alpha}), \\ T_{[\alpha\beta\gamma]} \equiv \dfrac{1}{3!}(T_{\alpha\beta\gamma} + T_{\beta\gamma\alpha} + T_{\gamma\alpha\beta} - T_{\alpha\gamma\beta} - T_{\beta\alpha\gamma} - T_{\gamma\beta\alpha}). \end{cases} \tag{1.49}$$

可以看到,无论是圆括号还是方括号运算,都是 6 项的平均,这 6 项的下指标是指标 $\alpha\beta\gamma$ 的所有排列.对于圆括号里的运算,所有项都取正号.对于方括号里的运算,当该项指标为 $\alpha\beta\gamma$

的偶数次置换时,取正号,为奇数次置换时,取负号.容易发现,$T_{(\alpha\beta\gamma)}$ 是一个对称张量,其下指标的次序可以任意调换,它对任意一对指标都对称. $T_{[\alpha\beta\gamma]}$ 是一个反对称张量,其下指标的次序在偶数次置换后不变,下指标次序奇数次置换后则取负号.例如 $T_{[\alpha\gamma\beta]} = -T_{[\alpha\beta\gamma]} = T_{[\beta\alpha\gamma]}$,它对任意一对指标都是反对称的,因此有 2 个下指标相等时为零.

圆括号和方括号里的运算可推广到 3 阶逆变张量和更高阶的逆变张量和协变张量上去.对 n 个逆变指标或协变指标 $\alpha_1, \alpha_2, \cdots, \alpha_n$ 进行加括号运算,要对 $n!$ 项进行平均.这些项的指标遍及 $\alpha_1, \alpha_2, \cdots, \alpha_n$ 的全排列.对于圆括号里的运算,所有的项前面取正号.对于方括号里的运算,若项指标的排列是 $\alpha_1, \alpha_2, \cdots, \alpha_n$ 的偶置换,则该项前面取正号,否则取负号.规则与式 (1.49) 完全相同.

圆括号和方括号不一定作用在 1 个张量的全部上指标或全部下指标上.例如

$$T_{(\alpha\beta)\gamma} \equiv \frac{1}{2}(T_{\alpha\beta\gamma} + T_{\beta\alpha\gamma}),$$

$$T^{[\alpha|\beta|\gamma]} \equiv \frac{1}{2}(T^{\alpha\beta\gamma} - T^{\gamma\beta\alpha}).$$

上面的第 2 个式子中,竖直线将不参与圆括号运算或方括号运算的指标予以隔离标记.这样的用法可在一些书籍和文献中见到.

1.3.8 四元基

在前文章节中,切空间的协变基底和逆变基底与整个时空的一个全局坐标系相关联.然而,弯曲时空上任一点的切空间是过该点所有切向量组成的向量空间.在这个局域的切空间里,基底可以不与全局坐标系联系,任何 4 个线性独立的向量都能作为切空间的基底,构成该切空间的坐标系,称为四元基.张量是切空间内的几何量,张量可以在切空间的任一组四元基上分解.

用施瓦西度规式 (1.13) 作为实例,度规采用了全局坐标系 $\{ct, r, \theta, \phi\}$,度规没有交叉项,因此对应的协变基底 $\boldsymbol{e}_{(\alpha)}$ 是正交的四元基,但度规不是闵可夫斯基度规,$\boldsymbol{e}_{(\alpha)}$ 的长度并不等于 -1 或 1,所以不是正交归一基底.在每一时空点的切空间,可以引入另一组四元基 $\boldsymbol{e}_{(\hat{a})}$ 作为基底:

$$\boldsymbol{e}_{(\hat{a})} = e^{\alpha}_{\hat{a}} \boldsymbol{e}_{(\alpha)}, \tag{1.50}$$

其中,

$$e^{\alpha}_{\hat{a}} = \begin{pmatrix} \left(1 - \dfrac{2M}{r}\right)^{-\frac{1}{2}} & 0 & 0 & 0 \\ 0 & \left(1 - \dfrac{2M}{r}\right)^{\frac{1}{2}} & 0 & 0 \\ 0 & 0 & r^{-1} & 0 \\ 0 & 0 & 0 & r^{-1}\sin^{-1}\theta \end{pmatrix}. \tag{1.51}$$

这里的坐标 (ct, r, θ, ϕ) 不是任意的,而要取切空间所属时空点处的坐标值. 显然,上两式决定的 $e_{(\hat{\alpha})}$ 是切空间的一组正交归一基底,对应的切空间度规是闵可夫斯基度规 $\eta_{\hat{\alpha}\hat{\beta}}$.

需要注意,虽然在施瓦西时空每一点的切空间都可以用上面的方法建立正交归一基底组 $e_{(\hat{\alpha})}$,使得在包含该时空点的切空间中度规为 $\eta_{\hat{\alpha}\hat{\beta}}$,但是并不存在全局的坐标变换,使时空度规全局地变换成闵可夫斯基度规. 这一点在 1.1.4 节里已经强调说明. 变换式(1.50)和式(1.51)只是给定时空点及其切空间的局域变换,并不是全局的坐标变换.

尽管如此,在局域的切空间建立协变基底和逆变基底以外的四元基,还是有用的,例如,协变基底和逆变基底在某些时空点出现了奇异现象;又如,有时从物理或数学的角度.要求四元基为正交归一.这些情况在后文章节会遇到.下面对四元基变换时张量各分量的变化规律做进一步的讨论.

一般情况下,四元基 $e_{(\hat{\alpha})}$ 不一定正交归一.两组四元基之间的变换关系为

$$\begin{cases} \boldsymbol{e}_{(\hat{\alpha})} = e^{\alpha}_{\hat{\alpha}} \boldsymbol{e}_{(\alpha)}, & \boldsymbol{e}_{(\alpha)} = e^{\hat{\alpha}}_{\alpha} \boldsymbol{e}_{(\hat{\alpha})}, \\ \boldsymbol{e}^{(\hat{\alpha})} = e^{\hat{\alpha}}_{\alpha} \boldsymbol{e}^{(\alpha)}, & \boldsymbol{e}^{(\alpha)} = e^{\alpha}_{\hat{\alpha}} \boldsymbol{e}^{(\hat{\alpha})}. \end{cases} \tag{1.52}$$

对式(1.52)及其符号需要说明和论证.

将四元基 $e_{(\alpha)}$ 和 $e_{(\hat{\alpha})}$ 对应的切空间参考系分别记为 $\{\xi^{\alpha}\}$ 和 $\{\xi^{\hat{\alpha}}\}$ 系,对应的在切点的时空度规相应为 $g_{\alpha\beta}$ 和 $g_{\hat{\alpha}\hat{\beta}}$. 先看式(1.52)第一行的 2 个方程,$e^{\alpha}_{\hat{\alpha}}$ 是向量 $e_{(\hat{\alpha})}$ 在 $\{\xi^{\alpha}\}$ 系里的逆变坐标分量,$e^{\hat{\alpha}}_{\alpha}$ 是向量 $e_{(\alpha)}$ 在 $\{\xi^{\hat{\alpha}}\}$ 系里的逆变坐标分量. 将这 2 个方程结合起来,容易证明方阵 $(e^{\alpha}_{\hat{\alpha}})$ 和 $(e^{\hat{\alpha}}_{\alpha})$ 互逆,即

$$e^{\nu}_{\hat{\alpha}} e^{\hat{\beta}}_{\nu} = \delta^{\hat{\beta}}_{\hat{\alpha}}, \quad e^{\hat{\nu}}_{\alpha} e^{\beta}_{\hat{\nu}} = \delta^{\beta}_{\alpha}. \tag{1.53}$$

式(1.52)第二行的 2 个方程则表明,$e^{\alpha}_{\hat{\alpha}}$ 也是向量 $e^{(\alpha)}$ 在 $\{\xi^{\hat{\alpha}}\}$ 系里的协变坐标分量,而 $e^{\hat{\alpha}}_{\alpha}$ 也是 $e^{(\hat{\alpha})}$ 在 $\{\xi^{\alpha}\}$ 系里的协变坐标分量,其中

$$\boldsymbol{e}^{(\alpha)} = g^{\alpha\beta} \boldsymbol{e}_{(\beta)}, \quad \boldsymbol{e}^{(\hat{\alpha})} = g^{\hat{\alpha}\hat{\beta}} \boldsymbol{e}_{(\hat{\beta})}. \tag{1.54}$$

这些结论需要证明.将式(1.52)的第一式和最后一式写成

$$\boldsymbol{e}_{(\hat{\alpha})} = e^{\alpha}_{\hat{\alpha}} \boldsymbol{e}_{(\alpha)}, \quad \boldsymbol{e}^{(\beta)} = f^{\beta}_{\hat{\beta}} \boldsymbol{e}^{(\hat{\beta})}.$$

将上两式一个方程的左端和另一个方程的右端进行内积计算,得到

$$\delta^{\beta}_{\alpha} e^{\alpha}_{\hat{\alpha}} = \delta^{\hat{\beta}}_{\hat{\alpha}} f^{\beta}_{\hat{\beta}}.$$

这样就证明了式(1.52)第二行的 2 个方程,从而也说明式(1.52)引入的符号的优点.在这些方程中,指标可以进行升降,带有 ^ 符号的指标用 $g_{\hat{\alpha}\hat{\beta}}$,$g^{\hat{\alpha}\hat{\beta}}$ 进行升降,不带 ^ 的指标用 $g_{\alpha\beta}$,$g^{\alpha\beta}$ 进行升降.

张量本身与基底组的选择无关,但其坐标分量依赖选择哪一组四元基作为基底.例如,在省略张量积符号后,一个 4 阶张量的四元基分解为

$$T = T^{\alpha}_{\ \beta\mu\nu} \boldsymbol{e}_{(\alpha)} \boldsymbol{e}^{(\beta)} \boldsymbol{e}^{(\mu)} \boldsymbol{e}^{(\nu)} = T^{\hat{\alpha}}_{\ \hat{\beta}\hat{\mu}\hat{\nu}} \boldsymbol{e}_{(\hat{\alpha})} \boldsymbol{e}^{(\hat{\beta})} \boldsymbol{e}^{(\hat{\mu})} \boldsymbol{e}^{(\hat{\nu})}. \tag{1.55}$$

根据式(1.52),得到

$$T^{\hat{\alpha}}_{\ \hat{\beta}\hat{\mu}\hat{\nu}} = T^{\alpha}_{\ \beta\mu\nu} e^{\hat{\alpha}}_{\alpha} e^{\beta}_{\hat{\beta}} e^{\mu}_{\hat{\mu}} e^{\nu}_{\hat{\nu}}. \tag{1.56}$$

对其他张量,以此类推.上式与式(1.48)在形式上类似,但式(1.48)强调的是全局坐标系变换下的张量坐标分量的变化规律.两者都有应用.

习题

1.1 张量是与参考系和坐标系选择无关的几何量.请回顾比较欧氏几何,线性代数课程中的向量与张量的概念.在物理理论中,牛顿力学的 3 维空间和狭义相对论的 4 维时空都是平直的,它们的张量有什么不同? 狭义和广义相对论的时空都是 4 维,它们的张量又有什么区别?

1.2 证明 2 阶张量的对称性(如 $T^{\alpha\beta} = T^{\beta\alpha}$)和反对称性(如 $T_{\alpha\beta} = -T_{\beta\alpha}$)在坐标变换下保持不变,但 $T^{\alpha}_{\ \beta} = T^{\beta}_{\ \alpha}$ 在坐标变换后一般不能保持.

1.3 设 $A_{\alpha\beta}$ 为对称张量,$B^{\alpha\beta}$ 为反对称张量,证明

(1) $A_{\alpha\beta} B^{\alpha\beta} = 0$.

(2) 当 $C^{\alpha\beta}$ 为任意 2 阶张量,

$$C^{\alpha\beta} A_{\alpha\beta} = C^{(\alpha\beta)} A_{\alpha\beta},$$
$$C^{\alpha\beta} B_{\alpha\beta} = C^{[\alpha\beta]} B_{\alpha\beta}.$$

1.4 设 2 阶张量 $T_{\alpha\beta}$ 能通过坐标变换将其对角化,且有 2 个以上的非零对角元素,证明该张量不能表示为 2 个 1 阶张量的张量积.即 $T_{\alpha\beta} \neq A_{\alpha} B_{\beta}$,其中 A_{α} 和 B_{α} 为 1 阶张量.

1.5 爱因斯坦转盘度规如式(1.11)所示,坐标系为 $\{ct, r, \theta, z\}$,计算在该坐标系下度规的逆变坐标分量.

1.6 证明 4 阶张量 $R^{\alpha\beta}_{\ \ \mu\nu}$ 在指标缩并运算后的 $R^{\alpha\beta}_{\ \ \alpha\beta}$ 和 $R^{\alpha\beta}_{\ \ \beta\alpha}$ 都是标量,数值都是坐标变换的不变量.它们是相同的标量吗?

1.7 2 维闵可夫斯基度规为 $ds^2 = -c^2 dt^2 + dx^2$,寻找坐标变换使度规变换成 $ds^2 = -u^2 dv^2 + du^2$.

1.8 在 4 维时空中设 n^{α} 是一个单位张量,有 $n_{\alpha} n^{\alpha} = 1$.定义 2 阶张量 $P_{\alpha\beta} \equiv g_{\alpha\beta} - n_{\alpha} n_{\beta}$,其中 $g_{\alpha\beta}$ 为度规张量.证明对于任何张量 T^{α},在与 $P_{\alpha\beta}$ 指标缩并后得到的 1 阶张量与 n^{α} 正交.

第2章　狭义相对论

本章介绍后文章节需要用到的狭义相对论知识,强调为广义相对论学习做准备的一些概念和方法.应当关注狭义相对论和牛顿力学在时空概念上的差异.在狭义相对论里,时间和空间纠缠在一起,构成客观的 4 维时空,不同的观测者对时空有不同的时间和空间分离.本章要重点讲解原时和坐标时、时间膨胀、同时性的相对性等概念,也涉及光行差和多普勒效应等物理定律.

2.1　闵可夫斯基时空

2.1.1　基本原理

按照爱因斯坦于 1905 年发表的论文,狭义相对论建立在两条基本原理之上:①伽利略相对性原理.在所有惯性系里,物理定律都具有相同的形式.亦即在任何惯性系里,对一个物理过程给定同样的初始条件,该物理过程以后的进程完全相同.这一原理也称为狭义相对性原理.②光速不变原理.在任何惯性系里测量的真空中的光速数值都相同,不依赖地点和方向.

1632 年伽利略(Galileo Galile,1564—1642)在《关于两大世界体系的对话——托勒密和哥白尼》一书中首次清晰地阐述了他的相对性原理.他写道:"把自己和一些朋友关闭在一艘大船甲板下的主舱里,舱里有一些苍蝇、蝴蝶等能飞翔的动物,还有一大盆水里养着的鱼.舱顶悬挂着一瓶水,一滴滴地落入正下方的一个广口容器里.当船静止时,仔细观察飞翔的动物如何在船舱中飞,以相同的速度朝所有的方向,鱼在沿不同方向游动时也并无不同,水滴落入正下方的容器中.当你扔物件给距离相同的朋友时,不觉得朝一个方向要比另一个方向更为费力.你双脚起跳时,往所有的方向都跳了相同的距离.在你仔细观察了所有这些现象之后(毫无疑问,当船静止时事情本应如此),让船以任何你所希望的速度行进,但是船速完全均匀,没有任何方式的波动.你会发现所有现象没有一丁点变化,你无法从任何一种现象来辨别船是在运动还是保持静止."①

---

① 译自 V. A. Ugarov. *Special Theory of Relativity*[M]. MIH Publishers,1979,p. 20.

伽利略相对性原理表明,如果所在的惯性系是全封闭的,看不到自己相对其他参考系的运动,生活在该参考系的人,无法判断自己是在运动还是静止,无法测出该参考系相对其他参考系的运动速度.也就是说,如果伽利略的大船非常之大,而且完全封闭,生活在船上的人看不到大海、水流、星星和陆地,听不到和收不到外界的任何声音和信息,人们无法分辨自己是在航行还是停泊,也不可能测出船航行的速度.一言以蔽之,伽利略相对性原理的核心结论是所有的惯性参考系是平等的,没有任何惯性参考系更为优越.

按理说,相对性原理表明没有优越的惯性参考系,也就没有牛顿所谓的绝对空间,然而直到 19 世纪末,多数物理学家认为相对性原理只是对经典力学定律成立.他们相信光波和声波一样,传播需要介质.光的假想中的传播介质被命名为"以太",使以太保持静止的参考系是优越的参考系,也就是所谓绝对空间,于是开始了寻找以太参考系的实验.19 世纪末和 20 世纪初迈克耳孙(Albert A. Michaelson,1852—1931)和莫雷(Edward W. Morley,1838—1923)进行的精密实验表明不存在以太参考系,为光速不变原理提供了实验证据.[①]

伽利略在描述相对性原理时,只涉及力学定律.爱因斯坦把它推广到除引力外的所有的物理定律,当时主要是力学和电磁学定律.19 世纪中叶以后,电磁学在物理学中占据越来越重要的位置.然而,已被实验证实了的电磁理论——麦克斯韦方程组却与牛顿力学产生了矛盾.在牛顿力学里,从惯性系到惯性系的坐标变换是伽利略变换,然而在伽利略变换下,麦克斯韦方程组的形式不能保持不变.这就有两种可能:一是认定麦克斯韦方程组只在所谓以太参考系中成立,二是修正伽利略变换.实验支持的光速不变原理表明,应当修正伽利略变换,从而也修正了牛顿力学.

2.1.2 事件和世界线

按照狭义相对论的观念,我们生活的世界,是平直的 4 维时空,它是客观的存在,与任何主观意识无关.狭义相对论和牛顿时空概念的差别是,不存在绝对的时间和空间.狭义相对论的 4 维时空中,时间和空间纠缠在一起,不同观测者对哪 1 维是时间、哪 3 维是空间的感受各不相同.总结一下,4 维时空是客观的,对所有的观测者都一样,但是不同的观测者,或者说不同的参考系,对时间和空间的分离都不一样.对这个概念,后面会逐渐深化.

这个世界是由许许多多的事件组成的,例如在夏威夷发生的一次火山爆发,在俄罗斯某处举行的一场世界杯足球赛等.用几何的方式来标记,每一个事件在 4 维时空占据一个时空点.物理学家经常将一个时空点称为"事件".两个不同的事件,除非在同时同地发生,否则不可能占据同一时空点.今后用时空点来标记事件,该事件涉及的物体,例如一个人、一个光子、一个飞行器等,他们的大小都予以忽略,统称为粒子(particle)、观测者(observer)或试验体(test body),行文中采用哪个名称取决于文中场景.总的意思是,忽略该物体的大小,也忽

---

① 关于狭义相对论的各种实验验证,参阅 Tom Roberts and Siegmar Schleif,2007,What is the experimental basis of Special Relativity?

略它们的质量产生的引力作用.

不管是有生命还是无生命,一个观测者的一生由一系列事件组成,将所有这些事件连接起来,构成了 4 维时空中的一条线. 这条线是该观测者的生命轨迹,称之为该观测者的"世界线". 在画世界线时,常常加上一个箭头,标记该观测者生命延续过程中时间增加的方向. 在狭义相对论里,没有统一的绝对时间,每个观测者有自己的时间,因此不同观测者的世界线通常有不同的箭头方向(图 2.2).

2.1.3 惯性参考系

所有的事件和世界线都是客观存在的,在 4 维时空中表现为几何的点和线. 它们本身与观测和数据处理采用的参考系、坐标系无关. 这里说的参考系,是指进行观测和测量的物理参考系. 例如,火车经过月台是一个客观的事件,但是火车内和月台上的观测者看到火车的运动状态不同,他们的观测用了不同的参考系. 要想定量计量事件和世界线的时间和空间位置,必须在选定的参考系里引进恰当的数学坐标系,例如直角坐标系、球坐标系等. 在一个参考系里,可以选择多个坐标系. 反之,任何一个坐标系一定属于一个特定的参考系.

在伽利略和爱因斯坦关于相对性原理的陈述里,惯性参考系有特殊的地位. "相对一个惯性参考系作匀速直线运动的参考系为惯性参考系",这句话可以是一个判据,却不能作为定义. 相对性原理实际上排除了所谓绝对空间的存在,也就不能用"相对绝对空间作匀速直线运动"来定义惯性参考系. 比较准确的说法是狭义相对论的物理定律在其中成立的参考系是惯性参考系. 可以将判据变得简单些:牛顿第一定律在其中成立的参考系是惯性系. 也就是说,在惯性参考系中观察,物体在不受任何力作用时,保持静止或匀速直线运动. 显然,只要有了标准的钟和量尺来测量时间和长度,一个参考系是否为惯性参考系可以用实验来判断.

在牛顿力学中引入非惯性参考系,例如相对惯性参考系作加速运动的参考系. 在这样的参考系中会出现惯性力,物理定律也要作相应的修改,因此可以说没有惯性力出现的参考系是惯性参考系. 在狭义相对论中,是否也可以说没有惯性力出现的参考系是惯性参考系呢?

引力使问题复杂化. 按照牛顿万有引力定律,引力是远程力,以无限大的速度传播,而狭义相对论中信息传播的最大速度是光速,两者相互矛盾,所以狭义相对论不能讨论引力. 因而在狭义相对论中可以说,存在引力或惯性力的参考系不可能是惯性参考系. 在学习过 3.1 节后,将会理解没有引力和惯性力的参考系是惯性参考系.

爱因斯坦不喜欢惯性参考系在狭义相对论中特殊和优越的地位. 取消惯性参考系的特殊地位和建立新的引力理论是他探索广义相对论的重要动力.

2.1.4 洛伦兹变换

闵可夫斯基(Hermann Minkowski,1864—1909)提出,对于惯性参考系,当采用笛卡儿

坐标 $\{x^{\alpha}\}$,狭义相对论的时空用下面的度规表示:

$$ds^2 = \eta_{\alpha\beta}dx^{\alpha}dx^{\beta}. \tag{2.1}$$

用符号 $x^0 = ct$, $x^1 = x$, $x^2 = y$ 和 $x^3 = z$,其中 c 为真空中的光速.闵可夫斯基度规可写成

$$ds^2 = -c^2dt^2 + dx^2 + dy^2 + dz^2. \tag{2.2}$$

这里将 x^0 定义成 ct 而不用 t,是为了和空间坐标的量纲一致,使度规成无量纲的量,以便在繁复的推导中可以用量纲进行检查.

在惯性参考系的闵可夫斯基度规式(2.2)中,坐标 t 是该惯性参考系的物理时间,它对应的 3 维空间 (x,y,z) 具有欧几里得空间的结构.今后经常要遇到 4 维时空的张量,本书一律用黑斜体字表示,如 $\boldsymbol{K}$、$\boldsymbol{u}$ 等,4 维张量的模用张量内积运算法则.例如在式(2.1)系里, $|\boldsymbol{k}|^2 = \eta_{\alpha\beta}k^{\alpha}k^{\beta}$.对于 3 维空间向量,本书将用加上箭头的斜体字母以示区别,例如 $\vec{r}$、$\vec{v}$,其模用欧几里得几何运算,例如 $v^2 = |\vec{v}|^2 = \delta_{ij}v^iv^j$.

在狭义相对论中,一个参考系为惯性参考系的充要条件是可以选到数学坐标系,使得在整个时空中的每一点度规都具有闵可夫斯基度规的形式.所以惯性参考系之间的坐标变换应当保持闵可夫斯基度规式(2.1)或式(2.2)的形式不变.这就与相对性原理一致,后面将说明也和光速不变原理一致.这样的变换称为洛伦兹变换.[①]显然,3 维空间旋转一个固定的角度或者 4 维时空原点作一个常数的平移都是洛伦兹变换.

在牛顿力学中,惯性参考系之间的坐标变换为伽利略变换.用 3 维空间矢量 $\vec{r}$ 表示空间坐标 (x,y,z),该变换是

$$t' = t, \quad \vec{r}' = \vec{r} - \vec{v}t. \tag{2.3}$$

其中,$\vec{v}$ 表示一个不变的 3 维速度矢量.在伽利略变换中,时间是绝对的,不随坐标变换而改变.不难验证伽利略变换不能保持闵可夫斯基度规的形式.

在狭义相对论中,除了空间坐标进行固定值的平移或转动外,相对一个惯性参考系作匀速直线运动的参考系仍是惯性参考系.和牛顿力学的差别是,时间和空间都要进行变换.选择坐标系使运动参考系的空间速度矢量 $\vec{v}$ 沿着 x 轴的方向,变换的数学表达式为

$$\begin{cases} ct' = \gamma\left(ct - \dfrac{v}{c}x\right), \\ x' = \gamma(x - vt), \\ y' = y, \\ z' = z, \end{cases} \tag{2.4}$$

其中洛伦兹因子为

$$\gamma \equiv \frac{1}{\sqrt{1-v^2/c^2}}, \tag{2.5}$$

[①] 庞加莱(Henri Poincaré,1854—1912)将这个变换定名为洛伦兹变换.洛伦兹(Hendrik Lorentz,1853—1928)是主要的贡献者之一.在科学史上,从数学和物理的角度,有众多学者对洛伦兹变换做出贡献.可参阅英文维基百科上的条目"History of Lorentz transformations".

式中,v 为速度矢量 $\vec{v} = (\mathrm{d}x/\mathrm{d}t, \mathrm{d}y/\mathrm{d}t, \mathrm{d}z/\mathrm{d}t)$ 的大小. 注意,狭义相对论的 3 维空间具有欧几里得空间的结构,这里 v 是 $\vec{v}$ 在欧几里得空间的模,亦即其分量平方和的开方. 容易验证上面的变换保持闵可夫斯基度规的形式不变,也就是

$$\mathrm{d}s^2 = -c^2 \mathrm{d}t^2 + \mathrm{d}x^2 + \mathrm{d}y^2 + \mathrm{d}z^2 = -c^2 \mathrm{d}t'^2 + \mathrm{d}x'^2 + \mathrm{d}y'^2 + \mathrm{d}z'^2.$$

下面将变换前和变换后的参考系称为 K 系和 K′ 系.

当速度不沿着任何一个坐标轴的方向时,可以将空间坐标向量 $\vec{r}$ 分解为沿速度方向的分量 $\vec{r}_{\parallel}$ 和垂直于速度方向的分量 $\vec{r}_{\perp}$,即

$$\begin{cases} \vec{r}_{\parallel} = \left(\vec{r} \cdot \dfrac{\vec{v}}{v} \right) \dfrac{\vec{v}}{v}, \\ \vec{r}_{\perp} = \vec{r} - \vec{r}_{\parallel}. \end{cases} \tag{2.6}$$

显然洛伦兹变换可写成如下形式:

$$\begin{cases} ct' = \gamma \left(ct - \dfrac{1}{c} \vec{r} \cdot \vec{v} \right), \\ \vec{r}'_{\parallel} = \gamma (\vec{r}_{\parallel} - \vec{v} t), \\ \vec{r}'_{\perp} = \vec{r}_{\perp}. \end{cases} \tag{2.7}$$

可以合并成

$$\begin{cases} ct' = \gamma \left(ct - \dfrac{1}{c} \vec{r} \cdot \vec{v} \right), \\ \vec{r}' = \vec{r} + \left(\dfrac{\gamma - 1}{v^2} \vec{r} \cdot \vec{v} - \gamma t \right) \vec{v}. \end{cases} \tag{2.8}$$

式 (2.4) 或式 (2.8) 表示惯性参考系 K 和 K′ 之间的坐标变换.

洛伦兹变换和伽利略变换有一个极其重要的差别:前者是时间和空间纠缠在一起,后者则是分离的.看洛伦兹变换式 (2.4),假定有 2 个不同的事件,事件本身是客观的,与参考系和坐标系无关,但是事件的时空坐标在 K 和 K′ 中不同. 设在变换前后的惯性参考系里 2 个事件的坐标差分别为 $(c\Delta t, \Delta x)$ 和 $(c\Delta t', \Delta x')$,另 2 个空间维度不予考虑,它们的关系是

$$\begin{cases} c\Delta t' = \gamma \left(c\Delta t - \dfrac{v}{c} \Delta x \right), \\ \Delta x' = \gamma (\Delta x - v\Delta t). \end{cases} \tag{2.9}$$

如果在 K 系中 $\Delta t = 0$,亦即 K 系的观测者认为是同时发生的事件,只要 $\Delta x \neq 0$,K′ 系中的观测者认为这 2 个事件并非同时发生. 这就是狭义相对论著名的"同时性的相对性". 这一性质造成了在高速运动时很多违背习惯认知的现象,在后面要多次提及.

2.1.5   因果关系

常识告诉我们,两个事件如果同时发生,它们之间不会有因果关系,就像嫌疑人在案发时刻不在犯罪现场.可是同时性的相对性说明,两事件在一个参考系为同时,在另一参考系

可能不同时,这就增加了法官对证据判断的难度.本节讨论两个事件是否可能有因果关系.

首先要讨论,运动的速度有没有上限.众所周知的结论是,速度的最大值是真空中的光速 c.这个结论可以从多个角度去理解.现在用洛伦兹变换和因果律来论证光速是我们生活的世界中速度的最大值.

设从 K 系观察,事件 A 和 B 之间有因果关系,A 为原因,B 为结果.看式(2.9)的第一式,设 A 和 B 在 K 系中的坐标差为 $(c\Delta t,\Delta x)$,从因果关系知道,一定有 $\Delta t>0$.假定 A 和 B 之间有超光速的信息联系,即 $\Delta x=u\Delta t$,而且 $u>c$,看以速度 v 相对 K 运动的参考系 K′,只要选择 v 使得 $v/c>c/u$,式(2.9)第一式表明在 K′系中观察,有 $\Delta t'<0$,因果倒置,违背了因果律.请注意,在上面的逻辑过程中始终可以选择 $v<c$,不会使洛伦兹因子 γ 成为虚数.

图 2.1 显示了闵可夫斯基时空,选择了坐标系 $\{ct,x\}$,另 2 个空间维度不在图上显示.图上 A 是一个事件,经过 A 的 2 条斜率分别为 1 和 −1 的直线是光子的世界线,斜率为 1 表示速度 $dx/dt=c$.因为光速是信息传播的最大速度,经过 A 的粒子世界线在任何时空点的斜率的绝对值一定大于或等于 1.在 A 的过去,可能与事件 A 发生有关联的事件的集合为图上浅灰色区域,称为 A 的过去光锥;在 A 的未来,可能受事件 A 发生影响的事件的集合为图上深灰色区域,称为未来光锥.任何一条穿过 A 的世界线一定是从过去光锥到未来光锥.图上的事件 P 和 F 与事件 A 可能有因果关系,但是 B 和 C 与 A 不可能有因果关系.请注意它和牛顿力学的差别,在牛顿力学里,只要 2 个事件不是同时发生的,就可能有因果关系,因为时间是绝对的,信息传播的速度又没有上限.

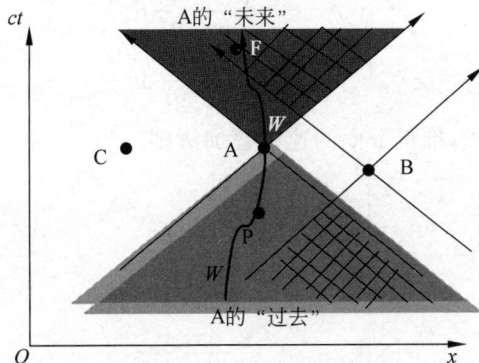

图 2.1　事件 A 的光锥图.浅灰色区域是 A 过去可能的所有事件的集合,深灰色区域则是 A 未来可能的所有事件的集合.斜率绝对值为 1 的两条直线是光子的世界线,也是上述区域的边界.标记为 W 的线是事件 A 可能的世界线.事件 B 和 C 和 A 不可能有因果关系,P 和 F 则可能

图 2.1 也画出了事件 B 的"过去"和"未来"时空区域,但没有用灰色标出.事件 B 虽然和 A 没有因果关系,但两者的"过去"和"未来"区域却有共同部分,图上用阴影线表示.事件

F 的发生就可能与 A 和 B 都有关. 设想一个观测者的世界线是图中的 w, 该观测者在经历了事件 A 一段时间以后, 他的过去光锥会将事件 B 和 C 也包括在内. 也就是观测者在某一时刻之后经历的事件可能与事件 B 和 C 有关. 用观测的语言来讲, 观测者在行进中, 只可能观测到他时空图上过去光锥内事件发来的信息. 观测者能观测的空间范围, 会随着时间的增加, 越来越大.

上面的讨论可以转换成下面的定量计算. 设两事件的坐标间隔为 $(c\Delta t, \Delta x, \Delta y, \Delta z)$, 计算

$$\Delta s^2 = -c^2\Delta t^2 + \Delta x^2 + \Delta y^2 + \Delta z^2. \tag{2.10}$$

如果 $\Delta s^2 < 0$, 两事件可能有因果关系, 两者的间隔称为类时间隔. 如果 $\Delta s^2 = 0$, 两事件可以用电磁波建立联系, 其间隔称为类光间隔或零间隔. 如果 $\Delta s^2 > 0$, 两事件没有因果关系, 其间隔称为类空间隔. 上面的讨论表明, 光的传播恒有 $\mathrm{d}s^2 = 0$, 在所有的惯性参考系里, 光的真空速度为 c, 与光速不变原理一致.

2.1.6　速度的叠加

本节要讨论的问题是, 有 2 个相对运动的惯性参考系 K 和 K′, 后者相对前者的空间运动速度是 $\vec{v}$, 当粒子在 K 中测量得到的速度是 $\mathrm{d}\vec{r}/\mathrm{d}t$, 问粒子在 K′ 中的速度 $\mathrm{d}\vec{r}'/\mathrm{d}t'$ 应如何计算. 根据牛顿力学, 应当有 $t'=t$, $\mathrm{d}\vec{r}'/\mathrm{d}t' = \mathrm{d}\vec{r}/\mathrm{d}t - \vec{v}$. 然而, 按照狭义相对论, 时间和空间纠缠在一起, 两者都要变换. 以速度沿 x 方向为例, 应当有

$$\frac{\mathrm{d}x'}{\mathrm{d}t'} = \frac{\dfrac{\partial x'}{\partial x}\mathrm{d}x + \dfrac{\partial x'}{\partial t}\mathrm{d}t}{\dfrac{\partial t'}{\partial x}\mathrm{d}x + \dfrac{\partial t'}{\partial t}\mathrm{d}t}.$$

根据洛伦兹变换式 (2.4) 式, 推得下面的速度叠加法则

$$\begin{cases} \dfrac{\mathrm{d}x'}{\mathrm{d}t'} = \dfrac{\dfrac{\mathrm{d}x}{\mathrm{d}t} - v}{1 - \dfrac{v}{c^2}\dfrac{\mathrm{d}x}{\mathrm{d}t}}, \\[4mm] \dfrac{\mathrm{d}y'}{\mathrm{d}t'} = \dfrac{\dfrac{\mathrm{d}y}{\mathrm{d}t}}{\gamma\left(1 - \dfrac{v}{c^2}\dfrac{\mathrm{d}x}{\mathrm{d}t}\right)}, \\[4mm] \dfrac{\mathrm{d}z'}{\mathrm{d}t'} = \dfrac{\dfrac{\mathrm{d}z}{\mathrm{d}t}}{\gamma\left(1 - \dfrac{v}{c^2}\dfrac{\mathrm{d}x}{\mathrm{d}t}\right)}. \end{cases} \tag{2.11}$$

当 $\mathrm{d}x/\mathrm{d}t = c$, 其他方向速度为零, 代入上式得到 $\mathrm{d}x'/\mathrm{d}t' = c$, 符合光速不变原理.

用向量形式的洛伦兹变换式(2.8)进行推导,得到向量形式的速度叠加公式

$$\frac{\mathrm{d}\vec{r}'}{\mathrm{d}t'} = \frac{\dfrac{\mathrm{d}\vec{r}}{\mathrm{d}t} + \left(\dfrac{\gamma-1}{v^2}\dfrac{\mathrm{d}\vec{r}}{\mathrm{d}t}\cdot\vec{v} - \gamma\right)\vec{v}}{\gamma\left(1 - \dfrac{1}{c^2}\dfrac{\mathrm{d}\vec{r}}{\mathrm{d}t}\cdot\vec{v}\right)}. \tag{2.12}$$

从上式可见,在狭义相对论中速度的叠加不服从牛顿力学中的平行四边形法则,只有当光速趋于无穷大时,才回到牛顿力学的法则.

为了更清晰地认识狭义相对论和牛顿力学在速度叠加上的差别,考虑以下问题:建立平均参考系 $\overline{K}$,使得 $\overline{K}$ 系相对 K 和 K′ 系的速度大小相等而方向相反.设这一速度为 $\mathrm{d}\vec{r}/\mathrm{d}t = -\mathrm{d}\vec{r}'/\mathrm{d}t' = \vec{u}$.按照牛顿力学,应当有 $\vec{u} = \vec{v}/2$,然而从式(2.11)容易得到解

$$\vec{v} = \frac{2\vec{u}}{1 + u^2/c^2}. \tag{2.13}$$

可见,相对运动速度为 v 的参考系 K 和 K′ 的平均参考系 $\overline{K}$ 相对它们的速率 u 并不是 v 的一半,而是要大一些.例如,当 $v = 0.8c$ 时,$u = 0.5c$.

2.2 原时和坐标时

2.2.1 基本概念

前文强调,狭义相对论和牛顿力学的一个重要区别是相对论中时间不再是绝对的,相对运动的惯性参考系有不同的时间.闵可夫斯基度规式(2.2)中的符号 t,对整个时空中的每一个事件,给出该事件在给定惯性参考系中的时间坐标. t 依赖参考系的选择,称为坐标时(coordinate time).

图 2.2 画出了惯性坐标系 $\{ct, x\}$,图上绘有 3 位观测者 A、B、C 的世界线 w_A、w_B、w_C. w_A 与 t 轴平行,说明 A 在参考系中保持静止. w_B 是一条倾斜的直线,说明 B 在参考系中作匀速直线运动. w_C 是一条曲线,说明 C 在参考系中有加速和减速运动.所有世界线在任何一点的斜率的绝对值都大于 1,因为观测者的速度小于光速.假设所有的观测者看不到外界,也和外界没有任何联系,观测者们不知道自己是静止还是运动.即使观测者 C 也是如此,他只感觉有"力"(惯性力)的作用.在观测者自己的参考系里,观测者认为自己没有空间位置的变动,只有时间在流逝.这个时间不可能是坐标时 t,应当是观测者自己的时间,称为观测者的原时(proper time),有的

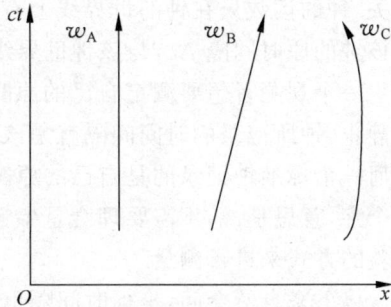

图 2.2 惯性参考系中 3 个观测者的世界线:静止观测者 A,惯性观测者 B 和非惯性观测者 C

中文书籍文献中将它翻译为固有时.

回到时空图 2.2,世界线 w_C 是观测者 C 生命中发生的系列事件所组成,随着事件按 C 的原时增加的次序发生,世界线随之不断延长. 显然,世界线的弧长是观测者原时的一种量度. 弧长的量纲是长度,原时定义为弧长除以光速 c. 所以,观测者原时的几何意义是观测者世界线的弧长. 提请注意,观测者的世界线是其在 4 维时空中的轨迹,并非牛顿力学中的 3 维空间轨道,世界线的弧长也是 4 维弧长. 这一结论对所有的观测者都正确.

用符号 τ 表示一个观测者的原时,该观测者的 2 个无穷小邻近的事件间隔用闵可夫斯基度规表示为

$$ds^2 = -c^2 d\tau^2 = -c^2 dt^2 + dx^2 + dy^2 + dz^2. \tag{2.14}$$

这里的间隔当然是类时间隔,弧长 s 是世界线的 4 维弧长. 记观测者的瞬时 3 维空间速率是 v,上式给出

$$d\tau = dt \sqrt{1 - v^2/c^2}. \tag{2.15}$$

对图 2.2 中的观测者 A,$v=0$,原时和坐标时的速率相等. 对观测者 B 和 C,原时比坐标时走得慢. 对观测者 B,原时和坐标时速率之比为常数.

总结一下,狭义相对论中坐标时是惯性参考系的时间属性,在整个时空中都适用,是全局性的时间. 原时是观测者的时间属性,仅在观测者的世界线上有定义,与其世界线的弧长相联系,是局域性的时间. 从式(2.15)可知,一个观测者经历的 2 个事件之间的时间流逝,可以用原时或坐标时来度量,结果一定是原时间隔小于或等于坐标时间隔,亦即:除非观测者静止,原时总是比坐标时走得慢.

下一个重要的问题是,如何测量原时和坐标时. 关于时间测量历史以及时间单位秒的精确定义留到第 8 章介绍. 这里假定有了没有误差的理想时钟,称为标准钟,所有标准钟的测量单位完全相同.

对于时间测量问题,要分清测量的是时间间隔还是时刻. 下面先讨论时间间隔的测量. 标准钟的钟面读数是实验数据,读数是客观的,只与钟经历的事件有关,而与坐标系的选择无关. 钟的读数只在钟的世界线上有意义,是一个局域量. 所以,一个标准钟测量的时间间隔是该钟的原时间隔 $\Delta\tau$,与该钟世界线的弧长相关.

一个观测者想要测定自己的原时,只要携带一个标准钟,时时刻刻和钟在一起并保持相对静止,钟所记录的时间间隔就是该观测者的原时间隔. 所以,如果不加干预,不进行对钟,任何一个标准钟记录的是自己的原时. 观测者的原时可以用钟来直接测量. 请注意"直接"这两个字,意思是说,不需要理会是牛顿还是爱因斯坦的理论正确,所谓"直接测量",就是用纯实验的方式来进行测量.

接下来自然会问,坐标时间隔也能用钟直接测量吗? 狭义相对论的式(2.15)表明,一个惯性参考系的坐标时的速率与该坐标系中静止观测者原时的速率相等. 因此,仅就时间间隔而言,惯性参考系中静止钟的读数差就是该参考系的坐标时间隔 Δt. 在狭义相对论的平直时空里,坐标时也可以直接测量. 然而,按照爱因斯坦广义相对论的观念,现实的时空并非平

直,坐标时能否直接测量,这要到下一章再给出最后的解答.

时刻的测量要复杂得多.一个观测者如果不与外界接触,只要为自己的标准钟设置一个零点,钟的读数就显示了以后的时刻.坐标时要在各地共同使用,例如在中国各地都用北京时间,这就涉及不同地点的对钟.3.5节将从理论上讨论这个问题.这里先说明其结论:在狭义相对论的平直时空里,时刻能直接测量,也就是可以用纯实验的手段进行对钟,但是在广义相对论的弯曲时空里,一般情况下不能.所以,原时的一个重要特性是:原时可以直接测量.

2.2.2 闵可夫斯基时空图

在分析狭义相对论课题时,使用几何图示会有帮助.需要提醒,在闵可夫斯基时空里,矢量并不服从欧几里得几何,矢量的长度和两矢量是否正交,要用闵可夫斯基度规按第1章讲述的规则进行判断.1908年闵可夫斯基在论文中引入时空图来解释狭义相对论的概念.

图2.3画出了2个惯性坐标系$\{ct,x\}$和$\{ct',x'\}$.它们可以看成是与2个相对运动的观测者O和O'相关联的参考系.ct和ct'坐标轴分别是观测者O和O'的世界线.观测者O'在时间和空间的零点与O重合,然后以速度v沿x轴的正向匀速直线运动,所以2个坐标系之间的关系是洛伦兹变换式(2.4).

图2.3中$\{ct,x\}$系的2个坐标轴的夹角是直角,$\{ct',x'\}$系却不是,后者和前者之间有一个夹角α.用式(2.9)来计算x'轴在$\{ct,x\}$坐标系里的斜率.在x'轴上任何一点,$\Delta t'$等于零,因此从式(2.9)的第一式算得

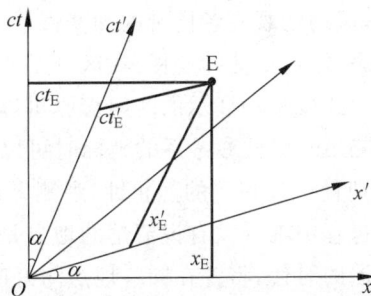

图2.3 事件E在两个相对运动的参考系$\{ct,x\}$和$\{ct',x'\}$中的坐标,倾角45°线为光的世界线

$$\beta = \tan\alpha = \frac{v}{c}. \tag{2.16}$$

用同样的方法可以证明ct'轴和ct轴的夹角也是α.这个结果是显然的,与光速不变原理一致.图2.3中倾角等于45°的线表示光的世界线.

$\{ct',x'\}$坐标系的时间轴和空间坐标轴不像是正交的,不要忘记这里不是欧几里得几何,而是闵可夫斯基几何.例如,在x'和ct'轴上各选取一个向量,在$\{ct,x\}$系里的坐标分量对应为$(\beta,1)$和$(1,\beta)$,用度规$ds^2 = -c^2dt^2 + dx^2$来计算两者的点积,得到的结果为零,说明这2个轴正交.顺便提醒,这些矢量的长度不能按欧几里得几何的算法得到$\sqrt{1+\beta^2}$,而是要用闵可夫斯基几何计算,得到的这2个矢量分别为类空矢量和类时矢量,长度为$\sqrt{1-\beta^2}$.

在图2.3中,所有与ct轴平行的直线是$\{ct,x\}$系中静止观测者的世界线,所有与x轴平行的直线为$\{ct,x\}$系中同时的事件所组成.完全类似,所有与ct'轴平行的直线是$\{ct',x'\}$系中静止观测者的世界线,所有与x'轴平行的直线为$\{ct',x'\}$系中同时的事件所组成.

图中标出了某一事件 E 在 2 个坐标系中的坐标相应为 (ct_E, x_E) 和 (ct'_E, x'_E),它们之间的关系由洛伦兹变换式(2.4)确定.

2.2.3 时间的洛伦兹膨胀

设想一个观测者在惯性参考系中运动,它不一定进行匀速直线运动.记 v 为它的瞬时速度的大小.设 S 和 F 是该观测者生命历程中的 2 个事件,或者说是他的世界线上的 2 个点.这 2 个事件之间耗费的时间可以用 2 种时间尺度进行计算:观测者的原时 τ 和惯性参考系的坐标时 t. 从式(2.15)立即可得

$$\Delta\tau = \int_S^F d\tau = \int_S^F \sqrt{1 - \frac{v^2}{c^2}}\, dt \leqslant \Delta t = \int_S^F dt. \tag{2.17}$$

只有当观测者在给定的惯性参考系中静止时,等号才成立.因此,从该惯性参考系的角度来看,运动的观测者携带的钟变慢了.这就是著名的时间膨胀效应:从惯性参考系的静止观测者来看,运动使钟变慢.在区分了原时和坐标时的概念后,这一效应变得分外清晰.

式(2.17)展示的时间膨胀可以测量.运动的观测者携带的标准钟记录从 S 到 F 的原时间隔 $\Delta\tau$.惯性参考系的坐标时可以用惯性参考系里同样结构的静止标准钟来记录,2 个被分别置于 S 和 F 的静止钟,观测者在经过 S 和 F 时记录这 2 个钟的读数,其差值就是 Δt.这一过程中唯一没有说清楚的地方是如何将这 2 个位于不同地点的钟对好时刻.在牛顿力学统治的时代,将钟在同一地点对好时刻,分散到各处,只要钟的走时误差可以忽略就可以了.在相对论里,时间不再是绝对的,分散的过程中每一个钟的运动状态不同,钟速也就不同.应当如何对钟,将在 3.5 节讲述.这里说的所有标准钟结构相同,强调的是它们有相同的量度单位.关于时间和长度的单位问题,将在第 8 章介绍.

时间膨胀效应提出后,很快受到质疑.最常见的质问如下:如果说运动使钟变慢,有 2 个观测者相对运动,每一个观测者都认为是另一位在运动,因此他的钟比自己的钟慢,究竟是谁的钟更慢呢?

首先要注意,观测者的钟走的是自己的原时,原时是局域的时间,只在自己的世界线上有意义,因此无法直接比对 2 个不在一起的钟的快慢,只能通过一个全局性的坐标时作为中介.下面进行仔细分析.

图 2.4(a)有 2 个观测者的世界线 w_A 和 w_B,两者都是直线,与观测者相联结的参考系都是惯性参考系,可以看成是图 2.3 中的参考系 K 和 K'. 2 条世界线只有一个交点 S.设想观测者同时到达 S,在那里对钟,将双方的钟都设为零时.问题是 2 个钟以后不能用直接对钟来比较快慢.显然,应当在世界线 w_A 和 w_B 上寻找 2 个同时事件,在那里比较 2 个钟的读数.图 2.4(a)的世界线 w_A 上标有事件 F_A.按照观测者 A 的看法,F_A 与 w_B 上的事件 F_{B1} 同时,也就是以 A 惯性参考系的坐标时为标准,SF_A 和 SF_{B1} 对应的坐标时间隔 Δt 相同.A 在自己的参考系中静止,SF_A 对应的 A 的原时间隔 $\Delta\tau_A$ 等于 Δt.B 在该参考系中运

动，SF_{B1} 对应的原时间隔 $\Delta\tau_{B1}$ 小于 Δt. 观测者 A 的结论是，B 的钟比自己的钟慢.

然而，按照观测者 B 的看法，F_A 并不与事件 F_{B1} 同时，而是与 F_{B2} 同时，读者可将该图与图 2.3 进行参照，参考系同时事件的连线应当与该参考系的空间轴平行. 用与上一段同样的逻辑，B 得到的结论是 A 的钟比自己的钟慢.

十分显然，上面叙述的现象来自狭义相对论的"同时性的相对性". 这里没有逻辑上的矛盾，在得到不同结论的时候，间隔 SF_A 是和不同的对象在比较. 按理说，原时间隔用钟的读数度量，是观测量，然而不在一起的钟的比较涉及不在同一地点的事件的同时性，采用不同的坐标时来建立同时性会导致不同的结论. 例如，可以选择 A 和 B 的平均参考系，如式 (2.13) 所示，使得 A 和 B 相对该参考系的速度大小相同而方向相反. 以该参考系的坐标时为标准，A 和 B 的钟走得一样快.

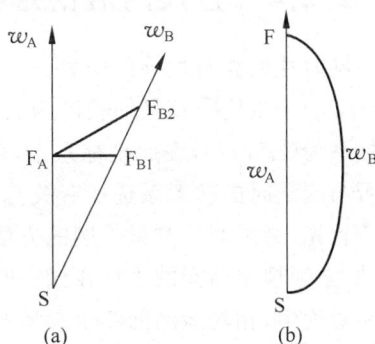

图 2.4　2 个观测者 A 和 B 钟速的比较，w_A 和 w_B 是他们的世界线

(a) A 和 B 都是惯性观测者，在时空点 S 相遇后分离. 2 钟无法直接比较，用不同的坐标时作中介会得到不同的结论；(b) A 是惯性观测者，B 在时空点 S 出发旅行，在 F 点返回. 直接比较的结论是旅行的 B 钟比 A 钟慢

图 2.4(b) 展示与图 2.4(a) 不同的模型. 观测者 B 从时空点 S 出发，经过加速和减速等阶段，在时空点 F 和观测者 A 再次会合. 观测者 B 的参考系不再是惯性参考系，这是和图 2.4(a) 的重要差别. 2 个观测者在 S 和 F 各自记录下自己的标准钟经历的原时间隔，分别为 $\Delta\tau_A$ 和 $\Delta\tau_B$，可以比较哪个钟走得慢些. 和图 2.4(a) 的情形不同，这里应当有与参考系无关的明确结论.

现在对图 2.4(b) 做理论分析. 因为结论与参考系的选择无关，自然选择比较简单的 A 参考系，它是一个惯性参考系. 观测者 A 的原时和参考系的坐标时相同. 从运动观测者的原时比坐标时慢的结论立即知道有 $\Delta\tau_B < \Delta\tau_A$，亦即旅行观测者 B 的钟比静止观测者 A 的钟慢，至于慢多少，取决于 B 运动的具体情况.

上面的分析表明，在点 S 和点 F 之间，B 的曲线路径的 4 维长度比 A 的直线路径的长度要短. 再次提醒，这里不是欧几里得几何. 式 (2.17) 表明以下结论：在闵可夫斯基时空中，连接间隔为类时间隔的 2 个时空点之间，在所有可能的粒子世界线中，直线的 4 维长度最长. 以上对图 2.4 的讨论是对著名的"双生子佯谬"的诠释.[①]

---

① 关于双生子佯谬的解释，读者可以阅读相关书籍，也可在网上查询，例如英文版维基百科的"twin paradox"条目. 旅行者回家时变得更年轻是相对论的结论，已经为实验所证实. 这种现象并不能完全归结于旅行者的加速度和减速度. 旅行者的旅程中如果有匀速阶段，速度越大，时间越长，旅行者返回时会更年轻. 关键是 S 和 F 之间两条世界线的 4 维长度的差别.

2.2.4   直尺的洛伦兹收缩

同时性的相对性导致的另一个相对论效应是运动使得直尺的长度变短. 设在惯性参考系 (ct, x) 中量度一直尺的长度为 l. 惯性参考系中该尺以速度 v 沿 x 轴的正向运动. 记直尺坐标系为 (ct', x'), 在此坐标系中, 直尺为静止, 量得它的长度为 $l_\square$. 要问的是, 直尺的长度是否与测量时的参考系选择有关?

首先, 必须明确测量长度的方法. 尺子的长度等于其两端的空间坐标之差. 因为尺子在运动, 必须规定两端的坐标在同一时刻记录. 这和牛顿力学中的测量方法并无不同, 差异是在相对论中, 相对运动的 2 个参考系有不同的同时性, 因此会得到不同的直尺长度.

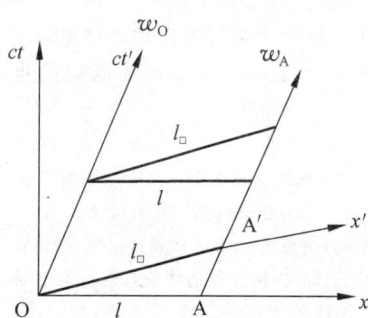

图 2.5   直尺的洛伦兹收缩. 直尺在惯性系 (ct, x) 中的长度为 l, 在直尺参考系 (ct', x') 中的固有长度为 $l_\square$. 当直尺在 (ct, x) 系中运动, 恒有 $l < l_\square$. 图中 w_O 和 w_A 为直尺两端的世界线

图 2.5 上有坐标系 (ct, x) 和 (ct', x'), 直尺两端的世界线为 w_O 和 w_A. 为简单起见, 图中假定直尺作匀速直线运动, 两个坐标系都是惯性参考系. 此外, 在 $t = t' = 0$ 时, 尺子的左端 O 放置在时空坐标原点, w_O 就是 ct' 轴. 在时刻 $t = t' = 0$, 直尺右端在坐标系 (ct, x) 中的位置为时空点 A, $OA = l$, 在 (ct', x') 系中的右端位置为 A′, $OA' = l_\square$. 从图中清晰可见, 注意 A 在 (ct, x) 系中的时空坐标为 $(0, l)$, 在 (ct', x') 系中的空间坐标为 $l_\square$. 于是, 按洛伦兹变换式 (2.4) 的第二式, 有

$$x' = \gamma(x - vt),$$

得到

$$l = l_\square \sqrt{1 - v^2/c^2}. \tag{2.18}$$

在直尺参考系中测量的尺子长度 $l_\square$ 称为固有长度 (proper length). 上式表明, 惯性参考系中测量得到的运动直尺的长度比其固有长度短.

2.3   运动定律

2.3.1   粒子的 4 速度

长久以来, 习惯使用的 3 维空间速度 $v^i = \mathrm{d}x^i/\mathrm{d}t$ 并不是 4 维时空中的一个张量. $\mathrm{d}x^i$ 不是一个 1 阶张量, $\mathrm{d}t$ 也不是一个与坐标变换无关的标量. 如第 1 章中所述, 1 个粒子运动的 4 维间隔 $\mathrm{d}x^\alpha$ 是一个 1 阶张量的逆变坐标分量, 用它可以构造一个表示速度的张量. 显然, 应当用粒子的原时间隔 $\mathrm{d}\tau$, 而不能用坐标时间隔 $\mathrm{d}t$. 定义

$$u^\alpha \equiv \frac{\mathrm{d}x^\alpha}{\mathrm{d}\tau} \tag{2.19}$$

为粒子的 4 速度. 它是一个张量.

现在来看 u^α 在惯性参考系 $\{ct, x^i\}$ 中时间和空间分量的表达式. 从式(2.15)和式(2.5)得到

$$\begin{cases} u^0 = \dfrac{c\,\mathrm{d}t}{\mathrm{d}\tau} = c\gamma, \\ u^i = \dfrac{\mathrm{d}x^i}{\mathrm{d}\tau} = \gamma v^i. \end{cases} \quad (2.20)$$

注意上面的表达式仅对惯性参考系和笛卡儿坐标系才成立. 对于任意的坐标系,4 速度的定义式(2.19)仍然成立,但是式(2.20)不一定成立.

狭义相对论的物理定律只对惯性参考系才成立,这并不等于在狭义相对论中只能采用惯性参考系. 回忆一下更为人熟知的牛顿力学,它的物理定律也只在惯性参考系中成立,但常常根据需要采用非惯性参考系,只要加入惯性力就行了. 分析力学更提供了采用任意广义坐标的手段. 引入张量的一个目的,就是可以方便地使用任意的坐标系.

采用任意坐标系 $\{x^\alpha\}$,平直时空的度规形式为

$$\mathrm{d}s^2 = g_{\alpha\beta}\mathrm{d}x^\alpha \mathrm{d}x^\beta.$$

现在来计算粒子 4 速度的大小. 因为对粒子的运动,$\mathrm{d}s^2 = -c^2\mathrm{d}\tau^2$,从上式和式(2.19)立即可得

$$\boldsymbol{u} \cdot \boldsymbol{u} = g_{\alpha\beta}u^\alpha u^\beta = -c^2. \quad (2.21)$$

也就是说,4 速度的长度固定,4 个分量中只有 3 个独立.

4 速度的几何意义十分清晰. 它是粒子世界线上的类时切矢量,指向粒子原时增加的方向,其长度为 c.

2.3.2 粒子的 4 动量

记 $m_\square$ 为与粒子相对静止的参考系中度量的粒子质量,称为静止质量或不变质量,常称为粒子的质量. 它是一个标量. 粒子的 4 动量定义为

$$p^\alpha \equiv m_\square u^\alpha = m_\square \frac{\mathrm{d}x^\alpha}{\mathrm{d}\tau}. \quad (2.22)$$

它也是一个张量.

在笛卡儿坐标系 (ct, x^i) 里,记 $v^i = \mathrm{d}x^i/\mathrm{d}t$ 为粒子的坐标速度,利用式(2.20),4 动量各个分量的物理意义为

$$\begin{cases} p^0 = m_\square \gamma c = mc, \\ p^i = m_\square \gamma v^i = mv^i. \end{cases} \quad (2.23)$$

其中,

$$m = m_\square \gamma = \frac{m_\square}{\sqrt{1 - v^2/c^2}} \quad (2.24)$$

称为粒子的相对论质量.

这里要强调,静止质量 $m_\square$ 是粒子的属性,无论在什么参考系里,只要观测者相对粒子静止,测量出的粒子的质量一定是 $m_\square$,所以也称为不变质量,或直接称为质量.根据爱因斯坦 1905 年另一篇论文对质能关系的发现和论证,粒子具有相应的静止能量,用本书的符号写成[①]

$$E_\square = m_\square c^2. \qquad (2.25)$$

所以,物体的质量不仅由构成物体的粒子的质量相加,内部的热能、电磁能和核能等都有贡献,物体对能量的吸收和释放都会造成质量的相应变化.

当速度 $v \ll c$,展开后有

$$mc^2 \approx m_\square c^2 + \frac{1}{2} m_\square v^2, \qquad (2.26)$$

用牛顿的语言解释式(2.26):粒子在其静止参考系中具有能量 $m_\square c^2$,在运动参考系里加上动能后,具有的能量为 mc^2.

在任意惯性参考系中引入符号

$$E = p^0 c = mc^2, \qquad (2.27)$$

作为粒子的相对论能量.注意书籍和文献中讲的质能关系通常指的是式(2.25),表示物体的惯性属性的质量和它具有的能量成比例,比例因子是一个很大的数值,光速的平方.

4 动量的第 i 个空间分量是动量在 x^i 轴方向的分量.注意,当度规是闵可夫斯基度规的情况下,$p^0 = -p_0$,$p^i = p_i$,协变和逆变坐标分量几乎相同,但是在任意坐标系里,4 动量的坐标分量不一定再具有上面说的物理意义,指标的升降也由度规 $g_{\alpha\beta}$ 和 $g^{\alpha\beta}$ 来进行,协变和逆变坐标分量可以完全不同.

4 动量的模是常量,为

$$\boldsymbol{p} \cdot \boldsymbol{p} = -m_\square^2 c^2, \qquad (2.28)$$

在惯性参考系里,上式常写成

$$\frac{E^2}{c^2} = m_\square^2 c^2 + p^2, \qquad (2.29)$$

其中 $p = \sqrt{p_i p^i}$.上式给出了狭义相对论中能量、动量和质量之间的关系.

对于光子,$m_\square = 0$,仍可以定义 4 动量.光子的能量 $E = h\nu$,其中 ν 是光子的频率,而 h 是普朗克常量.可以计算光子的相对论质量

$$m = h\nu / c^2, \qquad (2.30)$$

---

① 爱因斯坦和之后的多位物理学家对质量能量等价性进行了各种推导和论证,读者可参阅斯坦福大学的哲学百科,题为"*The Equivalence of Nass and Energy*",详细介绍了相关的历史、物理和哲学意义,以及推导方法,并开列了文献.

从而计算光子的动量. 这样, 光子的 p^0 和 p^i 仍有明确的定义和物理意义.

2.3.3 粒子动力学和洛伦兹不变

在牛顿力学里, 粒子动量对时间的导数是粒子所受的力. 在建立了 4 动量之后, 可类似地定义 4 维力 f^μ 为

$$f^\mu \equiv \frac{\mathrm{d}p^\mu}{\mathrm{d}\tau} = m_\square \frac{\mathrm{d}^2 x^\mu}{\mathrm{d}\tau^2}. \tag{2.31}$$

这里再次用对原时而非坐标时求导数, 原时是与参考系选择无关的量.

现在来研究 f^μ 是否是张量. 设从坐标系 $\{x^\mu\}$ 变换到 $\{x^{\mu'}\}$, 因为 4 动量是张量, 所以有

$$\frac{\mathrm{d}p^\mu}{\mathrm{d}\tau} = \frac{\mathrm{d}}{\mathrm{d}\tau}\left(\frac{\partial x^\mu}{\partial x^{\mu'}}p^{\mu'}\right) = \frac{\partial x^\mu}{\partial x^{\mu'}}\frac{\mathrm{d}p^{\mu'}}{\mathrm{d}\tau} + p^{\mu'}\frac{\mathrm{d}}{\mathrm{d}\tau}\left(\frac{\partial x^\mu}{\partial x^{\mu'}}\right).$$

对于任意的坐标变换, 变换的雅可比矩阵元素不是常数, 因此式 (2.31) 定义的 4 维力 f^μ 不是一般意义下的张量.

然而, 洛伦兹变换式 (2.4) 是常系数线性变换, 所以在洛伦兹变换下有

$$f^\mu = \frac{\partial x^\mu}{\partial x^{\mu'}}f^{\mu'}.$$

这就是说, 上面定义的 4 维力在坐标变换限定为洛伦兹变换的情况下具有张量变换的形式. 这也表明, 粒子运动方程 (2.31) 在惯性参考系到惯性参考系的洛伦兹变换下形式保持不变, 称为洛伦兹不变. 狭义相对论的物理定律都可以写成洛伦兹不变的形式, 这一点在建立广义相对论的物理定律时分外重要.

将 4 维力的时间和空间分量分离, 式 (2.31) 的空间部分为

$$\frac{\mathrm{d}}{\mathrm{d}\tau}(mv^i) = f^i, \tag{2.32}$$

引入 3 维力

$$F^i \equiv f^i \frac{\mathrm{d}\tau}{\mathrm{d}t}, \tag{2.33}$$

粒子运动方程写成

$$\frac{\mathrm{d}}{\mathrm{d}t}(mv^i) = F^i, \tag{2.34}$$

它和牛顿第二定律的重要差别是: 这里的 m 不是常量.

4 速度和 4 动量的模都是常量, 它们的 4 个坐标分量中只有 3 个独立, 4 维力应当具有类似的性质. 将式 (2.28) 对粒子的原时求导, 在笛卡儿坐标系里有

$$-p^0 f^0 + p^i f^i = 0.$$

对于平直时空, 3 维空间具有欧几里得架构, 指标 i 的位置可以随便书写. 将 4 动量各分量的表达式 (2.23) 代入上式, 有

$$f^0 = \frac{1}{c}(\vec{f} \cdot \vec{v}),$$ (2.35)

其中, $\vec{v} = (v^i)$, $\vec{f} = (f^i)$. 上式中的点乘是欧几里得几何点乘. 将上式和式(2.33)、式(2.23)以及式(2.31)相联系, 记 $\vec{F} = (F^i)$, 得到

$$\begin{cases} c^2 \, \mathrm{d}m = \vec{F} \cdot \vec{v} \, \mathrm{d}t, \\ \mathrm{d}(m\vec{v}) = \vec{F} \, \mathrm{d}t. \end{cases}$$ (2.36)

最后, 再次申明, 狭义相对论中讲的力不包括引力.

2.4　光行差和多普勒频移

2.4.1　光行差

英国天文学家 Bradley(James Bradley, 1693—1762)于 1725—1728 年在观测恒星的位置变化时发现了光行差, 并且给予了正确的物理解释: 光速的数值并不是无限大, 观测者看到的恒星方向是光速矢量和观测者的速度矢量合成的结果. 地球在运动, 观测者速度矢量的方向在变化, 因此观测到的恒星方向也在变化.

地球在太阳系运动时, 观测者的位置和速度都在变化. 天文学家将观测者位置变化和速度变化引起的恒星视方向的变化分别称为视差和光行差. Bradley 原意本是试图测定恒星周年视差. 恒星视差数值太小, 限于当时的观测精度, 他没有发现视差, 却意外发现了光行差.

设想有 2 个不同的观测者, 他们的时空位置相同, 却有不同的 4 速度. 如 2.3.1 节所述, 4 速度的方向是观测者原时的增加方向, 不同的 4 速度将 4 维时空进行了不同的时间和空间划分. 记在观测瞬间与这 2 个观测者相对静止的惯性参考系分别为 $(ct, \vec{r})$ 和 $(ct', \vec{r}')$, 设后者相对前者的 3 维空间速度向量为 $\vec{v}$, 则天体辐射来的光子在这 2 个坐标系里的速度分别为 $\mathrm{d}\vec{r}/\mathrm{d}t$ 和 $\mathrm{d}\vec{r}'/\mathrm{d}t'$. 引入单位向量

$$\vec{n} = \frac{\mathrm{d}\vec{r}}{c\,\mathrm{d}t}, \quad \vec{n}' = \frac{\mathrm{d}\vec{r}'}{c\,\mathrm{d}t'}.$$ (2.37)

$\vec{n}$ 和 $\vec{n}'$ 之差即其方向之差, 称为光行差.

这显然就是 2.1.6 节介绍的速度叠加问题. 从式(2.12)和式(2.37)得到

$$\vec{n}' = \frac{\vec{n} + \left(\frac{\gamma - 1}{v^2}\vec{n} \cdot \vec{v} - \frac{\gamma}{c}\right)\vec{v}}{\gamma\left(1 - \frac{1}{c}\vec{n} \cdot \vec{v}\right)}.$$ (2.38)

上式中若舍弃 c^{-2} 及更小的项, 可将 γ 取值 1, 得到

$$\vec{n}' = \vec{n} + \frac{1}{c}\vec{n}(\vec{n} \cdot \vec{v}) - \frac{\vec{v}}{c} + O(c^{-2}).$$ (2.39)

利用

$$(\vec{a} \times \vec{b}) \times \vec{c} = \vec{b}(\vec{a} \cdot \vec{c}) - \vec{a}(\vec{b} \cdot \vec{c}).\tag{2.40}$$

得到常见的光行差的牛顿近似公式

$$\vec{n}' = \vec{n} + \frac{1}{c}(\vec{v} \times \vec{n}) \times \vec{n} + O(c^{-2}).\tag{2.41}$$

对式(2.38)做进一步的演算,得到更为精确的光行差公式

$$\vec{n}' = \vec{n} + \frac{1}{c}(\vec{v} \times \vec{n}) \times \vec{n} + \frac{1}{2c^2}[2(\vec{n} \cdot \vec{v})^2\vec{n} - v^2\vec{n} - (\vec{n} \cdot \vec{v})\vec{v}] +$$

$$\frac{(\vec{n} \cdot \vec{v})}{2c^3}[2(\vec{n} \cdot \vec{v})^2\vec{n} - v^2\vec{n} - (\vec{n} \cdot \vec{v})\vec{v}] + O(c^{-4}).\tag{2.42}$$

不难验证,当 $\vec{n} \cdot \vec{n} = 1$,有 $\vec{n}' \cdot \vec{n}' = 1 + O(c^{-4})$ 成立.

利用

$$v^2 = (\vec{v} \cdot \vec{n})^2 + (\vec{v} \times \vec{n})^2,\tag{2.43}$$

光行差计算公式也可写成

$$\vec{n}' = \vec{n} + \frac{1}{c}(\vec{v} \times \vec{n}) \times \vec{n} + \frac{1}{2c^2}[(\vec{v} \times \vec{n}) \times \vec{v} - 2\vec{n}(\vec{v} \times \vec{n})^2] +$$

$$\frac{(\vec{n} \cdot \vec{v})}{2c^3}[(\vec{v} \times \vec{n}) \times \vec{v} - 2\vec{n}(\vec{v} \times \vec{n})^2] + O(c^{-4}).\tag{2.44}$$

在文献中,还常见一个等价的表达式

$$\vec{n}' = \vec{n} + \frac{1}{c}\vec{n} \times (\vec{n} \times \vec{v}) + \frac{1}{2c^2}[(\vec{n} \cdot \vec{v})\vec{n} \times (\vec{n} \times \vec{v}) - \vec{n}(\vec{n} \times \vec{v})^2] +$$

$$\frac{(\vec{n} \cdot \vec{v})}{2c^3}[(\vec{n} \cdot \vec{v})\vec{n} \times (\vec{n} \times \vec{v}) - \vec{n}(\vec{n} \times \vec{v})^2] + O(c^{-4}).\tag{2.45}$$

2.4.2 多普勒频移

1842 年奥地利物理学家多普勒(Christian Johann Doppler,1803—1853)提出,当信号源和观测者有相对运动时,接收到的频率和发射频率会有差别.当两者相互远离,接收到的频率会变低,出现红移;当两者相互接近,接收到的频率会变高,出现蓝移.这就是著名的多普勒效应,可以用来测定信号源相对观测者的视向速度.它已成为飞行器测控、双星轨道、系外行星探测等领域的一项重要技术.

在牛顿力学框架里,多普勒效应的原理极其简单.当信号源相对观测者远离时,信号传播所需的时间就会越来越长,造成观测者测量出的信号波长比信号源辐射的信号波长要长,亦即频率要低.容易导出普通物理或普通天文学课程给出的公式.

进入狭义相对论,如果信号源 S 和观测者 O 有相对运动,则和它们相连的参考系并不

相同.S 辐射的信号频率用 S 处的原时 τ_S 度量,O 测量的频率用 O 处的原时 τ_O 度量.当两者相对运动时,两个原时并不相同,涉及时间膨胀.多普勒频移的计算公式自然和牛顿力学中的不同,但差别一定是 $O(c^{-2})$ 量级.

设 K 是资料处理选用的惯性参考系 $(ct,\vec{x})$,信号传播的速度是真空中的光速 c,S 的位置和速度矢量相应为 $\vec{x}_S$ 和 $\vec{v}_S$,O 的位置和速度矢量分别为 $\vec{x}_O$ 和 $\vec{v}_O$.在坐标时刻 t_S 时,S 发射信号,信号的周期用 S 的原时表示为 $\delta\tau_S$,O 在坐标时刻 t_O 收到信号,用自己的钟记录信号的周期为 $\delta\tau_O$.注意 S 和 O 在测量信号的频率或周期时,他们的标准钟记录的是他们的原时间隔,而非 K 系的坐标时,若要将异地的原时进行联系,只能通过坐标时.

引入狭义相对论的常用符号

$$\begin{cases} \gamma_S = \dfrac{1}{\sqrt{1-v_S^2/c^2}}, \\ \gamma_O = \dfrac{1}{\sqrt{1-v_O^2/c^2}}. \end{cases} \tag{2.46}$$

其中,$v=|\vec{v}|$.得到用坐标时量度的信号周期为

$$\begin{cases} \delta t_S = \gamma_S \delta\tau_S, \\ \delta t_O = \gamma_O \delta\tau_O. \end{cases} \tag{2.47}$$

式中凡下指标为 S 的量,对应的时刻都是 t_S,下指标为 O 的量,对应的时刻都是 t_O,后文不再申明.

因为 S 和 O 都在运动,δt_S 和 δt_O 并不相等,但只有速度在视线方向的分量才起作用.引入符号

$$\begin{cases} \vec{n}_{SO} = \dfrac{\vec{x}_S - \vec{x}_O}{|\vec{x}_S - \vec{x}_O|}, \\ \beta_S = \dfrac{\vec{v}_S \cdot \vec{n}_{SO}}{c}, \\ \beta_O = \dfrac{\vec{v}_O \cdot \vec{n}_{SO}}{c}. \end{cases} \tag{2.48}$$

其中,$\vec{n}_{SO}$ 是 t_O 时的观测者指向 t_S 时的信号源方向的单位向量,或者说,是视线方向的单位向量.只是要注意,这里的视线并不是同一时刻观测者和信号源的连线.信号源和观测者的运动导致对信号传播路径和时间的修正,显然有下面的关系,

$$\delta t_S(1+\beta_S) = \delta t_O(1+\beta_O). \tag{2.49}$$

结合式(2.49)和式(2.47),得到多普勒频移的计算公式为

$$1+z = \frac{\nu_S}{\nu_O} = \frac{\delta\tau_O}{\delta\tau_S} = \frac{\gamma_S(1+\beta_S)}{\gamma_O(1+\beta_O)}. \tag{2.50}$$

式中,ν_S 和 ν_O 分别对应发射和接收的信号频率;z 是多普勒频移,取正值时为红移,取负值

时为蓝移.将上式展开,得到

$$z = \frac{\beta_\mathrm{S} - \beta_\mathrm{O}}{1 + \beta_\mathrm{O}} + \frac{1}{2c^2}(v_\mathrm{S}^2 - v_\mathrm{O}^2) + O(c^{-3}). \tag{2.51}$$

进一步的近似得到

$$z = \beta_\mathrm{S} - \beta_\mathrm{O} + O(c^{-2}) = \frac{v_\mathrm{r}}{c} + O(c^{-2}). \tag{2.52}$$

其中,v_r 是信号发射时刻信号源的视向速度与接收时刻观测者的视向速度之差,也就是前者相对后者的视向速度.式(2.52)是常见的非相对论多普勒频移公式.

相对论多普勒频移公式(2.51)表明,即使信号源和观测者的相对运动速度没有视线方向的分量,他们的相对运动也会造成多普勒效应,即所谓横向多普勒频移.

信号的辐射和接收频率是观测量,因此多普勒频移的数值与理论计算时选取的参考系无关.读者完全可以采用其他参考系来进行推导,所得的结果应当在坐标变换后与本节的结果相同.

2.5 理想流体的能量动量张量

2.5.1 表示物质及其分布的张量

广义相对论是引力的理论.在其中引力表现为时空的弯曲.第 1 章里提到,时空的弯曲用度规张量 $g_{\alpha\beta}$ 表示.那么,表示引力的度规又是由什么来决定的呢?在牛顿力学里,有一个从物质及其分布决定引力势的泊松方程

$$\nabla^2 U = 4\pi G\rho. \tag{2.53}$$

其中,U 是牛顿引力势,ρ 是物质的密度,$\vec{\nabla}$ 是梯度算子,而 G 是牛顿引力常量.给定密度分布之后,从这个 2 阶偏微分方程可以解出牛顿引力势.在相对论里,度规 $g_{\alpha\beta}$ 取代了 U 来表示引力势,应当有一个与泊松方程相当的方程去求解度规张量,也应该有一个与密度分布对应的表示物质及其分布的张量.本节的目的是,在理想流体模型的假设下,在狭义相对论框架里导出这一张量.

众所周知,在相对论中,能量和质量是等价的,所以不仅是质量密度,任何形式的能量密度都会产生引力.此外,物质的运动状态也必须考虑在内.对于单个粒子的情况,已经看到粒子的能量和动量是 4 动量的坐标分量,相互间可以转换.此外,物质内部的应力也蕴含着能量,对引力也有贡献.代表物质的这一张量称为能量动量应力张量,常称为能量动量张量.

2.5.2 尘埃的能量动量张量

对于流体,不再分解到单个粒子,而要使用密度的概念.流体内部有相互作用,也就是应

力. 先做一个简化的假设, 假定流体内部没有任何相互作用, 这时所有的流体元在每一瞬间一定都有相同的速度, 否则就会发生碰撞或摩擦. 这样的物质模型, 称为尘埃. 对于尘埃, 一定存在一个全局的参考系, 在其中所有的流体元都静止.

在洛伦兹变换下, 粒子的相对论质量和静止质量之间差一个因子 $\gamma = 1/\sqrt{1 - v^2/c^2}$, 这使得单个粒子的质量是 1 阶张量 4 动量的时间分量. 流体的质量密度是单位体积的质量. 在洛伦兹变换下, 除了质量变化外, 体积还要经历洛伦兹收缩. 所以质量或能量密度应当是 1 个 2 阶张量的分量. 容易猜测, 这个 2 阶张量是

$$T^{\alpha\beta} = \rho_\square u^\alpha u^\beta. \tag{2.54}$$

其中, u^α 是流体元的 4 速度, $\rho_\square$ 是物质的静止质量密度, 亦即在其瞬时随动参考系 (momently comoving reference frame, MCRF) 测量的质量密度. MCRF 可以看成一个惯性参考系, 它的速度与流体元的瞬时速度相同, 仅在这一瞬间有意义. 在后面的应用中, 选取 MCRF 的度规为闵可夫斯基度规. 尘埃的能量动量张量 $T^{\alpha\beta}$ 是一个对称的 2 阶张量.

对于某一个惯性参考系, 选取笛卡儿坐标系 (ct, x^i), 设流体元的空间 3 速度为 $v^i = \mathrm{d}x^i/\mathrm{d}t$, 借助于式 (2.20) 得

$$\begin{cases} T^{00} = \rho c^2, \\ T^{0i} = T^{i0} = \rho c v^i, \\ T^{ij} = \rho v^i v^j. \end{cases} \tag{2.55}$$

其中,

$$\rho = \rho_\square \gamma^2, \tag{2.56}$$

是该参考系中测量的流体元的质量密度. 时时分量 T^{00} 是该参考系中流体元的能量密度. 不考虑常数因子, 时空分量 T^{0i} 是该系中流体元具有的动量密度沿 x^i 轴方向的分量, 也可以看作是沿 x^i 轴方向的能通量 (单位时间通过单位面积的能量). 空空分量 T^{ij} 是动量密度的 x^i 分量沿 x^j 方向的通量, 将 x^i 和 x^j 交换一下说也对.

现在来计算尘埃能量动量张量的 4 维散度

$$T^{\alpha\beta}_{,\beta} = \frac{\partial T^{\alpha\beta}}{\partial x^\beta}. \tag{2.57}$$

为使符号简单起见, 后文用右下角的逗号表示普通偏导数. 在 (ct, x^i) 里, 利用式 (2.55) 得到

$$\begin{cases} T^{0\beta}_{,\beta} = T^{00}_{,0} + T^{0j}_{,j} = c(\rho_{,t} + \vec{\nabla} \cdot (\rho\vec{v})), \\ T^{i\beta}_{,\beta} = T^{i0}_{,0} + T^{ij}_{,j} = (\rho v^i)_{,t} + \vec{\nabla} \cdot (\rho v^i \vec{v}). \end{cases} \tag{2.58}$$

第一式第 2 个等号右边第一项是流体元内的质量密度经过单位时间的增加量, 对于孤立的流体, 应当完全是流体流进和流出之差所造成; 第二项就表示了这种流动的贡献. 为叙述方便, 将坐标符号改成 (ct, x, y, z), 第二项的坐标表示为

$$\frac{\partial(\rho v^x)}{\partial x} + \frac{\partial(\rho v^y)}{\partial y} + \frac{\partial(\rho v^z)}{\partial z}.$$

设想一个坐标网格流体元,边长分别为 $\Delta x, \Delta y, \Delta z$,讨论沿 x 轴方向的流体流动.流体在坐标值 x 处通过面积为 $\Delta y \Delta z$ 的界面流入流体元,而在坐标值 $x + \Delta x$ 处流出流体元.单位时间内流进或流出的流体质量应为 $\rho v^x \Delta y \Delta z$,因流动造成的流体元质量密度的减少是

$$\frac{\Delta(\rho v^x)}{\Delta x} \xrightarrow{\Delta x \to 0} \frac{\partial(\rho v^x)}{\partial x}.$$

所以,式(2.58)第一式第 2 个等号右边第二项的意义是流体流动造成的单位时间流体元质量密度的减少.当尘埃物质是孤立的,没有外力对它做功的情况下,两项应当相互抵消.这就是著名的连续性方程

$$\rho_{,t} + \vec{\nabla} \cdot (\rho \vec{v}) = 0. \tag{2.59}$$

也就是局域的能量(质量)守恒律.类似地,从式(2.58)得到局域动量守恒定律,写成矢量形式为

$$(\rho \vec{v})_{,t} + (\vec{v} \cdot \vec{\nabla})(\rho \vec{v}) + \rho \vec{v}(\vec{\nabla} \cdot \vec{v}) = 0. \tag{2.60}$$

于是,在参考系为惯性参考系,并选取笛卡儿坐标系时,孤立尘埃能量动量张量的 4 维散度构成局域的能量动量守恒定律

$$T^{\alpha\beta}_{,\beta} = 0. \tag{2.61}$$

注意,这里"局域"两字不可省略.

2.5.3　理想流体的能量动量张量

尘埃是没有内部应力的流体,实际的流体内部必然有应力.假定流体没有黏性力,即没有沿作用面切向的应力,只有与作用面垂直的压力,同时假定没有热耗散,这样的流体称为理想流体.理想流体的能量动量张量有两部分,一部分相当于尘埃,另一部分是内部应力的贡献.写成

$$T^{\alpha\beta} = T^{\alpha\beta}_{\text{DUST}} + T^{\alpha\beta}_{\text{IN}} = \rho_\square u^\alpha u^\beta + T^{\alpha\beta}_{\text{IN}}.$$

还需要导出应力部分的表达式.

对于没有外力作用的孤立的理想流体,它的能量动量张量应当仍满足局域守恒律式(2.61).应力的存在使得

$$\begin{cases} T^{0\beta}_{\text{DUST},\beta} = -T^{0\beta}_{\text{IN},\beta} = \dfrac{1}{c} w_{\text{IN}}, \\[2mm] T^{i\beta}_{\text{DUST},\beta} = -T^{i\beta}_{\text{IN},\beta} = f^i_{\text{IN}}. \end{cases} \tag{2.62}$$

其中,w_{IN} 和 f^i_{IN} 分别是应力做功的功率密度和应力密度沿 x^i 方向的分量.

选择与流体元瞬时随动的参考系 MCRF 来表达这些量.在随动系里流体元静止,有 $w_{\text{IN}} = 0$.对于理想流体,有 $f^i_{\text{IN}} = \partial p / \partial x^i$,其中 p 为压强.于是在 MCRF 里,$T^{\alpha\beta} = T^{\alpha\beta}_{\text{DUST}} + T^{\alpha\beta}_{\text{IN}}$ 的形式应当是

$$T^{\alpha\beta} = \begin{pmatrix} \rho_\square c^2 & 0 & 0 & 0 \\ 0 & p & 0 & 0 \\ 0 & 0 & p & 0 \\ 0 & 0 & 0 & p \end{pmatrix}. \tag{2.63}$$

这样,可以猜出当度规为闵可夫斯基度规时,理想流体的能量动量张量为

$$T^{\alpha\beta} = \left(\rho_\square + \frac{p}{c^2}\right) u^\alpha u^\beta + \eta^{\alpha\beta} p. \tag{2.64}$$

在瞬时随动系中,流体元静止,有 $\mathrm{d}t = \mathrm{d}\tau$,$u^\alpha = (c, 0, 0, 0)$,上式和前文的论证相符. 它具有洛伦兹不变的形式,在选取笛卡儿坐标系的所有惯性参考系中都正确.

在任意的坐标系中,度规不一定是 $\eta^{\alpha\beta}$,而是 $g^{\alpha\beta}$,这一张量应当写成

$$T^{\alpha\beta} = \left(\rho_\square + \frac{p}{c^2}\right) u^\alpha u^\beta + g^{\alpha\beta} p. \tag{2.65}$$

注意在任意坐标系中,虽然局域的能量动量守恒律仍成立,但是不再具有式(2.61)的数学形式. 关于这一问题,将在第 4 章中进一步讨论.

能量动量张量是表示物质及其分布的物理量. 当度规为闵可夫斯基度规时,它的 4 维散度 $T^{\alpha\beta}{}_{;\beta} = 0$ 给出了流体的能量动量局域守恒定律,也就给出了流体的运动方程. 理想流体是自然天体的一个常用的近似物质模型.

习题

2.1　提出另一种说明信息传播速度不能大于光速的论据.

2.2　验证洛伦兹变换式(2.4)保持闵可夫斯基度规的形式.

2.3　有两个不同的事件 A 和 B,证明:如果 A 和 B 之间的时空间隔是类空间隔,则一定能通过洛伦兹变换,使两事件为同时事件,但不可能使两事件发生在同一空间地点;如果该时空间隔为类时间隔,则一定能通过洛伦兹变换,使两事件为同地事件,但不可能成为同时事件.

2.4　讨论"运动使钟变慢"是否正确和完整,比较距离遥远的两个钟的快慢能否有唯一的结论.

2.5　双生子 A 和 B 出生后,B 立刻乘坐速度为 $0.8c$ 的飞船前往距离地球 E 为 4 光年的星体 S,到达 S 后立即以同样的速度返回地球. B 将发现自己比 A 更年青. 设想飞船运动过程中涉及的加速和减速的时间可以忽略,在狭义相对论框架里讨论:

(1) 计算他们再度会合时两人的年龄,请分别在 A 和 B 的静止参考系中都进行计算,结果应当一致.

(2) B 出发后,A 不断给 B 发送视频信息,问 B 在到达 S 的瞬间看到视频上显示 A 的年龄是多少? 在这一瞬间 B 立即向 A 发送视频信息,问 A 在几岁时收到这个信息?

(3) A 和 B 知道对方发送信息所使用的频率,问收到对方信息时测量得到的频移.

(4) 讨论 2 个惯性参考系:A 和 B 的去程参考系,在不同的惯性参考系中,计算 A 在几岁时与 B 到达 S 的事件同时,具体认识同时性的相对性,两个原时的远程比较的结果依赖参考系的选择.

2.6 惯性系中有两个标准钟 A 和 B 在同一圆周上做匀速圆运动,速率相同但方向相反,在一次会合时将钟的时刻调到相同.(1)以后会合时两钟的时刻是否相同?(2)如果 A 钟在圆周上保持静止将会怎样?(3)在闵可夫斯基时空图上,对以上两种情况画出两钟的世界线.

2.7 (1) 证明速度叠加公式(2.12).

(2) 记粒子相对 K 系的空间速为 $\vec{v}_2$,K′系相对 K 系的速度为 $\vec{v}_1$,粒子相对 K′系的速度为 $\vec{v}$,证明下面具有对称性的公式.

$$v^2 = \frac{(\vec{v}_2 - \vec{v}_1)^2 - (\vec{v}_2 \times \vec{v}_1)^2/c^2}{\left(1 - \dfrac{\vec{v}_1 \cdot \vec{v}_2}{c^2}\right)^2}.$$

2.8 惯性系中度规为闵可夫斯基度规,粒子有 4 速度 $\boldsymbol{u} = (dx^\alpha/d\tau)$ 和空间坐标 3 速度 $\vec{v} = (dx^i/dt)$.给出下面的关系:(1)用 $\vec{v}$ 表示 u^0 和 u^i.(2)用 $\boldsymbol{u}$ 的空间分量 u^i 表示 $\vec{v}$ 的分量 v^i.

第3章

等效原理和时空弯曲

牛顿引力的超距瞬时作用和狭义相对论相矛盾. 狭义相对论的物理定律中不能包含引力. 然而,只要有物质,就存在引力场. 狭义相对论必须拓展成包含引力在内的广义相对论. 爱因斯坦回忆道:"1907 年,当我在写一篇关于狭义相对论的综述时,……我感觉可以用狭义相对论讨论除引力定律以外的所有的自然现象. 我有强烈的愿望去了解其中的道理…… 我极其不满意,虽然狭义相对论美妙地导出了惯性和能量的关系,却没有惯性和重力之间的关系. 我猜测狭义相对论无法解释这种关系."①爱因斯坦随即将目光投向了等效原理,以他的天才洞悉这条原理深刻的物理内涵,建立了将引力几何化的广义相对论.

3.1 等效原理

3.1.1 弱等效原理

狭义相对论建立了没有引力的物理定律. 然而只要有物质就有引力. 等效原理表明,在时空任一点的局域,可以选择恰当的参考系来消除引力,在该参考系中的物理原理就是狭义相对论. 本节介绍等效原理的 2 个层次:弱等效原理(weak equivalence principle,WEP)和爱因斯坦等效原理(Einstein equivalence principle,EEP). 等效原理的最高层次即强等效原理(strong equivalence principle,SEP)将在 9.2.5 节介绍.

传说伽利略曾在比萨斜塔上将一个大球和一个小球同时松手让它们下落,两球同时到达地面,球下落的时间不仅与球的质量无关,而且与构成球的物质成分无关. 事实上没有证据能证明伽利略做过比萨斜塔实验,但他确实用光滑的斜面做过类似的实验. 1971 年阿波罗 15 号宇航员大卫·斯科特(David Randolph Scott,1932—　)在月球表面扔下一把锤子和一根羽毛,它们在真空的环境中同时落到月球表面. 现代物理学进行了很多地面和空间的精密实验来验证,达到了 $10^{-15} \sim 10^{-13}$ 的精度.

---

① 译自 Abraham Pais,1982,*Subtle is the Lord:The Science and the Life of Albert Einstein*,Oxford University Press. p. 179.

　　假定引力场的场强为 $\vec{g}$,记一个物体在引力的作用下产生的加速度为 $\vec{a}$,按牛顿的力学定律

$$m_1\vec{a}=m_G\vec{g}.\tag{3.1}$$

式中,m_1 和 m_G 分别表示物体的惯性质量和引力质量.当 m_G/m_1 与组成物体的物质含量和成分无关,不同的物体将获得同样的加速度.也就是说,虽然质量大的物体受到更大的引力,但是它的惯性也更大,不同的物体在同样的引力场中有同样的加速度.上述事实可表述为:任何物体的引力质量与惯性质量相等,即

$$m_1=m_G,\tag{3.2}$$

使 $\vec{a}=\vec{g}$.这称为弱等效原理,在后面将给出更多的表述方式.

　　下面进一步讨论弱等效原理的物理内涵.设想有一个在均匀引力场中自由下落且与外界完全隔绝的密闭实验室,想象成是一部缆绳被切断的运行中的电梯.电梯中一位物理学家试图进行各种力学实验来确定电梯的运动状态.因惯性质量与引力质量相等,电梯里的物理学家受到的引力和惯性力相互抵消,电梯里既没有引力也没有惯性力.这时在电梯里无论做哪种力学实验,电梯里的观测者都不能区分自己是静止在一个没有引力场的惯性参考系里,还是处于在引力场中自由下落的一个加速系里.换句话说,不能区分究竟是没有引力也没有惯性力,还是引力和惯性力相互抵消了.

　　类似地,设想这一电梯实验室在一个没有引力场的空间里作匀加速运动,电梯中的物理学家会觉得在每一瞬间都有一个均匀的力场在作用.身处密封电梯中的他并不能区分自己是在没有引力场的空间里作匀加速运动,还是在均匀的引力场中保持静止.

　　WEP 的结论是均匀引力场可以全局地消除.只要选取一个在引力场中自由下落的参考系,在其中不会感觉到引力的存在.WEP 使引力和惯性力等效,无法用力学实验予以区分.在那个处于均匀引力场中自由下落的实验室里,所有的力学定律和在没有引力场的惯性参考系中完全一样.

　　牛顿建立的引力定律表明,引力是一种中心力,其大小按与距离的平方成反比的规律衰减,引力场不可能是均匀的.设想上面思想实验中的电梯足够大,在地面之上自由下落,电梯里的引力场不均匀,能够发现引力和惯性力的明显区别.电梯加速度造成的惯性力场在电梯里各处都相同,是一个严格均匀的力场,而电梯里的引力场却不均匀,两者不能完全抵消.可以选择电梯的加速度以消除电梯中某处的引力,例如消除电梯质心处的引力.这时电梯里的物理学家在电梯中感受的引力是他所在地的引力和电梯质心处的引力之差,称为潮汐力,就像海洋的潮汐来自月球和太阳在地面处的引力与在地心处的引力之差.

　　WEP 告诉我们,对于不均匀引力场,引力虽然不能全局地消除,却可以局域消除.弱等效原理可以表述成:在引力场的任何一点,存在自由下落的局域参考系,在其中进行的任何非引力力学实验,结果与无引力的惯性参考系中完全相同.这里进行实验的物体,应当看成试验体或粒子.2.1.2 节解释过这个名词,强调的是忽略物体的质量和大小.试验体的存在不会干扰背景引力场.所谓非引力实验就是指实验物体的引力予以忽略.大小可忽略说明讲

的是一个局域问题. [①]

　　关于等效原理对建立广义相对论的推动,爱因斯坦回忆他在 1907 年 11 月的某一天:
"我坐在伯尔尼专利局的椅子上,一个念头突然闪现:'一个人如果自由下落,他不会感觉自
己的重量.'我极其兴奋.这个简单的思想给我深刻的印象,它推动我走向引力理论." [②] 这就
是爱因斯坦说的"最快乐的思想",引力场中选择自由下落参考系,引力可以被局域消除.

3.1.2　爱因斯坦等效原理

　　WEP 只涉及力学定律,狭义相对论讲的是引力以外的全部物理.为进一步发展成包括
引力在内的新的相对论,爱因斯坦对 WEP 进行了拓展.他假定引力场中自由下落的局域参
考系里,所有的物理都是狭义相对论的物理定律.这就是爱因斯坦等效原理(EEP).

　　2.1.3 节讨论过惯性参考系的概念.在牛顿力学里,惯性参考系定义为牛顿定律成立的
参考系,可以存在引力,但不能有惯性力.在狭义相对论里,惯性参考系可以定义为狭义相对
论的物理定律成立的参考系,在其中没有惯性力也没有引力.EEP 断言,在引力场中自由下
落的参考系是狭义相对论中的惯性参考系,这样的参考系如果和外界没有联系,在其中进行
的任何非引力物理实验都不能测出该参考系相对外界的速度.这里强调"非引力实验",因为
狭义相对论不能包含引力.

　　爱因斯坦等效原理可以叙述成:在 4 维时空的任何一点,都存在一个在引力场中自由
下落的局域惯性参考系,在其中狭义相对论的物理定律成立.请注意,这里说的是时空中任
一点,就是在宇宙中局域物理定律和物理常数不随地点和时间而变化.无论何时何地,在局
域惯性参考系中进行的同样的非引力物理实验,结果都相同.EEP 使得引力几何化,是现今
大部分引力理论的基础.关于这一点,将在 3.1.3 节和后文章节予以阐述.

　　局域惯性参考系的一个实例是无动力飞行的宇宙飞船.飞船的轨道必须足够高,不受大
气阻力的作用.飞船的表面积必须足够小,可以忽略太阳光压的作用.飞船没有自转,不存在
自转引起的惯性力.总之,飞船应当只在地球、月球、太阳和其他天体的引力作用下运动,这
时飞船中的宇航员处于完全失重的状态,感觉不到任何引力或惯性力的作用.与飞船固连的
参考系是一个惯性参考系.

　　爱因斯坦等效原理颠覆了牛顿力学中关于惯性参考系的概念.例如,在太阳系里,按牛
顿力学的概念,在将太阳系看成是孤立系统的情况下,原点在太阳系质心,坐标轴相对遥远
星体无转动的太阳系质心参考系是惯性参考系.然而,那里有太阳系众多天体的引力场,因
而不是一个惯性参考系.太阳系里的引力场是不均匀的,所以太阳系里不存在全局的惯性参

　　[①]　这里要强调本书用的名词"局域"和"局部"的差别.一个时空点的局域指的是该点的无穷小邻域.局域参考系是
在时空点无穷小邻域中适用的参考系.局部参考系则指大范围内一部分区域适用的参考系.例如太阳系内地球附近的参
考系.两者对应的英文词都是"local",含义却不同.

　　[②]　译自 Abraham Pais,1982,*Subtle is the Lord : The Science and the Life of Albert Einstein*,Oxford University
Press. p. 179.

考系,只存在局域惯性参考系.在引力场中自由下落的飞船在太阳系质心参考系中加速运动,与它固连的参考系却是惯性参考系.以后将多次回到惯性参考系这个话题.

3.1.3 时空弯曲

爱因斯坦等效原理表明,在时空的每一点都存在一个局域惯性参考系,在其中的狭义相对论的物理定律成立.狭义相对论的时空中没有引力,是平直的闵可夫斯基时空.前文也论证了存在物质的时空中没有全局的惯性参考系,含有不均匀引力场的时空不可能是闵可夫斯基时空.这样就很容易想到引力使时空弯曲.

根据 EEP,在每一时空点的局域,狭义相对论的物理成立,可以选择局域参考系,使该点的度规为闵可夫斯基度规 $\eta_{\alpha\beta}$. 因为引力场的不均匀性,引力不可能被全局消除,不存在全局惯性参考系,整个时空的度规 $g_{\alpha\beta}$ 不可能通过坐标变换变成 $\eta_{\alpha\beta}$,但是在每一个时空点,一定存在局域坐标变换将 $g_{\alpha\beta}$ 在该点转换成 $\eta_{\alpha\beta}$. 在第 1 章曾经强调,张量是几何量,本身与坐标系的选择无关,它的坐标分量则与坐标系选择有关.所以,EEP 表明,当有引力场存在,时空每一点的度规张量是 η,而时空全局度规张量是 g,不可能是 η. 这就是说,时空是弯曲的,但局域平直.想象一个弯曲的曲面,每一点的邻域可以用该点处的切平面来近似.这清晰明了,是引力场的存在造成时空的弯曲.

现在来看 EEP 表明引力如何作用于物体.看最简单的情况,在引力场中自由下落粒子的世界线,亦即它的 4 维时空轨迹.为简洁起见,今后称它们为自由粒子."自由"表示除引力外不受其他力作用."粒子"则表示忽略自身的引力和大小.自由粒子在运动过程中经过的每一个时空点,都存在局域惯性参考系,在其中没有引力也没有惯性力,自由粒子不受任何力作用,它的 4 维时空路径应当是直线.在它经历的 2 个无穷小邻近时空点之间,它的路径使时空点之间的 4 维距离 ds 达到极值. ds 是几何量,与坐标系的选择无关,从而得知自由粒子的时空轨迹是弯曲时空中的测地线,就是 4 维距离的极值曲线.由此清晰可见,引力场转换成时空几何,引力的作用是时空几何对粒子的作用.

总结一下,EEP 成立表示引力理论是几何化的理论,引力由一个全局时空度规 $g_{\alpha\beta}$ 表示,它不能通过坐标变换在全时空转换成 $\eta_{\alpha\beta}$,但在时空的每一点,可以通过局域的坐标变换转换成 $\eta_{\alpha\beta}$. 这一数学表述说明,不存在全局惯性参考系,但在时空的每一点,存在局域惯性参考系,在其中的狭义相对论的物理定律成立.自由粒子的轨迹是弯曲时空的测地线.

以上讨论表明,承认 EEP 的引力理论一定是度规理论,然而这并不表明 EEP 意味着广义相对论.一个引力理论有两个核心内容:(1)质量和能量及其分布如何决定时空度规 $g_{\alpha\beta}$.（2)物体如何在 $g_{\alpha\beta}$ 的作用下运动.EEP 只说明引力作用表现为时空几何 $g_{\alpha\beta}$,并不能确定如何决定 $g_{\alpha\beta}$.虽然目前大多数引力理论都承认 EEP,因而都是度规理论,在内容(2)上并无差别,区别在于内容(1).爱因斯坦的广义相对论是形形色色的度规引力理论中最简单的一个,迄今为止通过了多个精密实验验证.本书的大部分内容是阐述在度规 $g_{\alpha\beta}$ 已知情况下的物理,仅在第 5、第 6 和第 9 章涉及如何确定度规 $g_{\alpha\beta}$.

在本节的最后,让我们简要回顾爱因斯坦的相对论研究历程.1905 年他建立狭义相对论后,全时空物理的洛伦兹不变性已经在物理学界确立.当他洞察等效原理的物理内涵后,发现洛伦兹不变性只在局域成立,他不是去修补和维护已经公认的理论,而是从 1907—1915 年用了近 8 年的时间建立新的相对论,即广义相对论.这就是伟大的科学家,他不会选择在木板最薄和最容易的地方钻孔.

3.2   测地线方程

3.2.1   自由粒子运动方程

在广义相对论的理论框架里,物质的质量和能量产生引力,而引力表现为时空的弯曲.在选定了一个时空坐标系 $\langle x^{\alpha}\rangle$ 后,时空的弯曲用度规

$$ds^2 = g_{\mu\nu}(x^{\alpha})dx^{\mu}dx^{\nu} \tag{3.3}$$

表示.这里对称的度规张量 $g_{\mu\nu}$ 是时空坐标 x^{α} 的函数,共有 10 个独立的分量.

图 3.1 表示自由粒子在时空中的两个给定点 A 和 B 之间可能的路径.粗线表示粒子实际运行的测地线路径,它使从 A 到 B 的路径的 4 维弧长达到极值,满足

$$\delta I = \delta \int_A^B ds = 0. \tag{3.4}$$

当给定从 A 到 B 的一条 4 维路径,积分 I 给出这条路径的弧长数值,对于不同的路径,I 有不同的数值.实际的路径是 A 和 B 之间的测地线.

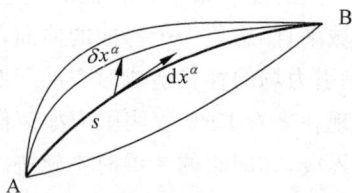

图 3.1   一自由粒子在时空点 A 和 B 之间的可能路径.粗线为实际的路径,它的 4 维弧长达到极值

可以引入参数 λ 将测地线参数化,记为 $x^{\mu}(\lambda)$.与它邻近的路径记为 $x^{\mu}(\lambda)+\delta x^{\mu}(\lambda)$.所以路径是 λ 的函数,I 是路径的函数,而测地线使 I 达到极值.注意这里 d 表示沿着路径的微分,而 δ 是真实路径和相邻路径间的变分.两者的算符可以交换,即 $d\delta = \delta d$.

引入拉格朗日函数

$$L = \frac{1}{2}\left(\frac{ds}{d\lambda}\right)^2 = \frac{1}{2}g_{\mu\nu}\dot{x}^{\mu}\dot{x}^{\nu}, \tag{3.5}$$

其中,$\dot{x}^{\mu} = dx^{\mu}/d\lambda$.式(3.4)可写为

$$\int_A^B \frac{1}{\sqrt{-L}}\delta L\, d\lambda = 0. \tag{3.6}$$

注意自由粒子的世界线是类时世界线,对应 $L<0$.为了简化数学推导,进一步选择参数 λ,使它在测地线的路径上与其 4 维弧长 s 成正比,称为仿射参数.在式(3.6)中,位于变分号外的 L 应当取测地线处的值,在选取仿射参数后为常数,此时 δL 前的因子可抹除.

于是,当 λ 为仿射参数,测地线满足

$$\int_A^B \delta L(x^\alpha, \dot{x}^\alpha) \mathrm{d}\lambda = \int_A^B \left(\frac{\partial L}{\partial x^\alpha} \delta x^\alpha + \frac{\partial L}{\partial \dot{x}^\alpha} \delta \dot{x}^\alpha \right) \mathrm{d}\lambda = 0. \tag{3.7}$$

对式(3.7)的第二项进行分部积分,即

$$\int_A^B \frac{\partial L}{\partial \dot{x}^\alpha} \delta \dot{x}^\alpha \mathrm{d}\lambda = \int_A^B \frac{\partial L}{\partial \dot{x}^\alpha} \mathrm{d}(\delta x^\alpha) = \left(\frac{\partial L}{\partial \dot{x}^\alpha} \delta x^\alpha \right)_A^B - \int_A^B \frac{\mathrm{d}}{\mathrm{d}\lambda} \left(\frac{\partial L}{\partial \dot{x}^\alpha} \right) \delta x^\alpha \mathrm{d}\lambda.$$

如图 3.1 所示,在端点 A 和 B 处,δx^α 为零.测地线方程就是著名的由拉格朗日函数 L 确定的欧拉-拉格朗日方程

$$\frac{\mathrm{d}}{\mathrm{d}\lambda} \left(\frac{\partial L}{\partial \dot{x}^\alpha} \right) - \frac{\partial L}{\partial x^\alpha} = 0. \tag{3.8}$$

从上式的推导过程可见,对于 $L>0$ 的类空测地线,式(3.8)仍然成立.

上面引入与测地线 4 维弧长成比例的参数为仿射参数,用来推导测地线方程,这种做法对自由光子不适用,因为自由光子的路径是零测地线,它的 $\mathrm{d}s$ 永远为零,不能用光子路径的弧长作为仿射参数.4.2.3 节用另一种方式建立自由粒子的测地线方程,将表明在适当选择仿射参数后,式(3.8)对零测地线也适用.

从式(3.8)和式(3.5)可见,当度规张量 $g_{\mu\nu}$ 不显含坐标 x^α,就有

$$u_\alpha = \frac{\partial L}{\partial \dot{x}^\alpha} = g_{\alpha\beta} \dot{x}^\beta = 常数. \tag{3.9}$$

对于自由粒子,通常选取它的原时 τ 为仿射参数,$u^\alpha = \dot{x}^\alpha$ 为粒子 4 速度的逆变坐标分量.式(3.9)表明,当时空结构与坐标 x^α 无关,时空具有某种对称性,自由粒子 4 速度的协变坐标分量 $u_\alpha = g_{\alpha\beta} u^\beta$ 是守恒量.

3.2.2 克里斯多菲符号

将拉格朗日函数的具体形式式(3.5)代入欧拉-拉格朗日方程(3.8),得到

$$\frac{\mathrm{d}}{\mathrm{d}\lambda} (g_{\alpha\beta} \dot{x}^\beta) - \frac{1}{2} \frac{\partial g_{\mu\nu}}{\partial x^\alpha} \dot{x}^\mu \dot{x}^\nu = 0. \tag{3.10}$$

利用 $g^{\mu\alpha} g_{\alpha\beta} = \delta_\beta^\mu$ 从上式解出 $\ddot{x}^\mu$,得到用度规及其对坐标的一阶偏导数表示的测地线方程

$$\ddot{x}^\mu + \Gamma_{\alpha\beta}^\mu \dot{x}^\alpha \dot{x}^\beta = 0, \tag{3.11}$$

其中,

$$\Gamma_{\alpha\beta}^\mu = \frac{1}{2} g^{\mu\nu} (g_{\alpha\nu,\beta} + g_{\beta\nu,\alpha} - g_{\alpha\beta,\nu}) \tag{3.12}$$

这里和以后用逗号表示对坐标的偏导数,例如 $g_{\alpha\beta,\nu} = \partial g_{\alpha\beta}/\partial x^\nu$.

量 $\Gamma_{\alpha\beta}^\mu$ 称为克里斯多菲符号,以德国数学和物理学家克里斯多菲(Ewin Bruno Christoffel,1829—1900)命名.它对下指标 α 和 β 对称,因此一共有 40 个独立的分量.它是度规对坐标的一阶偏导数的线性齐次函数.

作为一个实例，计算 4 维闵可夫斯基空间 M_4 测地线的克里斯多菲符号. 选择惯性参考系，采用两组坐标：笛卡儿坐标系 $\{ct, x, y, z\}$ 和柱坐标系 $\{ct, r, \theta, z\}$，度规为

$$ds^2 = -c^2 dt^2 + dx^2 + dy^2 + dz^2 = -c^2 dt^2 + dr^2 + r^2 d\theta^2 + dz^2.$$

请注意测地线是 4 维时空的几何量，与物理参考系和数学坐标系的选择无关，但它的数学表达式则有关.

可以用两种途径进行计算. 一是从度规张量出发，用克里斯多菲符号的定义式(3.12)计算. 二是建立拉格朗日函数去推导测地线方程(3.11). 下面采用第二种算法.

测地线是自由粒子的时空轨迹，以下计算中选取自由粒子的原时 τ 为仿射参数，原时是几何量. 写出拉格朗日函数

$$L = \frac{1}{2}(-c^2 \dot{t}^2 + \dot{x}^2 + \dot{y}^2 + \dot{z}^2) = \frac{1}{2}(-c^2 \dot{t}^2 + \dot{r}^2 + r^2 \dot{\theta}^2 + \dot{z}^2).$$

可以从欧拉-拉格朗日方程(3.8)推出测地线方程相应为

$$\begin{cases} c\ddot{t} = 0, \\ \ddot{x} = 0, \\ \ddot{y} = 0, \\ \ddot{z} = 0 \end{cases} \tag{3.13}$$

和

$$\begin{cases} c\ddot{t} = 0, \\ \ddot{r} - r\dot{\theta}^2 = 0, \\ \ddot{\theta} + \dfrac{2}{r}\dot{r}\dot{\theta} = 0, \\ \ddot{z} = 0. \end{cases} \tag{3.14}$$

与测地线方程(3.11)相对比，对这两组坐标系，得到非零的克里斯多菲符号如下：

$$\Gamma^r_{\theta\theta} = -r, \quad \Gamma^\theta_{\theta r} = \Gamma^\theta_{r\theta} = \frac{1}{r}. \tag{3.15}$$

其余为零. 用这种算法可以避免计算取值为零的克里斯多菲符号.

平直的闵可夫斯基时空中的测地线肯定是直线，式(3.13)和式(3.14)分别对应惯性参考系里直线在笛卡儿坐标系和柱坐标系中满足的微分方程. 因为时空平直，没有引力，选用的又是惯性参考系，没有惯性力，式(3.15)显示在柱坐标系中仍有部分克里斯多菲符号不为零，由此说明这些符号和坐标选取有关. 熟悉理论力学的读者知道，欧几里得空间平面极坐标中的径向和横向加速度分别为 $\ddot{r} - r\dot{\theta}^2$ 和 $r\ddot{\theta} + 2\dot{r}\dot{\theta}$，与式(3.14)一致.

如果对 M_4 的柱坐标系进行常数角速度 ω 的旋转，选择爱因斯坦转盘坐标系，度规如式(1.11)所示，重写如下：

$$ds^2 = -\left(1 - \frac{\omega^2 r^2}{c^2}\right)c^2 dt^2 + dr^2 + r^2 d\theta^2 + dz^2 + 2\omega r^2 dt\, d\theta. \tag{3.16}$$

这是非惯性参考系,自由粒子的运动方程中应当出现惯性力.类似前面的计算得到

$$
\begin{cases}
c\ddot{t}=0, \\
\ddot{r}-r\dot{\theta}^2-\dfrac{\omega^2 r}{c^2}c^2\dot{t}^2-\dfrac{2\omega r}{c}c\dot{t}\dot{\theta}=0, \\
\ddot{\theta}+\dfrac{2}{r}\dot{r}\dot{\theta}+\dfrac{2\omega}{cr}rc\dot{t}=0, \\
\ddot{z}=0.
\end{cases}
\tag{3.17}
$$

显示了惯性离心力和科里奥利力.非零的克里斯多菲符号有

$$
\begin{cases}
\Gamma^r_{\theta\theta}=-r, \quad \Gamma^r_{00}=-\dfrac{\omega^2 r}{c^2}, \quad \Gamma^r_{0\theta}=\Gamma^r_{\theta0}=-\dfrac{\omega r}{c}, \\
\Gamma^\theta_{r\theta}=\Gamma^\theta_{\theta r}=\dfrac{1}{r}, \quad \Gamma^\theta_{r0}=\Gamma^\theta_{0r}=\dfrac{\omega}{cr}.
\end{cases}
\tag{3.18}
$$

这里的第 0 个指标对应 $x^0=ct$.

由此可见,克里斯多菲符号与引力和惯性力有关,也和坐标系的选择有关.

3.3 水星近日点进动

3.3.1 历史背景

按照经典天体力学(参阅附录 A),水星在具有球对称的太阳引力作用下,轨道是一个椭圆,太阳位于椭圆的一个焦点.考虑了其他大行星的引力摄动,这个椭圆的拱线,也就是它的长轴在转动,造成水星的近日点指向在空间不固定,而是在轨道面上进动,称为近日点进动.19 世纪的天文学家用天体力学的理论精密计算了水星近日点进动.在考虑了所有的大行星摄动后,发现水星近日点进动的观测数据与理论不符,仍有大约每世纪 $43''$ 的残余进动无法解释.[①]这是 19 世纪末和 20 世纪初压在牛顿力学上的"一朵乌云".当然,太阳的扁率可能解释这一残余的进动.太阳的气体性质和异常的明亮使得准确测定它的扁率有困难.到了 20 世纪末,已经测定太阳的扁率在 10^{-7} 左右,根本不可能造成每世纪 $43''$ 的水星近日点进动.爱因斯坦推导了在广义相对论框架下水星近日点应有的理论进动,发现球形太阳的引力造成的时空弯曲使水星环绕太阳的轨道不是一个固定的椭圆,轨道的近日点在不断进动,其数值恰好与牛顿力学不能解释的观测数据相符.这是广义相对论创建时的一个重

---

① 法国天体力学家勒威耶(Urbain Jean Joseph LeVerrier,1811—1877)第一个在 1859 年 9 月 12 日向法国科学院报告了存在水星近日点的这一残余进动,当时的数值为每世纪 $38''$. 在此之后,天文学家一直认为可能在水星轨道附近存在未知的小行星群或是牛顿的引力定律需要修正.请参阅 Pais 著的《爱因斯坦科学传记》(见 P44 脚注①)p. 253-255.

要实验验证.[①]本节讲述用测地线方程进行水星近日点进动的理论推导,可以看作是测地线方程的一个应用实例.

3.3.2 施瓦西度规的测地线

假设水星作为自由粒子在球对称太阳的引力作用下运动. 球对称太阳引起周围时空的弯曲用著名的施瓦西度规表示为

$$ds^2 = -\left(1 - \frac{2M}{r}\right)c^2 dt^2 + \left(1 - \frac{2M}{r}\right)^{-1} dr^2 + r^2(d\theta^2 + \sin^2\theta d\phi^2) \tag{3.19}$$

式中,$M = Gm/c^2$,其中 G 是牛顿引力常量,m 是太阳的质量. 坐标 (ct, r, θ, ϕ) 称为施瓦西标准坐标,简称为标准坐标. 对施瓦西度规的全面认识将在第 6 章讲述.[②]

显然,施瓦西度规决定的弯曲时空与平直时空的差别由无量纲量 $2M/r$ 表示. 对于太阳 $M \simeq 1.5\text{km}$. 在地球处,$2M/r \simeq 2 \times 10^{-8}$. 在水星处这个量约为 0.5×10^{-7}. 在太阳表面,约为 4×10^{-6}. 这些是太阳系内广义相对论效应的大致量级.

选取水星的原时 τ 为仿射参数,拉格朗日函数

$$L = \frac{1}{2c^2}\left(\frac{ds}{d\tau}\right)^2 = -\frac{1}{2}\left(1 - \frac{2M}{t}\right)\dot{t}^2 + \frac{1}{2c^2}\left(1 - \frac{2M}{t}\right)^{-1}\dot{r}^2 + \frac{1}{2c^2}r^2(\dot{\theta}^2 + \sin^2\theta\dot{\phi}^2).$$

$$\tag{3.20}$$

不显含坐标 t 和 ϕ,从自由粒子运动方程(3.8)和方程(3.9)可知,存在两个守恒量

$$u_t = -\left(1 - \frac{2M}{r}\right)c\dot{t} = -cE, \tag{3.21}$$

$$u_\phi = r^2\sin^2\theta\dot{\phi} = h. \tag{3.22}$$

它们是测地线方程的 2 个积分,含有积分常数 E 和 h,能使测地线方程简化和降阶.

坐标 θ 对应的测地线方程为

$$\frac{d}{d\tau}(r^2\dot{\theta}) - r^2\sin\theta\cos\theta\dot{\phi}^2 = 0.$$

它有特解 $\theta = \pi/2$. 考虑到引力场的球对称性,可以选取水星的轨道面为 $\theta = \pi/2$ 面,在以后的推导中,θ 恒取为 $\pi/2$.

坐标 r 对应的测地线方程比较复杂,利用 $ds^2 = -c^2 d\tau^2$,可以用积分 $L = -1/2$ 代替.

---

① 爱因斯坦是在得到他的引力场方程的最终形式(见第 5 章)之前一周,于 1915 年 11 月 18 日发表了他用广义相对论定量解释水星近日点残余进动的结果,之后他对引力场方程的修改并不影响他这一计算的正确性.《爱因斯坦科学传记》的作者 Pais 写道:"我相信,这一发现是爱因斯坦科学生涯迄今为止,或许在他生命中,情感最激动的经历."译自该传记(见 P44 脚注①)p. 253.

② 1916 年 1 月 16 日爱因斯坦代表施瓦西(Karl Schwarzschild, 1873—1916)向普鲁士科学院宣读了关于施瓦西解的论文. 现代教科书多从施瓦西度规出发来计算水星近日点进动. 但爱因斯坦对引力场方程直接寻求各向同性的后牛顿近似解来推算水星近日点进动. 见 P44 脚注①所引《爱因斯坦科学传记》p. 255.

在这一等式中引入守恒量式(3.21)和式(3.22),化简后得到

$$E^2 - \frac{1}{c^2}\dot{r}^2 - \frac{h^2}{c^2 r^2}\left(1 - \frac{2M}{r}\right) = 1 - \frac{2M}{r}. \tag{3.23}$$

3.3.3 水星近日点进动的计算

现在来推导广义相对论框架中水星环绕太阳的轨道,表述为 r 和 ϕ 之间的关系,所以要用式(3.22)将式(3.23)中的 τ 消去. 此外,在牛顿近似下,轨道是一个椭圆,引入 $u = 1/r$ 可使方程更简单. 于是

$$\dot{r} = \frac{\mathrm{d}r}{\mathrm{d}u}\frac{\mathrm{d}u}{\mathrm{d}\phi}\frac{\mathrm{d}\phi}{\mathrm{d}\tau} = -h\frac{\mathrm{d}u}{\mathrm{d}\phi}.$$

代入式(3.23)后对 ϕ 再微商一次,得到

$$\frac{\mathrm{d}^2 u}{\mathrm{d}\phi^2} + u = \frac{Mc^2}{h^2} + 3Mu^2. \tag{3.24}$$

因为 $M = Gm/c^2$ 是 $O(c^{-2})$ 级的小量,式(3.24)中右边第一项是牛顿力学项,而第二项是广义相对论的修正项. 采用逐次近似的方法来解微分方程(3.24). 先忽略等号右边第二项,得到牛顿的椭圆解

$$u = \frac{1 + e\cos\phi}{\bar{p}},$$

其中,

$$\bar{p} = \frac{h^2}{Mc^2}.$$

椭圆的轨道偏心率 e 是积分常数,而且已取极轴为近日点方向.

这个解的误差是 $O(c^{-2})$. 将它代入式(3.24)等号右边的第二项,引起的误差是 $O(c^{-4})$. 进一步忽略 $O(c^{-2}e^2)$ 量级的项,得到

$$\frac{\mathrm{d}^2 u}{\mathrm{d}\phi^2} + u = \frac{1}{p} + \frac{6Me\cos\phi}{p^2},$$

其中,

$$\frac{1}{p} = \frac{1}{\bar{p}} + \frac{3M}{\bar{p}^2}.$$

在以上精度下得到水星的相对论轨道方程为

$$r = \frac{p}{1 + e\cos\left[\left(1 - \frac{3Gm}{c^2 p}\right)\phi\right]}. \tag{3.25}$$

这时水星每两次经过近日点,角度 ϕ 的增加值是

$$\Delta\phi = 2\pi\left(1 + \frac{3Gm}{c^2 p}\right). \tag{3.26}$$

比 2π 多转动角度 $\dfrac{6\pi Gm}{c^2 p}$,这就是广义相对论效应造成的水星每一圈近日点进动的角度.代入太阳质量和水星的轨道数据,算得水星近日点每世纪进动 $43.5''$,与观测结果相符.

3.4 局域惯性参考系的建立

3.4.1 局域惯性参考系的条件

3.2.2 节已经提及克里斯多菲符号的物理意义,在一定程度上与引力和惯性力有关. 3.1 节说等效原理表明在弯曲时空的任何一点都存在局域惯性参考系,在其中的狭义相对论的物理定律成立,也就是说,在该点的局域惯性参考系里不存在引力和惯性力.综合起来,用数学的语言来表述,就是在时空的任一点,存在坐标变换使度规在该点为闵可夫斯基度规,而且在该点的所有的克里斯多菲符号均为零.

有两点提请注意.一点是从式(3.12)可见,克里斯多菲符号是度规一阶偏导数的线性齐次函数,当度规为常数的闵可夫斯基度规时,克里斯多菲符号自然为零.这两个条件似乎不必要并提.需要注意在给定时空点的度规是闵可夫斯基形式时,在其邻域的其他点一般不能同时变换成闵可夫斯基形式,因而度规不是常数度规,其一阶偏导数不一定为零.对于给定时空点 A,这两个条件可以写成

$$g_{\alpha\beta}(A) = \eta_{\alpha\beta}, \qquad g_{\alpha\beta,\gamma}(A) = 0. \tag{3.27}$$

另一点要注意的是,条件式(3.27)是局域惯性参考系的充分条件,而不是必要条件.对于狭义相对论的平直时空,只有选取笛卡儿坐标系,基底为正交归一时度规才有闵可夫斯基形式,所以度规为 $\eta_{\alpha\beta}$ 并不是平直时空的必要条件.3.2.2 节已经说明,对于平直时空,如果不选取笛卡儿坐标系,克里斯多菲符号也不全为零.

3.4.2 克里斯多菲符号的变换规律

为了实现条件式(3.27)建立局域惯性参考系,需要知道克里斯多菲符号在坐标变换下的变换规律.

设从坐标系 $\{x^\alpha\}$ 变换到坐标系 $\{x^{\alpha'}\}$,至少可以用两种方法来推导这一变换规律.一种方法是直接对克里斯多菲符号的定义式(3.12)进行坐标变换.另一种方法是对测地线方程(3.11)进行坐标变换.得到的结果是

$$\begin{aligned}
\Gamma^{\mu'}_{\alpha'\beta'} &= \frac{\partial x^{\mu'}}{\partial x^\mu} \frac{\partial x^\alpha}{\partial x^{\alpha'}} \frac{\partial x^\beta}{\partial x^{\beta'}} \Gamma^\mu_{\alpha\beta} + \frac{\partial x^{\mu'}}{\partial x^\mu} \frac{\partial^2 x^\mu}{\partial x^{\alpha'} \partial x^{\beta'}} \\
&= \frac{\partial x^{\mu'}}{\partial x^\mu} \frac{\partial x^\alpha}{\partial x^{\alpha'}} \frac{\partial x^\beta}{\partial x^{\beta'}} \Gamma^\mu_{\alpha\beta} - \frac{\partial^2 x^{\mu'}}{\partial x^\alpha \partial x^\beta} \frac{\partial x^\alpha}{\partial x^{\alpha'}} \frac{\partial x^\beta}{\partial x^{\beta'}}.
\end{aligned} \tag{3.28}$$

请读者自行证明上式.

式(3.28)表明克里斯多菲符号在坐标变换下的变换规律不是线性齐次函数,有非齐次项,所以克里斯多菲符号不是张量. 这个结果并不出乎意外. 考虑克里斯多菲符号的物理意义与引力和惯性力有关,而引力和惯性力在给定时空点是可以消除的,在局域惯性参考系里,当选择笛卡儿坐标系时克里斯多菲符号应当全为零,但是一个零张量在任何坐标系里的所有坐标分量都应当是零,所以克里斯多菲符号不可能是张量.

3.4.3 局域测地线坐标系

假定在时空点 A 处选取局域惯性参考系,并选用笛卡儿坐标而满足条件式(3.27),这时在 A 点的所有克里斯多菲符号均为零. 根据测地线方程(3.11),经过 A 点的任何一条测地线在 A 点满足

$$\frac{d^2 x^\mu}{d\lambda^2} = 0. \tag{3.29}$$

这里 λ 与测地线的 4 维弧长 s 成比例. 看以 A 为原点的 x^α 坐标线,其数学表达式为 $x^\alpha = as + b$,且 $x^\beta = 0 (\beta \neq \alpha)$,其中 a 和 b 为常数,s 是该坐标线的弧长. 显然该坐标线满足式(3.29),因而是过 A 点的一条测地线. 所以,满足条件式(3.27)的在 A 点的局域惯性参考系的坐标轴是以 A 为原点的 1 条类时测地线和 3 条类空测地线,而且这 4 条测地线在 A 点的切向相互正交. 这一结果在预料之中,因为在 A 点的局域惯性参考系是该点处引力场中自由下落运动的参考系,该参考系的时间轴是作自由下落运动的粒子的世界线,那是一条类时测地线. 注意以上的讨论仅在 A 点的无穷小时空邻域适用. 我们称满足式(3.27)的局域惯性参考系为局域测地线坐标系(local geodesic system, LGS).

3.4.4 建立局域惯性参考系

如前所述,克里斯多菲符号在时空点 A 全为零并不是 A 点处局域参考系为局域惯性参考系的必要条件,而是充分条件. 可以用这一条件来建立局域惯性参考系.

设在某一坐标系 $\{x^\mu\}$ 中的时空度规为 $g_{\mu\nu}$,在 A 点的克里斯多菲符号 $\Gamma^\mu_{\alpha\beta}(A)$ 不全为零. 不失一般性,选择 A 为坐标系的原点. 现在来寻找坐标变换 $\{x^\mu\} \rightarrow \{x^{\mu'}\}$,使得在新坐标系中所有的克里斯多菲符号 $\Gamma^{\mu'}_{\alpha'\beta'}(A)$ 全为零. 观察式(3.28),容易看出这一坐标变换应当是

$$x^{\mu'} = \delta^{\mu'}_\mu x^\mu + \frac{1}{2}\delta^{\mu'}_\mu \Gamma^\mu_{\alpha\beta}(A) x^\alpha x^\beta. \tag{3.30}$$

3.5 弯曲时空中的对钟

3.5.1 爱因斯坦同时性和坐标同时性

2.2 节讲到粒子的原时可以用与粒子在一起保持相对静止的钟来度量,所以原时是可

以直接测量的量. 凡是能用纯实验的方法获得其数值的量称为观测量(observable), 否则就是坐标量(coordinate quantity). 观测量极其重要, 因为它和理论以及坐标系的选择无关, 它们是检验理论的标尺. 关于观测量和坐标量这一重要话题, 将在第 7 章列专节深入讨论.

然而, 多次强调过, 粒子的原时只在自己的世界线上有定义, 当要讨论一个系统的全局状态和行为时, 需要在整个时空中有定义的坐标时.

对于狭义相对论的平直时空, 惯性参考系中当度规为闵可夫斯基度规, 空间某地的坐标时增量 dt 与该处静止钟原时对应增量 $d\tau$ 相等, 说明空间某处的坐标时增量能用钟直接测量. 然而, 为了建立全时空的坐标时, 必须将分散在各地的钟的时刻进行对钟. 也就是说, 不仅要测量 dt, 而且要在全时空对所有事件标记时刻 t 的数值. 要确定平直时空的坐标时刻是否可以直接测量, 需要问能否不依赖理论和坐标系而用纯实测的方法进行对钟. 本节后面将进行论证.

对于广义相对论的弯曲时空, 度规 $g_{\alpha\beta}$ 不能全局地变换成 $\eta_{\alpha\beta}$. 观测者的原时仍然可以用他携带的时钟来直接测量. 至于坐标时, 能否用纯实测的方法来建立, 需要进行仔细探讨.

如果用一个钟记录在该钟处两个事件发生的时刻, 只要这个钟没有误差, 钟用自己的原时记录了事件发生的次序和时间间隔. 如果时空中两个事件之间不能用一条类时世界线去连接, 则不能只用一个钟去记录这两个事件, 必须用两个钟去分别记录事件发生的时刻. 显然, 只有将异地的两个钟按某种规则进行对钟, 记录下来的两事件发生的时刻之差才可能有意义. 所谓对钟, 就是异地钟的时间同步. 所谓某种规则, 就是要建立同时性: 异地发生的事件, 怎样才是同时事件. 对钟或称为时间同步的过程, 就是建立全局可用的坐标时的过程. 首先要做的是建立对钟的规则, 即同时性.

平直时空中一个惯性参考系的坐标时可用以下的方式来建立. 设 A 和 B 都是该惯性参考系中保持静止的观测者, 称为静止观测者. A 持有一个理想的标准钟和一个信号发生器, B 持有一面反射镜. A 在自己的原时 τ_1 发射信号, 在 τ_3 收到 B 的反射镜反射回来的信号. A 告诉 B: 你收到信号的时刻是 $\tau_2 = (\tau_1 + \tau_3)/2$. 或者说, A 处 τ_2 与 B 处收到信号的时刻同时. 这种同时性称为爱因斯坦同时性, 理论依据是光速不变原理.

A 可以源源不断地向 B 发信号, B 就建立了自己这个地方的时间, 该惯性参考系空间的任何点都可照此实行, 这是用 A 钟的原时和爱因斯坦同时性建立起来的坐标时. 用爱因斯坦同时性建立坐标时的过程表明, 这是纯实验的方式. 所以, 如果能用爱因斯坦同时性成功建立坐标时, 这样的坐标时可以用纯实验的方式建立, 不依赖理论和坐标系.

可以用另一种方式去建立同时性. 对 4 维时空的每个点都用 4 个数来予以标记, 不同点对应的 4 个数不能完全相同. 不去讨论这种标记的细节, 这里说的实际上是建立了一个时空坐标系 (ct, x^i). 在第 6 章将给出在广义相对论框架下建立时空坐标的一些实例. 每个时空点有了坐标之后, 在不同点 A 和 B 发生的两个事件对应的坐标时分别为 t_A 和 t_B. 当 $t_A = t_B$ 时, 称这两个事件为同时发生的事件. 这样定义的同时性称为坐标同时性.

对于平直的时空且参考系的度规为闵可夫斯基度规, 坐标同时性和爱因斯坦同时性可以完全等价. 在狭义相对论课程和教材中, 讲解同时性的相对性都有明确的诠释, 只是不一定用了这里的术语. 然而, 对于弯曲的时空, 两者并不一定等价. 这一点在下面要进一步予以阐述. 首先来看这两种同时性之间的一个本质区别: 爱因斯坦同时性是用纯实验的方法来建立的同时性规则, 建立起来的坐标时可以直接测量, 是观测量, 与理论和坐标系的选取无关. 坐标同时性则强烈地依赖理论和坐标系的选择, 不一定能直接测量, 是坐标量.

为更好地了解坐标同时性, 假设对坐标系 (ct, x^i) 定义了坐标同时性, 进行下面的坐标变换

$$ct' = f(ct, x^i), \quad x^{i'} = \varphi^{i'}(x^i). \tag{3.31}$$

注意空间坐标的变换中不包含时间, 该坐标变换并没有改变参考系的静止观测者. 当科学家说选择了某个参考系, 实际上就是以该参考系静止观测者的视角来观察事物. 所以式 (3.31) 并没有改变物理参考系, 只是改变了参考系中每一点的坐标值. 然而立即可以发现, 发生在不同空间点的两个事件, 在老坐标系中为坐标同时, 在新坐标系中不一定坐标同时. 坐标同时性依赖数学坐标的选择.

问题是对于弯曲的时空中, 能否用爱因斯坦同时性建立起全局的坐标时. 换一种说法, 就是能否用爱因斯坦同时性自洽地对钟, 下面进行探讨.

3.5.2 时轴正交系

在探讨这一问题之前, 先讲述后面要涉及的几类特殊的参考系: 时轴正交 (time orthogonal) 参考系, 稳态 (staionary) 参考系和静态 (static) 参考系.

一个时空参考系中, 如果能选择数学坐标, 使参考系时空度规中的时空交叉分量 g_{0i} 全部为零, 这时的度规称为时轴正交度规, 对应的参考系称为时轴正交参考系.

如前所述, 坐标变换式 (3.31) 并没有改变参考系的静止观测者, 也就是没有改变参考系, 只是在参考系中改变了数学坐标标记, 当然也改变了度规坐标分量. 按照式 (1.20), 对时轴正交度规, 有

$$\boldsymbol{e}_{(0)} \cdot \boldsymbol{e}_{(i)} = g_{0i} = 0. \tag{3.32}$$

说明在每一个时空点的局域, 时间坐标轴和空间坐标轴正交. 或者说, 对于 t 取常数值的 3 维空间超曲面上的任何一点, 坐标时 t 的增加方向沿该超曲面的法线方向.[①]

时轴正交系的一个实例是宇宙学中著名的罗伯逊-沃克度规 (以后简记为 RW 度规), 坐标为 (ct, r, θ, ϕ) 的 RW 度规为

$$ds^2 = -c^2 d\tau^2 = -c^2 dt^2 + R^2(t)\left[\frac{dr^2}{1-kr^2} + r^2(d\theta^2 + \sin^2\theta d\phi^2)\right]. \tag{3.33}$$

其中, $R(t)$ 是时间的函数, k 是常数. 第 6 章将对这一度规做进一步的解释. 式 (3.33) 除了

---

① 关于时轴正交系的详细介绍, 见 C. MØller. ,1972, *The Theory of Relativity*, 2nd edition, Clarendon, Oxford. 关于时轴正交系在天文上的应用, 可参阅 T.-Y. Huang et al. ,1989, *Astron. Astrophys.* ,220,329-334.

g_{0i} 全为零外,有 $g_{00}=-1$. 这使得参考系中每个静止观测者的世界线都是时空的测地线,也就是坐标系的时间轴,在其上 $dt=d\tau$(参见 6.1 节). $g_{00}=-1$ 的时轴正交系称为同时(synchronous)参考系.[①]

时轴正交系的另一个例子是施瓦西度规即式(3.19),与式(3.33)不同之处在于,施瓦西度规不仅时轴正交,而且度规不含时间 t,亦即引力场和时空几何不随时间改变,因此有了下面的定义.

一个时空参考系中,如果能选择数学坐标,使参考系时空度规中所有坐标分量 $g_{\alpha\beta}$ 全部与时间无关,这时的度规称为稳态度规,对应的参考系称为稳态参考系.

显然,稳态和时轴正交. 是完全不同的两个概念,但是施瓦西度规两者兼而有之. 从稳态参考系的定义可见,这是对时空几何很强的限制. 例如一个自转的天体,除非该天体为轴对称,并且自转轴和对称轴重合,否则不可能是稳态. 施瓦西度规对应的是一个球对称无自转天体的引力场,可以建立稳态参考系.

一个时空参考系如果既是稳态又是时轴正交,称为静态参考系. 施瓦西度规是静态,但 RW 度规则不是. 静态参考系的显著特点是当 $t\rightarrow-t$,度规保持不变.

爱因斯坦转盘度规即式(3.16)显然是稳态而非静态. 转盘度规对应的时空实际上是平直的闵可夫斯基时空,进行坐标变换 $\theta'=\theta+\omega t$,转盘度规转换成以柱坐标表示的闵可夫斯基度规,对应的当然是静态参考系.

上面的实例表明,物理模型确定以后,4 维时空的几何结构是客观的,与参考系的选择无关. 时空可以选择各种各样的参考系. 一个参考系的标志是它的静止观测者. 爱因斯坦转盘度规和闵可夫斯基度规表示的是同样的平直时空,但除原点外,静止观测者都不相同. 对于一个参考系,可以选择各种各样的数学坐标来标记事件的坐标. 这些坐标之间的变换,如果要求不改变参考系,也就是不改变参考系的静止观测者,应当具有式(3.31)的形式. 在这里强调的是静止观测者是参考系的物理内涵,也可看成是参考系的架构和支柱.

3.5.3　用爱因斯坦同时性对钟

设一参考系的坐标为 (ct,x^i),时空度规为 $g_{\alpha\beta}$. 这里的坐标时 t 不一定是用爱因斯坦同时性建立起来的,现在来探讨在该参考系中用爱因斯坦同时性自洽对钟的可能性.

设 A 和 B 为参考系中无穷小邻近的 2 个静止观测者,其空间坐标差为 dx^i. 他们用爱因斯坦同时性进行对钟. 注意现在坐标同时性和爱因斯坦同时性并不一定相同,亦即 A 处和 B 处在坐标时刻 t 发生的事件不能认为是爱因斯坦同时事件. 爱因斯坦同时性需要讨论光的传播,下面用广义相对论的理论进行研究.

[①]　这一名词来自 L. D. Landau and E. M. Lifshitz. 1987, *The Classical Theory of Fields*, Fourth Revised English Edition, section 97. 该书还给出对任何时空构造同时参考系的几何和分析方法. 注意虽然理论上在任何时空中可以建立时轴正交,甚至同时参考系,并不等于这样的参考系有实际应用价值,可参见 Huang et al. (1989)(见 P57 脚注①引文).

光脉冲的路径符合 $ds^2 = 0$,亦即

$$g_{00}c^2 dt^2 + 2g_{0i}c\,dt\,dx^i + g_{ij}dx^i dx^j = 0.$$

从上式解出光脉冲从 A 到 B 所需的时间

$$c\,dt = \frac{-g_{0i}dx^i \pm \sqrt{(g_{0i}dx^i)^2 - g_{00}g_{ij}dx^i dx^j}}{g_{00}}. \tag{3.34}$$

注意,对于静止观测者,从度规得到 $d\tau^2 = -g_{00}dt^2$,所以一定有 $g_{00}<0$. 在式(3.34)中,当 $g_{0i}=0$,因 $c\,dt$ 永远大于零,所以式(3.34)中的 $\pm$ 号应当取负号. 这样得到光脉冲从 A 到 B 的传播时间 dt_G 和从 B 返回 A 的时间 dt_R 分别为

$$c\,dt_G = \frac{-g_{0i}dx^i}{g_{00}} + \frac{\sqrt{h_{ij}dx^i dx^j}}{\sqrt{-g_{00}}}, \tag{3.35}$$

$$c\,dt_R = \frac{g_{0i}dx^i}{g_{00}} + \frac{\sqrt{h_{ij}dx^i dx^j}}{\sqrt{-g_{00}}}. \tag{3.36}$$

其中,

$$h_{ij} = g_{ij} - \frac{g_{0i}g_{0j}}{g_{00}}. \tag{3.37}$$

它的物理意义将在 3.6 节中讲述.

设 A 于坐标时 t 发出光脉冲,光脉冲于坐标时 $t+dt_G$ 到达 B,于 $t+dt_G+dt_R$ 回到 A. 按照爱因斯坦同时性的规则,A 处坐标时刻 $t+(dt_G+dt_R)/2$ 发生的事件与 B 处坐标时刻 $t+dt_G$ 发生的事件同时,亦即 A 处的坐标时刻 t 与 B 处的坐标时刻 $t+(dt_G-dt_R)/2$ 同时. 用式(3.35)和式(3.36),得到的结论是,A 处的坐标时刻 t 与 B 处的坐标时刻 $t-g_{0i}dx^i/g_{00}$ 同时. 注意,除非 $g_{0i}dx^i=0$,在现在的坐标系里,爱因斯坦同时性和坐标同时性并不相同.

上面的计算表明,一般情况下,A 处的坐标时刻 t 和 B 处的坐标时刻 t 并不爱因斯坦同时. 因为 A 和 B 位于不同的空间地点,不会产生任何矛盾. 设想在 A 处和 B 处按爱因斯坦同时性对钟后,B 再和邻近的 C 对钟,依次做下去,直至对钟的路径封闭又回到 A 为止. 按照爱因斯坦同时性,在 A 处

$$t \text{ 与 } t - \oint \frac{g_{0i}}{cg_{00}}dx^i \text{ 同时.}$$

上式中的积分路径就是对钟的闭路径. 然而现在已经回到同一空间地点,在那里坐标时刻 t 发生的所有的事件一定是同时事件. 所以,结论是能用爱因斯坦同时性自洽地对钟的充分必要条件是对任何的闭路径

$$\oint \frac{g_{0i}}{g_{00}}dx^i = 0. \tag{3.38}$$

也就是在任意给定的两点 A 和 B 间,曲线积分的值

$$\int_A^B \frac{g_{0i}}{g_{00}} \mathrm{d}x^i$$

与路径无关.

满足式(3.38)的一个充分条件是度规为时轴正交,亦即所有的 g_{0i} 为零.上面的讨论表明,对于时轴正交参考系,一定能够选择数学坐标使度规为时轴正交度规.在全时空用爱因斯坦同时性自洽对钟.换一种方式来表达:时轴正交度规中的坐标时可以看作是用爱因斯坦同时性建立起来的全局时间.例如施瓦西度规方程(3.19)中的坐标同时性和爱因斯坦同时性等价.在离引力源无穷远处静止钟的原时和坐标时钟的速率相等.

时轴正交参考系在数学坐标选择不恰当时,度规不一定具有时轴正交的形式,但是一定满足条件式(3.38).本章 P57 页脚注①中引用的参考书籍和文献对此有详细的讨论.本小节的讨论在实际工作中的意义是,如果只能用坐标同时性来定义坐标时,这样的坐标时是坐标量而非观测量,要明确这类坐标时的定义,必须说明采用的物理模型、物理理论、参考系和数学坐标.

3.5.4 天文工作和人类生活中的时间

实际应用的时间只能是坐标时,因为原时只在局域的世界线上有定义.不幸的是,常用的地球参考系和以太阳系质心为原点的太阳系质心参考系都不是时轴正交参考系,度规的 g_{0i} 项来自天体的自转和公转.所以,在精密测量仪器所在的地面上和太阳系空间里,不能用爱因斯坦同时性自洽地对钟.现在使用的民用时间和天文时间都用坐标同时性来定义和对钟,是坐标量而非观测量.国际天文学联合会等与精密测量有关的学术组织通过系列决议规定广义相对论为时间和参考系工作的基本理论,并给出了太阳系和地球系中度规的具体形式.详细的情况将在附录 B 和第 8 章介绍.

3.6 弯曲时空中的观测量理论

3.6.1 弯曲时空中的观测和测量

爱因斯坦曾经指出,弯曲时空和平直时空中关于测量的概念有实质区别.平直时空中空间坐标和时间坐标可以进行直接的度量,例如用直尺、电磁波和时钟来测量.闵可夫斯基度规是静态度规.3.5 节已经论证,弯曲时空的坐标时一般情况下不是观测量,不能用与理论和坐标系选择无关的方式来建立.

需要说明这里讲的观测和测量的含义.我们指的是原始数据的观测和测量,例如,一个钟记录的钟面时的时间间隔,望远镜焦平面上显示的两星象之间的距离,光谱仪测得的谱线对应的波长和频率,光度仪测到的辐射强度等.这些观测和测量可以称为直接测量,观测者(例如钟或望远镜的终端设备)量度观测对象(例如原时或入射的光子)得到作为观测量的原始数据.这些数据应当是与理论和坐标系选择无关的标量.

在不同时间和不同地点得到大批的原始数据后,科学家运用物理理论和数学方法进行处理去解算所需的物理量,例如行星的质量、位置、轨道根数,宇宙里普通物质、暗物质和暗能量的比例等.这些物理量的获得相当程度上与物理的理论,物质的模型,甚至和坐标系有关,它们不是直接测量的结果,可以称为坐标量或可计算量.本节讲述的观测量理论所讨论的是原始数据而不是坐标量.因此,这里讲的观测量本身与采用什么理论框架无关,也与坐标系的选取无关,只依赖观测对象和观测者.

在广义相对论中,时空的弯曲和坐标系选取的任意性使得观测量理论显得分外重要.下面将通过实例予以说明.

3.6.2 瞬时观测者和观测对象

每一次观测存在一个观测对象和一个瞬时观测者.当坐标系选定后,后者可以用它的时空坐标和 4 速度(x^α, u^α)来表示.至于观测对象,是与观测者在观测瞬间相遇的一个粒子.该粒子在观测瞬间的信息用(x^α, p^α)表示,其中 p^α 是它的 4 动量.观测者和观测对象的时空坐标在观测瞬间应当完全重合.观测和测量是一个局域而非远程的事件.对于弯曲时空,这个事实和概念分外重要.

这样,观测对象是一阶张量 p^α.由于时空的弯曲和坐标系选取的任意性,没有理由认为 p^0 具有能量的含义而 p^i 具有动量的含义.另外,必须注意,观测者是用自己的时钟和量尺去度量观测对象的.观测者的时间轴沿着它的 4 速度 u^α 的方向.回顾 2.3.2 节的内容,p^α 投影到 u^α 上面的分量才与观测者测量到的粒子的能量有关,p^α 在观测者某一空间方向上的投影则是观测者测量到的粒子在这一空间方向上的动量.观测者测量到的粒子的能量或动量分量是观测量.

下面将观测对象记为一阶张量 T^α.该瞬时观测者自然地将其邻近的局域时空分解为自己的 1 维时间和 3 维空间.他的 4 速度 u^α 指向时间增加的方向,而他的 3 维空间中的任一矢量与 u^α 相正交.将观测对象 T^α 进行分解:

$$T^\alpha = T^\alpha_\parallel + T^\alpha_\perp. \tag{3.39}$$

其中,$T^\alpha_\parallel$ 是该观测者测量到的观测对象的时间部分,也就是与 4 速度 u^α 平行的部分,$T^\alpha_\perp$ 是余下的空间部分.

式(2.21)给出观测者 4 速度矢量 $\boldsymbol{u}$ 满足 $\boldsymbol{u} \cdot \boldsymbol{u} = u^\alpha u_\alpha = -c^2$,说明观测者时间轴上的单位矢量是 $\boldsymbol{u}/c$.另外,这也表明,矢量 $\boldsymbol{T}$ 在观测者时间轴上投影的数值是 $-\boldsymbol{T} \cdot \boldsymbol{u}/c$.所以,用矢量的坐标分量形式表示的观测对象的时间部分为

$$T^\alpha_\parallel = -\left(\frac{u_\beta}{c}T^\beta\right)\frac{u^\alpha}{c} = \left(-\frac{u^\alpha u_\beta}{c^2}\right)T^\beta. \tag{3.40}$$

上式第一个等号后的式子表明矢量 $T^\alpha_\parallel$ 沿着观测者 4 速度的方向,其大小为 $-T^\beta u_\beta/c$,而

第二个等号后的式子则将与观测者和观测对象有关的量进行分离,与观测者有关的量放在圆括号内.

观测者测量到的观测对象的空间分量的计算式为

$$T^\alpha_\perp = T^\alpha - T^\alpha_\parallel = \left(\delta^\alpha_\beta + \frac{u^\alpha u_\beta}{c^2}\right) T^\beta. \tag{3.41}$$

上式也做了观测者和观测对象的分离.

本节一开始就强调过,一次观测的结果只取决于观测者和观测对象,与坐标系的选择无关,上面的计算公式对任何坐标系都适用.这就是说,实际计算时可以选择恰当的坐标系来简化计算.

3.6.3 时间和空间投影算符

将与观测者和观测对象有关的量进行分离,式(3.40)和式(3.41)可写成

$$T^\alpha_\parallel = \pi^\alpha_\beta T^\beta, \quad T^\alpha_\perp = h^\alpha_\beta T^\beta, \tag{3.42}$$

其中,

$$\pi^\alpha_\beta = -\frac{u^\alpha u_\beta}{c^2}, \quad h^\alpha_\beta = \delta^\alpha_\beta + \frac{u^\alpha u_\beta}{c^2} \tag{3.43}$$

分别称为观测者的时间投影算符和空间投影算符.式(3.42)表明,将它们作用在观测对象上得到观测对象在观测者的时间和空间里的投影向量.

π^α_β 和 h^α_β 都是 2 阶张量的混变坐标分量,因为对称而不必区分指标的次序,相应的协变坐标分量为

$$\pi_{\alpha\beta} = -\frac{u_\alpha u_\beta}{c^2}, \quad h_{\alpha\beta} = g_{\alpha\beta} + \frac{u_\alpha u_\beta}{c^2}. \tag{3.44}$$

类似地,可写出它们的逆变坐标分量.

前面提到瞬时观测者对自己的邻域进行了局域的时空分离,下面说明 $\pi_{\alpha\beta}$ 和 $h_{\alpha\beta}$ 分别是观测者的 1 维时间和 3 维空间的度规.

$$\begin{cases} g_{\alpha\beta} T^\alpha_\parallel K^\beta_\parallel = (\pi_{\alpha\beta} + h_{\alpha\beta}) T^\alpha_\parallel K^\beta_\parallel = \pi_{\alpha\beta} T^\alpha_\parallel K^\beta_\parallel, \\ g_{\alpha\beta} T^\alpha_\perp K^\beta_\perp = (\pi_{\alpha\beta} + h_{\alpha\beta}) T^\alpha_\perp K^\beta_\perp = h_{\alpha\beta} T^\alpha_\perp K^\beta_\perp. \end{cases} \tag{3.45}$$

式(3.45)的两式说明,在处理观测者处切空间中时间轴上的张量时,可以用 $\pi_{\alpha\beta}$ 作为度规,类似地,对观测者处的空间张量,可以用 $h_{\alpha\beta}$ 作为度规.自然也有

$$\pi^\alpha_\nu h^\nu_\beta = 0 \tag{3.46}$$

成立.

对于时空坐标系 $\{x^\alpha\}$ 里的静止观测者,从度规可得其 4 速度的逆变坐标分量为

$$u^0 = \frac{c}{\sqrt{-g_{00}}}, \quad u^i = 0. \tag{3.47}$$

对应的协变坐标分量为

$$u_0 = -c\sqrt{-g_{00}}, \quad u_i = \frac{cg_{0i}}{\sqrt{-g_{00}}}. \tag{3.48}$$

于是静止观测者的空间投影算符是

$$h_{00} = h_{0i} = 0, \quad h_{ij} = g_{ij} - \frac{g_{0i}g_{0j}}{g_{00}}. \tag{3.49}$$

请注意这个表达式已经在式(3.37)出现过,只是没有用空间投影算符的名称.下面用两个重要的例子来看观测量理论的应用.

3.6.4　爱因斯坦转盘的圆周率

爱因斯坦转盘度规即式(3.16),重写如下:

$$ds^2 = -\left(1 - \frac{\omega^2 r^2}{c^2}\right)c^2 dt^2 + dr^2 + r^2 d\theta^2 + dz^2 + \frac{2\omega r^2}{c}cdt\,d\theta.$$

当转盘的角速度 ω 足够大时,相对论效应会显著,这里不讨论现实中能否实现这样的转盘.爱因斯坦把快速转动的转盘作为他的一个思想实验,论证转盘上的静止观测者通过测量转盘的圆周和直径,将得到转盘上的圆周率大于 π,因而该静止观测者所生活的 3 维空间是弯曲的.[①]请注意,对于爱因斯坦的转盘模型,忽略了转盘的质量,4 维时空平直而没有引力,但转盘上的观测者感受到惯性力,造成了他的 3 维空间的弯曲.

我们不去重复爱因斯坦的论证,而是用观测量的理论来计算转盘上的圆周率.转盘上静止观测者的空间投影算符是

$$\begin{cases} h_{rr} = 1, \\ h_{\theta\theta} = \dfrac{r^2}{1 - \dfrac{\omega^2 r^2}{c^2}}, \\ h_{zz} = 1, \end{cases} \tag{3.50}$$

其余分量为零.

先来量度 $r = R$ 的圆周的直径.直径上的一个线元为 dr,其余坐标的增量为零,即 $dx^\alpha_{(r)} = (0, dr, 0, 0)$,它的长度的平方是

$$h_{\alpha\beta} dx^\alpha_{(r)} dx^\beta_{(r)} = h_{rr} dr\,dr = dr^2.$$

于是直径的量度结果是

$$2\int_0^R dr = 2R.$$

而 $r = R$ 圆周上的线元 $dx^\alpha_{(\theta)} = (0, 0, d\theta, 0)$ 的长度的平方应当按下式计算:

① Albert Einstein, *The meaning of relativity*, fifth edition, 1954, Princeton University Press, p. 59-61.

$$h_{\alpha\beta}\,\mathrm{d}x^{\alpha}_{(\theta)}\,\mathrm{d}x^{\beta}_{(\theta)}=h_{\theta\theta}\,\mathrm{d}\theta\mathrm{d}\theta=\frac{R^{2}}{1-\dfrac{\omega^{2}R^{2}}{c^{2}}}\mathrm{d}\theta^{2}.$$

得到静止观测者对圆周的量度结果为

$$\int_{0}^{2\pi}\frac{R}{\sqrt{1-\dfrac{\omega^{2}R^{2}}{c^{2}}}}\mathrm{d}\theta=\frac{2\pi R}{\sqrt{1-\dfrac{\omega^{2}R^{2}}{c^{2}}}}.$$

最后得到圆周率为 $\pi/\sqrt{1-\omega^{2}R^{2}/c^{2}}$,且大于 π.

3.6.5　施瓦西场测地线解中常数 E 的物理意义

施瓦西度规(3.19)的测地线方程有一个积分式(3.21),含有一个积分常数 E.为了弄清 E 的物理意义,讨论施瓦西标准坐标系中静止观测者测量自由粒子所具有的能量值.

从式(3.19)和式(3.48)可知施瓦西标准坐标系的静止观测者的 4 速度的协变坐标分量为

$$u_{\alpha}=(-c\sqrt{1-2M/r}\,,0,0,0).\tag{3.51}$$

不失一般性,设自由粒子的静止质量为 1,则其 4 动量为 $p^{\alpha}=(c\,i\,,\dot{r},\dot{\theta},\dot{\phi})$,其中符号上的一点表示对粒子的原时 τ 求导数.

按照式(2.23),静止观测者测量与其交会的自由粒子的能量,就是粒子的 4 动量在观测者时间方向的投影乘以 c.根据式(3.40),测量到的能量 En 应等于

$$En=-p^{\alpha}u_{\alpha}=-p^{0}u_{0}=c^{2}\sqrt{1-\frac{2M}{r}}\,\frac{\mathrm{d}t}{\mathrm{d}\tau}.$$

而 $\mathrm{d}t/\mathrm{d}\tau$ 可用式(3.21)表示为积分常数 E 的函数,最后得到

$$En=\frac{Ec^{2}}{\sqrt{1-\dfrac{2Gm}{c^{2}r}}}.\tag{3.52}$$

当 $r\rightarrow\infty$,$En\rightarrow Ec^{2}$,亦即若自由粒子到达无穷远处,那里在施瓦西标准坐标系中的静止观测者测量出的粒子单位静止质量所具有的能量就是 Ec^{2}.从式(3.52)可以看出,En 永远大于 Ec^{2},而且随着 r 的增大,En 不断减小.自由粒子向外运动,在 r 增加的过程中,粒子要克服引力的束缚,En 不断减小.

以上的论断对自由光子同样成立.对于光子有 $En=h\nu$.于是当 r 增加时,测出的光子的频率不断变低,也就是出现了红移.所以当光源处于引力场较强处,而观测者处于引力场较弱处,会观测到辐射的红移,相反则出现蓝移.这是著名的引力红移现象在施瓦西场的表现.

习题

3.1 电学中的库仑力也是平方反比定律,为什么不能像引力一样将库仑力看成时空弯曲?

3.2 用多种方式讨论和论证,爱因斯坦等效原理 EEP 成立表示引力使时空弯曲.建议阅读参考多本书籍对这一问题的叙述和讨论.

3.3 鉴于施瓦西度规和罗伯逊-沃克度规等重要模型都是对角线度规,即当指标 $\mu \neq \nu$,$g_{\mu\nu}$ 等于零,证明对角线度规的克里斯多菲符号可以用以下公式计算:

$$\Gamma^{\mu}_{\nu\lambda} = 0, \quad \Gamma^{\mu}_{\lambda\lambda} = -\frac{1}{2 g_{\mu\mu}} g_{\lambda\lambda,\mu},$$

$$\Gamma^{\mu}_{\mu\lambda} = \frac{1}{2 g_{\mu\mu}} g_{\mu\mu,\lambda}, \quad \Gamma^{\mu}_{\mu\mu} = \frac{1}{2 g_{\mu\mu}} g_{\mu\mu,\mu}.$$

上式中指标 μ, ν, λ 都不相同,重复的指标不进行求和.

3.4 证明度规 $ds^2 = -u^2 dv^2 + du^2$(参见习题 1.7)的所有测地线在 $\langle v, u \rangle$ 系中的表达式为

$$\frac{1}{u} = c_1 \exp(v) + c_2 \exp(-v),$$

其中 c_1 和 c_2 为常数.证明类时测地线对应 $c_1 c_2 > 0$,零测地线对应 $c_1 c_2 = 0$,类空测地线对应 $c_1 c_2 < 0$.(注:该度规的物理意义将在 7.3.4 节讲述.)

3.5 计算习题 3.4 中度规的所有克里斯多菲符号.

3.6 证明克里斯多菲符号在坐标变换下的变换规律式(3.28).

3.7 讨论爱因斯坦同时性和坐标同时性在理论和应用上的差别.在狭义和广义相对论框架里,地球、太阳系、银河系、宇宙等实际天体系统中,能否建立全局而且能直接测量的时间?

3.8 对任意度规 $g_{\alpha\beta}$,静止观测者的空间投影算符为 $h_{\alpha\beta}$,求证 $g^{ik} h_{kj} = \delta^i_j$.

3.9 惯性系中一观测者和一粒子相遇,此时他们正沿着相互垂直的方向运动,速度分别为 v 和 w,计算相遇时观测者测量得到的粒子单位静止质量具有的能量和动量.

3.10 将以原时为自变量的自由粒子运动方程写成哈密顿形式,并由此探讨施瓦西场中积分常数 E 和 h 的物理意义.

第4章

弯曲时空中的物理定律

爱因斯坦等效原理给出了一条从狭义相对论中的物理定律构造广义相对论中物理定律的途径. 既然在弯曲时空的每一点都能选到局域惯性参考系,在其中狭义相对论的物理定律都成立,而物理定律是客观的,与坐标系的选择无关,只要把该物理定律改写成张量之间的关系,它就在所有的坐标系中都成立. 本章重点介绍弯曲时空中物理定律的构成方法.

物理定律涉及的并不是一个时空点,而是一个时空区域. 第 1 章中强调过,每一个张量都属于一个时空点的切空间,不同切空间中的张量不能进行加减等运算. 为了能建立不同切空间的张量之间的联系,必须首先学习黎曼几何中的一个重要概念:协变导数和向量的平移.

4.1 协变导数

4.1.1 为什么要引入协变导数

现在用一个例子来说明张量对坐标的偏导数在应用上的缺陷. 在 2 维欧几里得空间 E_2 中选取极坐标,其度规为

$$ds^2 = dr^2 + r^2 d\theta^2.$$

在空间的每一点都有一个横向的坐标基底 $e_{(\theta)}$,构成了一个全空间的基底向量场. 它的 2 个坐标分量$(0,1)$对坐标 r 或 θ 的偏导数$\partial e^i_{(\theta)}/\partial r$ 和 $\partial e^i_{(\theta)}/\partial\theta$ 显然都是零,似乎说明,这个张量场是一个常数张量场. 然而,按照式(1.20),横向基底 $e_{(\theta)}$ 的长度为$\sqrt{g_{\theta\theta}}=r$,沿径向随 r 增加而增加,沿横向则其方向随 θ 在变化. 这说明张量的普通偏导数并不能正确表示张量场的性质. 径向基底场 $e_{(r)}$ 虽然长度保持不变,方向却随 θ 变化,情况类似.

上面指出这两组基底在极坐标系中的坐标分量对坐标的偏导数都是零,如果这种偏导数是张量,那么在任何坐标系中都应当是零. 改用笛卡儿坐标系,径向基底 $e_{(r)}$ 的坐标分量应当是$(\cos\theta,\sin\theta)$,对极坐标 θ 或笛卡儿坐标的偏导数都不是零. 这说明过去在微积分中学

习的普通偏导数不是张量. 从第 1 章开始就多次提到, 物理定律应当写成张量之间的关系, 因此需要寻求张量的一种导数, 就是本节将要引入的协变导数. 上面的例子涉及平直的 2 维欧几里得空间, 对于弯曲的时空更有必要引入作为张量的新导数.

在介绍张量对坐标的偏导数时, 注意这里处理的不是一个单个的张量, 而是一个张量场. 张量坐标分量随着时空点的改变而变化, 它们的偏导数表示时空点变化时张量的坐标分量怎样变化.

为书写简单, 今后将继续用逗号表示传统的偏导数. 例如, 用 $T^\alpha_{,\beta}$ 表示 $\partial T^\alpha / \partial x^\beta$.

4.1.2 1 阶逆变张量的协变导数

既然张量的普通偏导数 $T^\alpha_{,\beta}$ 不是张量, 我们来构造一种新的偏导数, 称为协变偏导数, 并记为 $T^\alpha_{;\beta}$, 它是一个 2 阶张量. 当然它必须有明确的几何意义和物理意义. 一种自然的构思是在局域测地线坐标系 LGS(见 3.4.3 节)中, 这两种偏导数相等. 张量是一个几何量, 当它在某一个坐标系中已经确定, 这个张量就已经完全确定了.

设 $\{x^\alpha\}$ 为任意坐标系, $\{\xi^{\alpha'}\}$ 为 LGS. 作为张量的 $T^\alpha_{;\beta}$ 在坐标变换下的变换规律为

$$T^\alpha_{;\beta} = \frac{\partial x^\alpha}{\partial \xi^{\alpha'}} \frac{\partial \xi^{\beta'}}{\partial x^\beta} T^{\alpha'}_{,\beta'}.$$

这里已经用了在 LGS 中协变导数与普通导数相同.

为了得到协变偏导数 $T^\alpha_{;\beta}$ 在坐标系 $\{x^\alpha\}$ 中的表达式, 将其进一步变换成

$$T^\alpha_{;\beta} = \frac{\partial x^\alpha}{\partial \xi^{\alpha'}} \frac{\partial}{\partial x^\beta} \left(\frac{\partial \xi^{\alpha'}}{\partial x^\nu} T^\nu \right) = T^\alpha_{,\beta} + \frac{\partial x^\alpha}{\partial \xi^{\alpha'}} \frac{\partial^2 \xi^{\alpha'}}{\partial x^\beta \partial x^\nu} T^\nu.$$

注意, 在 LGS 中所有的克里斯多菲符号全为零, 从式(3.28)立即得到协变导数的定义式

$$T^\alpha_{;\beta} \equiv T^\alpha_{,\beta} + \Gamma^\alpha_{\beta\nu} T^\nu, \tag{4.1}$$

显然, 当克里斯多菲符号全为零, 协变偏导数退化为普通偏导数, 或者说, 分号退化为逗号.

引入张量的协变微分 DT^α, 它与普通微分 dT^α 的差别是

$$DT^\alpha \equiv T^\alpha_{;\beta} dx^\beta, \quad dT^\alpha \equiv T^\alpha_{,\beta} dx^\beta. \tag{4.2}$$

前者是张量而后者不是.

$T^\alpha_{;\beta}$ 是一个 2 阶张量的混变坐标分量, 可以用度规对指标进行升降. 例如, $T^{\alpha;\beta} = g^{\beta\nu} T^\alpha_{;\nu}$.

现在来计算 2 维欧几里得空间 E_2 在极坐标系中径向基底和横向基底场的协变偏导数. 显然有 $e^r_{(r)} = 1, e^\theta_{(r)} = 0, e^r_{(\theta)} = 0$ 和 $e^\theta_{(\theta)} = 1$. 从式(3.15)知不为零的克里斯多菲符号为 $\Gamma^r_{\theta\theta} = -r$ 和 $\Gamma^\theta_{r\theta} = \Gamma^\theta_{\theta r} = 1/r$. 按照协变导数的定义式(4.1)算得 2 个基底坐标分量的协变偏导数为

$$e^\theta_{(r);\theta} = e^\theta_{(\theta);r} = 1/r, \quad e^r_{(\theta);\theta} = -r, \tag{4.3}$$

其余为零. 通过这个例子可以看到, 尽管一个向量的坐标分量在所有点上都取常数值, 它的

协变偏导数甚至在时空平直的情况下也不一定为零. 这些协变导数正确地显示了这两个基底向量场不是常数向量场.

4.1.3 广义协变原理

定义了协变导数, 可以将测地线方程写成简洁的形式. 用 4 速度 $u^\alpha = \mathrm{d}x^\alpha/\mathrm{d}\lambda$ 表示的测地线方程为

$$\frac{\mathrm{d}u^\mu}{\mathrm{d}\lambda} + \Gamma^\mu_{\alpha\beta} u^\alpha u^\beta = (u^\mu_{,\alpha} + \Gamma^\mu_{\alpha\beta} u^\beta) u^\alpha = 0.$$

其中, λ 为仿射参数. 显然, 用协变导数的语言, 测地线方程可简洁地写成

$$\frac{\mathrm{D}u^\mu}{\mathrm{d}\lambda} = u^\mu_{;\alpha} u^\alpha = 0.$$

测地线方程的上述形式可以用等效原理直接给出. 根据等效原理, 在 LGS 中不存在引力和惯性力, 狭义相对论的定律成立, 自由粒子的测地线方程为

$$\frac{\mathrm{d}u^\mu}{\mathrm{d}\lambda} = u^\mu_{,\alpha} u^\alpha = 0. \tag{4.4}$$

在 LGS 中, 克里斯多菲符号全为零, 普通导数与协变导数相同, 所以在 LGS 中式 (4.4) 与式 (4.3) 等价. 式 (4.3) 是一个张量的等式, 既然在特殊的坐标系 LGS 中成立, 应当在任何坐标系中都成立.

以上的论证具有普遍意义, 可以用来建立广义相对论的物理定律. 我们的信念是, 物理定律是客观的, 和坐标系的选择无关, 所以物理定律应当表示成一些张量之间的关系. 根据爱因斯坦等效原理, 在时空每一点邻域的所有参考系中一定有局域惯性参考系, 那里的物理定律是狭义相对论的物理定律. 所以, 只要将狭义相对论的物理定律写成张量之间的关系, 就得到了广义相对论的物理定律. 这称之为广义协变原理. 可以看出, 它并不是新的原理, 而是爱因斯坦等效原理的自然推论.

用广义协变原理建立广义相对论物理定律的过程叙述如下. 首先写下 1 条狭义相对论的物理定律, 把它写成洛伦兹不变的形式, 亦即在洛伦兹变换下它的形式不变. 例如, 自由粒子的测地线方程 (4.4) 就具有洛伦兹不变的形式, 那里出现的物理量已经是张量, 只是偏导数为普通偏导数. 洛伦兹变换把惯性参考系变换成惯性参考系, 将闵可夫斯基度规变换成闵可夫斯基度规, 使得式 (4.4) 的形式保持不变. 根据爱因斯坦等效原理, 在每一个时空点都可以选到局域测地线坐标系 LGS, 这条狭义相对论的物理定律在其中成立. 下一步是把它改造成广义相对论的物理定律. 方法是把普通偏导数 ",", 改成协变偏导数 ";", 把闵可夫斯基度规 $\eta_{\alpha\beta}$ 改成度规 $g_{\alpha\beta}$. 这种改写在 LGS 中是完全合理的, 因为在其中所有的克里斯多菲符号为零, 协变导数与普通导数等同, 度规 $g_{\alpha\beta}$ 与闵可夫斯基度规 $\eta_{\alpha\beta}$ 等同. 改写后的张量形式的定律应当在所有的坐标系中都正确, 称作广义协变.

"广义"表示对于所有的坐标系都成立, 并不局限于惯性参考系. "协变"表示物理定律由

张量组成,在不同坐标系里的形式按其坐标分量的逆变或协变的规律而变化.

简而言之,广义相对论物理定律的构造过程如下:把一条狭义相对论的物理定律写成洛伦兹不变的形式,然后把其中出现的",",改成";",$\eta_{\alpha\beta}$ 改成 $g_{\alpha\beta}$,这样就得到了广义相对论中对应的物理定律.本章的后文章节中要多次应用这种方式来建立广义相对论框架下的物理定律.

4.1.4 各阶张量的协变导数

容易验证,标量 S 的普通偏导数 $S_{,\alpha}$ 在坐标变换下满足 1 阶协变张量的变换规律,所以自然地定义标量的协变导数与普通导数相等,即

$$S_{;\alpha} \equiv S_{,\alpha}. \tag{4.5}$$

可以像构造 1 阶逆变张量的协变偏导数的方式一样来得到 1 阶协变张量的协变偏导数,但也可以用下面更为简便的方法.

为推导协变向量 T_α 的协变导数,设 Q^α 是任意的逆变向量,它们间的缩并是 1 个标量,根据式(4.5),有

$$(T_\alpha Q^\alpha)_{;\beta} = (T_\alpha Q^\alpha)_{,\beta}.$$

进一步规定协变导数和普通导数一样满足莱布尼茨法则,即 $(T_\alpha Q^\alpha)_{;\beta} = T_{\alpha;\beta}Q^\alpha + T_\alpha Q^\alpha_{;\beta}$.将上式两端展开,对 $Q^\alpha_{;\beta}$ 用式(4.1),因 Q^α 是任意向量,立即得到 1 阶协变张量的协变偏导数为

$$T_{\alpha;\beta} = T_{\alpha,\beta} - \Gamma^\nu_{\alpha\beta}T_\nu. \tag{4.6}$$

读者不难用完全类似的方法来建立高阶张量协变导数的计算公式.这里以 1 个 3 阶张量为例写出它的协变偏导数的计算公式

$$T^\mu_{\alpha\beta;\nu} = T^\mu_{\alpha\beta,\nu} + \Gamma^\mu_{\rho\nu}T^\rho_{\alpha\beta} - \Gamma^\rho_{\alpha\nu}T^\mu_{\rho\beta} - \Gamma^\rho_{\beta\nu}T^\mu_{\alpha\rho}. \tag{4.7}$$

读者不难总结出任意阶张量的协变导数计算公式的规律.这里要注意,张量的一对指标一般不是对称的,因此要分清每一个指标是第几个指标,要分清逆变和协变指标.

4.1.5 度规的协变导数

从克里斯多菲符号的定义式(3.12)可见,克里斯多菲符号是度规 1 阶偏导数的线性齐次函数,可以解出度规的一阶偏导数为克里斯多菲符号的线性齐次函数,

$$g_{\alpha\beta,\nu} = g_{\alpha\rho}\Gamma^\rho_{\beta\nu} + g_{\beta\rho}\Gamma^\rho_{\alpha\nu}. \tag{4.8}$$

将式(4.8)等号右边各项都移到左边,结果正是度规的协变导数,于是恒有

$$g_{\alpha\beta;\nu} \equiv 0. \tag{4.9}$$

度规的协变导数是一个零张量.

这一重要结论也可以从广义协变原理得出.式(4.8)表明在 LGS 里,度规的普通偏导数 $g_{\alpha\beta,\nu}$ 等于零.它不是张量,不能推断在任意坐标系里也是零.然而在 LGS 里它和作为张量

的协变导数 $g_{\alpha\beta;\nu}$ 相等,得到的结论是在任何坐标系中度规的协变偏导数恒等于零.

4.2   向量的平移和陀螺的进动

4.2.1   为什么要讨论向量的平移

可以从数学和物理各种角度来探讨向量平移的必要性.

上一节已经指出张量的普通偏导数和普通微分不是张量.设在时空点 P 计算张量 T^{α} 沿某一方向上的普通微分 dT^{α},而 Q 是 P 在该方向无穷小邻近的一点,按定义有

$$dT^{\alpha} = \{T^{\alpha}(Q) - T^{\alpha}(P)\}_{LP}. \tag{4.10}$$

其中,标记 LP 表示取花括号内作为 dx^{β} 函数的线性部分.注意 $T^{\alpha}(Q)$ 和 $T^{\alpha}(P)$ 分别是不同时空点 Q 和 P 处的张量,它们属于不同的切空间.在第 1 章已经强调,对于弯曲时空,只有在两个张量属于同一点的切空间时,它们之间的运算才有意义,所以上式右边的减法不符合张量之间的减法运算规则.这从另一个角度说明,普通微分的结果不是 1 个张量.

现在来看平直空间和弯曲空间中向量的加减法有什么不同.首先,在平直空间里不同点的切空间彼此重合,而在弯曲空间里则不重合.其次,在平直空间做不同点之间的向量的减法时,要把其中之一平行地移动到另一点去,然后在同一点对两个向量进行相减.在弯曲空间里,目前还不知道如何进行向量的平行移动,因此完全有必要定义弯曲空间中向量的平行移动.

弯曲空间里有可能用数学方法定义各种各样的平行移动.广义相对论自然要求所定义的平行移动有物理意义.设想一个像自由粒子一样在引力场中自由下落的宇航员,他随身携带一个标准钟和三个指向相互正交的陀螺.陀螺的质心和宇航员一起自由下落,陀螺也不受任何力矩的作用.我们把这种陀螺称为自由陀螺.标准钟所指示的原时增加的方向是他的 4 速度的指向.4 速度和陀螺指向一起构成了宇航员处的局域惯性架.处于封闭飞船中的宇航员感觉不到任何力的作用,船舱中狭义相对论的物理定律成立.宇航员有理由认为自己可能是在平直时空中不受任何力的作用,他同样有理由认为自己在时空中的轨迹的指向和携带的陀螺的指向都是不变的.换句话说,他会认为他的 4 速度和陀螺的指向都在作平行移动.在弯曲时空中定义的向量的平行移动应当与等效原理给出的这种物理直觉相吻合.

4.2.2   向量的平移公式

前面的讨论表明,弯曲时空中的自由粒子会认为自己 4 速度的大小和方向没有改变,也就是 u^{α} 始终作平行移动.一方面,式(4.3)展示自由粒子 4 速度的协变微分 $Du^{\alpha}=0$.所以自然从向量的协变微分出发来讨论和定义向量的平移.

向量的协变微分是一个张量,与式(4.10)类比,逆变向量的协变微分可写成

$$DT^\alpha = \{T^\alpha(\mathrm{Q}) - T^\alpha(\mathrm{P} \to \mathrm{Q})\}_{\mathrm{LP}}. \tag{4.11}$$

这里 $T^\alpha(\mathrm{P}{\to}\mathrm{Q})$ 表示将张量 $T^\alpha(\mathrm{P})$ 平移到 Q 点. 这种平移还有待进一步说明. 当然协变微分也可以写成

$$DT^\alpha = \{T^\alpha(\mathrm{Q} \to \mathrm{P}) - T^\alpha(\mathrm{P})\}_{\mathrm{LP}}. \tag{4.12}$$

两种写法在线性运算中完全等价, 从它们出发讨论平行移动得到的结果也相同. 下面从式(4.11)出发进行讨论.

另一方面, 从式(4.2)有

$$DT^\alpha = T^\alpha_{;\beta}\mathrm{d}x^\beta = T^\alpha_{,\beta}\mathrm{d}x^\beta + \Gamma^\alpha_{\beta\gamma}T^\gamma\mathrm{d}x^\beta = \mathrm{d}T^\alpha + \Gamma^\alpha_{\beta\gamma}T^\gamma\mathrm{d}x^\beta.$$

从式(4.10)可知

$$DT^\alpha = \{T^\alpha(\mathrm{Q}) - T^\alpha(\mathrm{P})\}_{\mathrm{LP}} + \Gamma^\alpha_{\beta\gamma}T^\gamma\mathrm{d}x^\beta. \tag{4.13}$$

再与式(4.11)对比, 立即可得

$$T^\alpha(\mathrm{P} \to \mathrm{Q}) = T^\alpha(\mathrm{P}) - \Gamma^\alpha_{\beta\gamma}T^\gamma\mathrm{d}x^\beta. \tag{4.14}$$

式(4.14)就是逆变向量进行无穷小平行移动的计算公式, 也可以看作是无穷小平移的定义. 注意 $T^\alpha(\mathrm{P}{\to}\mathrm{Q})$ 是时空点 Q 处的张量, 不是时空点 P 处的张量, 请读者自行证明.

用完全类似的方式可以得到协变向量的平移公式为

$$T_\alpha(\mathrm{P} \to \mathrm{Q}) = T_\alpha(\mathrm{P}) + \Gamma^\gamma_{\alpha\beta}T_\gamma\mathrm{d}x^\beta. \tag{4.15}$$

然而, 上式也可以通过在 Q 点处指标的升降得到, 亦即

$$\begin{aligned}
T_\alpha(\mathrm{P} \to \mathrm{Q}) &= g_{\alpha\beta}(\mathrm{Q})T^\beta(\mathrm{P} \to \mathrm{Q}) \\
&= (g_{\alpha\beta}(\mathrm{P}) + g_{\alpha\beta,\nu}\mathrm{d}x^\nu)(T^\beta(\mathrm{P}) - \Gamma^\beta_{\rho\nu}T^\rho\mathrm{d}x^\nu) \\
&= T_\alpha(\mathrm{P}) + (g_{\alpha\rho}\Gamma^\rho_{\beta\nu} + g_{\beta\rho}\Gamma^\rho_{\alpha\nu})T^\beta\mathrm{d}x^\nu - g_{\alpha\beta}\Gamma^\beta_{\rho\nu}T^\rho\mathrm{d}x^\nu \\
&= T_\alpha(\mathrm{P}) + \Gamma^\rho_{\alpha\nu}T_\rho\mathrm{d}x^\nu.
\end{aligned}$$

在上面的运算中应用了式(4.8), 并且所有的推导中只保留 $\mathrm{d}x^\alpha$ 的线性项.

4.2.3 平移的性质

现在来看向量的大小和向量间的内积是否在平移过程中得以保持. 这只需要看两个向量间的内积能否在平移中保持不变就行了. 设 T^α 和 K^α 是 2 个任意的向量, 则

$$T^\alpha(\mathrm{P} \to \mathrm{Q})K_\alpha(\mathrm{P} \to \mathrm{Q}) = (T^\alpha(\mathrm{P}) - \Gamma^\alpha_{\beta\gamma}T^\gamma\mathrm{d}x^\beta)(K_\alpha(\mathrm{P}) + \Gamma^\gamma_{\alpha\beta}K_\gamma\mathrm{d}x^\beta).$$

这里讨论的是无穷小平移, 计算时应当只保留 $\mathrm{d}x^\beta$ 的线性项, 于是有

$$T^\alpha(\mathrm{P} \to \mathrm{Q})K_\alpha(\mathrm{P} \to \mathrm{Q}) = T^\alpha(\mathrm{P})K_\alpha(\mathrm{P}). \tag{4.16}$$

上式的一个特殊情况是向量的长度在平移中保持不变, 亦即

$$\| T^\alpha(\mathrm{P} \to \mathrm{Q}) \| = \| T^\alpha(\mathrm{P}) \| \tag{4.17}$$

保持内积的一个结论是, 位于同一点的两个空间向量的夹角在向量的平移中保持不变.

现在来看这样定义的平移是否符合物理的直觉. 综合式(4.3)和式(4.11)可得自由粒子的 4 速度满足

$$Du^{\alpha} = \{u^{\alpha}(Q) - u^{\alpha}(P \to Q)\}_{LP} = 0. \tag{4.18}$$

这表示 P 点的 4 速度向量平移到 Q 点后与 Q 点的 4 速度向量相等,也就是说,自由粒子的 4 速度始终保持平行移动,说明前面关于平行移动的定义与物理的要求相符.

可以重新定义弯曲时空的测地线:在任意坐标系 $\{x^{\mu}\}$ 中,如果能选择参数 λ 将曲线参数化,使曲线的切向量 $u^{\mu} = dx^{\mu}/d\lambda$ 始终平行移动,即 $Du^{\mu}/d\lambda = 0$,则该曲线为时空测地线,参数 λ 称为仿射参数.

在平直时空中,测地线是直线,直线是两点间距离取极值的曲线,也是切向量始终保持平行移动的曲线,自然可以用这两个性质来定义弯曲时空的测地线. 在 3.2 节里已经用短程线的概念定义了测地线. 显然,对于类时和类空测地线两种定义等价,而且测地线的 4 维弧长是仿射参数. 对于自由光子的路径零测地线,因为光子路径的 4 维长度始终为零,不能作为路径的参数,用切向量平行移动来定义测地线更具有一般性. 自由光子的路径仍然可以参数化,能够选择到仿射参数 λ,使切向量 $u^{\mu} = dx^{\mu}/d\lambda$ 保持平行移动,运动方程具有 $Du^{\mu}/d\lambda = 0$ 的形式. 这时不必探究自由光子的仿射参数是什么,在几何光学的计算中,将消去 λ,用坐标时 t 为变量,见 4.5 节.

对于任意的参数 σ,$dx^{\mu}/d\sigma$ 不一定保持平行移动,也就不一定满足测地线方程(4.3). 容易证明

$$\frac{D}{d\sigma}\left(\frac{dx^{\mu}}{d\sigma}\right) = \frac{dx^{\mu}}{d\lambda}\frac{d^2\lambda}{d\sigma^2}. \tag{4.19}$$

其中,λ 为仿射参数. 上式右边为零的条件是 $d^2\lambda/d\sigma^2 = 0$,亦即所有的仿射参数之间的关系是线性变换.

以上介绍的平行移动称为列维-奇维塔(Levi-Civita)平移,也常简单地称为平移. 如上所述,自由粒子的 4 速度向量按这一规律平移.

在讨论陀螺的进动之前,先来看弯曲空间和平直空间中向量平移的一个重要差别. 众所周知,在平直的欧几里得空间里,向量平移的结果与路径无关,对应的几何定律是在直线外一点只能有一条该直线的平行线.

以 2 维球面为例来看弯曲空间中向量的平移是否与路径有关. 图 4.1 显示一个 2 维球面. 球面上的大圆(经过球心的平面与球面相交而成的圆)是球面的测地线. 在 A 点的一个切向量 T 沿着三段测地线平移,从 A 点经过 B 和 C 点再回到 A 点. 从 A 到 B 平移时,向量 T 始终与该段测地线相切以保证它在平行移动. 从 B 到 C 平移时向量应保持与该段测地线切向的夹角不变,在图中此夹角为直角. 从 C 到 A 时则保持与第三段测地线相切. 整个过程中向量的大小保持不变,完全按照平行移动的规律. 然而可以看到 T 在沿着一条闭路径回到原处时平移成了 T',并不与 T 重合. 容易察觉选择不同的闭路径有不同的平移结果. 上述事实说明在弯曲空间中平行移动的结果与路径有关,讨论在不同点处的两个向量是否平行是没有意义的. 当然,沿着给定的路径平行移动,结果唯一.

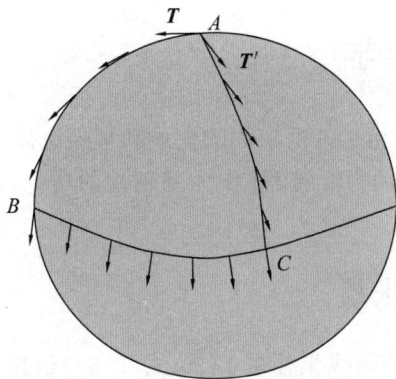

图 4.1 球面上向量 T 经过闭路径 ABC 进行平行移动后成为 T',说明平移与路径有关

4.2.4 测地岁差

地球以将近 24 小时的周期在自转,设想忽略地球的大小,把地球看成是一个在太阳引力场中自由下落的陀螺. 作为一个理想的自由陀螺,它的质心在引力场中自由下落,而且不受任何力矩作用.[①] 在地球绕日公转的过程中,地球陀螺的自转轴应当进行列维-奇维塔平移.

设想在某一时刻地球自转轴指向某一颗遥远的恒星,当地球绕日一周再次回到同一空间地点时,它的自转轴是否还是指向同一颗恒星呢? 如果太阳系空间是平直的,自转轴又一直在平行移动,答案是肯定的. 然而太阳的引力使得太阳系空间发生弯曲,从一个向量在 2 维球面上平行移动的例子可以猜测自转轴不会再指向同一颗恒星. 广义相对论理论推导的结果表明地球自转轴的指向相对遥远恒星组成的参考系有微小的转动,其角速度为

$$\vec{\Omega} = -\frac{3GM}{2c^2 r^3} \vec{v} \times \vec{r}. \tag{4.20}$$

其中,$\vec{v}$ 和 $\vec{r}$ 分别为地球公转的空间速度和轨道半径向量,G、M 和 c 分别为牛顿引力常量、太阳质量和真空中的光速. 这个角速度为每世纪 $1.92''$,称为测地岁差,也称为德西特(De Sitter)进动. 人造地球卫星在地球的引力场中环绕地球运动,卫星中自由陀螺的指向相对遥远恒星系也有这种相对论进动. 7.2 节对陀螺的相对论进动要进行仔细的推导和讨论.

传统的天文学把遥远恒星或类星体构成的参考系看成是无转动系. 从上面的讨论可见,自由陀螺的指向才对应无转动系,陀螺参考系和恒星参考系之间存在相对转动,这是天文参考系的一个新概念.

---

① 实际的地球赤道半径约为 6378km,赤道比两极鼓起,扁率约为 1/198. 在月球和太阳的引力矩作用下,地球的自转轴(赤极)绕着地球公转轨道面的法线方向(黄极)作复杂的进动. 这种进动的主要成分是赤极绕黄极进行周期约为 26000 年的圆运动,每年约 $50''$,方向与地球自转方向相反. 这种进动称为岁差. 它远大于作为相对论效应的测地岁差. 这里忽略了地球的大小,日月引力矩及其引起的日月岁差也就不复存在.

4.3　理想流体动力学

在 2.5 节里,讨论了狭义相对论框架中的尘埃和理想流体.本节要给出在广义相对论的理论框架中流体元所服从的动力学方程.作为基础性的讨论,这里选用的物质模型是理想流体.

4.3.1　能量动量张量

在一流体元处选择局域测地线坐标系 LGS,式(2.64)给出表示理想流体的能量动量张量为

$$T^{\alpha\beta} = \left(\rho_\square + \frac{p}{c^2}\right) u^\alpha u^\beta + \eta^{\alpha\beta} p.$$

式中,c 是光速,为常量.流体元的静止质量密度 $\rho_\square$ 和压强 p 都是标量,4 速度 $u^\alpha = \mathrm{d}x^\alpha / \mathrm{d}\tau$ 是 1 阶张量,τ 是流体元的原时,只有 $\eta^{\alpha\beta}$ 不是弯曲时空的张量.将式中 $\eta^{\alpha\beta}$ 改写成 $g^{\alpha\beta}$,上式就是一个张量表达式,而且在这个特殊的 LGS 中成立.这就是应用广义协变原理的做法.于是在弯曲时空中理想流体的能量动量张量的表达式是

$$T^{\alpha\beta} = \left(\rho_\square + \frac{p}{c^2}\right) u^\alpha u^\beta + g^{\alpha\beta} p. \tag{4.21}$$

和式(2.65)完全一样.

4.3.2　局域守恒律

理想流体和尘埃不同,流体元之间存在压力作用,不能看成是自由粒子,流体元在时空中的运动轨迹也就不能用测地线方程表示,而是要从动量和能量的平衡方程得到.

2.5 节说明,在 LGS 中不受外力作用的理想流体的能量动量的局域守恒定律为

$$T^{\alpha\beta}_{,\beta} = 0.$$

上式为洛伦兹不变,将它改造成广义协变的形式,按逗号变分号的做法,在广义相对论中,这一局域守恒律是

$$T^{\alpha\beta}_{;\beta} = 0. \tag{4.22}$$

将理想流体的能量动量张量的具体形式代入上式,得到

$$\frac{\mathrm{d}\rho_\square}{\mathrm{d}\tau} u^\alpha + \left(\rho_\square + \frac{p}{c^2}\right) \frac{\mathrm{D}u^\alpha}{\mathrm{d}\tau} + \left(\rho_\square + \frac{p}{c^2}\right) u^\alpha u^\beta_{;\beta} + \left(g^{\alpha\beta} + \frac{u^\alpha u^\beta}{c^2}\right) p_{,\beta} = 0. \tag{4.23}$$

其中利用了度规的协变导数恒等于零和标量的协变导数与普通导数相等.

在式(4.23)中每一项都只剩下一个指标 α,它含有 4 个方程,应当表示 1 个能量局域守恒方程和 3 个动量局域守恒方程.为了更清晰地了解这些方程的物理意义,需要把能量守恒

与动量守恒分离.

3.6 节表明,在流体元的时空邻域中,不同的观测者有不同的时间和空间分离,观测者的时间投影算符与空间投影算符和观测者的 4 速度有关.下面将选择流体元本身作为观测者来进行理想流体守恒定律的时间和空间分离.理想流体内部有压力,流体元不是仅仅在引力作用下自由下落,因此不是自由观测者.

在流体元看来,时间方向是自己的 4 速度 u^α 方向,而空间方向则是与 u^α 正交的 3 维空间.在式(4.23)中,第 1 项和第 3 项明显沿着时间方向,第 2 项中

$$\frac{\mathrm{D}u^\alpha}{\mathrm{d}\tau} = a^\alpha \tag{4.24}$$

是流体元的 4 加速度.当 4 加速度为零时上式正是测地线方程,所以 4 加速度是引力以外的力产生的加速度.对 $u^\alpha u_\alpha = -c^2$ 求协变导数,得到

$$u_a a^\alpha = 0. \tag{4.25}$$

这说明 4 加速度沿着流体元的某一个空间方向.式(4.23)的第 4 项中 $p_{,\beta}$ 的系数正是流体元作为观测者的空间投影算符(参见式(3.43)),它将 1 阶张量 $p_{,\beta}$ 投影到流体元的空间方向.

经过以上分析,可以容易地将式(4.23)分离成 2 个方程.流体元处的局域能量守恒定律

$$\frac{\mathrm{d}\rho_\square}{\mathrm{d}\tau} + \left(\rho_\square + \frac{p}{c^2}\right) u^\beta_{;\beta} = 0, \tag{4.26}$$

和局域动量守恒定律

$$\left(\rho_\square + \frac{p}{c^2}\right)\frac{\mathrm{D}u^\alpha}{\mathrm{d}\tau} + \left(g^{\alpha\beta} + \frac{u^\alpha u^\beta}{c^2}\right) p_{,\beta} = 0. \tag{4.27}$$

4.3.3 连续性方程

式(4.26)对应经典的连续性方程.为了更清晰地看到这一点,下面将它退化到弱引力场和宏观低速的牛顿力学的情形.这就要将 τ 换成 t,令 $c \to \infty$,注意 $x^0 = ct$,所以对于牛顿近似,有 $u^0 \to c$,$u^i \to v^i = \mathrm{d}x^i/\mathrm{d}t$.当时空平直并选取笛卡儿坐标系时,协变导数可用普通导数代替.此外,在牛顿力学里质量密度与流体元的速度无关,可以把 $\rho_\square$ 改记成 ρ,于是式(4.26)退化成

$$\frac{\mathrm{d}\rho}{\mathrm{d}t} + \rho v^i_{,i} = 0, \tag{4.28}$$

或

$$\frac{\partial \rho}{\partial t} + (\rho v^i)_{,i} = 0. \tag{4.29}$$

不难认出,这就是牛顿力学框架中,流体在惯性参考系里的连续性方程.

4.3.4   欧拉方程

式(4.27)是经典的欧拉方程在弯曲时空中的形式.只考虑 $\alpha=i$ 时的 3 个方程,不做任何近似将方程改写成

$$\left(\rho_{\square}+\frac{p}{c^2}\right)\frac{\mathrm{d}u^i}{\mathrm{d}\tau}+\left(\rho_{\square}+\frac{p}{c^2}\right)\Gamma^i_{\mu\nu}u^\mu u^\nu+\left(g^{i\beta}+\frac{u^i u^\beta}{c^2}\right)p_{,\beta}=0. \qquad (4.30)$$

上式第 1 项可看成质量密度和加速度的乘积,第 3 项是流体元受到的压力梯度,第 2 项含克里斯多菲符号,应当表示引力.

下面将式(4.30)退化到牛顿力学的对应方程.仍然选取笛卡儿坐标系,这时度规 $g_{\alpha\beta}$ 和 $\eta_{\alpha\beta}$ 的差以及所有的克里斯多菲符号都是 c^{-2} 量级的小量.按前面所讲的方式第 1 项退化成 $\rho\mathrm{d}v^i/\mathrm{d}t$.对于第 3 项,舍去 c^{-2} 项,度规 $g_{ij}\to\delta_{ij}$,第 3 项退化成 $p_{,i}$.在第 2 项中,$\mu=\nu=0$ 是主要项,那时 $u^0 u^0\to c^2$,其余可舍去.于是式(4.30)退化成

$$\rho\frac{\mathrm{d}v^i}{\mathrm{d}t}+\rho\Gamma^i_{00}c^2+p_{,i}=0. \qquad (4.31)$$

将上式与牛顿力学中的欧拉方程

$$\rho\frac{\mathrm{d}v^i}{\mathrm{d}t}-\rho U_{,i}+p_{,i}=0. \qquad (4.32)$$

对比,可知 $\Gamma^i_{00}c^2$ 在牛顿近似下应当退化成 $-U_{,i}$,这里 $-U$ 是牛顿引力势.[①]

恒星内部的平衡主要是引力和压力的平衡.当式(4.30)中的第 2 项和第 3 项相抵消时,一个由理想流体组成的恒星就处于平衡状态.当引力项超过了压力梯度项,天体就要坍缩.比较式(4.30)和式(4.32),可以看到在广义相对论里,压力对引力和惯性都有贡献.这些因素表明,研究恒星内部的平衡问题时,必须应用广义相对论.

4.4   真空中的电动力学

这一节介绍如何把狭义相对论中的电动力学基本定律改造成广义相对论的定律.采用的手段是广义协变原理,先在平直时空中建立洛伦兹不变的电磁定律,然后将逗号改分号,$\eta_{\alpha\beta}$ 改成 $g_{\alpha\beta}$.为叙述简单,只讨论真空中电动力学的基本定律,而且采用高斯单位制,使电场强度和磁感应强度有相同的单位.为清晰起见,在平直时空中采用笛卡儿坐标系,度规为闵可夫斯基规,基底为正交归一基底组时(参见 1.2.2 节),坐标和张量指标上加符号"^",例如 $x^{\hat{a}}$、$u^{\hat{a}}$ 等.对弯曲时空中的任意坐标系则不加这一标记.

[①]   这里的符号 U 的物理意义是,它的梯度 $\vec{\nabla}U$ 为位于该点的单位质量所受的引力.它常取正值,和引力势能差一个符号.在南京大学天文系易照华教授开设的"天体力学"课程和教材中,将它称作力函数,以与取负值的引力势能相区别.本书不采用力函数名称,与近年讨论引力 N 体问题大多数文献的术语一致,称作取正值的引力势.

4.4.1 电流密度张量

电荷和相对论质量不同,它是坐标变换的不变量,因此电荷密度是 1 阶张量的分量,不像质量密度是 2 阶张量 $T^{\alpha\beta}$ 的分量. 在本节中记 $\rho_\square$ 为静止电荷密度,即在与电荷相对静止的坐标系中测量得到的电荷密度,这是 1 个标量. 定义

$$j^\alpha \equiv \rho_\square u^\alpha. \tag{4.33}$$

称为电流密度张量,其中 u^α 是电荷元的 4 速度.

在任意坐标系里,j^α 各分量的物理意义一般并不清晰. 在平直时空的笛卡儿坐标系 $\{x^{\hat{\alpha}}\}$ 里,

$$j^{\hat{0}} = \rho c, \quad j^{\hat{i}} = \rho v^{\hat{i}}. \tag{4.34}$$

其中,ρ 和 $v^{\hat{i}}$ 分别是 $\{x^{\hat{\alpha}}\}$ 中测量得到的电荷的密度和空间速度. 比较上式和表征粒子 4 动量的式(2.23)可以发现,它们极其类似,有同样的推导过程.

在 $\{x^{\hat{\alpha}}\}$ 中的电荷连续性方程是

$$\frac{\partial \rho}{\partial \hat{t}} + \frac{\partial (\rho v^{\hat{i}})}{\partial x^{\hat{i}}} = 0. \tag{4.35}$$

可以写成 $j^{\hat{\alpha}}_{,\hat{\alpha}} = 0$. 于是,连续性方程亦即电荷守恒定律在广义相对论中的形式是

$$j^\alpha_{;\alpha} = 0. \tag{4.36}$$

从逗号改成分号,这体现了引力的贡献.

4.4.2 电磁场张量

在狭义相对论中,电场强度 $\vec{E}$ 和磁感应强度 $\vec{B}$ 在一起构成一个 2 阶反对称张量 $F^{\hat{\alpha}\hat{\beta}}$,称为电磁场张量. 在惯性笛卡儿坐标系 $\{x^{\hat{\alpha}}\}$ 里,它的各坐标分量有清晰的物理意义:

$$F^{\hat{\alpha}\hat{\beta}} \equiv \begin{bmatrix} 0 & E_{\hat{1}} & E_{\hat{2}} & E_{\hat{3}} \\ -E_{\hat{1}} & 0 & B_{\hat{3}} & -B_{\hat{2}} \\ -E_{\hat{2}} & -B_{\hat{3}} & 0 & B_{\hat{1}} \\ -E_{\hat{3}} & B_{\hat{2}} & -B_{\hat{1}} & 0 \end{bmatrix}. \tag{4.37}$$

其中,$E_{\hat{i}}$ 和 $B_{\hat{i}}$ 分别表示沿第 $\hat{i}$ 个空间坐标轴方向的电场强度和磁感应强度.

再次需要注意,即使在狭义相对论的平直时空中,如果度规不是闵可夫斯基度规,亦即坐标基底组不是正交归一组时,电磁场张量的各坐标分量并不具有式(4.37)所示的物理意义. 下面看一个实例,也可看作观测量理论的一个应用.

举一个简单的例子来加强对观测量理论的认识. 考虑狭义相对论的平直时空,选取笛卡

儿坐标系使整个时空的度规为闵可夫斯基度规. 设协变的电磁场张量各坐标分量为

$$F_{\hat\alpha\hat\beta} = \begin{pmatrix} 0 & 0 & 0 & 0 \\ 0 & 0 & B & 0 \\ 0 & -B & 0 & 0 \\ 0 & 0 & 0 & 0 \end{pmatrix}. \tag{4.38}$$

亦即在该坐标系里只有在空间第 3 轴方向有磁感应强度 B.

现在把坐标系转换到以柱坐标表示的转盘坐标系, 度规从闵可夫斯基度规转换到转盘度规方程 (3.16), 重写如下:

$$\mathrm{d}s^2 = -\left(1 - \frac{\omega^2 r^2}{c^2}\right) c^2 \,\mathrm{d}t^2 + \mathrm{d}r^2 + r^2 \,\mathrm{d}\theta^2 + \frac{2\omega r^2}{c} c \,\mathrm{d}t \,\mathrm{d}\theta + \mathrm{d}z^2. \tag{4.39}$$

用张量的坐标分量在坐标变换下的变换规律, 可以得到转盘系中电磁场张量方程 (4.38) 的逆变和协变坐标分量分别为

$$\begin{cases} F^{\alpha\beta} = \begin{pmatrix} 0 & 0 & 0 & 0 \\ 0 & 0 & B/r & 0 \\ 0 & -B/r & 0 & 0 \\ 0 & 0 & 0 & 0 \end{pmatrix}, \\[20pt] F_{\alpha\beta} = \begin{pmatrix} 0 & -\omega r B/c & 0 & 0 \\ \omega r B/c & 0 & rB & 0 \\ 0 & -rB & 0 & 0 \\ 0 & 0 & 0 & 0 \end{pmatrix}. \end{cases} \tag{4.40}$$

我们的问题是: "转盘上的静止观测者测量沿径向的电场强度, 结果是多少?"

按照式 (4.37), 电磁场张量的时空分量应当表示电场强度. 审视转盘系中电磁场张量的坐标分量式 (4.40), 不免会产生困惑: 协变分量 F_{0r} 和逆变分量 F^{0r}, 一个不为零而另一个为零, 那么沿径向的电场强度究竟是不是零呢? 这就要应用观测量的理论.

转盘系的度规方程 (4.39) 表明该坐标系的基底 $\{e_{(\alpha)}\}$ 不是正交归一基底组. 从它们出发构造一组正交归一的基底 $\{e_{(\hat\alpha)}\}$. 构造的方式如下:

$$\begin{cases} e_{(\hat0)} = \dfrac{1}{\sqrt{1 - \dfrac{\omega^2 r^2}{c^2}}} e_{(0)}, \\[24pt] e_{(\hat r)} = e_{(r)}. \end{cases} \tag{4.41}$$

余下的 2 个基底的表达式下面用不到, 不再列出. 用转盘度规容易检查这 2 个基底都是单位基底并相互正交, 分别沿着转盘系静止观测者的时间方向和径向. 实际上, $e_{(\hat0)} = u/c$, 这里 u 是转盘上静止观测者的 4 速度.

在这 2 组基底下电磁场张量有 2 种坐标分解表示式:

$$\boldsymbol{F} = F^{\alpha\beta}\boldsymbol{e}_{(\alpha)} \otimes \boldsymbol{e}_{(\beta)} = F^{\hat{\alpha}\hat{\beta}}\boldsymbol{e}_{(\hat{\alpha})} \otimes \boldsymbol{e}_{(\hat{\beta})}. \tag{4.42}$$

参照式 (4.37), 按照笛卡儿坐标系中各坐标分量的物理意义, 分量 $F^{\hat{0}\hat{r}}$ 应当表示转盘上的静止观测者测量的径向电场强度. 利用基底组 $\boldsymbol{e}_{(\hat{\alpha})}$ 的正交归一性, 可得到解算这一分量的公式如下:

$$F^{\hat{0}\hat{r}} = -(\boldsymbol{F} \cdot \boldsymbol{e}_{(\hat{r})}) \cdot \boldsymbol{e}_{(\hat{0})}. \tag{4.43}$$

上式的右边是一个张量算式, 可以在任意坐标系中计算. 选取前面的转盘坐标系, 利用式 (4.40) 和式 (4.41) 可算得

$$F^{\hat{0}\hat{r}} = -F_{\alpha\beta}e^{\beta}_{(\hat{r})}e^{\alpha}_{(\hat{0})} = \frac{\omega r B}{c\sqrt{1 - \dfrac{\omega^2 r^2}{c^2}}}. \tag{4.44}$$

这就是转盘上的静止观测者测量到的径向电场强度, 它不为零.

可以用电磁场张量的逆变分量来计算上面的结果. 从式 (4.43) 有

$$F^{\hat{0}\hat{r}} = -F^{\alpha\beta}e_{(\hat{r})\beta}e_{(\hat{0})\alpha} = -\frac{B}{r}(e_{(\hat{r})\theta}e_{(\hat{0})r} - e_{(\hat{r})r}e_{(\hat{0})\theta}). \tag{4.45}$$

计算在转盘坐标系 (4.39) 中进行, 用转盘度规, 式 (4.41) 和基底的定义, 容易得到

$$\begin{cases} e_{(\hat{r})\theta} = 0, \\[2mm] e_{(\hat{r})r} = 1, \\[2mm] e_{(\hat{0})r} = 0, \\[2mm] e_{(\hat{0})\theta} = \dfrac{1}{\sqrt{1 - \dfrac{\omega^2 r^2}{c^2}}}g_{\theta 0} = \dfrac{\omega r^2}{c\sqrt{1 - \dfrac{\omega^2 r^2}{c^2}}}. \end{cases} \tag{4.46}$$

代入式 (4.45), 得到与式 (4.44) 完全相同的结果. 这当然不意外, 因为式 (4.44) 和式 (4.45) 都与张量算式 (4.43) 等价.

4.4.3 广义协变的麦克斯韦方程

在狭义相对论框架中, 真空中的麦克斯韦方程的矢量形式为

$$\begin{cases} \vec{\nabla} \cdot \vec{E} = 4\pi\rho, \\[2mm] \vec{\nabla} \times \vec{B} = \dfrac{4\pi}{c}\vec{j} + \dfrac{1}{c}\dfrac{\partial \vec{E}}{\partial t}, \\[2mm] \vec{\nabla} \cdot \vec{B} = 0, \\[2mm] \vec{\nabla} \times \vec{E} = -\dfrac{1}{c}\dfrac{\partial \vec{B}}{\partial t}. \end{cases} \tag{4.47}$$

其中,ρ 是电荷密度,$\vec{j}$、$\vec{E}$ 和 $\vec{B}$ 分别是 3 维的电流密度矢量、电场强度矢量和磁感应强度矢量.

用本节前面建立的电磁场张量方程(4.38)和电流密度张量方程(4.33),真空中的麦克斯韦方程可写成洛伦兹不变的形式:

$$F^{\hat{\alpha}\hat{\beta}}_{,\hat{\beta}} = \frac{4\pi}{c}j^{\hat{\alpha}}, \tag{4.48}$$

$$F_{[\hat{\alpha}\hat{\beta},\hat{\gamma}]} = 0. \tag{4.49}$$

读者请自行验证式(4.48)对应式(4.47)的前两式,而式(4.49)则对应后两式.这里涉及 $F_{[\hat{\alpha}\hat{\beta},\hat{\gamma}]}$ 中的方括号是一种反对称运算,参见式(1.49).

于是,广义相对论中广义协变的麦克斯韦方程为

$$F^{\alpha\beta}_{;\beta} = \frac{4\pi}{c}j^{\alpha}, \tag{4.50}$$

$$F_{[\alpha\beta;\gamma]} = F_{[\alpha\beta,\gamma]} = 0. \tag{4.51}$$

式(4.51)中,由于方括号运算的反对称性,分号和逗号 2 种偏导数等价,证明如下:

$$F_{[\alpha\beta;\gamma]} = F_{[\alpha\beta,\gamma]} + \Gamma^{\rho}_{[\alpha\gamma}F_{\beta]\rho} - \Gamma^{\rho}_{[\beta\gamma}F_{\alpha]\rho}.$$

注意,方括号中的任何 2 个指标间都有反对称性.第 2 项对指标 $\alpha\gamma$ 是反对称的,然而 $\alpha\gamma$ 又是克里斯多菲符号的 2 个下指标,应当是对称指标.这样唯一的可能是该项恒等于零.同样的理由表明第 3 项也恒等于零.

4.4.4   电磁势

在牛顿力学里,只要力不是耗散的,有 3 个分量的力矢量就可以用 1 个标量势函数的梯度来表示,这样可以大大简化数学运算,也引入了势能这样的物理概念.狭义相对论框架里的电动力学中,选取笛卡儿坐标系,对 2 阶电磁场张量 $F_{\hat{\alpha}\hat{\beta}}$ 可以引入 1 个 4 维电磁势 $A_{\hat{\alpha}}$,关系为

$$F_{\hat{\alpha}\hat{\beta}} = A_{\hat{\beta},\hat{\alpha}} - A_{\hat{\alpha},\hat{\beta}}. \tag{4.52}$$

上式可以写成更为熟知的形式.将 4 维电磁势的 4 个分量记成

$$A_{\hat{\alpha}} = (\varphi, A_{\hat{1}}, A_{\hat{2}}, A_{\hat{3}}). \tag{4.53}$$

其中,φ 为标量电磁势,而 3 维矢量 $\boldsymbol{A} = (A_{\hat{1}}, A_{\hat{2}}, A_{\hat{3}})$ 称为矢量电磁势.式(4.52)等价于

$$\vec{E} = \vec{\nabla}\varphi - \frac{1}{c}\frac{\partial \vec{A}}{\partial t}, \tag{4.54}$$

$$\vec{B} = \vec{\nabla}\times\vec{A}. \tag{4.55}$$

按照逗号改为分号的原则,在广义相对论的任意坐标系中引入 4 维电磁势 A^{α},它和电磁场张量的关系是

$$F_{\alpha\beta} = A_{\beta;\alpha} - A_{\alpha;\beta} = A_{\beta,\alpha} - A_{\alpha,\beta}. \tag{4.56}$$

上式中的分号可以改为逗号,因为 2 项中的克里斯多菲符号部分相互抵消.

从式(4.56)可知

$$F_{[\alpha\beta,\gamma]} = A_{[\beta,\alpha\gamma]} - A_{[\alpha,\beta\gamma]}.$$

因为普通偏导数可以交换次序,方括号内的 3 个指标可以顺序置换,上式右端的 2 项完全相等,上式恒等于零. 这说明麦克斯韦方程(4.51)表明电磁场张量 $F_{\alpha\beta}$ 存在 4 维电磁势 A_μ. 反过来,如果电磁场张量存在 4 维电磁势方程(4.56),则有麦克斯韦方程(4.51)成立.

麦克斯韦方程(4.50)和方程(4.51)是电磁场张量的 1 阶偏微分方程组,可以用式(4.56)转换成电磁势的 2 阶偏微分方程组.

4.4.5 洛伦兹力密度

在狭义相对论中,电荷在电磁场中运动时要受到洛伦兹力的作用,具体的公式为

$$\vec{f} = \rho\left(\vec{E} + \frac{1}{c}\vec{v}\times\vec{B}\right), \quad w = \vec{f}\cdot\vec{v} = \rho\vec{v}\cdot\vec{E}. \tag{4.57}$$

其中,ρ 和 $\vec{v}$ 分别为电荷在所选取的惯性参考系中的密度和空间速度矢量. 这样 $\vec{f}$ 和 w 分别有力密度和功率密度的量纲.

构造 4 维洛伦兹力密度张量 $f^{\hat{\mu}}$,它的时间分量是 w/c,而空间分量是洛伦兹力密度 $\vec{f}$,式(4.57)可以写成张量关系的形式:

$$f^{\hat{\mu}} = \frac{1}{c}F^{\hat{\mu}\hat{\nu}}j_{\hat{\nu}}.$$

这是一条狭义相对论的定律. 它在形式上无需作任何改变就得到了广义协变的在弯曲时空中任意坐标系里都适用的物理定律:

$$f^{\mu} = \frac{1}{c}F^{\mu\nu}j_{\nu}. \tag{4.58}$$

4.4.6 电磁场的能量动量张量

电磁场是物质,它有能量和动量. 按照质量和能量等价的观点,电磁场也应当产生引力,因而对时空弯曲有贡献. 在 4.3 节里给出了理想流体的能量动量张量,那里并没有考虑电磁场的贡献. 在没有更多的场存在时,物质的能量动量张量可写成

$$T^{\mu\nu} = T^{\mu\nu}_{MS} + T^{\mu\nu}_{EM}. \tag{4.59}$$

这里 $T^{\mu\nu}_{EM}$ 表示电磁场的能量动量张量,而前一项则表示电磁场以外物质的能量动量张量.

物质的能量动量局域守恒律应当是

$$T^{\mu\nu}_{;\nu} = T^{\mu\nu}_{MS;\nu} + T^{\mu\nu}_{EM;\nu} = 0. \tag{4.60}$$

完全模仿 2.5.3 节中从尘埃的能量动量张量到理想流体的能量动量张量的过程,在有电磁场存在时,有 $T^{\mu\nu}_{MS;\nu} = f^{\mu}_{EM}$. 它不等于零完全是电磁场造成的,所以标以下标 EM. 与 2.5.3 节类似的论证表明 f^{μ}_{EM} 正是电磁场产生的 4 维力密度,也就是洛伦兹力密度. 于是,

$$T^{\mu\nu}_{EM;\nu} = -f^{\mu}_{EM} = -\frac{1}{c}F^{\mu\nu}j_{\nu}. \tag{4.61}$$

对上式应用广义协变的麦克斯韦方程(4.50),有

$$T_{\mathrm{EM};\nu}^{\mu\nu} = -\frac{1}{4\pi} F^{\mu}{}_{\nu} F^{\nu\beta}{}_{;\beta} = \frac{1}{4\pi}(F^{\mu}{}_{\nu;\beta} F^{\nu\beta}) - \frac{1}{4\pi}(F^{\mu}{}_{\nu} F^{\nu\beta})_{;\beta}$$

上式第二项中的指标 β 和 ν 应当互换,实现和等式左边一致. 困难显然在第一项. 为应用麦克斯韦方程(4.49),将它拆成 2 项,并进行指标更换,结果如下:

$$\frac{1}{4\pi} F^{\mu}{}_{\nu;\beta} F^{\nu\beta} = \frac{1}{4\pi}(g^{\mu a} F_{a\nu;\beta} F^{\nu\beta}) = \frac{1}{8\pi}(g^{\mu a} F_{a\nu;\beta} F^{\nu\beta} + g^{\mu a} F_{\beta a;\nu} F^{\nu\beta})$$

$$= -\frac{1}{8\pi} g^{\mu a} F_{\nu\beta;a} F^{\nu\beta} = -\frac{1}{16\pi}(g^{\mu\nu} F_{a\beta} F^{a\beta})_{;\nu}.$$

上面的推导应用了指标换写,麦克斯韦方程(4.49),度规的协变导数恒等于零以及电磁场张量的反对称性. 最后得到电磁场的能量动量张量为

$$T_{\mathrm{EM}}^{\mu\nu} = \frac{1}{4\pi}\left(F^{\beta\mu} F_{\beta}{}^{\nu} - \frac{1}{4} g^{\mu\nu} F^{a\beta} F_{a\beta}\right). \tag{4.62}$$

容易察觉这个张量是对称而无迹的. 无迹是指

$$T_{\mathrm{EM}\mu}^{\mu} = 0. \tag{4.63}$$

4.5   自由光子的运动

除引力外不受任何力作用的光子称为自由光子,在 4 维时空中的路径是零测地线. 测地线方程如式(4.3)所示. 方程的自变量是仿射参数 λ. 对于静止质量不为零的粒子,它的原时是仿射参数. 对于静止质量为零的光子,仿射参数并不清晰,需要建立以坐标时为自变量的运动方程.

4.5.1   自由光子的运动方程

对时间坐标 $x^0 = ct$ 和空间坐标 x^i,测地线方程可分解成该坐标系中的空间和时间两部分:

$$\frac{\mathrm{d}^2 x^i}{\mathrm{d}\lambda^2} + \varGamma^i_{\mu\nu} \frac{\mathrm{d}x^{\mu}}{\mathrm{d}\lambda} \frac{\mathrm{d}x^{\nu}}{\mathrm{d}\lambda} = 0,$$

$$c\frac{\mathrm{d}^2 t}{\mathrm{d}\lambda^2} + \varGamma^0_{\mu\nu} \frac{\mathrm{d}x^{\mu}}{\mathrm{d}\lambda} \frac{\mathrm{d}x^{\nu}}{\mathrm{d}\lambda} = 0.$$

上二式中可消去仿射参数 λ 而改用坐标时 t 为自变量,得到

$$\frac{\mathrm{d}^2 x^i}{\mathrm{d}t^2} + \left(\varGamma^i_{\mu\nu} - \varGamma^0_{\mu\nu} \frac{\mathrm{d}x^i}{c\,\mathrm{d}t}\right)\frac{\mathrm{d}x^{\mu}}{\mathrm{d}t} \frac{\mathrm{d}x^{\nu}}{\mathrm{d}t} = 0. \tag{4.64}$$

从度规有

$$g_{\mu\nu} \frac{\mathrm{d}x^{\mu}}{\mathrm{d}t} \frac{\mathrm{d}x^{\nu}}{\mathrm{d}t} = 0. \tag{4.65}$$

式(4.64)和式(4.65)是自由光子在 3 维空间的运动方程,用 $\mathrm{d}x^0/\mathrm{d}t = c$ 和 $\mathrm{d}x^i/\mathrm{d}t = v^i$ 可以写成更为实用的形式.注意方程(4.64)对静止质量不为零的自由粒子也适用.

4.5.2　费马原理

在牛顿理论框架的几何光学中,光子在 3 维空间的 A 点和 B 点之间传播时,在所有可能的路径中,实际的路径使传播所需的时间为最短,或者说实际路径使传播时间达到极值.这就是著名的费马原理,可写成

$$\delta \int_{\mathrm{A}}^{\mathrm{B}} \mathrm{d}t = 0. \tag{4.66}$$

换成对路径的变分以确定光线传播的空间路径,设空间介质的折射率为 n,则光速为 c/n,费马原理可写成

$$\delta \int_{\mathrm{A}}^{\mathrm{B}} n\,\mathrm{d}l = 0. \tag{4.67}$$

其中, $\mathrm{d}l$ 是空间距离线元.

为了在相对论框架中建立费马原理,有两点需要说明.首先,在牛顿的理论框架中,时间具有绝对的性质,与参考系和数学坐标的选择无关,式(4.66)的意义十分清晰.然而在相对论里,绝对时间并不存在.3.5 节表明参考系的坐标时一般情况下是坐标量,依赖数学坐标的选择,只有时轴正交度规的坐标时可以是观测量,所以猜测在时轴正交参考系里能建立费马原理.其次,类似从式(4.66)和式(4.67),要从关于时间的变分原理转换到关于空间的变分原理,类似式(4.67)的空间积分中的被积函数不能含时间,所以度规应当是稳态.两个要求结合起来,自然想到可以在静态参考系中建立费马原理.

在 3.5.2 节中定义了静态度规,亦即度规满足 $g_{\alpha\beta,0} = 0$ 和 $g_{0i} = 0$. 3.5.3 节里论证了在静态的时空中,可以用爱因斯坦同时性自洽地建立起全局的坐标时 t. 本小节建立静态参考系中的费马原理.[①]

对于静态时空,度规表示式(4.65)可写成

$$c^2 \mathrm{d}t^2 = \frac{g_{ij}}{-g_{00}}\mathrm{d}x^i\,\mathrm{d}x^j = \frac{1}{-g_{00}}\mathrm{d}l^2. \tag{4.68}$$

这里 $\mathrm{d}l$ 是坐标系中的静止观测者量度的距离线元(参见式(3.49)).真空中的费马原理可进

---

① 赫尔曼・外尔(Hermann Weyl,1885—1955)于 1917 年建立了相对论静态参考系中的费马原理.关于稳态参考系中的费马原理,可参阅 L. D. Landau and E. M. Lifshitz. ,1987,The Classical Theory of Fields,Fourth Revised English Edition,p. 273. 1990 年. Kovner 提出任意时空几何中的费马原理并将其用于引力透镜理论,参见 Kovner, I. ,1990,Astrophys. J. ,351: 114-120. 他的构思是在事件 P 向远处的观测者 O 辐射光子,设 O 的类时世界线为 γ,观测者的钟记录的时间 τ 将 γ 参数化,这里 τ 是一个观测量.光子的实际路径使光子到达 γ 的时刻 τ_0 取极值,亦即 $\delta\tau_0 = 0$. Kovner 规定变分计算中进行比较的路径都是零路径. Kovner 的费马原理之后为 Nityananda 和 Samuel(参见 R. Nityananda and J. Samuel,1990,Physical Review D,45: 3862-3864)以及 Perlick(参见 V. Perlick,1990,Class. Quantum Grav. ,7: 1319-1331)做了严格的证明.

一步写为

$$\delta \int_A^B \frac{1}{\sqrt{-g_{00}}} \, \mathrm{d}l = 0. \tag{4.69}$$

将它与牛顿力学的对应形式(4.67)比较,可以看到虽然这里讨论的相对论空间中并无介质,时空弯曲等价于在牛顿的平直空间中充满了折射率为 $(-g_{00})^{-1/2}$ 的介质.

　　从式(4.69)可以导出自由光子的空间路径所应当满足的微分方程.用 t 为参数,式(4.69)可以写成拉格朗日函数变分的形式:

$$\delta \int_A^B \sqrt{L} \, \mathrm{d}t = \delta \int_A^B \sqrt{\frac{g_{ij}}{-g_{00}} \frac{\mathrm{d}x^i}{\mathrm{d}t} \frac{\mathrm{d}x^j}{\mathrm{d}t}} \, \mathrm{d}t = 0. \tag{4.70}$$

从式(4.68)知道对于光子的实际空间路径, $L = c$,和 3.2.1 节中的讨论类似,上式中的根号可以去掉,成为

$$\delta \int_A^B L \, \mathrm{d}t = \delta \int_A^B \left(\frac{g_{ij}}{-g_{00}} \frac{\mathrm{d}x^i}{\mathrm{d}t} \frac{\mathrm{d}x^j}{\mathrm{d}t} \right) \mathrm{d}t = 0. \tag{4.71}$$

按照变分原理的欧拉-拉格朗日方程(3.8),静态度规中自由光子空间路径满足的微分方程是

$$\frac{\mathrm{d}}{\mathrm{d}t} \left(\frac{g_{ij}}{g_{00}} \frac{\mathrm{d}x^j}{\mathrm{d}t} \right) - \frac{1}{2} \left(\frac{g_{jk}}{g_{00}} \right)_{,i} \frac{\mathrm{d}x^j}{\mathrm{d}t} \frac{\mathrm{d}x^k}{\mathrm{d}t} = 0. \tag{4.72}$$

一般说来,物理中的原理不需要用理论予以证明,而是需要实验的证实,然而这里所用的"原理"一词只是从牛顿光学借用,费马原理必须与广义相对论的理论相一致.这就是说式(4.72)应当和式(4.64)在静态度规的情况一致.一个简单的数学证明如下.

　　对于静态度规,写出推导测地线方程的拉格朗日函数为

$$L = \frac{1}{2} g_{00} \left(\frac{c \, \mathrm{d}t}{\mathrm{d}\lambda} \right)^2 + \frac{1}{2} g_{jk} \frac{\mathrm{d}x^j}{\mathrm{d}\lambda} \frac{\mathrm{d}x^k}{\mathrm{d}\lambda}. \tag{4.73}$$

因度规不显含时间 t ,有积分

$$g_{00} \frac{\mathrm{d}t}{\mathrm{d}\lambda} = 1. \tag{4.74}$$

这里已选取仿射参数 λ 使积分常数为 1. 空间部分的测地线方程为

$$\frac{\mathrm{d}}{\mathrm{d}\lambda} \left(g_{ij} \frac{\mathrm{d}x^j}{\mathrm{d}\lambda} \right) - \frac{1}{2} g_{00,i} \left(\frac{c \, \mathrm{d}t}{\mathrm{d}\lambda} \right)^2 - \frac{1}{2} g_{jk,i} \frac{\mathrm{d}x^j}{\mathrm{d}\lambda} \frac{\mathrm{d}x^k}{\mathrm{d}\lambda} = 0. \tag{4.75}$$

对于光子 $L = 0$,可用于代换上式第 2 项中的 $c^2 \mathrm{d}t^2$.再用式(4.74)将自变量从 λ 变换成 t ,立即可得到式(4.72).

习题

4.1　从克里斯多菲符号的定义式(3.12)证明式(4.8).

4.2　度规为 $g_{\mu\nu}$ 的时空坐标系中协变和逆变基底矢量相应为 $e^{\mu}_{(\alpha)}$ 和 $e^{(\alpha)}_{\mu}$,计算它们对

坐标 x^ν 的协变导数,用度规和克里斯多菲符号表示.

4.3 符号同上题.看以下对 $e_{(\alpha)\mu;\nu}$ 的 3 种推导途径:

(1) $e_{(\alpha)\mu;\nu} = (g_{\alpha\beta} e_\mu^{(\beta)})_{;\nu} = g_{\alpha\mu;\nu} = 0$.

(2) $e_{(\alpha)\mu;\nu} = g_{\alpha\mu,\nu} - g_{\alpha\rho} \Gamma^\rho_{\mu\nu}$.

(3) $e_{(\alpha)\mu;\nu} = g_{\mu\rho} e^\rho_{(\alpha);\nu}$.

指出正确和错误的推演,说明理由,正确计算 $e_{(\alpha)\mu;\nu}$ 和 $e^{(\alpha)\mu}{}_{;\nu}$.

4.4 证明式(4.14)定义的 $T^\alpha(\mathrm{P} \rightarrow \mathrm{Q})$ 是时空点 Q 处而非时空点 P 处的张量.

4.5 满足 $\xi_{\mu;\nu} + \xi_{\nu;\mu} = 0$ 的矢量 ξ^α 称为 Killing 矢量.证明自由粒子的 4 速度 u^α 和 Killing 矢量 ξ^α 的内积是自由粒子运动的守恒量.

4.6 证明度规张量 $g_{\mu\nu}(x^\sigma)$ 不显含坐标 x^α 的充要条件为基底 $e_{(\alpha)}$ 是一个 Killing 矢量场.

4.7 证明计算张量协变散度的以下公式,式中 g 是度规的行列式:

(1) 1 阶张量的协变散度

$$T^\nu{}_{;\nu} = \frac{1}{\sqrt{-g}} (\sqrt{-g}\, T^\nu)_{,\nu}.$$

(2) 2 阶张量的协变散度

$$T^{\mu\nu}{}_{;\nu} = \frac{1}{\sqrt{-g}} (\sqrt{-g}\, T^{\mu\nu})_{,\nu} + \Gamma^\mu_{\nu\lambda} T^{\lambda\nu}.$$

(3) 2 阶反对称张量的协变散度

$$F^{\mu\nu}{}_{;\nu} = \frac{1}{\sqrt{-g}} (\sqrt{-g}\, F^{\mu\nu})_{,\nu}.$$

第5章

引力场方程

爱因斯坦等效原理告诉我们引力表现为时空的弯曲,而且只要知道表示时空几何的度规,就能计算物体如何在弯曲的时空中运动.引力是由物质及其分布决定的,时空几何也应当由物质及其分布决定.等效原理并不能给出如何从物质及其分布来决定度规.解决这一问题的是爱因斯坦的引力场方程,它是牛顿力学中的泊松方程在广义相对论中的对应.等效原理和引力场方程是广义相对论理论的两个核心部分.

5.1 曲率张量和爱因斯坦张量

5.1.1 为什么要引入曲率张量

在牛顿力学中,从物质及其分布决定引力的方程是泊松方程

$$\Delta U = -4\pi G\rho. \tag{5.1}$$

其中,Δ 是拉普拉斯算符,在 3 维欧几里得空间中的任意坐标系里为

$$\Delta = g^{ij}\partial_i\partial_j. \tag{5.2}$$

泊松方程的右边是质量密度 ρ.它在广义相对论里的对应是能量动量张量 $T^{\mu\nu}$.方程的左边是取正值的牛顿引力势 U 的 2 阶偏导数的组合.在 3.2 节中提到克里斯多菲符号与引力或惯性力有关,克里斯多菲符号是度规张量 1 阶偏导数的线性组合,可以猜测度规 $g_{\mu\nu}$ 相当于牛顿力学中的引力势.广义相对论的引力场方程应当是从 $T^{\mu\nu}$ 确定度规 $g_{\mu\nu}$ 的偏微分方程.建立引力场方程需要 1 个由度规的偏导数组成的张量.等效原理意味着引力可以局域消除,所以克里斯多菲符号不可能是张量,泊松方程的左边正是引力势的 2 阶偏导数,这就需要由度规的 2 阶偏导数组成的张量.

从另一个角度讲,迄今为止还不知道如何来判断时空的弯曲.度规张量当然代表时空的几何,由于坐标系选用的任意性,很难从度规的各坐标分量判断时空是否平直.度规的 1 阶偏导数组成的克里斯多菲符号不是张量,也不能用作判断的根据,那么只有用度规的 2 阶偏导数组成的张量来判断.这正是本节要建立的曲率张量.

5.1.2　曲率张量的定义

到目前为止,判断时空是否平直可以用以下一些办法:(1)看向量平行移动的结果是否与路径有关.关于这一点在 4.2 节中已有比较详尽的讨论.(2)看 3 条测地线组成的三角形的内角和是否等于 π.一个明显的例子是球面上由 3 条大圆弧组成的球面三角形的内角和大于 π.(3)协变导数是否与次序有关,亦即 $T^\mu_{;\alpha\beta}$ 与 $T^\mu_{;\beta\alpha}$ 是否相等.众所周知,普通偏导数与次序无关.当然,判断时空弯曲的方法绝对不止这 3 条,例如可以测量空间的圆周率,测量2 条测地线之间距离随测地线长度的变化等.

用上面给出的第 3 条方法容易导出曲率张量 $R^\rho_{\mu\alpha\beta}$ 的定义公式.对任意 1 阶协变张量 T_μ 进行 2 次协变导数,有

$$T_{\mu;\alpha\beta} - T_{\mu;\beta\alpha} = R^\rho_{\mu\alpha\beta} T_\rho, \tag{5.3}$$

为导出曲率张量的具体表达式,计算

$$T_{\mu;\alpha\beta} = T_{\mu;\alpha,\beta} - \Gamma^\rho_{\mu\beta} T_{\rho;\alpha} - \Gamma^\rho_{\alpha\beta} T_{\mu;\rho}$$
$$= T_{\mu,\alpha\beta} - (\Gamma^\rho_{\mu\alpha} T_\rho)_{,\beta} - \Gamma^\rho_{\mu\beta} (T_{\rho,\alpha} - \Gamma^\nu_{\rho\alpha} T_\nu) - \Gamma^\rho_{\alpha\beta} (T_{\mu,\rho} - \Gamma^\nu_{\mu\rho} T_\nu).$$

上式计算时要注意只有张量的协变导数才有定义.因式(5.3)左边 2 项是指标 α 和 β 的互换,上式中对 α 和 β 为对称的项在进一步计算时将消去,最后得到的公式可以看成是曲率张量的定义

$$R^\rho_{\mu\alpha\beta} \equiv -\Gamma^\rho_{\mu\alpha,\beta} + \Gamma^\rho_{\mu\beta,\alpha} - \Gamma^\nu_{\mu\alpha}\Gamma^\rho_{\nu\beta} + \Gamma^\nu_{\mu\beta}\Gamma^\rho_{\nu\alpha}. \tag{5.4}$$

在书写 $R^\rho_{\mu\alpha\beta}$ 的指标时,需要注意 ρ 是第一指标,而且是逆变指标,其他 3 个指标 $\mu\alpha\beta$ 是协变指标,在这 3 个指标之前要留有空格,以明确各个指标的次序.

式(5.3)的两边,除 $R^\rho_{\mu\alpha\beta}$ 外,都肯定是张量,所以 $R^\rho_{\mu\alpha\beta}$ 也是张量,称为黎曼曲率张量,常简称为曲率张量.对于全局或 1 个区域内平直的时空,可以选择坐标系使度规在该区域内处处成为闵可夫斯基度规,在其中所有的克里斯多菲符号及其偏导数全为零,曲率张量就是 1 个零张量,而且在任意的坐标系中所有的坐标分量都是零.曲率张量可以用来判断时空是否平直.

式(5.4)表明,曲率张量是度规及其 1 阶、2 阶偏导数的函数,而且是度规 2 阶偏导数的线性函数.在 1 个时空点,如果选取局域测地线坐标系 LGS,在该点的局域所有的克里斯多菲符号全为零,但它们的 1 阶偏导数并不一定为零.在这个特殊的局域坐标系里,曲率张量的表达式简化为

$$R^\rho_{\mu\alpha\beta} = -\Gamma^\rho_{\mu\alpha,\beta} + \Gamma^\rho_{\mu\beta,\alpha}. \tag{5.5}$$

5.1.3　曲率张量的性质

曲率张量是 1 个 4 阶张量,共有 256 个坐标分量.然而,由于以下一些对称和反对称的性质,这些分量并不完全独立.先列出这些性质如下,然后再一一给出证明.这些性质用协变

的曲率张量 $R_{\mu\nu\alpha\beta}$ 来写出. 下面用的关于指标的圆括号和方括号运算的定义请参见式 (1.44) 和式 (1.49).

$$R_{(\mu\nu)\alpha\beta} = 0, \tag{5.6}$$

$$R_{\mu\nu(\alpha\beta)} = 0, \tag{5.7}$$

$$R_{\mu\nu\alpha\beta} = R_{\alpha\beta\mu\nu}, \tag{5.8}$$

$$R_{\mu[\nu\alpha\beta]} = 0, \tag{5.9}$$

$$R_{\mu\nu[\alpha\beta;\rho]} = 0. \tag{5.10}$$

性质 (5.6) 表明曲率张量对前 2 个指标反对称, 而性质 (5.7) 表明对后 2 个指标也反对称. 如果把前 2 个指标看成 1 对, 后 2 个指标也看成 1 对, 性质 (5.8) 表明曲率张量对这 2 对指标是对称的. 性质 (5.9) 称为里奇 (Ricci) 恒等式. 性质 (5.10) 是著名的比安基 (Bianchi) 恒等式.

显然, 性质 (5.6)、(5.7) 和 (5.8) 相互关联. 例如, 只要证明了后 2 式, 第 1 式就不证自明了.

先来证明性质 (5.7). 注意 $R_{\mu\nu(\alpha\beta)}$ 是 1 个张量, 为证明它是 1 个零张量, 只需在某个特殊坐标系里证明就可以了, 今后将经常采用这种方法. 在 LGS 里, 根据式 (5.5), 有

$$R_{\mu\nu\alpha\beta} = \eta_{\mu\rho}(-\Gamma^{\rho}_{\nu\alpha,\beta} + \Gamma^{\rho}_{\nu\beta,\alpha}). \tag{5.11}$$

式中, $\eta_{\mu\rho}$ 和以前一样表示闵可夫斯基度规. 上式对指标 α 和 β 反对称, 所以对这 2 个指标加上圆括号来取其对称部分的结果恒等于零.

再来证明性质 (5.8). 同样选取局域测地线坐标系 LGS, 用式 (3.12) 将式 (5.11) 中的克里斯多菲符号写成度规的函数. 注意在 LGS 中度规可写成闵可夫斯基度规, 度规的 1 阶偏导数全为零, 所以只需保留度规的 2 阶偏导数. 这样, 在 LGS 中有

$$R_{\mu\nu\alpha\beta} = \frac{1}{2}(g_{\mu\beta,\nu\alpha} + g_{\nu\alpha,\mu\beta} - g_{\mu\alpha,\nu\beta} - g_{\nu\beta,\mu\alpha}). \tag{5.12}$$

将指标对 $\mu\nu$ 和 $\alpha\beta$ 互换位置, 上式保持不变, 性质方程 (5.8) 得证.

在 LGS 中里奇恒等式的证明十分简单. 对式 (5.11) 加上方括号, 有

$$R_{\mu[\nu\alpha\beta]} = \eta_{\mu\rho}(-\Gamma^{\rho}_{[\nu\alpha,\beta]} + \Gamma^{\rho}_{[\nu\beta,\alpha]}).$$

方括号内任何 1 对指标都是反对称指标, 而克里斯多菲符号的 2 个下指标是对称指标, 唯一的可能是上式恒等于零.

比安基恒等式需要对曲率张量求协变导数, 在 LGS 中变成求普通偏导数, 问题在于这时曲率张量 $R^{\mu}_{\nu\alpha\beta}$ 是否还能用式 (5.5) 表示. 注意虽然在 LGS 中克里斯多菲符号的导数不一定为零, 克里斯多菲符号本身全为零. 式 (5.4) 中后面 2 项都是 2 个克里斯多菲符号的乘积, 这些项求过偏导数后在 LGS 中仍为零, 所以仍能用式 (5.5). 于是在 LGS 中有

$$R^{\mu}_{\nu[\alpha\beta;\rho]} = -\Gamma^{\mu}_{\nu[\alpha,\beta\rho]} + \Gamma^{\mu}_{\nu[\beta,\alpha\rho]} = 0.$$

这里再次应用了当 1 项中 2 个指标既是对称指标又是反对称指标时, 该项恒等于零.

在研究了曲率张量的前 4 条性质后, 就可以计算它的独立坐标分量的个数. 为了使讨论

更具有一般性,假定每个指标从 1 走到 n,共有 n 种可能的取值.首先考虑 $R_{\mu\nu\alpha\beta}$ 的 4 个指标都相同的情况,由于反对称性质(5.6)和(5.7),这样的坐标分量全是零.再考虑 4 个指标中只有 2 个不同的数 μ 和 α,前 3 条性质说明只有 1 种不为零的坐标分量 $R_{\mu\alpha\mu\alpha}$.让 μ 和 α 取遍所有可能的值,共有 C_n^2 个独立的分量.然后探讨 4 个指标中有 3 个不同数 μ、α 和 β,这种情况有 3 种独立的分量 $R_{\mu\alpha\mu\beta}$、$R_{\alpha\mu\alpha\beta}$ 和 $R_{\beta\mu\beta\alpha}$,总共有 $3C_n^3$ 个独立的分量.最后研究 4 个指标都不相同的情况,发现只有 2 种情况 $R_{\mu\nu\alpha\beta}$ 和 $R_{\mu\alpha\beta\nu}$.里奇恒等式表明另 1 种情况 $R_{\mu\beta\nu\alpha}$ 不独立,所以只有 $2C_n^4$ 个独立的分量.于是独立的坐标分量个数共有

$$C_n^2 + 3C_n^3 + 2C_n^4 = \frac{1}{12}n^2(n^2-1).$$

对于广义相对论的 4 维时空,$n=4$,在曲率张量 256 个坐标分量中只有 20 个是独立的.对于 2 维空间,只有 1 个独立的分量,退化到大家比较熟悉的 2 维曲面几何.

5.1.4 里奇张量和曲率标量

我们所寻求的引力场方程的右端是表示物质及其分布的能量动量张量 $T^{\mu\nu}$,它是 1 个 2 阶的对称张量,方程的左端应当是 1 个表示时空弯曲几何的 2 阶对称张量,由度规的 2 阶偏导数组成.曲率张量表示时空的弯曲,由度规及其 1,2 阶偏导数组成,然而它是 1 个 4 阶张量,很自然会想到用曲率张量来构造 1 个对称的 2 阶张量.

将曲率张量 $R^\mu{}_{\nu\alpha\beta}$ 的上下指标缩并 1 次就可以得到 1 个 2 阶张量.从曲率张量对前 2 个指标的反对称性,容易证明

$$R^\rho{}_{\rho\alpha\beta} = g^{\rho\nu}R_{\nu\rho\alpha\beta} = 0. \tag{5.13}$$

鉴于度规张量的对称性和协变曲率张量对前 2 个指标的反对称性,上式自然是零张量.曲率张量对后 2 个指标的反对称性表明和第 3 个或第 4 个指标的缩并只差 1 个符号.

定义里奇(Ricci)张量为曲率张量第 1 个和第 3 个指标的缩并:

$$R_{\alpha\beta} \equiv R^\rho{}_{\alpha\rho\beta}. \tag{5.14}$$

有一些广义相对论的书籍和文献中将里奇张量定义为第 1 个和第 4 个指标的缩并,结果会和这里差符号.

里奇张量是 1 个对称张量,证明如下:

$$R_{\alpha\beta} = R^\rho{}_{\alpha\rho\beta} = -R^\rho{}_{\rho\beta\alpha} - R^\rho{}_{\beta\rho\alpha} = R^\rho{}_{\beta\rho\alpha} = R_{\beta\alpha}. \tag{5.15}$$

证明过程中除了用定义外,用了里奇恒等式等曲率张量的性质.

里奇张量可以进一步缩并,产生曲率标量 R,为

$$R = R^\rho{}_\rho. \tag{5.16}$$

出于里奇张量的对称性,这里不必区分哪个指标在前,哪个在后.

5.1.5 爱因斯坦张量

在得到里奇张量之后,很自然会认为引力场方程应当写成 $R^{\mu\nu} = \kappa T^{\mu\nu}$,其中 κ 是常数.

这正是爱因斯坦曾经认为是正确的引力场方程.①然而下面这番讨论可以立即发现这不是正确的引力场方程.

先来看电动力学的麦克斯韦方程(4.50)和电荷守恒定律方程(4.36),重写如下:

$$F^{\mu\nu}_{\ ;\nu} = \frac{4\pi}{c}j^\mu,\tag{5.17}$$

$$j^\mu_{\ ;\mu} = 0.\tag{5.18}$$

从物理上看电荷守恒定律一定成立,于是麦克斯韦方程表明电磁场张量 $F^{\mu\nu}$ 必须满足

$$F^{\mu\nu}_{\ ;\nu\mu} = 0,\tag{5.19}$$

麦克斯韦方程(5.17)才是正确的物理定律.

式(5.19)的证明如下.对任意的反对称张量 $F^{\mu\nu}$,在 LGS 中有

$$F^{\mu\nu}_{\ ;\nu\mu} = F^{\mu\nu}_{\ ;\nu,\mu} = (F^{\mu\nu}_{\ ,\nu} + \Gamma^\mu_{\rho\nu}F^{\rho\nu} + \Gamma^\nu_{\rho\nu}F^{\mu\rho})_{,\mu}.$$

注意即使在 LGS 中,只能将最外层的分号改为逗号,因为在 LGS 中取零值的克里斯多菲符号的偏导数不一定为零.上式右端第一项因 $F^{\mu\nu}$ 为反对称,$F^{\mu\nu}_{\ ,\nu\mu}$ 显然为零.第二项和第三项合并处理如下,其中用了式(5.5)和式(5.14),以及电磁场张量的反对称性,里奇张量的对称性,还有曲率张量的一些性质.

$$\Gamma^\mu_{\rho\nu,\mu}F^{\rho\nu} + \Gamma^\nu_{\rho\nu,\mu}F^{\mu\rho} = -\Gamma^\mu_{\rho\nu,\mu}F^{\nu\rho} + \Gamma^\nu_{\rho\mu,\nu}F^{\nu\rho} = R^\mu_{\rho\nu\mu}F^{\nu\rho} = R_{\rho\nu}F^{\rho\nu} = 0.$$

对于引力场方程,情况完全类似.如果把引力场方程写成

$$G^{\mu\nu} = \kappa T^{\mu\nu},\tag{5.20}$$

因为能量动量的局域守恒定律

$$T^{\mu\nu}_{\ ;\nu} = 0,\tag{5.21}$$

一定成立,左边的张量 $G^{\mu\nu}$ 的协变散度必须是零张量,亦即

$$G^{\mu\nu}_{\ ;\nu} \equiv 0.\tag{5.22}$$

现在来检查里奇张量是否满足这一条件.可以直接计算里奇张量的协变散度 $R^{\mu\nu}_{\ ;\nu}$.一种简便的方法是对比安基恒等式进行缩并.比安基恒等式(5.10)可以写成

$$R^{\mu\nu}_{\ \ \alpha\beta;\rho} + R^{\mu\nu}_{\ \ \beta\rho;\alpha} + R^{\mu\nu}_{\ \ \rho\alpha;\beta} = 0.$$

上式中将指标 ν 和 ρ 进行缩并,有

$$R^{\mu\nu}_{\ \ \alpha\beta;\nu} + R^\mu_{\ \beta;\alpha} - R^\mu_{\ \alpha;\beta} = 0.$$

再将指标 μ 和 α 进行缩并,得到

$$R^\nu_{\ \beta;\nu} + R^\nu_{\ \beta;\nu} - \delta^\nu_{\ \beta}R_{,\nu} = 0.$$

将指标 β 上升,改记成 μ 并利用里奇张量的对称性,就得到缩并后的比安基恒等式

$$\left(R^{\mu\nu} - \frac{1}{2}g^{\mu\nu}R\right)_{;\nu} = 0.\tag{5.23}$$

① 关于爱因斯坦发现引力场方程的艰苦过程,可参阅亚伯拉罕·派斯著《爱因斯坦传》第 14 章,该书由方在庆,李勇等译,商务印书馆,2004.

很自然地定义

$$G^{\mu\nu} \equiv R^{\mu\nu} - \frac{1}{2}g^{\mu\nu}R. \tag{5.24}$$

$G^{\mu\nu}$ 称为爱因斯坦张量或爱因斯坦曲率张量,显然它就是所寻求的引力场方程(5.20)左端的张量.

5.2 爱因斯坦引力场方程

5.2.1 常数 κ 的确定

在引力场方程(5.20)中还有 1 个常数 κ 有待确定.能肯定的是要求在弱场低速的情形,爱因斯坦引力场方程应该退化到牛顿力学的泊松方程(5.1).

爱因斯坦引力场方程为

$$R_{\mu\nu} - \frac{1}{2}g_{\mu\nu}R = \kappa T_{\mu\nu}. \tag{5.25}$$

将上式每一项的一个指标提升后与另一个指标进行缩并,得到

$$R = -\kappa T. \tag{5.26}$$

这里 $T = T^{\mu}_{\mu}$ 是能量动量张量的迹.于是场方程可写成

$$R_{\mu\nu} = \kappa\left(T_{\mu\nu} - \frac{1}{2}g_{\mu\nu}T\right). \tag{5.27}$$

对于弱场的情况时空近于平直,从第 2 章尘埃的能量动量张量式(2.55)看,在低速的情形,T^{0i} 和 T^{ij} 分量都远小于 $T^{00} = \rho c^2$ 而不必考虑.从另一角度看,在牛顿力学里,压力和速度都不会对引力有贡献.所以只需讨论方程

$$R_{00} = \kappa\left(T_{00} - \frac{1}{2}g_{00}T\right)$$

的退化.

当度规退化为闵可夫斯基度规,$T_{00} = -T = \rho c^2$,场方程退化成

$$R_{00} = \frac{1}{2}\kappa\rho c^2.$$

到现在,场方程的右端已经退化到泊松方程的形式,下面要讨论场方程左边 R_{00} 的牛顿近似.按定义 $R_{00} = R^{\rho}_{0\rho0}$,是克里斯多菲符号及其偏导数的函数.在弱场近似并选择笛卡儿坐标系的情况下,所有的克里斯多菲符号均可略去,只需保留它们的偏导数.还要指出坐标 $x^0 = ct$,对 x^0 的偏导数会出现速度与光速 c 之比,在低速近似下也可略去.于是在牛顿近似下有

$$R_{00} = \Gamma^i_{00,i}.$$

在 4.3.4 节已经指出 Γ^i_{00} 的牛顿近似是 $-U_{,i}/c^2$,这里 U 是取正值的牛顿引力势.这

样,场方程的牛顿近似为

$$\frac{1}{c^2}\nabla^2 U = -\frac{1}{2}\kappa\rho c^2.$$

与泊松方程(5.1)相比,立即得到

$$\kappa = \frac{8\pi G}{c^4}. \tag{5.28}$$

5.2.2　引力场方程

在探索引力场方程的过程中,曾经强调场方程左边应当是 2 阶对称张量,而且它的协变散度应当恒等于零.爱因斯坦张量 $G^{\mu\nu}$ 符合这一条件,而且它还是度规张量 2 阶偏导数的线性函数.它是当然的候选者.然而度规张量本身也符合这一条件,有 $g^{\mu\nu}_{\ ;\nu}\equiv 0$,所以,在引力场只有度规张量场的情况下[①],场方程的一般形式应当是

$$R^{\mu\nu} - \frac{1}{2}g^{\mu\nu}R + \Lambda g^{\mu\nu} = \frac{8\pi G}{c^4}T^{\mu\nu}. \tag{5.29}$$

其中,Λ 是 1 个常数,称为"宇宙学常数".它在宇宙学问题中扮演着重要的角色,但在物质比较集中的区域,诸如太阳系、恒星、星团和星系,通常予以忽略.本书极少涉及宇宙学,后文中一般不引入宇宙学常数.

无宇宙学常数的爱因斯坦引力场方程的形式为

$$R^{\mu\nu} - \frac{1}{2}g^{\mu\nu}R = \frac{8\pi G}{c^4}T^{\mu\nu}, \tag{5.30}$$

或是

$$R^{\mu\nu} = \frac{8\pi G}{c^4}\left(T^{\mu\nu} - \frac{1}{2}g^{\mu\nu}T\right). \tag{5.31}$$

引力场方程右边的能量动量张量应当包括所有物质的能量动量,不仅包括物质的质量、动量和内部应力,也包括电磁场等力场的能量和动量,但是不包括引力场.引力场的张量势 $g_{\mu\nu}$ 是引力场方程要求解的未知量.按照等效原理,引力场的强度亦即引力本身可以局域消除,不可能是张量.

如果产生引力的引力源物质比较集中,在引力源之外的所谓真空里物质的能量动量张量为零,从引力场方程(5.31)可见,真空中的引力场方程为

$$R_{\mu\nu} = 0. \tag{5.32}$$

---

① 爱因斯坦广义相对论里的引力场只有度规场 $g_{\mu\nu}$,但很多引力理论引入了标量场、向量场或附加张量场.例如著名的布兰斯-迪克(Brans-Dicke)理论就引入标量场.这些附加的场将改变引力场方程的形式,对同样的物质分布,将得到不同的表征时空弯曲的度规 $g_{\mu\nu}$.广义相对论是这些引力理论中最简单的一个.迄今为止,广义相对论通过了在地球附近进行的一系列精密实验,被国际天文学联合会决议确定为精密测量数据处理的理论框架.关于其他引力理论,可参阅 9.2 节和那里所引的参考文献.

注意由于有引力源存在,所谓的"无物质的真空"有引力场存在,那里的时空是弯曲的,黎曼曲率张量不可能是零张量,但是那里的里奇张量、曲率标量和爱因斯坦张量是零张量.

引力场方程是求解度规张量 $g_{\mu\nu}$ 的 2 阶偏微分方程.它是度规张量 2 阶偏导数的线性函数,但是对度规张量本身是高度非线性的,要比线性的泊松方程复杂得多.即使对于理想流体这类简单的物质模型,场方程右边的 $T_{\mu\nu}$ 也含有度规张量,这也增加了方程的复杂性.

引力场方程隐含着物质的局域运动方程 $T^{\mu\nu}_{;\nu} = 0$.一般情况下,引力场方程和运动方程必须同时求解.在选定了坐标系后,某一时刻的能量动量分布和度规的边界条件决定了该时刻的度规.然而要想知道在度规的作用下未来时刻的能量动量分布则需要求解运动方程.这大致说明了如何用数值方法求解给定的相对论模型的演化.这一过程和星系数值模拟中同时求解泊松方程和运动方程的做法大致相同,只是数值相对论要复杂得多.

对于一些理想化的天文和物理模型,例如球对称或轴对称的恒星系统,均匀和各向同性的宇宙等,可以得到引力场方程一些简单的准确解.对于像太阳系中的太阳和行星系统,因弱场低速而存在一些小参数,可以用称为后牛顿近似的逐次近似的方法得到引力场方程的近似解.在本书的后面几章中将做一些介绍.

5.2.3 坐标规范

引力场方程的两边都是对称张量,所以引力场方程一共是 10 个,未知的度规张量 $g_{\mu\nu}$ 的分量也是 10 个,看上去方程的个数与未知量的个数相等.然而缩并后的比安基恒等式(5.23)亦即 $G^{\mu\nu}_{;\nu} = 0$ 表明这 10 个场方程并不独立.式(5.23)是 4 个方程,所以场方程的独立个数是 $10-4=6$ 个,未知量的个数多于方程的个数.

这种情况并不奇怪.场方程对坐标变换广义协变,解度规首先必须选定坐标系.时空坐标共有 4 个,应当给出 4 个方程以选定坐标系.这 4 个方程称为坐标条件,常称为坐标规范或简称为规范.在广义相对论里没有优越的坐标系.这句话是说广义相对论里的方程广义协变,对所有的坐标系都成立,因此坐标规范可以任选.这并不表明对于一个给定的物理或天文模型不存在物理上比较恰当,数学上比较简单的坐标系.例如讨论人造卫星的运动,一般会选择地心坐标系而不会采用日心坐标系.选用 1 个好的坐标规范会大大简化引力场方程的数学求解.

广义相对论文献中常采用的坐标规范是谐和规范.设 $\psi(x^\alpha)$ 是建立在时空点上的一个标量函数,亦即在每一个时空点上 ψ 有确定的数值.它的 1 阶协变导数和普通导数相同,并且是 1 阶协变张量,所以

$$\Box\psi = g^{\alpha\beta}\psi_{;\alpha\beta} = g^{\alpha\beta}\psi_{,\alpha;\beta} = g^{\alpha\beta}(\psi_{,\alpha\beta} - \Gamma^\rho_{\alpha\beta}\psi_{,\rho}), \tag{5.33}$$

其中,$\Box$ 是达朗贝尔算符,它是拉普拉斯算符在 4 维时空的推广.

记 $\{x^\mu_H\}$ 为将要选择的谐和坐标系.注意这是一个特定的坐标系,在每一个时空点有确定的数值,所以 x^μ_H 可以看成时空点的标量函数.谐和规范要求谐和坐标满足

$$\Box x_{\mathrm{H}}^{\mu} = g^{\alpha\beta} x_{\mathrm{H},\alpha\beta}^{\mu} = g^{\alpha\beta}(x_{\mathrm{H},\alpha\beta}^{\mu} - \Gamma_{\alpha\beta}^{\rho} x_{\mathrm{H},\rho}^{\mu}) = 0. \tag{5.34}$$

上式是在任意坐标系中表达的,在 $\{x_{\mathrm{H}}^{\mu}\}$ 坐标系中计算,有

$$\Gamma^{\mu} \equiv g^{\alpha\beta} \Gamma_{\alpha\beta}^{\mu} = 0. \tag{5.35}$$

上式中标记 H 已经略去.这是采用谐和规范后度规必须满足的 4 个约束方程.它们和引力场方程一起联合求解采用谐和坐标后的时空度规 $g_{\alpha\beta}$.

第 6 章将说明,在弱场近似下求解引力场方程时,采用谐和坐标能简化数学推导.对于一般的物理模型,它不一定具有数学上的优越性,然而仍然是文献中用得最多的坐标规范.

5.3　希尔伯特对引力场方程的推导

5.3.1　希尔伯特作用量原理

与物理学家爱因斯坦发现引力场方程最终形式几乎同时,数学家希尔伯特(David Hilbert,1862—1943)运用作用量原理也得到了同样的方程.[1]下面来阐述这条原理.

首先来看弯曲 4 维时空中的不变体元应当如何表达.按照等效原理,在时空任一点的局域都能选到坐标系 $\{\xi^{\mu}\}$ 使度规为闵可夫斯基度规,体元的表达式是 $\mathrm{d}V = \mathrm{d}^{4}\xi = \mathrm{d}\xi^{0}\,\mathrm{d}\xi^{1}\,\mathrm{d}\xi^{2}\,\mathrm{d}\xi^{3}$.1.3.2 节给出在任意坐标系 $\{x^{\mu}\}$ 中不变体元的表达式为式(1.39),即

$$\mathrm{d}V = \sqrt{-g}\,\mathrm{d}^{4}x, \tag{5.36}$$

其中,g 是该坐标系中度规张量的行列式,在本书规定的符号规则下,它取负值.设拉格朗日密度函数 L 是时空度规 $g^{\mu\nu}$ 及其偏导数的函数,而度规则是时空坐标 x^{α} 的函数.希尔伯特作用量原理表明,在所有可能的度规中,实际的度规使作用量

$$S = \int L\sqrt{-g}\,\mathrm{d}^{4}x \tag{5.37}$$

达到极值.希尔伯特原理选择了拉格朗日密度函数,要求实际的度规满足

$$\delta S = \delta \int (R + \kappa L^{\mathrm{MT}})\sqrt{-g}\,\mathrm{d}^{4}x = 0. \tag{5.38}$$

这里 R 是曲率标量,κ 是方程(5.28)给出的常数,L^{MT} 是物质的拉格朗日密度函数,这一项将产生引力场方程中物质的能量动量张量 $T^{\mu\nu}$.在叙述变分原理时必须说明哪些量是独立变量,并说明这些量的边界条件.这里规定度规 10 个逆变分量 $g^{\mu\nu}$ 和 40 个度规协变分量的

---

① 爱因斯坦于 1915 年 11 月 25 日向普鲁士科学院提交的论文中有引力场方程的最后形式.希尔伯特在 5 天前,亦即 11 月 20 日向哥廷根自然科学协会提交的论文含有同样的方程.《爱因斯坦传》的作者派斯写道:"我确信,爱因斯坦是广义相对论物理理论的唯一创立者,而他和希尔伯特都发现了基本方程(14.15)".(见该书中文版 P374,该书的方程(14.15)即本书的引力场方程(5.30).)

偏导数 $g_{\mu\nu,\rho}$ 是独立变量,而且变分 $\delta g^{\mu\nu}$ 和 $\delta g_{\mu\nu,\rho}$ 在积分区域的边界上都等于零.[①]

5.3.2 引力场方程的推导

从变分原理式(5.38)可以导出爱因斯坦引力场方程.先看关于时空几何的第 1 项

$$
\delta \int R \sqrt{-g}\, \mathrm{d}^4 x = \delta \int g^{\mu\nu} R_{\mu\nu} \sqrt{-g}\, \mathrm{d}^4 x
$$
$$
= \int R_{\mu\nu} \delta g^{\mu\nu} \sqrt{-g}\, \mathrm{d}^4 x + \int R \delta \sqrt{-g}\, \mathrm{d}^4 x +
$$
$$
\int g^{\mu\nu} \delta R_{\mu\nu} \sqrt{-g}\, \mathrm{d}^4 x. \tag{5.39}
$$

现在来分别计算式(5.39)中的 3 项.

第 1 项已无需进一步推导.根据式(1.47)以及度规逆变和协变分量之间的关系,上面的第 2 项有

$$
\int R \delta \sqrt{-g}\, \mathrm{d}^4 x = -\frac{1}{2} \int R g_{\mu\nu} \delta g^{\mu\nu} \sqrt{-g}\, \mathrm{d}^4 x. \tag{5.40}
$$

式(5.39)第 3 项的计算比较复杂,关键是计算 $\delta R_{\mu\nu}$.它是 1 个张量,可以先在 LGS 坐标系中计算,然后把所得的方程写成张量等式就得到在任意坐标系中的表达式.在 LGS 中所有的克里斯多菲符号为零,所以

$$
\delta R_{\mu\nu} = \delta R^{\rho}_{\mu\rho\nu} = -\delta \Gamma^{\rho}_{\mu\rho,\nu} + \delta \Gamma^{\rho}_{\mu\nu,\rho}.
$$

虽然克里斯多菲符号不是张量,它们的变分可以证明是张量.克里斯多菲符号在坐标变换下的变换规律如式(3.28)所示,其中的非齐次项表明它们不是张量,然而这个非齐次项与度规无关,只与坐标变换有关,所以当式(3.28)两边对度规求变分时,非齐次项不复存在,说明克里斯多菲符号对度规的变分是张量.这样,只需将上式中的逗号改成分号,就得到所需的结果

$$
\delta R_{\mu\nu} = -\delta \Gamma^{\rho}_{\mu\rho;\nu} + \delta \Gamma^{\rho}_{\mu\nu;\rho}. \tag{5.41}
$$

上式在任何坐标系中都成立.于是式(5.39)的第 3 项变成

$$
\int \left[-(g^{\mu\nu} \delta \Gamma^{\rho}_{\mu\rho})_{;\nu} + (g^{\mu\nu} \delta \Gamma^{\rho}_{\mu\nu})_{;\rho} \right] \sqrt{-g}\, \mathrm{d}^4 x. \tag{5.42}
$$

这里用了度规的协变导数恒等于零.

上式方括号中的每一项都可以看作是一个逆变张量的协变散度,是标量.进一步的演算

---

① 希尔伯特只以 10 个 $g^{\mu\nu}$ 分量为独立变量,1919 年 Palatini(Attilio Palatini,1889—1949)发现增加度规的偏导数为独立变量使推导更为简单.这里采用的是 Palatini 的做法,也称为 Hilbert-Palatini 变分原理.这两种做法类似于经典力学中的拉格朗日力学和哈密顿力学.详情可见 C. W. Misner,K. S. Torne,J. A. Wheeler. *Gravitation*,New York:W. H. Freeman and Company,21.2,p.491.

要用到以下非常有用的等式.对于任意的逆变张量 T^ν,其协变散度可以转换成

$$T^\nu_{;\nu} = \frac{1}{\sqrt{-g}}(\sqrt{-g}\,T^\nu)_{,\nu} \tag{5.43}$$

上式的证明可从方程右端出发,应用式(1.47)和式(4.8),利用度规张量的对称性,得到方程的左边.

在应用式(5.43)后,式(5.42)变为可积的形式

$$\int \left[\sqrt{-g}\,(-g^{\mu\nu}\delta\Gamma^\rho_{\mu\rho} + g^{\mu\rho}\delta\Gamma^\nu_{\mu\rho})\right]_{,\nu}\mathrm{d}^4x.$$

这个式子能完全积出,方括号内的函数要取积分区域边界处的值.克里斯多菲符号的变分涉及度规及其 1 阶偏导数的变分,按前面对变分原理的规定,它们在边界处全是零,亦即上式等于零.这样式(5.39)的第 3 项为零.

综合上面的结果以及式(5.39)和式(5.40),有

$$\delta\int R\sqrt{-g}\,\mathrm{d}^4x = \int\left(R_{\mu\nu} - \frac{1}{2}g_{\mu\nu}R\right)\delta g^{\mu\nu}\sqrt{-g}\,\mathrm{d}^4x. \tag{5.44}$$

对变分原理式(5.38)中的物质项,当 L^{MT} 只和度规有关而不含度规的导数,有

$$\delta\int L^{\mathrm{MT}}\sqrt{-g}\,\mathrm{d}^4x = \int\left(\frac{\delta L^{\mathrm{MT}}}{\delta g^{\mu\nu}} - \frac{1}{2}g_{\mu\nu}L^{\mathrm{MT}}\right)\delta g^{\mu\nu}\sqrt{-g}\,\mathrm{d}^4x. \tag{5.45}$$

很自然就定义

$$T_{\mu\nu} \equiv \frac{1}{2}g_{\mu\nu}L^{\mathrm{MT}} - \frac{\delta L^{\mathrm{MT}}}{\delta g^{\mu\nu}}. \tag{5.46}$$

当物质模型更为复杂时可适当改变上式.

综合变分原理式(5.38)和式(5.44)、式(5.45)、式(5.46)得到

$$\int\left(R_{\mu\nu} - \frac{1}{2}g_{\mu\nu}R - \kappa T_{\mu\nu}\right)\delta g^{\mu\nu}\sqrt{-g}\,\mathrm{d}^4x = 0. \tag{5.47}$$

独立变分 $\delta g^{\mu\nu}$ 前的系数应当为零,得到爱因斯坦引力场方程

$$G_{\mu\nu} = \frac{8\pi G}{c^4}T_{\mu\nu}. \tag{5.48}$$

用作用量原理推导引力场方程是一种直接和简捷的方法.它也再次揭示了自然界的物理定律满足一定的极值原理.在广义相对论建立以后出现的各种引力理论大都采用这条途径.引力场方程和等效原理一样不能完全用逻辑证明,必须通过实验来证实.爱因斯坦等效原理目前在比较高的精度上得到验证.从一种物理思想出发去选择作用量方程(5.37)中的拉格朗日密度函数可以得到各种各样的引力理论,它们的引力场方程各不相同.迄今为止,广义相对论通过了几乎所有的实验验证.

5.3.3 比安基恒等式

用变分原理可以更好地揭示比安基恒等式和坐标可以任意选择之间的关系. 看作用量

$$S = \int R \sqrt{-g} \, \mathrm{d}^4 x. \tag{5.49}$$

作用量 S 是一个标量, 它的数值只和积分区域内的时空几何有关, 和具体的坐标系选择无关. 当时空几何已经确定, 也就是度规作为几何张量确定, 如果进行坐标变换 $x^\mu \to \bar{x}^\mu$, S 的值并无变化. 注意这一结论与度规是否使作用量达到极值无关, 也就是与度规是否是爱因斯坦引力场方程的解无关.

现在来看一个具体的无穷小坐标变换

$$\bar{x}^\mu = x^\mu - \xi^\mu. \tag{5.50}$$

这里无穷小向量 ξ^μ 是坐标 x^α 的函数, 而且在作用量方程 (5.49) 的积分区域边界处为零. 显然在变换前后 S 的值不变, 有 $\delta S = 0$. 下面用 2 个等价的视角来看这个变换.

式 (5.50) 可以看成是从坐标系 $\{x^\mu\}$ 到坐标系 $\{\bar{x}^\mu\}$ 的变换. 在一给定时空点处坐标从 x^μ 变成 $\bar{x}^\mu$, 度规的坐标分量从 $g_{\mu\nu}(x^\alpha)$ 变成 $\bar{g}_{\mu\nu}(\bar{x}^\alpha)$, 在只取 ξ^μ 线性项的运算下, 两者的关系为

$$\bar{g}_{\mu\nu}(\bar{x}^\sigma) = (\delta^\alpha_\mu + \xi^\alpha_{,\mu})(\delta^\beta_\nu + \xi^\beta_{,\nu}) g_{\alpha\beta}(x^\sigma) = g_{\mu\nu}(x^\sigma) + \xi^\alpha_{,\mu} g_{\alpha\nu} + \xi^\beta_{,\nu} g_{\mu\beta}. \tag{5.51}$$

注意在坐标变换下该点的度规张量本身并没有改变, 变化的是它的坐标分量. $g^{\mu\nu}(x^\alpha)$ 和 $\bar{g}^{\mu\nu}(\bar{x}^\alpha)$ 是同一度规张量在不同坐标系中的坐标分量.

式 (5.50) 也可以看成是式 (5.49) 中积分区域里的一个时空映射. 这时坐标系并没有改变, 坐标为 x^μ 的时空点被映射成坐标为 $\bar{x}^\mu$ 的点. 因为小量 ξ^μ 在积分区域边界处为零, 这个映射把积分区域映射为自身. 在时空点 x^α, 度规从 $g^{\mu\nu}(x^\alpha)$ 变换成 $\bar{g}^{\mu\nu}(x^\alpha)$, 这是同一坐标系里的 2 个度规, $\delta g_{\mu\nu} = \bar{g}_{\mu\nu}(x^\alpha) - g_{\mu\nu}(x^\alpha)$ 是一个张量. 将式 (5.51) 左端展开为

$$\bar{g}_{\mu\nu}(\bar{x}^\sigma) = \bar{g}_{\mu\nu}(x^\sigma) - g_{\mu\nu,\sigma} \xi^\sigma.$$

再利用式 (4.8), 从式 (5.51) 得到

$$\delta g_{\mu\nu} = (\Gamma^\rho_{\mu\sigma} g_{\rho\nu} + \Gamma^\rho_{\nu\sigma} g_{\rho\mu}) \xi^\sigma + \xi^\rho_{,\mu} g_{\rho\nu} + \xi^\rho_{,\nu} g_{\rho\mu}. \tag{5.52}$$

从协变导数的定义, 最后得到[1]

$$\delta g_{\mu\nu} = \xi_{\mu;\nu} + \xi_{\nu;\mu}, \tag{5.53}$$

---

[1] 从式 (5.53) 可见, 当 $\xi_{\mu;\nu} + \xi_{\nu;\mu} = 0$, 有 $\delta g_{\mu\nu} = 0$, 式 (5.50) 成为等度规映射, 这样的 ξ^μ 称为基灵 (Killing) 矢量. 基灵矢量的存在表示时空有某种对称性. 例如, 如果度规 $g_{\mu\nu}(x^\sigma)$ 不显含坐标 x^a, 容易验证基底向量 $e_{(a)}$ 是一个基灵矢量, 反之也正确.

$$\delta g^{\mu\nu} = \xi^{\mu;\nu} + \xi^{\nu;\mu}. \tag{5.54}$$

对作用量方程(5.49)施行变换方程(5.50)的这 2 种解释是完全等价的.

于是,经无穷小坐标变换方程(5.50)前后,作用量方程(5.49)的差为

$$0 = \delta S = \int G_{\mu\nu} \delta g^{\mu\nu} \sqrt{-g}\, \mathrm{d}^4 x = \int G^{\mu\nu} (\xi_{\mu;\nu} + \xi_{\nu;\mu}) \sqrt{-g}\, \mathrm{d}^4 x$$

$$= 2 \int (G^{\mu\nu} \xi_\mu)_{;\nu} \sqrt{-g}\, \mathrm{d}^4 x - 2 \int G^{\mu\nu}_{;\nu} \xi_\mu \sqrt{-g}\, \mathrm{d}^4 x.$$

上式中的第一个积分可用式(5.43)完全积出.因为 ξ^μ 在边界处为零,上式第一个积分为零.在上式第二个积分中,ξ^μ 是任意函数,立即得到比安基恒等式

$$G^{\mu\nu}_{;\nu} = 0. \tag{5.55}$$

这一推导深刻地阐明了比安基恒等式与坐标选择任意性之间的联系.

习题

5.1　计算下列 2 维度规的曲率张量,Ricci 张量和曲率标量:

(1) $\mathrm{d}s^2 = \mathrm{d}\theta^2 + \sin^2\theta \mathrm{d}\phi^2$.　　(2) $\mathrm{d}s^2 = -u^2 \mathrm{d}v^2 + \mathrm{d}u^2$.

5.2　证明 2 维时空的曲率张量分量可表示为

$$R_{1212} = R_{2121} = -R_{1221} = -R_{2112} = \frac{1}{2} g R,$$

其中 g 为度规张量的行列式,R 为曲率标量.

5.3　若 2 阶张量的 2 阶协变导数与次序有关,证明

$$T_{\mu}{}^{\nu}{}_{;\alpha\beta} - T_{\mu}{}^{\nu}{}_{;\beta\alpha} = T_{\rho}{}^{\nu} R^{\rho}{}_{\mu\alpha\beta} - T_{\mu}{}^{\rho} R^{\nu}{}_{\rho\alpha\beta}.$$

5.4　设 ξ_μ 是一个 Killing 矢量,即 $\xi_{(\alpha;\beta)} = 0$,证明

$$\xi_{\mu;\alpha\beta} = R^{\rho}{}_{\beta\alpha\mu} \xi_\rho.$$

5.5　证明爱因斯坦张量的坐标分量中,只有空间坐标分量才包含度规张量对时间的 2 阶导数.

5.6　证明对静态度规($g_{\mu\nu,0} = 0$, $g_{0i} = 0$),一定有爱因斯坦张量的时空分量 $G^{0i} = 0$.进一步证明,当能量动量张量 $T^{\mu\nu}$ 的物理模型为理想流体,流体元在坐标系中为静止,即流体元 4 速度的空间分量 $u^i = \mathrm{d}x^i/\mathrm{d}\tau = 0$.

第6章

引力场方程的解

本章介绍如何求解爱因斯坦场方程. 基本的方法是针对具体物理模型中的对称性, 选择恰当的物理参考系和数学坐标系, 猜测时空度规 $g_{\alpha\beta}$ 的形式, 其中可以设置一些待定的参数函数, 然后将该 $g_{\alpha\beta}$ 代入场方程来决定这些待定的参数函数, 使得 $g_{\alpha\beta}$ 为场方程的精确解或近似解. 本章介绍 3 个实例: 宇宙学的罗伯逊-沃克(Robertson-Walker)度规, 球对称天体的施瓦西度规, 场方程线性近似的引力波解. 对太阳系动力学至关重要的引力多体问题将在第 9 章介绍.

6.1 宇宙学罗伯逊-沃克度规

6.1.1 宇宙学原理

宇宙物质的分布似乎杂乱无章, 疏密不一, 然而天文学家从观测资料认定, 在 100 百万秒差距(100Mpc)[①]以上的大尺度看, 宇宙的物质分布极其均匀和各向同性. 所谓均匀, 指的是在宇宙空间的任一点物质密度都相同. 所谓各向同性, 就是向所有的方向观测, 物质的分布状况都相同. 总起来说, 大尺度的宇宙空间里, 没有优越的地点和优越的方向. 这就是在观测事实上建立起来的宇宙学原理, 也是宇宙版的哥白尼原理: 不仅仅在太阳系里, 就物质分布而言人类没有特殊地位, 在宇宙空间里, 人类、地球、太阳系、银河系、本星系团都没有特殊的地位.

在爱因斯坦建立相对论的时代, 天文学界普遍认为宇宙是稳态的, 不随时间而变化. 1922 年 6 月, 德国物理学报收到苏联数学家弗里德曼(Alexander Friedmann, 1888—1925)递交的论文. 该文根据广义相对论论证宇宙不可能是稳态的, 而是随时间在演化, 在收缩或是在膨胀. 爱因斯坦作为审稿者, 出于对稳态宇宙的信念曾认为论文有推导错误, 后来经过作者来信辩护和与弗里德曼同事的讨论, 爱因斯坦去信编辑部承认自己做了误判, 撤回了前面的审稿意见. 弗里德曼是以广义相对论为框架, 从理论上研究现代宇宙学的

[①] 1 秒差距(pc)约等于 3.26 光年, 100Mpc 大约是超星系团的尺度.

第一人.

1927 年,比利时天文学家勒梅特(Geoge Lemaître,1894—1966)也从理论上论证了宇宙在演化,将当时已经发现的星系红移和宇宙膨胀相联系,并且提出了星系红移和距离关系的定律.1929 年,哈勃(Edwin Hubble,1889—1953)在多年观测的基础上予以证实并使之广为人知.这就是日后著名的哈勃定律.1953 年,国际天文学联合会(International Astronomical Union,IAU)以电子表决的方式,决议更名为哈勃-勒梅特定律.

天文观测坚实地表明,宇宙在膨胀,在任何时刻宇宙空间的物质分布都符合宇宙学原理,这样宇宙中就出现了一些单调变化的物理量.例如,宇宙空间的物质密度处处都一样,但是这个密度的数值在单调地变小.又如,远处星系与我们之间的距离在单调地变大,不在同一集团的两个星系之间的距离都在单调地变大.这些事实都表明,宇宙有一个共同的物理时间.按照 3.5 节的讨论,宇宙学的时空可以建立时轴正交系,用爱因斯坦同时性建立一个有明确物理意义的坐标时:宇宙时.

6.1.2　宇宙时空度规的形式

现在来讨论宇宙 4 维时空度规应当具有的形式.探讨的是大尺度宇宙学.为简单起见,下文将宇宙 3 维空间的物质元称为"星系".在宇宙学原理支配下的宇宙模型中,物质元比实际的星系要大得多.很自然可以建立一个"宇宙随动参考系",所有的星系在这个参考系里始终保持静止,星系之间的距离随时间在增大(膨胀宇宙)或是缩小(收缩宇宙).因此,星系作为宇宙参考系的静止观测者,它的原时 τ 和坐标时 t 的关系应当是 $\mathrm{d}\tau = \sqrt{-g_{00}(t)}\,\mathrm{d}t$.由于均匀性,这里的 g_{00} 应当与空间坐标无关.进一步定义宇宙坐标时,使坐标时和星系原时的速率相等.假想每个星系有一个标准钟,用 3.5 节讲的爱因斯坦同时性对钟来建立宇宙时.6.1.1 节已经说明宇宙时空是时轴正交系.这样,宇宙时空度规可以写成

$$\mathrm{d}s^2 = -c^2\mathrm{d}t^2 + g_{ij}(ct,x^k)\,\mathrm{d}x^i\mathrm{d}x^j.$$

不仅 $g_{00} = -1$,而且度规所有的时空交叉项 $g_{0i} = 0$.

现在来讨论宇宙 3 维空间的度规形式.宇宙空间的膨胀或收缩在空间的任何点和任何方向都相同,空间度规与时间有关的项应当表现为一个与空间坐标无关的尺度因子,如

$$g_{ij}\,\mathrm{d}x^i\mathrm{d}x^j = a^2(t)\,\mathrm{d}l^2.$$

这里 $a(t)$ 是尺度因子,$\mathrm{d}l^2$ 是与时间无关的 3 维空间度规.

选择类似球坐标的空间坐标 (r,θ,ϕ).各向同性表明,度规中关于 θ 和 ϕ 的部分应当具有 $\mathrm{d}\theta^2 + \sin^2\theta\mathrm{d}\phi^2$ 的形式,度规具有旋转不变性.因此度规的形式应当为

$$\mathrm{d}l^2 = A(r)\mathrm{d}r^2 + B(r)(\mathrm{d}\theta^2 + \sin^2\theta\mathrm{d}\phi^2).$$

其中,$A(r)$ 和 $B(r)$ 是 2 个待定函数.进一步变换坐标 r 的定义可以减少待定函数.宇宙时空度规可写成只含 2 个待定函数的形式如下:

$$ds^2 = -c^2 dt^2 + a^2(t)\left[\frac{dr^2}{f(r)} + r^2(d\theta^2 + \sin^2\theta d\phi^2)\right]. \tag{6.1}$$

6.1.3 罗伯逊-沃克度规

为决定式(6.1)中的待定函数,要用宇宙空间的均匀性,亦即 3 维空间度规

$$dl^2 = \frac{dr^2}{f(r)} + r^2(d\theta^2 + \sin^2\theta d\phi^2) \tag{6.2}$$

的曲率标量应当是与空间位置无关的常数.这就需要一步步地计算.

3 维度规所有不为零的克里斯多菲符号为

$$\begin{cases} \Gamma^r_{rr} = -\dfrac{f'}{2f}, \quad \Gamma^r_{\theta\theta} = -fr, \quad \Gamma^r_{\phi\phi} = -fr\sin^2\theta, \\[2mm] \Gamma^\theta_{r\theta} = \Gamma^\theta_{\theta r} = \dfrac{1}{r}, \quad \Gamma^\theta_{\phi\phi} = -\sin\theta\cos\theta, \\[2mm] \Gamma^\phi_{r\phi} = \Gamma^\phi_{\phi r} = \dfrac{1}{r}, \quad \Gamma^\phi_{\theta\phi} = \Gamma^\phi_{\phi\theta} = \dfrac{\cos\theta}{\sin\theta}. \end{cases} \tag{6.3}$$

其中,f' 表示待定函数 f 对 r 的导数.由此可算得里奇张量

$$R_{rr} = -\frac{f'}{rf}, \quad R_{\theta\theta} = 1 - f - \frac{1}{2}rf', \quad R_{\phi\phi} = \left(1 - f - \frac{1}{2}f'r\right)\sin^2\theta. \tag{6.4}$$

度规方程(6.2)没有交叉项,无需计算里奇张量的其他分量.进一步计算曲率标量,得到

$$R = R_{rr}/g_{rr} + R_{\theta\theta}/g_{\theta\theta} + R_{\phi\phi}/g_{\phi\phi} = \frac{2}{r^2} - \frac{2f}{r^2} - \frac{2rf'}{r^2}. \tag{6.5}$$

要求 R 是与 r 无关的常数,定义另一个常数 k 取代 R,

$$k \equiv R/6. \tag{6.6}$$

待定函数应当满足的微分方程是

$$rf' + f = 1 - 3kr^2, \tag{6.7}$$

完全解为

$$f(r) = \frac{A}{r} + 1 - kr^2. \tag{6.8}$$

这里 A 是积分常数.注意宇宙学引力场是物质内部的引力场,坐标 r 可以等于零,所以物理上有意义的解应当取 $A=0$.最后得到符合宇宙学原理和膨胀宇宙的 4 维时空度规为

$$ds^2 = -c^2 dt^2 + a^2(t)\left(\frac{dr^2}{1 - kr^2} + r^2 d\theta^2 + r^2\sin^2\theta d\phi^2\right). \tag{6.9}$$

式(6.9)就是著名的弗里德曼-勒梅特-罗伯逊-沃克(Friedmann-Lemaître-Robertson-Walker)度规,常简称为罗伯逊-沃克度规,下文将简记为 RW 度规.弗里德曼和勒梅特先后在 1922 年和 1927 年独立地从广义相对论的引力场方程得到这一精确解.20 世纪 30 年代,美国的罗伯逊(Howard Robertson,1903—1961)和英国的沃克(Arthur Geoffrey Walker,

1909—2001)严格证明均匀和各向同性时空的度规一定具有这一形式. 他们的证明只研究时空几何,并不涉及爱因斯坦引力场方程.

RW 度规中的常数 k 可认为只有 3 个值:

$$k = \{-1, 0, 1\}. \tag{6.10}$$

当 k 取其他数值时,只要适当变换 k, r 和 $a(t)$ 就保证只取上面这 3 个数值.

从式(6.6)可知,当 k 取值 -1、0、1 时,分别对应宇宙 3 维空间为负曲率(马鞍形)、零曲率(平坦)和正曲率(球形). 实际的数值由观测决定.

RW 度规方程(6.9)可以采取下面的变换:

$$r = \frac{\bar{r}}{1 + \dfrac{k\bar{r}^2}{4}}, \tag{6.11}$$

经过简单计算,得到下面的各向同性形式:

$$ds^2 = -c^2 dt^2 + \frac{a^2(t)}{\left(1 + \dfrac{k\bar{r}^2}{4}\right)^2}(d\bar{r}^2 + \bar{r}^2 d\theta^2 + \bar{r}^2 \sin^2\theta d\phi^2). \tag{6.12}$$

也可用笛卡儿坐标表示为

$$ds^2 = -c^2 dt^2 + \frac{a^2(t)}{\left(1 + \dfrac{kr^2}{4}\right)^2}(dx^2 + dy^2 + dz^2). \tag{6.13}$$

其中已将式(6.12)的 $\bar{r}$ 写成 r. 从式(6.13)可以更清晰地显示空间的各向同性.

最后来证明自由观测者可以在 RW 坐标系中始终保持静止. 也就是如果在 RW 度规的坐标系中自由观测者的初始速度为零,将永远保持静止. 这说明 RW 参考系正是 6.1.2 节中探寻的宇宙随动参考系.

这个证明可以对更广泛的度规进行:如果时轴正交度规 $g_{\alpha\beta}$ 的坐标分量 g_{00} 与空间坐标无关,则自由观测者可以在坐标系中保持静止. 证明如下.

在坐标系 $\{ct, x^i\}$ 中这样的度规表达式为

$$ds^2 = -c^2 dt^2 + g_{ij}(t, x^i) dx^i dx^j.$$

因为可以进行坐标时变换,不失一般性,这里令 $g_{00} = -1$. 设在某一时刻,有 $dx^i/d\tau$ 全为零,计算该时刻的测地线方程,得到

$$\frac{d^2 t}{d\tau^2} = 0, \quad \frac{d^2 x^i}{d\tau^2} = 0.$$

第二个方程表示以原时为自变量,初始速度为零时,加速度也为零,自由观测者在坐标系中可以保持静止. 结合第一个方程,知道以坐标时为自变量时,结论相同.

6.1.4 弗里德曼方程

上一小节得到了宇宙时空度规为 RW 度规,但对其中的尺度因子 $a(t)$ 并没有给出任何

约束,也没有论证 RW 度规是爱因斯坦引力场方程的解.

重写带有宇宙学常数的引力场方程(5.29)如下:

$$R_{\alpha\beta} - \frac{1}{2} g_{\alpha\beta} R + g_{\alpha\beta}\Lambda = \frac{8\pi G}{c^4} T_{\alpha\beta}. \tag{6.14}$$

为求解度规,首先要确定宇宙的能量动量应力张量 $T^{\alpha\beta}$ 的形式.对当前的宇宙,辐射光子的能动张量可以忽略,宇宙物质足够稀疏而忽略内部的应力,可以采用尘埃模型:

$$T^{\alpha\beta} = \rho u^{\alpha} u^{\beta}. \tag{6.15}$$

其中,ρ 是物质元的静止质量密度,u^{α} 是其 4 速度.

应当将 RW 度规代入引力场方程,看在什么条件下为场方程的解.这就需要计算 RW 度规的里奇张量和曲率标量.将场方程稍作变形以简化计算,式(6.14)进行缩并后得到

$$R = 4\Lambda - \frac{8\pi G}{c^4} T \tag{6.16}$$

其中,$T = T_{\alpha}^{\alpha}$,于是场方程可写成

$$R_{\alpha\beta} - g_{\alpha\beta}\Lambda = \frac{8\pi G}{c^4} \left(T_{\alpha\beta} - \frac{1}{2} g_{\alpha\beta} T \right). \tag{6.17}$$

这样可以不必计算曲率标量.

以下的计算直接而有些繁复,建议读者自行验证,作为学习黎曼几何的练习.RW 度规方程(6.9)所表示的 4 维时空中所有不为零的克里斯多菲符号是

$$\begin{cases} \Gamma_{rr}^0 = \dfrac{aa'}{c(1-kr^2)}, & \Gamma_{\theta\theta}^0 = \dfrac{aa'}{c} r^2, & \Gamma_{\phi\phi}^0 = \dfrac{aa'}{c} r^2 \sin^2\theta, \\[2mm] \Gamma_{0r}^r = \Gamma_{r0}^r = \dfrac{a'}{ca}, & \Gamma_{rr}^r = \dfrac{kr}{1-kr^2}, & \Gamma_{\theta\theta}^r = -r(1-kr^2), & \Gamma_{\phi\phi}^r = -r(1-kr^2)\sin^2\theta, \\[2mm] \Gamma_{0\theta}^\theta = \Gamma_{\theta0}^\theta = \dfrac{a'}{ca}, & \Gamma_{\theta r}^\theta = \Gamma_{r\theta}^\theta = \dfrac{1}{r}, & \Gamma_{\phi\phi}^\theta = -\sin\theta\cos\theta, \\[2mm] \Gamma_{0\phi}^\phi = \Gamma_{\phi0}^\phi = \dfrac{a'}{ca}, & \Gamma_{r\phi}^\phi = \Gamma_{\phi r}^\phi = \dfrac{1}{r}, & \Gamma_{\theta\phi}^\phi = \Gamma_{\phi\theta}^\phi = \dfrac{\cos\theta}{\sin\theta}. \end{cases}$$

$$\tag{6.18}$$

其中时空坐标为 (ct, r, θ, ϕ),式中上下标 0 对应 $x^0 = ct$,$a' = \mathrm{d}a/\mathrm{d}t$.进一步计算里奇张量

$$\begin{cases} R_{00} = -\dfrac{3a''}{c^2 a}, \\[3mm] R_{rr} = \dfrac{2a'^2}{c^2(1-kr^2)} + \dfrac{aa''}{c^2(1-kr^2)} + \dfrac{2k}{1-kr^2}. \end{cases} \tag{6.19}$$

使用式(6.17)形式的场方程,无需计算另 2 个里奇张量的分量就可以导出弗里德曼方程.

RW 度规对应的坐标规范是宇宙随动参考系 (ct, r, θ, ϕ),宇宙物质在坐标系中保持静止,所以有

$$u^{\alpha} = (c, 0, 0, 0), \quad u_{\alpha} = (-c, 0, 0, 0). \tag{6.20}$$

从能动张量表达式(6.15)和场方程(6.17)得到

$$\begin{cases} R_{00} + \Lambda = \dfrac{8\pi G}{c^4}\left(\rho c^2 - \dfrac{1}{2}\rho c^2\right), \\ R_{rr} - g_{rr}\Lambda = \dfrac{8\pi G}{c^4}\left(0 + \dfrac{1}{2}g_{rr}\rho c^2\right). \end{cases} \tag{6.21}$$

将宇宙学常数移到右边,写成密度的量纲,定义

$$\rho_\Lambda \equiv \frac{\Lambda c^2}{8\pi G}. \tag{6.22}$$

将里奇张量表达式(6.19)和 RW 度规方程(6.9)代入式(6.21),得到弗里德曼方程

$$\begin{cases} \dfrac{a''}{a} = -\dfrac{4\pi G}{3}(\rho - 2\rho_\Lambda), \\ \dfrac{a'^2}{a^2} = \dfrac{8\pi G}{3}(\rho + \rho_\Lambda) - \dfrac{kc^2}{a^2}. \end{cases} \tag{6.23}$$

上面的推导表明,只要 RW 度规中尺度因子的演化满足弗里德曼方程,RW 度规就是爱因斯坦引力场方程符合宇宙学原理的精确解.

通常将式(6.23)的第二式称为弗里德曼方程,第一式可以从第二式对宇宙时 t 求导得到.注意式中除尺度因子 a 是时间的函数外,物质密度 ρ 也是时间的函数,应当与 $a^3(t)$ 成反比.与宇宙学常数关联的密度 ρ_Λ 是常数,与时间无关,$\rho_\Lambda c^2$ 常称为"暗能量密度".

6.1.5 哈勃-勒梅特定律

星系的退行和星系辐射的红移已是众所周知的观测事实.当然,这里认为星系在宇宙随动参考系中保持静止,也就是在 RW 度规表示的时空参考系中是静止观测者,不考虑它们相对该参考系的局部运动.

为描述和讨论这一现象,首先需要建立星系距离的数学表述.由于宇宙的均匀性,当讨论两个星系之间的距离时,永远可以将其中一个星系选为坐标原点,度规为 RW 度规,另一星系在径向.按照 3.6 节讲述的弯曲时空中的观测量理论,考虑 RW 度规是时轴正交系,没有时空交叉项,根据式(3.49),静止观测者测量到的星系和坐标原点之间的距离为

$$D(t) = \int_0^r \sqrt{g_{rr}}\,\mathrm{d}r = a(t)\int_0^r \frac{1}{\sqrt{1 - kr^2}}\,\mathrm{d}r. \tag{6.24}$$

不失一般性,将银河系中心选为 RW 坐标系的原点,也认为人类观测者的位置就在坐标原点,不考虑地球相对银河系中心的速度和位置偏差,$D(t)$ 就是时刻 t 时所观测星系到我们的空间距离.注意这是该星系和观测者都在时刻 t 时空间位置之间的距离.换句话说,这是两个同时事件的空间距离.同时事件之间没有因果联系,这个距离的膨胀速率并不受光速上限的限制.按 3.6 节关于测量的理论,称呼 $D(t)$ 为星系的固有距离,在宇宙学尺度上,与我们观测到的星系电磁辐射传播的空间距离并不相同.在天文学中涉及天体的距离时,必须澄

清距离的物理内涵.

将式(6.24)对时间求导数,得到

$$v(t) = D'(t) = \frac{a'(t)}{a(t)} D(t) = H(t) D(t). \tag{6.25}$$

这就是著名的哈勃-勒梅特定律,表示在任一宇宙时刻,星系的退行速度与星系的固有距离之间的关系,其中

$$H(t) = \frac{v(t)}{D(t)} = \frac{a'(t)}{a(t)} \tag{6.26}$$

是哈勃-勒梅特参数. 设 t_0 是现代观测对应的时刻,则宇宙学中最重要的观测常数为 $H(t_0)$,称为哈勃-勒梅特常数,或简称为哈勃常数.

6.1.6　宇宙学红移

哈勃-勒梅特定律给的是星系退行速度和距离之间的关系. 在天文观测中,径向退行速度通过测定谱线红移来推算. 设星系在宇宙时刻 t_s 和 $t_s + \delta t_s$ 的辐射在时刻 t_0 和 $t_0 + \delta t_0$ 到达位于 RW 坐标系原点的观测者. 电磁辐射应当沿 RW 度规的零测地线传播,有

$$c\,\mathrm{d}t = -a(t)\,\frac{\mathrm{d}r}{\sqrt{1 - kr^2}}. \tag{6.27}$$

假定星系和观测者在 RW 坐标系中静止,也就是不考虑星系和观测者相对 RW 系运动引起的谱线红移,观测者和星系在 RW 系中的径向坐标都是不变的常数,得到

$$\int_{t_s}^{t_0} \frac{\mathrm{d}t}{a(t)} = \int_{t_s + \delta t_s}^{t_0 + \delta t_0} \frac{\mathrm{d}t}{a(t)}. \tag{6.28}$$

进一步有

$$\int_{t_s}^{t_s + \delta t_s} \frac{\mathrm{d}t}{a} = \int_{t_0}^{t_0 + \delta t_0} \frac{\mathrm{d}t}{a}. \tag{6.29}$$

当 δt_s 和 δt_0 足够小,得到

$$\frac{\delta t_s}{a(t_s)} = \frac{\delta t_0}{a(t_0)}. \tag{6.30}$$

辐射频率 ν 和周期成反比,于是得到宇宙学红移 z 的计算公式为

$$1 + z = \frac{\nu_s}{\nu_0} = \frac{\delta t_0}{\delta t_s} = \frac{a(t_0)}{a(t_s)}. \tag{6.31}$$

当星系的距离不是太远,上式在 t_0 处进行展开,得到

$$z = \frac{a'(t_0)}{a(t_0)}(t_0 - t_s) + \mathrm{O}(t_0 - t_s)^2.$$

另外,从式(6.27)积分有

$$\int_{t_s}^{t_0} \frac{c\,\mathrm{d}t}{a} = \int_0^r \frac{\mathrm{d}r}{\sqrt{1 - kr^2}},$$

只准到 $t_s - t_0$ 的线性项,利用固有距离的定义式(6.24),得到

$$c(t_0 - t_s) \simeq a(t_0) \int_0^r \frac{\mathrm{d}r}{\sqrt{1 - kr^2}} = D(t_0),$$

最后得到对不很遥远的星系,宇宙学红移的近似表达式为

$$z = H(t_0) \frac{D(t_0)}{c}. \tag{6.32}$$

这是用红移 z 和距离 D 表示的哈勃-勒梅特定律,其中 t_0 是观测时刻,$H(t_0)$ 是哈勃常数. 对于遥远的星系,上面的推导可以进一步精确化.

6.1.7 暗能量和宇宙物质分布

式(6.22)将宇宙学常数 Λ 改写为密度 ρ_Λ,现在来看它可能具有的物理意义.

如果将引力场方程中的宇宙学常数项看成是一种物质,移到场方程(6.14)的右端,作为能量动量张量的一项 $T_\Lambda^{\alpha\beta}$,它的表达式为

$$T_\Lambda^{\alpha\beta} = -g^{\alpha\beta} \rho_\Lambda c^2. \tag{6.33}$$

将其与理想流体的能量动量张量的表达式(见式(4.21))

$$T^{\alpha\beta} = \left(\rho + \frac{p}{c^2}\right) u^\alpha u^\beta + g^{\alpha\beta} p. \tag{6.34}$$

进行对比,得到宇宙学常数代表的物质的状态方程是

$$p_\Lambda = -\rho_\Lambda c^2. \tag{6.35}$$

这是具有负压力的物质,称为暗能量.

现在来重写弗里德曼方程(6.23),其中有 2 个物质密度 ρ 和 ρ_Λ,这里将 ρ 记为 ρ_m,它是普通物质和所谓暗物质[①]的质量密度之和. 当前宇宙中辐射的贡献可以忽略. 如前面所说,ρ_m 部分的物质模型是尘埃,对应的压力 p_m 为零. 这样弗里德曼方程的形式为

$$\begin{cases} \dfrac{a''}{a} = -\dfrac{4\pi G}{3}\left(\rho_m + \rho_\Lambda + 3\dfrac{p_\Lambda}{c^2}\right), \\ \dfrac{a'^2}{a^2} = \dfrac{8\pi G}{3}(\rho_m + \rho_\Lambda) - \dfrac{kc^2}{a^2}. \end{cases} \tag{6.36}$$

---

① 天文学家测量星系中天体围绕星系中心的速度和到中心距离之间的关系,发现在星系外围,并不是距离越远,速度越小,说明星系的引力场比天文观测看到的全部发光天体提供的引力要强得多,因此认为有不发光的,不参与电磁相互作用,只产生引力的物质存在,称为"暗物质". 另外,数值模拟表明,如果没有暗物质的引力场,星系等天体不能形成和具有稳定的结构. 引力透镜观测也需要暗物质予以解释. 虽然大多数天文学家认为存在暗物质,但至今没有直接探测到暗物质粒子,也有部分天文学家提出修正牛顿和爱因斯坦的引力理论后不再需要暗物质来解释上述的天文现象,比较著名的是 MOND 理论.

现代观测表明宇宙学常数取正值,从第一个方程看,普通物质和暗物质使宇宙的膨胀减速,但是暗能量的负压力使宇宙加速膨胀.随着宇宙膨胀,ρ_m 以 a^{-3} 的规律减小,而 ρ_Λ 却是确定的数值.所以,按照弗里德曼方程,宇宙的膨胀会越来越快,加速膨胀来自暗能量.

式(6.36)中第二个方程的左端按定义是 H^2,亦即哈勃-勒梅特参数的平方.定义

$$\begin{cases} \rho_H \equiv \dfrac{3H^2}{8\pi G}, \\[2mm] \rho_k \equiv -\dfrac{3kc^2}{8\pi Ga^2}. \end{cases} \tag{6.37}$$

方程可写成

$$\rho_H = \rho_m + \rho_\Lambda + \rho_k. \tag{6.38}$$

哈勃-勒梅特参数 $H(t)$ 的当前值为哈勃常数 H_0,由它定义的宇宙物质总密度称为"宇宙临界密度",记为 ρ_{cr},

$$\rho_{cr} \equiv \frac{3H_0^2}{8\pi G}. \tag{6.39}$$

ρ_{cr} 的物理意义是,当宇宙物质总密度 $\rho_m + \rho_\Lambda$ 等于这个值时,宇宙空间平直,$k=0$,所以称为临界密度.请注意 ρ_{cr} 数值完全由哈勃常数决定.

对于当前的宇宙,物质分布就有

$$\rho_{cr} = \rho_b + \rho_c + \rho_\Lambda + \rho_k. \tag{6.40}$$

其中,ρ_b 和 ρ_c 分别表示当前宇宙中发光物质(也称普通物质)和暗物质的质量密度,它们之和为 ρ_m.

将上式两端除以 ρ_{cr},用 Ω 表示当前各类物质在宇宙中的比例,亦即

$$1 = \Omega_b + \Omega_c + \Omega_\Lambda + \Omega_k. \tag{6.41}$$

宇宙学和星系的各种天文观测在测定哈勃常数和各种物质分布的数值,以下是一组测定数据供作参考[①]:

$$\begin{cases} H_0 = 67.66 \pm 0.42 \, \text{km} \cdot \text{s}^{-1} \cdot \text{Mpc}^{-1}, \\ \Omega_b = 0.048\,97 \pm 0.000\,91, \\ \Omega_c = 0.2607 \pm 0.0052, \\ \Omega_\Lambda = 0.6889 \pm 0.0056, \\ \Omega_k = 0.000\,07 \pm 0.00\,19. \end{cases} \tag{6.42}$$

---

① 数据来自"Planck 2018 results VI. Cosmological Parameters"(Astron. Astrophys. 2020,641,A6).式(6.42)中 Ω_k 的估计来自论文第 8 节 Comclusion,其他来自论文 Table 2 的最后一列,经过简单计算.

6.2　弱场线性近似的引力波解

6.2.1　什么是引力波

举一个例子：2 个天体相互绕转运动，它们的相对方位在不断变化，它们周围的引力场，或者说周围时空的曲率，也在相应变化. 在远处一个物体受到这个二体系统的引力作用，当然能觉察引力的变化.

按照牛顿的引力理论，引力场变化的传播是即时的，物体将立即感知遥远天体系统引力场的变化，不会有时间上的任何延迟. 爱因斯坦从来不相信力能远程即时作用. 在爱因斯坦的时代，电磁理论已经完善，电磁场的概念已经深入人心，电荷空间分布的变化要以电磁波的方式在空间传播，表现为电磁场强度的波动，电磁波的传播速度是光速. 因此，很难认同物体能瞬间感知远处质能分布的变化. 牛顿的引力理论也与狭义相对论中信息传播最大速度是光速相矛盾. 这正是爱因斯坦从狭义走向广义相对论的重要动力. 所以，在广义相对论和其他现代引力理论里，引力源质量能量分布的变化将辐射引力波，引力源周围的引力场强度有波动. 在广义相对论的理论框架里，引力波使周围时空的曲率产生波动，引力波的传播速度是光速.

熟悉牛顿力学和电动力学的读者知道，通常将电荷系统或质量系统进行多极矩展开，形成数值上递减的单极矩、偶极矩、四极矩等系列. 对于质量系统，单极矩是系统的总质量，孤立系统的质量守恒定律使单极矩数值是常数. 同样，孤立的电荷系统的单极矩是系统的总电荷，按照电荷守恒定律也是常数. 质量偶极矩和电荷偶极矩却有很大的不同. 设想 2 个电荷相互绕转运动，它们必然一个是正电荷，一个是负电荷. 假定电荷的大小相等，符号相反，分别为 q 和 $-q$. 偶极矩的数值和坐标系的选择有关. 选择两电荷连线的中点为原点，记 q 的位置矢量为 $\vec{r}$，则电荷偶极矩为 $q\vec{r}+(-q)(-\vec{r})=2q\vec{r}$. 当电荷相互绕转时，$\vec{r}$ 在不断变化，所以电荷系统有因偶极矩变化产生的电磁辐射. 然而对于质量系统，没有正质量和负质量之分，2 个质量为 m 的物体，类似上面的计算，得到偶极矩为零. 其实，对于孤立的质量系统，有动量守恒定律，当选择系统的质量中心为原点，系统的偶极矩为零. 所以，质量系统没有因偶极矩变化产生的引力辐射. 引力波主要产生于系统四极矩的变化. 例如，一个质量分布呈球对称的天体，一个轴对称并且绕对称轴自转的天体，都不会辐射引力波. 一般来说，电磁波是偶极辐射，引力波是四极辐射. 这样，引力波会非常微弱，1915 年爱因斯坦建立广义相对论时，基于这一看法，曾认为引力波不会被观测证实. 通常认为，地球附近的引力波探测器的灵敏度要达到 10^{-21} 以上，才能探测到引力波.[①]

白矮星、中子星、黑洞等致密天体之间的并合，星系的并合，核心坍缩型超新星爆发，这

---

① 关于引力波在理论和观测上的历史，可参阅这篇非常出色的科学史文章：Cervantes-Cota, J. L.；Galindo-Uribarri, S.；Smoot, G. F. (2016). A Brief History of Gravitational Waves. Universe. 2（3）：22. arXiv：1609.09400.

些重要的天文事件被认为是引力辐射的来源.电磁波在传播过程中,会与传播路径上的物质相互作用,发生变化和衰减,因而电磁波观测不能探知天体内部发生的事件.引力波没有这个缺陷,引力波观测可能了解超新星爆发时内部的物理过程,也可能通过宇宙原初引力波的观测了解早期的宇宙.天文学家认为,引力波天文学将开辟一个广阔的天文学新领域,将是21世纪的天文学热点之一.

引力波成功探测的纪元来自赫尔斯(Russell Alan Hulse,1950—)和约瑟夫(Joseph Hooton Taylor,Jr.,1941—)于1974年发现的脉冲双星PSR1913+16.如前所述,双星相互绕转时会辐射引力波,引力波会带走能量,双星轨道能量的损失将使轨道半长径和轨道周期逐渐减小,直至双星并合.泰勒及其合作者经过长时期的观测和数据分析,得到该脉冲双星轨道周期的衰减与广义相对论的理论值相符合,两人荣获1993年诺贝尔物理学奖.然而,这不是引力波的直接探测,而是间接探测.

引力波的直接观测经历了曲折漫长的过程,号称是最后一项有待验证的广义相对论理论预言.引力波探测依据广义相对论的一项结论:空间2个自由粒子之间的距离将因引力波的作用而发生振动.因而自由粒子间距离的精密测量是引力波探测的关键.现代最优的办法是激光干涉测量.2015年9月14日,美国的激光干涉引力波天文台(Laser Interferometer Gravitational Wave Observatory,LIGO)探测到了2个黑洞并合释放的引力波信号,编号为GW150914.2017年韦斯(Rainer Weiss,1932—),索恩(Kip Thorne,1940—)和巴里什(Barry Barish,1936—)被授予诺贝尔物理学奖.

6.2.2 场方程的弱场线性近似

引力波离开引力源后,在空间传播,变得越来越弱.如果不考虑引力波源以外的天体,引力波传播过程中的时空,因远离引力源而越来越趋于平直.在这样的模型中,远离引力源的时空,可以看成平直时空加上引力波的扰动,度规可以写成

$$g_{\alpha\beta} = \eta_{\alpha\beta} + h_{\alpha\beta}. \tag{6.43}$$

这里$h_{\alpha\beta}$表示引力波引起的时空波动.它是一个小量,在以后的数学处理中,只保留它的一阶项,忽略二阶以上的项.这就是弱场线性近似.

无论引力波的波形开始有多么复杂,在到达遥远的观测者时,应当具有平面波的式样,因此可以期望,将式(6.43)代入爱因斯坦引力场方程,在线性近似下应当有平面波解.

首先要计算度规方程(6.43)在线性近似下的曲率张量,这时所有的克里斯多菲符号是一阶小量,克里斯多菲符号的乘积可全部略去,曲率张量的计算可以借助式(5.12)的结果,调换符号得到

$$R_{\nu\alpha\mu\beta} = \frac{1}{2}(h_{\nu\beta,\alpha\mu} + h_{\alpha\mu,\nu\beta} - h_{\nu\mu,\alpha\beta} - h_{\alpha\beta,\nu\mu}). \tag{6.44}$$

计算里奇张量,曲率标量和爱因斯坦张量,注意在线性近似情况下,指标的升降用闵可夫斯基度规$\eta_{\alpha\beta}$进行,分别为

$$\begin{cases} R_{\alpha\beta} = R^{\rho}_{\alpha\rho\beta} = \dfrac{1}{2}(h^{\rho}_{\beta,\alpha\rho} + h^{\rho}_{\alpha,\rho\beta} - h^{\rho}_{\rho,\alpha\beta} - h_{\alpha\beta},{}^{\rho}_{,\rho}), \\[2mm] R = h^{\alpha\rho}_{,\alpha\rho} - h,{}^{\rho}_{;\rho}, \\[2mm] G_{\alpha\beta} = \dfrac{1}{2}(h^{\rho}_{\beta,\alpha\rho} + h^{\rho}_{\alpha,\rho\beta} - h^{\rho}_{\rho,\alpha\beta} - h_{\alpha\beta},{}^{\rho}_{,\rho} - \eta_{\alpha\beta}h^{\nu\rho},{}_{,\nu\rho} + \eta_{\alpha\beta}h,{}^{\rho}_{,\rho}). \end{cases} \tag{6.45}$$

为了简化数学表达式,定义

$$\bar{h}^{\alpha\beta} \equiv h^{\alpha\beta} - \frac{1}{2}\eta^{\alpha\beta}h, \tag{6.46}$$

其中,$h = h^{\rho}_{\rho}$ 是 $h_{\alpha\beta}$ 的迹,它的反函数是

$$\begin{cases} h^{\alpha\beta} = \bar{h}^{\alpha\beta} - \dfrac{1}{2}\eta^{\alpha\beta}\bar{h}, \\[2mm] h = -\bar{h}, \end{cases} \tag{6.47}$$

其中,$\bar{h} = \bar{h}^{\rho}_{\rho}$.

爱因斯坦张量的数学形式可简化为

$$G_{\alpha\beta} = \frac{1}{2}(\bar{h}^{\rho}_{\beta,\alpha\rho} + \bar{h}^{\rho}_{\alpha,\rho\beta} - \bar{h}_{\alpha\beta},{}^{\rho}_{,\rho} - \eta_{\alpha\beta}\bar{h}^{\nu\rho},{}_{,\nu\rho}). \tag{6.48}$$

对于对称的指标,书写时顺序不再重要. 显然,选取坐标条件

$$\bar{h}^{\alpha\beta}_{,\beta} = 0 \tag{6.49}$$

可以大大简化数学表达式,使

$$G_{\alpha\beta} = -\frac{1}{2}\bar{h}_{\alpha\beta},{}^{\rho}_{,\rho}. \tag{6.50}$$

坐标条件方程(6.49)是 4 个方程,对 4 个坐标 x^{α} 进行了约束. 现在来说明,它其实就是 5.2.3 节讲述的谐和规范. 式(5.35)在弱场线性近似下给出

$$\Gamma^{\mu} = \eta^{\alpha\beta}\Gamma^{\mu}_{\alpha\beta} = \frac{1}{2}\eta^{\alpha\beta}\eta^{\mu\nu}(h_{\alpha\nu,\beta} + h_{\beta\nu,\alpha} - h_{\alpha\beta,\nu}) = \bar{h}^{\mu\nu}_{,\nu} = 0. \tag{6.51}$$

讨论引力波时,可以忽略宇宙学常数. 这样,在选择谐和规范后,爱因斯坦引力场方程的弱场线性近似为

$$\bar{h}_{\alpha\beta},{}^{\rho}_{,\rho} = -\frac{16\pi G}{c^4}T_{\alpha\beta}. \tag{6.52}$$

6.2.3   平面引力波和 TT 规范

在远离引力波源的观测者处,观测的引力波近似地具有平面波的形式,所以真空中线性近似的引力场方程应当具有平面波解. 选择谐和坐标条件(6.49)后,弱场线性近似场方程(6.52)在真空中成为

$$\bar{h}_{\alpha\beta},{}^{\rho}_{,\rho} = 0. \tag{6.53}$$

对坐标 $x^{\alpha}=(ct,x^i)$,方程可写成

$$\Box\bar{h}^{\alpha\beta}=\left(-\frac{1}{c^2}\partial_t^2+\partial^i\partial_i\right)\bar{h}^{\alpha\beta}=0. \tag{6.54}$$

它显然是平面波方程,其解为

$$\bar{h}^{\alpha\beta}=A^{\alpha\beta}\exp(\sqrt{-1}\,k_{\mu}x^{\mu})=A^{\alpha\beta}\exp(\sqrt{-1}\,(k_0ct+k_ix^i)), \tag{6.55}$$

其中,$A^{\alpha\beta}$ 为复数常数,而 k_{μ} 为实常数.上式右边应当只取实数部分,后面不再予以说明.

对于解(6.55),4 维时空中相位相同的点构成的面是 $k_{\mu}x^{\mu}$ 为常数的超曲面.4 维矢量 k^{μ} 与其正交,是引力波在时空中传播路径的切矢量.将形式解(6.55)代入场方程(6.53),得到

$$k^{\mu}k_{\mu}=0, \tag{6.56}$$

亦即 k^{μ} 是零矢量,引力波和电磁波一样以光速传播.

定义

$$\omega\equiv k_0c, \tag{6.57}$$

平面引力波解写成

$$\bar{h}^{\alpha\beta}=A^{\alpha\beta}\exp(\sqrt{-1}\,(\omega t+k_ix^i)). \tag{6.58}$$

这是频率为 ω 的单色平面波.对于所选取的坐标系,在给定的时刻 t,3 维空间中等相位的点组成 k_ix^i 为常数的 2 维平面,空间矢量 k^i 与该平面正交,表示 3 维空间中该引力波传播的方向.

将平面波解(6.55)代入谐和坐标条件(6.49),得到

$$A^{\alpha\beta}k_{\beta}=0. \tag{6.59}$$

这是对振幅 $A^{\alpha\beta}$ 的 4 个约束,亦即对称的 $A^{\alpha\beta}$ 的 10 个分量中最多只有 6 个是独立的.下面进一步选择坐标规范来确定 $A^{\alpha\beta}$ 独立分量的个数.

按照式(5.34),满足

$$\Box x^{\mu}=0 \tag{6.60}$$

的坐标 $\{x^{\mu}\}$ 是谐和坐标.这是一个微分条件,如果函数 $\xi^{\mu}(x^{\nu})$ 满足方程

$$\Box\xi^{\mu}=0, \tag{6.61}$$

则坐标 $\{x^{\mu}+\xi^{\mu}\}$ 也是谐和坐标.谐和坐标系是一族,可以预期进一步选择坐标规范,明确 $A^{\alpha\beta}$ 独立分量的个数.

选择 ξ^{μ} 为小量,计算时只需保留它的线性项,进行坐标变换 $x^{\mu}\to x^{\mu}+\xi^{\mu}$,按协变度规张量的变换规律,有

$$\begin{cases} h_{\alpha\beta}^{(\text{NEW})}=h_{\alpha\beta}-\xi_{\alpha,\beta}-\xi_{\beta,\alpha}, \\ h^{(\text{NEW})}=h-\xi_{,\alpha}^{\alpha}-\eta^{\alpha\nu}\xi_{\alpha,\nu}=h-2\xi_{,\alpha}^{\alpha}, \\ \bar{h}_{\alpha\beta}^{(\text{NEW})}=\bar{h}_{\alpha\beta}-\xi_{\alpha,\beta}-\xi_{\beta,\alpha}+\eta_{\alpha\beta}\xi_{,\nu}^{\nu}. \end{cases} \tag{6.62}$$

式中的(NEW)标记变换后的度规. 注意变换前后都是谐和坐标, 式(6.59)都成立.

谐和条件方程(6.61)的解是

$$\xi^\mu = B^\mu \exp(\sqrt{-1}\, k_\nu x^\nu). \tag{6.63}$$

可以选择 B^μ 来进一步约束 $A^{\alpha\beta}$. 将上式代入式(6.62)的最后一式, 得到

$$A^{(\mathrm{NEW})}_{\alpha\beta} = A_{\alpha\beta} - \sqrt{-1}\, B_\alpha k_\beta - \sqrt{-1}\, B_\beta k_\alpha + \sqrt{-1}\, \eta_{\alpha\beta} B^\nu k_\nu. \tag{6.64}$$

所谓 TT 规范, 要求选择 B^μ 使变换后有

$$\begin{cases} A^{\alpha(\mathrm{TT})}_\alpha = A^\alpha_\alpha + 2\sqrt{-1}\, B^\alpha k_\alpha = 0, \\ A^{(\mathrm{TT})}_{\alpha 0} = A_{\alpha 0} - \sqrt{-1}\, B_\alpha k_0 - \sqrt{-1}\, B_0 k_\alpha + \sqrt{-1}\, \eta_{\alpha 0} B^\nu k_\nu = 0. \end{cases} \tag{6.65}$$

上式的第一式表明 $A^{(\mathrm{TT})}_{\alpha\beta}$ 无迹(traceless), 这是 TT 规范中 T 字的来源之一. 另一个 T 字表示横波(transverse), 将在后面说明. 上式似乎有 5 个方程, 下面将说明其实只有 4 个, 加上因选择谐和坐标产生的约束(6.59), 共有 8 个约束条件, $A^{\alpha\beta}$ 只有 2 个独立分量. 现在需要说明 TT 规范能否实现.

在线性近似的讨论中, 背景度规是闵可夫斯基度规 $\eta_{\alpha\beta}$. 现在对空间坐标选择如下: z 坐标的增加方向为引力波的空间传播方向. 因 k^μ 是零矢量, 参照方程(6.57)定义的频率符号,

$$k_\mu = (\omega, 0, 0, \omega)/c, \quad k^\mu = (-\omega, 0, 0, \omega)/c. \tag{6.66}$$

于是, 从谐和坐标条件(6.59)可以得到

$$A^{\alpha 0} = -A^{\alpha 3}, \quad A_{\alpha 0} = A_{\alpha 3}. \tag{6.67}$$

注意指标的升降用 $\eta^{\alpha\beta}$. 约束方程(6.65)成为

$$\begin{cases} A^\alpha_\alpha + 2\sqrt{-1}\,(B_3 - B_0)\dfrac{\omega}{c} = 0, \\[2mm] A_{10} - \sqrt{-1}\, B_1 \dfrac{\omega}{c} = 0, \\[2mm] A_{20} - \sqrt{-1}\, B_2 \dfrac{\omega}{c} = 0, \\[2mm] A_{30} - \sqrt{-1}\,(B_3 + B_0)\dfrac{\omega}{c} = 0, \\[2mm] A_{00} - \sqrt{-1}\,(B_3 + B_0)\dfrac{\omega}{c} = 0. \end{cases} \tag{6.68}$$

因谐和坐标条件(6.67), 上式最后 2 个方程等价. 这样上式是 4 个独立的方程, 可以根据变换前的 $A_{\alpha\beta}$ 唯一地决定 B_μ, 实现 TT 规范.

最后,选择 TT 规范后,平面引力波的振幅用矩阵表示为

$$
A_{\alpha\beta}^{(\mathrm{TT})} = \begin{pmatrix} 0 & 0 & 0 & 0 \\ 0 & A_{xx}^{(\mathrm{TT})} & A_{xy}^{(\mathrm{TT})} & 0 \\ 0 & A_{xy}^{(\mathrm{TT})} & -A_{xx}^{(\mathrm{TT})} & 0 \\ 0 & 0 & 0 & 0 \end{pmatrix}. \tag{6.69}
$$

只有 2 个独立分量,这是去除了坐标选择效应之后具有物理意义的结果. 上式表明在引力波空间传播方向 z 轴上振幅为零,振动与传播方向正交,所以是横波.

因为是无迹,所以

$$
\begin{cases} \bar{h}^{(\mathrm{TT})} = h^{(\mathrm{TT})} = 0, \\ \bar{h}_{\alpha\beta}^{(\mathrm{TT})} = h_{\alpha\beta}^{(\mathrm{TT})}. \end{cases} \tag{6.70}
$$

在 TT 规范下,平面单色引力波的数学表达式为

$$
h_{\alpha\beta}^{(\mathrm{TT})} = A_{\alpha\beta}^{(\mathrm{TT})} \exp(\sqrt{-1}(\omega t + \omega z/c)). \tag{6.71}
$$

右边取实数值部分.

平面波振幅 $A_{\alpha\beta}$ 的坐标分量一般不为零,但选择 TT 规范后,只有 4 个分量可能不为零,且只有 2 个分量是独立的. 这说明在一般坐标系中,$A_{\alpha\beta}$ 的分量间存在关系,只有选择了 TT 规范后,平面引力波的物理图像才变得清晰. 从式(6.71)可以进一步计算时空的黎曼曲率张量,看到在引力波传播情况下时空曲率的涟漪.

6.2.4 引力波的观测效应

可以想象,在人类观测者所处的引力场中,不时有远处引力波源辐射来的各种频率的引力波. 6.2.3 节给出到达观测者的平面引力波的形式,本小节将证明引力波将使 2 个自由粒子之间的距离发生振动. 这是可观测效应. 现代直接观测引力波的探测器正是用精密监测距离变化的方法观测引力波.

本小节的推导计算仍然选择 TT 坐标规范. 线性近似的度规为背景度规 $\eta_{\alpha\beta}$ 加上式(6.71)所示的 $h_{\alpha\beta}$. 为符号简单起见,本小节不再标记(TT). 如前文章节多次说明,"自由粒子"是指本身的大小和质量可以忽略,除了引力外不受其他力作用的物体,它们在时空中沿测地线运动. 现在来讨论自由粒子能否在 TT 坐标系中保持静止. 静止粒子的 4 速度为 $u^\mu = \mathrm{d}x^\mu/\mathrm{d}\tau = (c,0,0,0)$,测地线方程为

$$
0 = \frac{\mathrm{d}^2 x^\mu}{\mathrm{d}\tau^2} + \Gamma_{\alpha\beta}^\mu u^\alpha u^\beta = \frac{\mathrm{d}^2 x^\mu}{\mathrm{d}\tau^2} + c^2 \Gamma_{00}^\mu = \frac{\mathrm{d}^2 x^\mu}{\mathrm{d}\tau^2} + \frac{1}{2} c^2 \eta^{\mu\nu} (2h_{0\nu,0} - h_{00,\nu}).
$$

因为在 TT 规范里所有的 $h_{0\nu}$ 全为零,如果自由粒子开始时在 TT 坐标系中静止,空间速度为零,则加速度也为零. 尽管有引力波存在,自由粒子在 TT 坐标系中将保持静止.

请回顾 6.1 节中的罗伯逊-沃克度规,符合宇宙学原理的宇宙物质也可看成是自由粒

子,它们在 RW 坐标系中保持静止,坐标值不变,但是它们之间的固有距离却随宇宙膨胀而增大.现在的情况类似,自由粒子在 TT 坐标系中可以保持静止,用 2 个粒子的坐标差计算的坐标距离 $\sqrt{\Delta x^2 + \Delta y^2 + \Delta z^2}$ 是常数,似乎不受引力波的影响.然而坐标距离为常数是因为选择了 TT 规范,换一种坐标系就会有不同的结果,坐标距离并不是观测者测量到的 2 个粒子之间的距离.

现在来讨论 2 个邻近自由粒子 O 和 A 之间的距离在引力波作用下的振动状况.观测者测量到的距离应当是与坐标系选择无关的固有距离.先来假定 h_{xy} 分量为零,讨论引力波 h_{xx} 分量的作用.设粒子在 TT 坐标系中保持静止,都位于空间 xy 坐标面上.取粒子 O 位于 3 维空间坐标原点,它们之间的坐标距离为常数 L,应用第 3 章讲述的观测量的理论,观测者测量的粒子之间的空间固有距离是

$$D = \int_{O}^{A} \sqrt{g_{xx}\,\mathrm{d}x\,\mathrm{d}x + g_{yy}\,\mathrm{d}y\,\mathrm{d}y}. \tag{6.72}$$

换用极坐标 (r,θ) 取代 (x,y),在上面的积分中,θ 是常数,r 从 $0 \sim L$,

$$D = \int_{0}^{L} \mathrm{d}r \sqrt{(1+h_{xx})\cos^2\theta + (1-h_{xx})\sin^2\theta} = L\left(1 + \frac{1}{2}h_{xx}\cos2\theta\right). \tag{6.73}$$

从上式和式 (6.71) 与式 (6.69) 可见,粒子间距离随 h_{xx} 而振动,振幅的大小和相对位置有关.显然,当粒子 A 在 x 轴或 y 轴上时,振幅最大,但是相位却相反,亦即当 x 轴上的粒子距离达到最大时,y 轴上的粒子距离为最小.当粒子位于 $\theta = 45°,135°$ 等处于两轴的中间时,振幅为零,粒子间距离保持不变.

现在察看引力波分量 h_{xy} 的作用.为此将空间坐标轴旋转角度 θ,这里 θ 是常数角度,坐标变换为

$$\begin{cases} t' = t, \\ x' = x\cos\theta + y\sin\theta, \\ y' = -x\sin\theta + y\cos\theta, \\ z' = z. \end{cases} \tag{6.74}$$

按照度规张量的变换规律,容易得到

$$\begin{cases} h_{x'x'} = \cos2\theta\, h_{xx} + \sin2\theta\, h_{xy}, \\ h_{y'y'} = -\cos2\theta\, h_{xx} - \sin2\theta\, h_{xy}, \\ h_{x'y'} = h_{y'x'} = \cos2\theta\, h_{xy} - \sin2\theta\, h_{xx}. \end{cases} \tag{6.75}$$

式中,$h_{y'y'} = -h_{x'x'}$ 和 $h_{x'y'} = h_{y'x'}$ 是显然的,因为对称性是张量固有的性质而迹是不变量,同时这是一个洛伦兹变换,闵可夫斯基度规形式不变.

上式中令 $\theta = 45°$,得到 $h_{x'x'} = -h_{y'y'} = h_{xy}$,$h_{x'y'} = h_{y'x'} = -h_{xx}$,说明 h_{xy} 和 h_{xx} 对粒子的作用方式相同,只是振动方向转动了 $45°$.一般情况下自然是这两种偏振模式的叠加.

现代主要的引力波探测器是用光在两个"粒子"间来回运行,用干涉法精确测定运行时间以测量距离的变化.式 (6.73) 表明,探测器基线 L 越长,引力波效应越明显,所以地面探

测器的基线通常有几千米,而空间探测器的基线设计为几百万千米.

6.3 施瓦西度规

6.3.1 物理模型

1915 年 12 月 22 日,爱因斯坦收到施瓦西寄来的信和论文.施瓦西当时是在第一次世界大战德俄前线的德军中服役.论文是爱因斯坦引力场方程第一个准确解,讨论球对称各向同性天体外部的引力场,这就是著名的施瓦西外部解.之后不久,施瓦西提交了另一篇论文,这次给出的是施瓦西内部解.施瓦西度规可能是广义相对论书籍和文献中提到和用得最多的 2 个度规之一,另一个是罗伯逊-沃克度规.本书出于后文章节的需要,只讨论施瓦西外部解.

施瓦西外部解度规涉及的天体的引力场物理模型如下:

天体引力场的空间分布为球对称;

天体引力场为静态;[①]

天体没有电荷.

因为没有电荷,所以施瓦西引力场的中心天体只可能有质量和角动量等物理属性.然而,球对称表明天体可以有径向脉动而不能有自转,也就是没有角动量,否则转动方向和其他方向不可能相同.3.5.3 节已经说明,静态引力场或静态时空可以用爱因斯坦同时性建立有物理意义的坐标时 t 和适当的空间坐标 x^i,使得在时空坐标系 $\{ct, x^i\}$ 中,时空度规 $g_{\alpha\beta}$ 不显含时间 t,而且时空交叉项 g_{0i} 全为零,亦即静态时空可以建立稳态而且时轴正交的坐标系,所以施瓦西模型中心天体的质量一定是常数,不会增加和减少.

从上面的物理模型出发,可以猜测施瓦西度规的形式.自然要选择中心天体在其中为静止的参考系.因为具有球对称,自然采用类似球坐标的坐标 (ct, r, θ, ϕ),应当在数学上比类笛卡儿坐标更为方便.在平直的空间里,球坐标的定义和几何意义非常明确,在弯曲的施瓦西时空里,这些坐标的几何意义容后面一一说明.不过,在广义相对论的弯曲时空中,坐标只是时空点的数学标记,一般没有明确的几何和物理意义,必须要用观测量的理论归算成可观测量才有明确的意义.关于这一点,后文章节要多次涉及和深化.

施瓦西外部解的度规应当具有以下形式:

$$ds^2 = -U(r)c^2dt^2 + V(r)dr^2 + S(r)(d\theta^2 + \sin^2\theta d\phi^2), \tag{6.76}$$

包含 $U(r)$、$V(r)$ 和 $S(r)$ 3 个待定函数.施瓦西时空是静态的,所以度规不显含时间坐标 t,度规没有时空交叉项.施瓦西时空具有球对称,当坐标 t 和 r 取常数值时,余下的 2 维空间

---

① 根据 Birkhoff 定理,这一假设可以舍弃.也就是说,在广义相对论的理论框架里,质量恒定的具有球对称的天体之外部时空一定具有静态的施瓦西时空几何.本书引入这一假设,目的是使数学推导简单.Birkhoff 定理容易从物理上直观理解,关于这条定理及其数学证明,可参阅 Misner, G. W., Thorne, K. S., and Wheeler, J. A., 1973, Gravitation, Section32.2, p.843. W. H. Freeman and Company, San Francisco.

应当是 2 维球面, θ 和 ϕ 是球面上的角坐标. 按照式 (1.39), 球面的面积等于

$$\iint \sqrt{g}\, \mathrm{d}\theta \mathrm{d}\phi = S(r) \int_0^{2\pi} \mathrm{d}\phi \int_0^{\pi} \sin\theta \mathrm{d}\theta = 4\pi S(r).$$

进行坐标变换, 将 $\sqrt{S(r)}$ 定义为新的径向坐标 r'. 将 r' 重新记为 r, 施瓦西度规的可能形式为

$$\mathrm{d}s^2 = -A(r)c^2 \mathrm{d}t^2 + B(r)\mathrm{d}r^2 + r^2(\mathrm{d}\theta^2 + \sin^2\theta \mathrm{d}\phi^2), \tag{6.77}$$

现在只有 2 个待定函数 $A(r)$ 和 $B(r)$, 它们要由爱因斯坦场方程来确定.

施瓦西度规中的径向坐标 r 的几何意义用 2 维球面的面积来引入, 并没有说 r 是到中心天体的距离. 这一细节值得注意, 留待后面再行解释.

6.3.2　施瓦西标准度规

在引力场方程 (6.14) 中令右边等于零, 去除宇宙学常数项, 得到真空中的引力场方程为

$$R_{\mu\nu} = 0. \tag{6.78}$$

为确定度规中的待定函数, 需要从式 (6.77) 出发去计算里奇张量.

这种计算有点儿繁复, 却没有实质性的困难. 首先计算克里斯多菲符号, 结果如下:

$$\begin{cases} \Gamma^0_{0r} = \Gamma^0_{r0} = \dfrac{A'}{2A}, \\[2mm] \Gamma^r_{rr} = \dfrac{B'}{2B}, \quad \Gamma^r_{00} = \dfrac{A'}{2B}, \quad \Gamma^r_{\theta\theta} = -\dfrac{r}{B}, \quad \Gamma^r_{\phi\phi} = -\dfrac{r\sin^2\theta}{B}, \\[2mm] \Gamma^\theta_{r\theta} = \Gamma^\theta_{\theta r} = \dfrac{1}{r}, \quad \Gamma^\theta_{\phi\phi} = -\sin\theta\cos\theta, \\[2mm] \Gamma^\phi_{r\phi} = \Gamma^\phi_{\phi r} = \dfrac{1}{r}, \quad \Gamma^\phi_{\theta\phi} = \Gamma^\phi_{\phi\theta} = \dfrac{\cos\theta}{\sin\theta}. \end{cases} \tag{6.79}$$

其中符号上的一撇表示对坐标 r 的导数, 其余的克里斯多菲符号为零. 再计算里奇张量, 不为零的分量如下:

$$\begin{cases} R_{00} = \dfrac{A''}{2B} - \dfrac{A'^2}{4AB} + \dfrac{A'}{rB} - \dfrac{A'B'}{4B^2}, \\[2mm] R_{rr} = -\dfrac{A''}{2A} + \dfrac{A'^2}{4A^2} + \dfrac{A'B'}{4AB} + \dfrac{B'}{rB}, \\[2mm] R_{\theta\theta} = 1 - \dfrac{1}{B} + \dfrac{rB'}{2B^2} - \dfrac{rA'}{2AB}, \\[2mm] R_{\phi\phi} = R_{\theta\theta}\sin^2\theta. \end{cases} \tag{6.80}$$

这样就得到了 3 个真空中的场方程来决定函数 $A(r)$ 和 $B(r)$:

$$\begin{cases} 2rABA'' - rBA'^2 + 4ABA' - rAA'B' = 0, \\[1mm] -2rABA'' + rBA'^2 + rAA'B' + 4A^2B' = 0, \\[1mm] 2AB^2 - 2AB + rAB' - rBA' = 0. \end{cases} \tag{6.81}$$

将前两个方程相加后积分,得到

$$AB = k, \tag{6.82}$$

其中,k 是积分常数.从度规方程(6.77)看,A 和 B 都取正值才有物理意义,所以 k 的取值范围是非零的正常数.无论取什么值,只要进行坐标时变换,将 $t\sqrt{k}$ 定义为新的坐标时,度规的形式不变.所以可认为 $k=1$.代入式(6.81)第 3 式,得到

$$rA' + A = 1. \tag{6.83}$$

其一般解可写为

$$A = 1 - \frac{2M}{r}, \quad B = \left(1 - \frac{2M}{r}\right)^{-1}, \tag{6.84}$$

其中,M 为积分常数,物理意义在后面讨论.

式(6.81)是 3 个方程解 2 个待定函数.将式(6.82)代入这 3 个方程,得到的都是式(6.83)或其导数,并不产生矛盾.所以施瓦西外部解度规为

$$ds^2 = -\left(1 - \frac{2M}{r}\right)c^2 dt^2 + \left(1 - \frac{2M}{r}\right)^{-1} dr^2 + r^2(d\theta^2 + \sin^2\theta d\phi^2). \tag{6.85}$$

这里的坐标 (ct, r, θ, ϕ) 称为施瓦西坐标,或施瓦西标准坐标.上式就是常用的标准坐标系下的施瓦西外部解度规.

6.3.1 节曾叙述 r, θ, ϕ 的几何意义,特别是将 r 与空间 2 维球面的面积相联系,并没有说它是到天体中心的距离.弯曲空间里两点间的距离应当如何定义和计算将在后文章节逐步说明.在这里,可以想象 r 对应的球面面积越大,必定离开中心天体越远.从式(6.85)可见,当 r 趋于无穷时,施瓦西度规趋向闵可夫斯基度规.这是自然的结果,越是远离中心天体,时空越平直.在无穷远处,施瓦西坐标时 t 的速率与那里静止钟的原时速率相等.施瓦西度规是时轴正交度规,它的坐标时可以看成从无穷远处静止钟的原时出发,按照爱因斯坦同时性的规定,用纯实验的方法来建立.至此,我们讲述了标准坐标系中 4 个坐标的物理或几何含义.

现在来研究施瓦西度规推导的最后一个问题:常数 M 的物理意义.显然,M 一定和中心天体的质量有关,因为当它为零时,施瓦西度规变成闵可夫斯基度规,引力不再存在.

将施瓦西度规的引力作用退化到牛顿近似的情况来探讨 M 的意义.讨论一个自由粒子处于瞬时静止的状态,也就是在该瞬间,粒子的所有空间速度分量为零,这样处理是去除了狭义相对论效应.从度规方程(6.77)和方程(6.79)出发,计算 r 方向的测地线方程,得到

$$\ddot{r} + \frac{A'}{2B}c^2\dot{t}^2 = 0.$$

忽略原时和坐标时的差别,计算只保留 M/r 的一次幂,结果为

$$\ddot{r} = -\frac{Mc^2}{r^2}.$$

在牛顿框架下,中心天体对粒子的引力加速度为

$$\ddot{r} = -\frac{Gm}{r^2}.$$

其中, m 为天体的质量, G 为万有引力常量. 所以在施瓦西度规中定义

$$m \equiv \frac{Mc^2}{G} \tag{6.86}$$

为中心天体的质量. 这是用天体的引力作用定义的质量, 在施瓦西模型里为常量. 标准坐标系下的施瓦西度规于是为

$$ds^2 = -\left(1 - \frac{2Gm}{c^2 r}\right)c^2 dt^2 + \left(1 - \frac{2Gm}{c^2 r}\right)^{-1} dr^2 + r^2(d\theta^2 + \sin^2\theta d\phi^2), \tag{6.87}$$

常直接称为施瓦西度规.

6.3.3 施瓦西各向同性和谐和度规

文献和书籍中除标准坐标外, 常见另一种坐标, 称为各向同性坐标. 对标准坐标进行径向坐标变换

$$r \equiv \bar{r}\left(1 + \frac{M}{2\bar{r}}\right)^2. \tag{6.88}$$

其他坐标不变. 为了书写简单, 这里仍用 M 来代替 Gm/c^2. 经过简单计算, 新坐标下的施瓦西时空度规如下, 其中将 $\bar{r}$ 又记为 r:

$$ds^2 = -\left(\frac{1 - \frac{M}{2r}}{1 + \frac{M}{2r^2}}\right)^2 c^2 dt^2 + \left(1 + \frac{M}{2r}\right)^4 (dr^2 + r^2 d\theta^2 + r^2 \sin^2\theta d\phi^2). \tag{6.89}$$

度规方程(6.89)和方程(6.85)表示的都是施瓦西时空, 它们的空间坐标 (r, θ, ϕ) 在符号上与欧几里得空间中的球坐标相同, 但应当称为各向同性坐标和标准坐标, 不能简单称为球坐标. 从两个度规的表达式看, 在远离中心天体处, 时空趋于平直, 两个度规都趋于以球坐标表示的闵可夫斯基度规. 就这点而言, 各向同性和标准坐标都可以看成是类球坐标.[①]

各向同性度规可以从类球坐标变换到类笛卡儿坐标形式, 通过变换

$$\begin{cases} x = r\sin\theta\cos\phi, \\ y = r\sin\theta\sin\phi, \\ z = r\cos\theta, \end{cases} \tag{6.90}$$

施瓦西各向同性度规成为

---

① 这里加个"类"字是因为空间弯曲, 不可能建立欧几里得 3 维空间中严格意义下的球坐标系和笛卡儿坐标系, 只能建立在时空曲率为零时退化成欧几里得空间的相应坐标系. 这样, 所谓类球坐标系或类笛卡儿坐标系自然不是唯一而可以有多种形式.

$$ds^2 = -\left(\frac{1-\dfrac{M}{2r}}{1+\dfrac{M}{2r^2}}\right)^2 c^2 dt^2 + \left(1+\frac{M}{2r}\right)^4 (dx^2 + dy^2 + dz^2),\tag{6.91}$$

其中,

$$r^2 = x^2 + y^2 + z^2.\tag{6.92}$$

标准坐标下的施瓦西度规(6.87)或(6.85)也可以用变换方程(6.90)转换到另一种类直角坐标,得到的度规形式显然比方程(6.91)要复杂,不在这里列出.这显示了各向同性坐标有其优点.

天体测量观测的数据处理涉及电磁波的传播.对于光子,时空度规左边 $ds^2=0$,从各向同性度规(6.91)计算,光子的坐标速度 v 为

$$v^2 = \left(\frac{dx}{dt}\right)^2 + \left(\frac{dy}{dt}\right)^2 + \left(\frac{dz}{dt}\right)^2 = c^2 \frac{\left(1-\dfrac{M}{2r}\right)^2}{\left(1+\dfrac{M}{2r}\right)^6}.\tag{6.93}$$

对给定的时空点,光子坐标速度的数值只与坐标 r 的值有关,而与光子的传播方向无关,这是名词"各向同性"的来源.

从上式看,只有在 r 为无穷大时,光子的所谓坐标速度才等于真空中的光速 c,否则总是小于 c.此外,可以从标准坐标系的度规(6.85)计算光的坐标速度,那里不同方向有不同的值,不等于各向同性坐标系下的坐标速度.所以,所谓坐标速度和坐标本身一样,依赖坐标系的选择,并不是可以直接测量和有明确物理意义的量.根据爱因斯坦等效原理 EEP,在弯曲时空中的任何一点,都存在局域惯性参考系,在其中狭义相对论的物理定律成立,度规为闵可夫斯基度规,光子在真空中的速度为 c.因此,光在真空中的"固有速度"是 c,而在施瓦西时空的标准坐标系或各向同性坐标系中,光的"坐标速度"一般小于 c.

文献中施瓦西时空还有另一种坐标.从标准坐标的径向坐标 r 出发,定义

$$\bar{r} \equiv r - M,\tag{6.94}$$

施瓦西时空度规在新坐标下具有下面的形式,其中再次将 $\bar{r}$ 重记为 r,

$$ds^2 = -\frac{1-\dfrac{M}{r}}{1+\dfrac{M}{r}}c^2 dt^2 + \frac{1+\dfrac{M}{r}}{1-\dfrac{M}{r}}dr^2 + (r+M)^2(d\theta^2 + \sin^2\theta d\phi^2).\tag{6.95}$$

进一步用式(6.90)进行转换,可以证明转换后的类笛卡儿坐标满足谐和坐标条件.[①]度规(6.95)常称为施瓦西谐和度规.

① 关于这一点的数学证明,可参阅《引力论和宇宙论:广义相对论的原理和应用》,斯蒂芬·温伯格著,邹振隆,张历宁等译,高等教育出版社,2013,8.1节和8.2节.

再次提请注意,度规(6.85)、(6.91)和(6.95)表示的都是施瓦西时空,采用的是不同的坐标系,其中的径向坐标 r,用的符号虽然相同,定义却不相同.

6.3.4 后牛顿近似和爱丁顿参数

迄今为止,精密的天文观测发生在地球附近和太阳系内.按照式(6.86),施瓦西度规的参数 M 只和中心天体的质量有关,具有长度的量纲.用太阳的质量估算,太阳的 M 的数值约为 1.5km.度规中的 M/r 是无量纲量,在地球附近约为 10^{-8},在太阳表面也只有约 10^{-6},所以在太阳系内,M/r 是一个小量.太阳系是弱引力场,相对论效应很小,可以对时空度规做些近似以简化数学计算.

在做近似时,要区分两种情况:天体的运动和电磁波的传播.太阳系中天体的运动速度远小于光速.例如地球绕太阳的轨道速度 v 与光速之比约为 10^{-4},或者说 v^2/c^2 的数值量级大致与 M/r 相当,这时可以进行弱场低速近似.对于电磁波的传播,只能进行弱场近似.

对电磁波的传播,在度规中略去 M/r,三种坐标系的施瓦西度规近似成球坐标下的闵可夫斯基度规

$$ds^2 = -c^2 dt^2 + dr^2 + r^2(d\theta^2 + \sin^2\theta d\phi^2). \tag{6.96}$$

光子的路径是直线,这是讨论光子运动的狭义相对论近似.进一步的近似是准到 M/r 的一次幂.对施瓦西标准度规,为

$$ds^2 = -\left(1 - \frac{2M}{r}\right)c^2 dt^2 + \left(1 + \frac{2M}{r}\right)dr^2 + r^2(d\theta^2 + \sin^2\theta d\phi^2). \tag{6.97}$$

对各向同性和谐和度规,都是

$$ds^2 = -\left(1 - \frac{2M}{r}\right)c^2 dt^2 + \left(1 + \frac{2M}{r}\right)(dr^2 + r^2 d\theta^2 + r^2 \sin^2\theta d\phi^2). \tag{6.98}$$

对于天体的运动,三种坐标系下施瓦西度规的牛顿近似为

$$ds^2 = -\left(1 - \frac{2M}{r}\right)c^2 dt^2 + dr^2 + r^2(d\theta^2 + \sin^2\theta d\phi^2) \tag{6.99}$$

显然 g_{00} 中的引力项不能忽略,否则不能回到牛顿力学的状态.

讨论更好的近似.设 M/r 和 v^2/c^2 为同量级的小量,将度规中的 $g_{00}c^2 dt^2$ 与 $g_{0i}c dt dx^i$ 和 $g_{ij}dx^i dx^j$ 相比较,显然 g_{00}、g_{0i} 和 g_{ij} 应当相应地保留小量的 2 次、1.5 次和 1 次幂,或者说是保留到 c^{-4}、c^{-3} 和 c^{-2} 项,各项的精确度才能相同.这样的近似称为 1 阶后牛顿近似,常简记为 1PN 近似.

施瓦西度规没有 g_{0i} 项,标准度规的 1 阶后牛顿近似为

$$ds^2 = -\left(1 - \frac{2M}{r}\right)c^2 dt^2 + \left(1 + \frac{2M}{r}\right)dr^2 + r^2(d\theta^2 + \sin^2\theta d\phi^2). \tag{6.100}$$

与电磁波传播情况的式(6.97)相同.而施瓦西各向同性和谐和度规的 1 阶后牛顿近似都是

$$ds^2 = -\left(1 - \frac{2M}{r} + \frac{2M^2}{r^2}\right)c^2dt^2 + \left(1 + \frac{2M}{r}\right)\left[dr^2 + r^2(d\theta^2 + \sin^2\theta d\phi^2)\right]. \tag{6.101}$$

在讨论电磁波传播的度规近似时,会感觉将其称为后闵可夫斯基(PM)近似更为恰当,因为方程(6.97)和方程(6.98)的零阶近似正是闵可夫斯基度规(6.96).文献中确实存在PN 和 PM 两个术语,也有将 PN 定义为仅用速度作为小量展开而嵌入 PM 之中.本书不纠缠这些术语,一律称为后牛顿近似,只是提请注意处理电磁波传播和天体运动时近似方式的不同.另外,本书涉及的主要是太阳系天体,小参数 M/r 和 v^2/c^2 有大致相同的量级.对其他天体系统,例如双星,要针对具体情况来确定小参数及其间的关系.

前面写出的度规表达式都在各种类球坐标下给出,很容易换成类笛卡儿坐标.显然,如果使用类笛卡儿坐标,各向同性度规具有明显的优越性.如果采用类球坐标,需要区分 2 种情况.对于强引力场,如黑洞附近,一阶后牛顿近似不够精确,施瓦西标准度规无疑在数学上最为简单.对于弱引力场,进行 1PN 近似,各种坐标下的后牛顿施瓦西度规都比较简单,但对于电磁波的传播,各向同性和谐和度规有比较对称的形式.

广义相对论并不是唯一的引力理论,从诞生之日起一直在经受观测的检验.1922 年英国天体物理学家爱丁顿(Arthur Eddingdun,1882—1944)在施瓦西各向同性和谐和度规的后牛顿展开中引入了一些参数,现在被广泛使用的参数是 β 和 γ.度规方程(6.101)在引入参数后为

$$ds^2 = -\left(1 - \frac{2M}{r} + \frac{2\beta M^2}{r^2}\right)c^2dt^2 + \left(1 + \frac{2\gamma M}{r}\right)\left[dr^2 + r^2(d\theta^2 + \sin^2\theta d\phi^2)\right]. \tag{6.102}$$

对于广义相对论 $\beta = \gamma = 1$,用观测数据拟合这 2 个参数的数值可以检验广义相对论是否正确.β 和 γ 称为 Eddington-Robertson-Schiff 参数,常称为爱丁顿参数.9.2 节将介绍在多体问题的后牛顿近似度规中引入更多后牛顿参数,爱丁顿参数仍是最重要的 2 个后牛顿参数.

对于电磁波的传播,与度规(6.102)相应的一阶后牛顿度规是

$$ds^2 = -\left(1 - \frac{2M}{r}\right)c^2dt^2 + \left(1 + \frac{2\gamma M}{r}\right)\left[dr^2 + r^2(d\theta^2 + \sin^2\theta d\phi^2)\right]. \tag{6.103}$$

参数 β 并不出现.

6.3.5 施瓦西视界

在施瓦西标准度规(6.85)中,存在 2 个使度规发生奇异的地点:$r=0$ 和 $r=2M$.点 $r=0$ 应当属于内部解.对于外部解,在物理上可以预期 $r=0$ 是奇点,在数学上是一个真奇点,或称本性奇点,不可能选择坐标变换予以去除.$r=2M$ 使标准坐标度规的分量 g_{rr} 和 g^{00} 产生奇异,对此需要仔细研究,它究竟是一个奇点,还是坐标选择不当造成的坐标奇点.在深入讨论之前,先看各向同性度规(6.91),那里的度规协变分量并没有这个奇点,然而逆变分量 g^{00} 有奇点 $r=M/2$.按照变换关系(6.88),它正是标准坐标系里的 $r=2M$.谐和坐

标度规(6.95)情况类似. 在前面讲述的 3 种坐标系中, 这个度规奇点都存在. 下面的讨论将专注于标准坐标系.

要了解所谓"坐标奇点", 请看 2 维欧几里得平面上选择极坐标系, 度规为

$$ds^2 = dr^2 + r^2 d\theta^2,$$

其中, 逆变度规分量 $g^{\theta\theta} = 1/r^2$ 在 $r=0$ 奇异, 反映了在坐标原点 $r=0, \theta$ 可以取任何值, 不符合在空间的任一点坐标应当有确定的数值, 不同的坐标值对应不同的点. 只要改用直角坐标, 这一奇点立即被消除. 所以在极坐标系里, 原点是坐标奇点. 类似的还有 2 维球面上的球坐标系, 那里北极和南极都是坐标奇点.

对于固定的坐标时 t 值, $r=2M$ 是 2 维球面, 今后称为"视界". 名词的来源基于后面要讨论的一个科学结论: 在广义相对论的理论框架内, 视界以内的任何信息无法传输到视界以外. 也就是说视界以内的世界对外面的观测者来说是全"黑"的.

本节给出和讨论的是施瓦西外部解, $r=2M$ 必须要在天体表面之外, 用施瓦西外部度规讨论才有意义. 对于太阳, $2M$ 约为 3km, 肯定在太阳表面之内. 所以这样的讨论只有对所谓黑洞才有意义.

要说明 $r=2M$ 是坐标奇点, 可以用 3 种办法:

(1) 找到一种坐标变换, 变换后的度规不再有奇点. 这一数学难题直到 1960 年才得以解决, 称为 Kruskal-Szekeres 坐标. 选用这组坐标的施瓦西度规可以很好地展示黑洞的时空几何. 因为强引力场不是本书讨论的内容, 将不在此介绍.

(2) 计算黎曼曲率张量, 看它在 $r=2M$ 处是否奇异. 也就是看在那里引力场造成的时空几何有什么异常. 例如, 在推导里奇张量的式(6.80)过程中, 得到

$$R^0_{r0r} = \frac{2M}{r^3}\left(1 - \frac{2M}{r}\right)^{-1}. \tag{6.104}$$

它在 $r=2M$ 时奇异, 然而这是曲率张量在标准坐标系的基底向量上分解的一个坐标分量. 从标准坐标系的度规看, 其基底向量 $e^{(0)}$ 和 $e_{(r)}$ 在 $r=2M$ 时是奇异的, 例如

$$\boldsymbol{e}_{(r)} \cdot \boldsymbol{e}_{(r)} = g_{rr} = \left(1 - \frac{2M}{r}\right)^{-1}. \tag{6.105}$$

式(1.50)和式(1.51)引入施瓦西度规的一组正交归一基底 $\boldsymbol{e}_{(\hat{a})}$, 应用该节的方法来计算曲率张量在正交归一基底下的坐标分量:

$$R^{\hat{0}}_{\hat{r}\hat{0}\hat{r}} = R^\alpha_{\beta\mu\nu} e^{\hat{0}}_\alpha e^\beta_{\hat{r}} e^\mu_{\hat{0}} e^\nu_{\hat{r}} = \frac{2M}{r^3}. \tag{6.106}$$

上式的计算用了式(1.51)及其逆矩阵. 更完整的计算表明除了在 $r=0$, 曲率张量在正交归一四元基上的所有坐标分量都不奇异, 所以 $r=2M$ 仅仅是坐标奇点, 由坐标选择造成. 也可以计算与坐标系选择无关的量 $R_{\alpha\beta\mu\nu} R^{\alpha\beta\mu\nu}$ 来讨论曲率张量的奇异性, 结论相同.

(3) 设想一个观测者运动到 $r=2M$, 看能否到达, 在那里有无异状和能否越过. 为简单起见, 假定观测者沿径向运动, 除引力外不受其他力作用, 是一个自由观测者. 在标准坐标系

下,观测者路径上的度规为

$$-c^2\mathrm{d}\tau^2 = -\left(1-\frac{2M}{r}\right)c^2\mathrm{d}t^2 + \left(1-\frac{2M}{r}\right)^{-1}\mathrm{d}r^2, \qquad (6.107)$$

其中,τ 是观测者的原时.自由观测者的运动满足测地线方程,因为度规不显含坐标时,测地线方程有积分

$$\left(1-\frac{2M}{r}\right)\frac{\mathrm{d}t}{\mathrm{d}\tau} = E. \qquad (6.108)$$

积分常数 E 的物理意义曾在 3.6.5 节进行过讨论.

从方程(6.108)和方程(6.107)得到如下结果,其中也给出 r 趋于 $2M$ 的极限:

$$\frac{\mathrm{d}t}{\mathrm{d}\tau} = E\left(1-\frac{2M}{r}\right)^{-1} \to \infty, \qquad (6.109)$$

$$\frac{\mathrm{d}r}{\mathrm{d}\tau} = -c\sqrt{E^2 - \left(1-\frac{2M}{r}\right)} \to -cE, \qquad (6.110)$$

$$\frac{\mathrm{d}r}{\mathrm{d}t} = -\frac{c}{E}\left(1-\frac{2M}{r}\right)\sqrt{E^2 - \left(1-\frac{2M}{r}\right)} \to 0. \qquad (6.111)$$

规定观测者沿径向运动,在 $r=r_0$ 时设定 $t=\tau=0$.用式(6.111)对 $\mathrm{d}t/\mathrm{d}r$ 进行积分,计算观测者到达 $r=2M$ 时的 t 值,显然结果为无穷大,似乎观测者永远不能到达 $r=2M$.然而,曾经多次强调过,坐标只是时空点的数学表示,有物理意义的是观测者的原时 τ,可以用观测者携带的钟进行度量.用式(6.110)对 $\mathrm{d}\tau/\mathrm{d}r$ 进行积分,可见观测者在有限的 τ 时刻到达 $r=2M$,在那里的速度 $\mathrm{d}r/\mathrm{d}\tau$ 和加速度 $\mathrm{d}^2r/\mathrm{d}\tau^2$ 没有异常,所以观测者将穿过曲面 $r=2M$,继续坠落.这说明 $r=2M$ 并不是真的奇点,而是坐标奇点.

方程(6.109)表明,在观测者接近 $r=2M$ 时,原时间隔 $\Delta\tau$ 对应的坐标时间隔 Δt 数值变得非常大.设想在远离中心天体处有一个静止观测者 B 接收从运动观测者 A 发来的信息.假定 A 每隔 $\Delta\tau_A$ 密集地向外发射信号,对应的坐标时间隔为 Δt_A.忽略 A 的运动,信号到达 B 的坐标时间隔仍为 $\Delta t_B = \Delta t_A$.因为 B 距离中心天体非常远,那里坐标时和原时的速率可以认为相等,亦即 $\Delta\tau_B = \Delta t_B$.所以,B 会觉得 A 的信号时间间隔非常大,当 A 接近 $r=2M$ 时,B 几乎收不到 A 的信号,这时两人间的通信成为单向,B 无法获知 A 那里发生了什么.

当 A 跨过视界面后,将如何运动呢? 看施瓦西度规方程(6.87),当 $r<2M$,$g_{00}>0$,这说明坐标 t 已经丧失了作为时间坐标的地位,这时坐标 r 可以取代 t 成为时间坐标.时间只能单向增加,观测者 A 跨过视界向内运动,r 就只能单调减少.所以,视界内所有物体,其坐标 r 都在单调减少,直至奇点 $r=0$,视界内的任何信息不可能传送到视界之外.这就是黑洞.

上面用不很严谨的方式介绍了黑洞及其视界,想深入的读者可以去阅读有关书籍,例如 Wald(Robert M. Wald,1947—   )的书 *General Relativity*.另一点需要说明,这里没有考虑

视界附近量子效应,那里的真空能量起伏会造成黑洞的霍金辐射. 这种辐射对越大的黑洞越微弱,至今还没有观测证实.

6.3.6 轴对称时空度规

天体一般都有自转,比球对称更接近实际的模型是轴对称. 天体自转产生的惯性离心力使天体的平衡形状为扁球形,在赤道部分隆起,质量分布不再是球对称. 地球等太阳系行星都有显著的非球形形状,自转越快,非球形越显著,通常用其四极矩、八极矩等多极矩来表示,或者等价地用球谐系数表示. 太阳自转很慢,它的扁率为 10^{-7} 左右,是质量分布近于球对称的天体.

然而,对于晚期演化塌缩成黑洞的大质量天体,塌缩过程中的多极矩变化,会导致引力波辐射,使天体趋于球形. 研究表明,孤立而无载电荷的天体在塌缩成黑洞的过程中,其多极矩因引力波辐射而消失,最后只可能有 2 种结果:无自转球对称时空的施瓦西黑洞,或是有自转轴对称但质量分布为球对称的克尔黑洞.[①]

作为引力场方程准确解的克尔黑洞,其数学推导相当复杂,下面将直接给出在 Boyer-Lindquist 坐标下的克尔度规.[②]该度规有 2 个量纲为长度的参数 M 和 a,分别对应黑洞的质量 m 和角动量 S:

$$M = \frac{Gm}{c^2}, \quad a = \frac{S}{mc}. \tag{6.112}$$

这里 c 仍是真空中的光速. 两参数的乘积

$$Ma = \frac{GS}{c^3} \tag{6.113}$$

只与角动量有关.

Boyer-Lindquist 坐标仍记为 (ct, r, θ, ϕ). 克尔度规是稳态而轴对称的度规. 因为是稳态,度规不显含坐标时 t. 因为轴对称,度规也不应当显含表示自转角度的角坐标 ϕ. 所以,度规应当只与坐标 r 和 θ 有关. 度规的表达式是

$$ds^2 = -\frac{\Delta - a^2 \sin^2\theta}{\rho^2} c^2 dt^2 - \frac{4aMr\sin^2\theta}{\rho^2} c\, dt\, d\phi +$$
$$\frac{(r^2+a^2)^2 - a^2\Delta\sin^2\theta}{\rho^2} \sin^2\theta\, d\phi^2 + \frac{\rho^2}{\Delta} dr^2 + \rho^2 d\theta^2, \tag{6.114}$$

其中,

---

① Price, O. H. ,1972a,Phys. Rev. D. 5,2419. 1972b,Phys. Rev. D. 5,2439.

② 克尔(Roy Patrick Kerr. 1934—)在 1963 年发现了爱因斯坦引力场方程的这个解. R. H. Boyer 和 R. W. Lindquist 于 1967 年将克尔给出的形式归算成式(6.114). 读者可以在 S. Chandrasekhar 的书 *The Mathematical Theory of Black Holes* 中找到该度规的详细数学推导,确实比较复杂.

$$\begin{cases} \Delta = r^2 - 2Mr + a^2, \\ \rho^2 = r^2 + a^2\cos^2\theta. \end{cases} \tag{6.115}$$

度规的时空交叉项与中心天体的质量无关,只依赖天体的角动量.

下面对克尔度规做几点说明:

(1) 当 $a = 0$,克尔时空自然退化成施瓦西时空,度规(6.114)退化成施瓦西标准度规(6.85),Boyer-Lindquist 坐标是施瓦西标准坐标的自然推广.

(2) 度规分量 $g_{0\phi}$ 不为零表明度规是稳态而不是静态.度规在 $t \to -t, a \to -a$ 同时进行时保持不变,说明时空为轴对称.

(3) 将度规对 M 和 a 展开,只保留一次项,得到近似度规

$$ds^2 = -\left(1 - \frac{2M}{r}\right)c^2 dt^2 - \frac{4aM\sin^2\theta}{r}c\, dt\, d\phi +$$
$$\left(1 + \frac{2M}{r}\right)dr^2 + r^2 d\theta^2 + r^2\sin^2\theta d\phi^2. \tag{6.116}$$

在度规的各分量中 g_{00} 和 g_{rr} 只与中心天体质量有关,$g_{0\phi}$ 只与角动量有关,文献中称为伦泽-蒂林度规,被伦泽(Josef Lense,1890—1985)和蒂林(Hans Thirring,1888—1976)用于探讨陀螺在有自转的中心天体引力场中的进动.陀螺的相对论进动将在 7.2 节讨论.

为后文章节的需要,将度规改成类笛卡儿坐标.为此先用变换(6.88)将度规变换成空间各向同性的形式,再换成笛卡儿坐标.计算直接而不复杂,准到 1 阶后牛顿近似,得到

$$ds^2 = -\left(1 - \frac{2Gm}{c^2 r} + O(c^{-4})\right)c^2 dt^2 + \frac{4G}{c^3 r^3}(\vec{r} \times \vec{S}) \cdot d\vec{r}\, c\, dt +$$
$$\left(1 + \frac{2Gm}{c^2 r}\right)d\vec{r} \cdot d\vec{r}. \tag{6.117}$$

这里 $\vec{r} = (x^i)$,$\vec{S}$ 是中心天体的角动量向量,在 g_{00} 中的 $O(c^{-4})$ 项后面实际用不到,不再列出.虽然这里是从克尔黑洞度规导出,实际上伦泽和蒂林的工作是在 1918 年,克尔度规在 1963 年才发表.在 9.1.7 节可以看到在谐和坐标下式(6.117)的严格推导.也就是说,伦泽-蒂林度规可用于非黑洞的一般天体.

(4) 对于施瓦西度规,视界 $r = 2M$ 既对应 $g_{rr} = \infty$,也对应 $g_{tt} = 0$.前者表示单向膜,物体和信息只能进去,不能出来.后者表示无穷大红移面,在其上 $dt/d\tau = \infty$.对于克尔度规,这 2 个 r 值并不相等.前者记为 r_h,后者记为 r_e.从度规(6.114)得到数学表达式为

$$\begin{cases} r_h = M + \sqrt{M^2 - a^2}, \\ r_e = M + \sqrt{M^2 - a^2\cos^2\theta}. \end{cases} \tag{6.118}$$

在推导这些表达式时,如果有 2 个可能的解,选择当 $a = 0$ 时退化为 $r = 2M$ 的解.这里不讨论当 a 趋于零时退化成 $r = 0$ 的解.上式中 r_h 对应的球面为克尔黑洞的"视界".r_e 确定的

曲面在书籍和文献中有各种称呼,本书采用"静界"(static limit).[①]静界和视界之间的区域是克尔黑洞的"能层"(ergosphere),如图 6.1 的浅灰色区域所示.能层的内表面是视界,外表面是静界. r_e 和 r_h 在旋转黑洞的两极处相等.视界的含义与施瓦西黑洞情况相同,能层和静界等词的来源将于 7.3 节讲述.

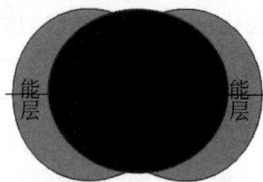

图 6.1　浅灰色区域是克尔黑洞能层的截图,绕黑洞自转轴旋转得
到南瓜状的 3 维图形.能层外表面是静界,内表面是视界

习题

6.1　对罗伯逊-沃克度规,证明

(1) $k=-1,0,1$ 包括了 k 所有可能的取值.

(2) 空间各向同性度规(6.13).

6.2　罗伯逊-沃克度规在空间平坦的 $k=0$ 情况,度规为
$$ds^2 = -c^2 dt^2 + a(t)^2 (dx^2 + dy^2 + dz^2),$$
对此度规证明

(1) 爱因斯坦张量
$$G_{00} = \frac{3a'^2}{c^2 a^2},$$
$$G_{xx} = G_{yy} = G_{zz} = -\frac{2aa'' + a'^2}{c^2}.$$

(2) $k=0$ 时的弗里德曼方程(6.23).

6.3　以罗伯逊-沃克度规作为宇宙学度规,讨论

(1) 电磁波的传播需要时间,观测者在时刻 t_0 进行观测,当给定一时刻 t,必然存在一个最大距离 $R(t_0,t)$,观测者在时刻 t_0 不可能观测到,在比 R 更远的地点于时刻 t 或更晚发生的事件.给出 $R(t_0,t)$ 的表达式.

(2) 在给定时刻 t,宇宙中星系分布的数密度为 N.给出在 r 和 $r+dr$ 之间星系数目的

[①] 一些书籍和文献将 r_e 定义的曲面称为"ergosphere",也有用"static limit""ergosurface"等,但将 r_e 和 r_n 之间的区域称为"ergosphere"更普遍,也有将该区域称为"ergoregeion"的.这里遵从中国天文学名词委员会,将该区域称为"能层",不用"能区",但这样外表面就不能再用能层,用"静界"作为 static limit 的中文名是本书作者的建议.

计算公式.

6.4 在弱场线性近似理论中,进行坐标规范变换 $x^\mu \to x^\mu + \xi^\mu$,其中 ξ^μ 为无穷小量(参见 6.2.3 节),证明该坐标变换不改变曲率张量的坐标分量 $R_{\mu\nu\alpha\beta}$.

6.5 在施瓦西标准坐标系里自由粒子沿径向下落,其坐标速度如式(6.111)所示.证明该式,给出施瓦西场中的静止观测者测量得到的该粒子的速度,证明当粒子趋于视界时该速度趋于光速.

6.6 对施瓦西标准坐标系进行坐标时变换如下:

$$ct = u + r + 2M\ln\left(\frac{r}{2M} - 1\right),$$

仅考虑径向运动,证明

(1) 度规成为 Eddington-Finkelstein 度规

$$ds^2 = -\left(1 - \frac{2M}{r}\right)du^2 - 2du\,dr,$$

沿径向向外运动的光子遵循 u 的数值保持不变.

(2) 一航天器沿径向自由下落,当接近视界 $2M$,有

$$r \approx 2M + \kappa\exp\left(-\frac{u}{4M}\right),$$

其中 κ 是取常数值的小量.

第7章
相对论效应

本章讲述与牛顿力学相比,广义相对论的一些基本和重要的效应.这些效应和近现代的高精度天文观测密切相关.一方面,它们在验证广义相对论和其他引力理论的正确性课题中扮演关键角色.另一方面,这些效应已经渗透到时间信号传播,精密导航,雷达和激光测距,射电和光干涉技术定位等实际应用中.关于相对论效应及其实验验证的深入讨论,可参考威尔(Clifford Martin Will,1946—)的综述论文.[①]

需要说明,相对论效应决不限于本章的叙述.第 2 章就介绍了时间膨胀、长度收缩、光行差等狭义相对论效应,第 8 章和第 9 章也将讨论一些更深入的问题,而且本书的讨论大部分情况下限于一阶后牛顿(1PN)近似.

7.1　相对论的经典检验

7.1.1　近心点进动

1915 年 11 月 18 日,爱因斯坦推导出他的理论能够解释水星近日点的异常进动.这一发现使他万分欣喜.[②]当时离他得到正确的引力场方程还有一个星期,当然也还没有场方程的施瓦西精确解.爱因斯坦当时求解的是真空中的场方程,亦即里奇张量 $R_{\mu\nu}=0$.他寻求球对称度规的一阶后牛顿解,因而也开创了广义相对论的后牛顿近似方法.

完全可以理解爱因斯坦当时的狂喜.一般来说,提出新物理理论的动力来自实验和理论之间的矛盾.广义相对论是特例,探索动力来自理论本身的需求:牛顿引力理论和狭义相对论不相融合.牛顿引力与天文观测的矛盾在当时只有水星近日点异常进动.自勒威耶在

---

① Cliford M. Will, The Confrontation between General Relativity and Experiment, *Living Rev. Relativity*, 17(2014) 4. 这是这一领域最详尽的综述论文,每隔几年作者更新一次.

② Pais 的书(Abraham Pais,1982,*Subtle is the Lord*,*The Sience and Life of Albert Einstein*. Oxford University Press,2005 版)在第 253 页写道:"我相信,在爱因斯坦的那时和以前的学术生涯中,或许在他全部生命中,这是最强烈的情感体验.大自然向他展示,他一定是正确的.'这些天来,我处于无法控制的狂喜之中'[E49]".这里[E49]指的是爱因斯坦在 1916 年 1 月 17 日写给 Ehrenfest(Paul Ehrenfest,1880—1943)的信.

1859 年提出之后,始终没有完美的解释.爱因斯坦在 1907 年提出过引力红移和光线弯曲两项相对论效应,但认为量级太小,无法验证.水星近日点进动异常的完美诠释就成了广义相对论当时唯一的实验验证.

下面将"近日点"写为"近心点",因为这类进动不仅发生在太阳系,也发生在双星和系外行星等恒星系统里.现代教科书和文献中关于相对论近心点进动的推导主要有两种方法.一种是直接求解轨道方程,采用类球坐标,得到向径 r 和辐角 ϕ 之间的关系.第 3 章作为测地线方程的一个例子,3.3 节就是用这种方法.另一种方法是传统天体力学的吻切根数摄动法.后者更适宜推导高阶的后牛顿相对论进动.

本小节讨论带爱丁顿参数的施瓦西度规的近心点进动,在比较观测和理论时,可以测定参数 β 和 γ 的值来验证引力理论.采用的度规为式(6.102),重写如下:

$$-c^2\mathrm{d}\tau^2 = -\left(1-\frac{2M}{r}+\frac{2\beta M^2}{r^2}\right)c^2\mathrm{d}t^2 + \left(1+\frac{2\gamma M}{r}\right)[\mathrm{d}r^2+r^2(\mathrm{d}\theta^2+\sin^2\theta\mathrm{d}\phi^2)].$$
(7.1)

采用与 3.3 节完全类似的方法,选择 $\theta\equiv\pi/2$,存在测地线方程的 2 个积分,

$$\begin{cases}\left(1-\frac{2M}{r}+\frac{2\beta M^2}{r^2}\right)\dot{t}=E,\\ \left(1+\frac{2\gamma M}{r}\right)r^2\dot{\phi}=h.\end{cases}$$
(7.2)

这里 $\dot{t}$ 和 $\dot{\phi}$ 表示对原时的导数.积分常数 $E=1+O(c^{-2})$.将它们代入式(7.1)后寻求 r 和 ϕ 的关系,亦即轨道方程,为此引入 $u=1/r$ 得到

$$-c^2=-\frac{1}{1-\frac{2M}{r}+\frac{2\beta M^2}{r^2}}c^2E^2+\frac{h^2u'^2}{1+\frac{2\gamma M}{r}}+\frac{h^2u^2}{\left(1+\frac{2\gamma M}{r}\right)}.$$

其中, $u'=\mathrm{d}u/\mathrm{d}\phi$.上式在 1PN 近似下去除分母,对 ϕ 再求一次导数,有

$$u''+u=\frac{1}{\tilde{p}}+\frac{2(2-\beta+2\gamma)G^2m^2}{c^2h^2}u,$$

其中常数项

$$\frac{1}{\tilde{p}}=\frac{Gm}{h^2}[(E^2-1)\gamma+E^2].$$

寻求形式为

$$u=\frac{1+e\cos(\phi-\omega)}{p}$$

的 1PN 近似轨道方程.最后得到

$$\frac{\mathrm{d}\omega}{\mathrm{d}\phi}=\frac{(2+2\gamma-\beta)Gm}{c^2p},$$
(7.3)

或

$$\left\langle \frac{d\omega}{dt} \right\rangle = \frac{(2+2\gamma-\beta)Gm}{c^2 p} n. \tag{7.4}$$

符号〈〉表示取平均值,n 是轨道平均角速度.对于广义相对论,$\beta=\gamma=1$,上面的结果与 3.3 节完全相同.

附录 A.4 节进行了吻切根数的摄动计算,在 1PN 近似下得到与式(7.4)完全相同的结果.

众所周知,太阳系的自然天体中水星离太阳最近,轨道具有最大相对论效应.它的近日点进动为每世纪 42.5″.为比较理论和观测,理论计算到 1PN 近似已经足够.1974 年发现的脉冲双星 B1913+16,轨道周期为 0.32 日,近心点进动每年达到 4.2°左右.2003 年发现的双脉冲星(两颗子星都是脉冲星)J0737-3039A,B 的轨道周期只有 0.1 日,近心点进动达到每年 16.9°,观测达到 6 位有效数字的精度.需要说明,这是假定广义相对论正确,对脉冲到达时刻进行拟合的结果.恒星的质量常常难以确定,广义相对论理论和近心点进动等观测数据有助于决定双星子星的质量.

计算近心点 2PN 或更高阶的进动,物理模型会比施瓦西引力场更复杂,吻切根数摄动方法更加直接和有效.这时需要给出精确的运动方程,进行摄动力的分解,然后用逐次迭代法求解根数的摄动方程.读者可以阅读有关的文献.[①]

后文章节可以看到,在电磁波传播的 1PN 方程中,只出现爱丁顿参数 γ 而不出现 β,因此 β 只有通过天体精确轨道来测定.经过对水星轨道的精密测量和拟合,得到 $\beta-1=(-4.1\pm7.8)\times10^{-5}$.在轨道的相对论效应里,$\beta$ 和 γ 都出现.上面的 β 数值的归算,采用了卡西尼号飞船数据测定的 γ 数值.[②]关于 γ 的测定,将在下面讨论.

7.1.2　引力红移

爱因斯坦早在 1907 年就认识等效原理是未来引力理论的基础.与此同时,他给出可以进行实验验证的第一个相对论效应:引力红移.这里,首先来论证引力红移是等效原理的直接推论.

假定地面附近为均匀引力场,重力加速度为恒定的数值 g.记地面静止参考系为 K.在一条铅垂线上高度为 h_S 处放置光源 S,高度 h_O 处安装测量仪器 O,下文称其为"观测者".规定 $h_S<h_O$,也就是光源离引力源更近些.显然,K 不是惯性参考系,其中有引力场.

按照等效原理,相对 K 系以 g 为加速度自由下落的参考系 L 中没有引力场,是惯性参考系,狭义相对论适用.在 L 中光源和观测者不再静止,而是以加速度 g 向上运动.设时刻

---

① 参阅 Tucker,A. and Will,C. M. ,2019,Classical and Quantum Gravity,Volume 36,Issue 11,article id. 115001. 该文献讨论了广义相对论框架下施瓦西场中试验体近心点 3PN 的进动.文中开列了这一课题的历史文献.

② 见 Will 2014(参见 P128 脚注①),p. 47.

为零时光从 S 出发,于时刻 t 时到达 O. 显然,准到 c^{-1} 的一次幂,$t=(h_{\rm O}-h_{\rm S})/c=\Delta h/c$.
由于加速运动,时刻 t 时的观测者 O 相对零时的光源有速度 $v=gt=g\Delta h/c$,方向是向上.
按照式(2.46),观测者测量出多普勒效应引起的红移为

$$z=\frac{\nu_{\rm S}}{\nu_{\rm O}}-1=\frac{v}{c}=\frac{g\Delta h}{c^2}. \tag{7.5}$$

其中,$\nu_{\rm S}$ 和 $\nu_{\rm O}$ 相应为发射和接收的信号频率.

测量到的红移是客观事实,与参考系的选择无关.对 K 系而言,光源和观测者始终保持
静止,没有相对运动,按理不会有多普勒频移.然而,那里有引力场,而且 S 和 O 所处地点的
引力势 $U=gh$ 并不相同,上面的红移被解释为

$$z=\frac{U_{\rm O}-U_{\rm S}}{c^2}=\frac{\Delta U}{c^2}. \tag{7.6}$$

也就是说,同样的红移现象,K 系解释为引力红移,L 系解释为多普勒红移.

上面讨论的演算的精度只到 $O(v/c)$,然而表明引力红移是等效原理的直接推论.凡是以
爱因斯坦等效原理为基础的引力理论,包括广义相对论,都有上面的结论.或许要问,引力场不
均匀又当如何呢?可以设想,对于不均匀引力场,将信号传播的过程分解成无数个小段落,在
每一小段里,引力可以通过局部自由下落的参考系来消除,连接起来最后还会得到式(7.6).

现在来推导加了爱丁顿参数的施瓦西度规中的引力红移公式.采用适用光传播的 1PN
近似度规,对式(6.103)改用类笛卡儿坐标,有

$$\mathrm{d}s^2=-\left(1-\frac{2M}{r}\right)c^2\,\mathrm{d}t^2+\left(1+\frac{2\gamma M}{r}\right)\delta_{ij}\,\mathrm{d}x^i\,\mathrm{d}x^j. \tag{7.7}$$

之后的推导过程和 2.4.2 节完全类似,这里将采取和该小节完全相同的符号表示,其定义不
再重复.

本节和 2.4.2 节有以下几点差别.

(1)度规不再是闵可夫斯基度规,原时和坐标时间隔的关系是

$$\delta\tau=\delta t\left(1-\frac{M}{r}-\frac{v^2}{2c^2}\right). \tag{7.8}$$

整个计算只准到 1PN,上式中不出现爱丁顿参数.

(2)信号的传播沿时空中的零测地线,在度规中令 $\mathrm{d}s^2=0$,得到信号传播的坐标速度为

$$v_{\rm light}=\frac{c(1-2M/r)}{1+2\gamma M/r}=c(1+O(c^{-2})).$$

它不等于真空中的光速常数 c.[①] 然而,因为所计算的频移最大的成分是多普勒频移,为

---

① 广义相对论断言,爱因斯坦等效原理 EEP 成立,在时空的每一点,存在局域惯性参考系,在其中光传播的速度是
c.然而,对于全局的弯曲时空,光从一地到远程的另一地的传播速度一般不等于 c,称为坐标速度.坐标速度不是标量,依
赖时空弯曲和坐标系的选择.例如,对于施瓦西时空,选择标准坐标或各向同性坐标,光的坐标速度并不相同.读者应当
注意并重视光的固有速度(proper velocity)c 和光的坐标速度(coordinate velocity)的差别.

$O(c^{-1})$ 量级,对于 1PN 近似计算,可以近似认为光的坐标速度就是 c.

(3) 因空间弯曲,光的空间路径不再是直线,然而对于 1PN 近似,基于上面所说的理由,可以近似作直线处理.

这样,用与 2.4.2 节完全类似的推导,得到结果是

$$z = \frac{\Delta U}{c^2} + \frac{\beta_S - \beta_O}{1 + \beta_O} + \frac{1}{2c^2}(v_S^2 - v_O^2) + O(c^{-3}), \tag{7.9}$$

其中,

$$\Delta U = U_O - U_S = -\frac{Gm}{r_O} + \frac{Gm}{r_S}, \tag{7.10}$$

是观测者和光源所在地的牛顿引力势之差.式(7.9)和式(2.45)的差别在第一项,源自原时和坐标时的关系式(7.8)和引力势有关.

式(7.9)的第一项是引力频移,第二项是视线方向多普勒频移,第三项是横向多普勒频移.需要注意这样的名词区分并不重要,从本节开始使用等效原理的讨论可以猜测,在不同参考系选择中,所谓引力频移和多普勒频移可能相互转换.

式(7.9)中的一个重要特征是式中并不出现爱丁顿参数,也就是引力红移的观测不能用来区分遵从爱因斯坦等效原理 EEP 的各种引力理论,但可以用来检验 EEP 是否正确.

20 世纪前半叶用观测恒星和太阳的光谱来验证引力红移并不成功,干扰因素多,误差大.史料记载的引力红移第一次实验验证在地面.1959 年在哈佛大学进行的 Pound-Rebka 实验,信号从 225m 的高塔下传至地面,实际上是蓝移,验证的精度为 1%.[1]

1976 年 6 月 18 日美国发射的引力探测器 A(Gravity Probe A,GP-A),垂直上升至 10 000km,近 2 小时后回到地面,将探测器上载有的氢脉泽钟和停留在地面上的同样的钟进行比对,得到的结论是实验与 EEP 预言的引力频移符合的精度好于 2×10^{-4}.[2]

2014 年 8 月 22 日,两颗欧洲伽利略导航卫星 GSAT-0201 和 GSAT-0202 被发射上天,原定圆轨道,错误地发射成椭圆轨道,偏心率约为 0.16.卫星上载有高精度氢脉泽钟,卫星在椭圆轨道上的高度变化正好用来检验引力红移.经过 3 年的资料积累和数据分析,引力红移的验证精度比 GP-A 的结果提高了 4 倍左右.[3]

2022 年美国科罗拉多大学叶军团队报告在地面实验室用高精度超冷光钟验证了地面高度差 1mm 的引力红移.[4]

---

[1] R. V. Pound and G. A. Rebka,1960,Phys. Rev. Lett. 4,337. 改进的实验见 R. V. Pound and J. L. Snider,1965, Phys. Rev. 140,B788.

[2] R. F. C. Vessot et al. ,1980,Phys. Rev. Lett. ,45,2081-2084.

[3] Sven Herrmann et al. ,2018,Phys. Rev. Lett. ,121,231102.

[4] Tobias Bothwell et al. ,2022,Nature,602,7897,420-424.

7.1.3 引力偏折

同样是在 1907 年,爱因斯坦提出光线经过太阳附近时将发生偏折,理由还是等效原理.太阳的引力等价于平直空间中的加速度.设想光线行进的路径与加速度的方向不同,在加速系中行进的光线路径当然有偏折.爱因斯坦在 1911 年对偏折的计算结果与 1915 年得出正确引力场方程后的计算相比较,前者的数值只有后者的一半.引力偏折并不完全由等效原理决定,空间的弯曲自然也造成光线的弯曲.遵守 EEP 的不同引力理论,有不同的引力场方程,也就对同样的质能分布有不同的时空弯曲.可以预计,光线偏折一定与爱丁顿参数有关.

有意思的是卡文迪什(Henry Cavendish,1731—1810)在 1784 年和 Soldner(Johann Geoge von Soldner,1776—1833)在 1802 年用牛顿的光是粒子的概念,认为光粒子也要受太阳引力的作用,路径将会弯曲,其数值与爱因斯坦 1911 年的数值相同.[①]

图 7.1 展示了远处来的光线经过太阳附近到达地球上的观测者.弯曲的线是实际的光的空间路径,与太阳的最近距离为 d,在位于地球的观测者处光的空间方向为单位矢量 $\vec{n}$.在离太阳最近处,与光路径相切的直线是一条没有引力偏折的光线,其空间传播方向用单位矢量 $\vec{k}$ 表示.这是一个平面问题,选取平面极坐标,极轴与光线平行,图中标出了地球的极坐标$(\vec{r},\theta)$.

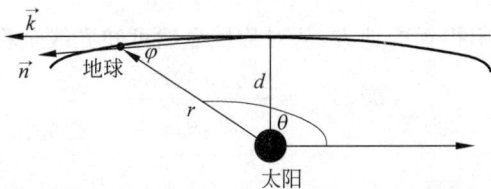

图 7.1 光线经过太阳附近时发生偏折的示意图

首先需要给出光的空间路径.这里的计算只考虑太阳的引力,只准到 1PN 近似.采用度规方程(7.7)和平面极坐标,度规为

$$ds^2 = -\left(1 - \frac{2M}{r}\right)c^2 dt^2 + \left(1 + \frac{2\gamma M}{r}\right)(dr^2 + r^2 d\theta^2).\tag{7.11}$$

写出零测地线的拉格朗日函数,对应 $ds^2 = 0$,

$$L = \left(\frac{ds}{d\lambda}\right)^2 = -\left(1 - \frac{2M}{r}\right)c^2\dot{t}^2 + \left(1 + \frac{2\gamma M}{r}\right)(\dot{r}^2 + r^2\dot{\theta}^2) = 0.\tag{7.12}$$

其中,λ 为仿射参数,导数为对 λ 的微商,同样有积分

$$\left(1 - \frac{2M}{r}\right)\dot{t} = E, \quad \left(1 + \frac{2\gamma M}{r}\right)r^2\dot{\theta} = h.\tag{7.13}$$

① 见 Will 2014(见 P128 脚注①)的 4.1 节,详情请参阅论文 Will,C.M.,1988,Am.J.Phys.56,413-415.

方程 $L=0$ 可以写成

$$0 = -\frac{c^2 E^2}{1-2M/r} + \frac{h^2 r'^2}{(1+2\gamma M/r)r^4} + \frac{h^2}{(1+2\gamma M/r)r^2}, \tag{7.14}$$

其中, r' 表示对 θ 的导数. 用 $r=d$ 时, $r'=0$ 可以确定积分常数的值为

$$\frac{c^2 E^2}{h^2} = \frac{1-2M/d}{d^2(1+2\gamma M/d)} = \frac{1}{d^2}(1+O(c^{-2})). \tag{7.15}$$

从式(7.14)出发解算光线方程的手段前面已经用过. 引入 $u=1/r$, 得到

$$\begin{cases} u'' + u = \dfrac{\varepsilon}{d}, \\ \varepsilon = \dfrac{(\gamma+1)M}{d} = \dfrac{(\gamma+1)Gm}{c^2 d}. \end{cases} \tag{7.16}$$

所有的计算都只准到 1PN 近似, 上面方程的解是

$$u = \frac{\sin\theta}{d} + \frac{\varepsilon}{d}, \quad r = \frac{d}{\sin\theta}\Big(1 - \frac{\varepsilon}{\sin\theta}\Big). \tag{7.17}$$

上式中令 $\varepsilon=0$, 就是不弯曲的直线方程.

可以认为光源在无穷远处, 那里 $u=0$ 和 $\theta=0+\delta\theta_{-\infty}$, 解出

$$\delta\theta_{-\infty} = -\varepsilon = -\frac{(\gamma+1)Gm}{c^2 d}. \tag{7.18}$$

显然, 如果观测者在离太阳很远的地方, 从对称性显然可知光线全程的弯曲是

$$\delta\theta_{-\infty\infty} = \frac{2(\gamma+1)Gm}{c^2 d}. \tag{7.19}$$

当光线擦过太阳边缘,

$$\delta\theta_{-\infty\infty} = \frac{1}{2}(\gamma+1)1.''7505. \tag{7.20}$$

当观测者位于地球, 在该点光线的弯曲

$$\delta\theta_{\mathrm{E}} = |\vec{n} \times \vec{k}|. \tag{7.21}$$

因为弯曲是 1PN 小量, 计算上面的叉乘时可以使用欧几里得几何. 光线的切线方向上的矢量可以用 $(\mathrm{d}r, r\mathrm{d}\theta)$ 或 (r', r) 表示, 用光线方程(7.17)就可以计算单位向量 $\vec{n}$ 和 $\vec{k}$ 及其叉乘, 最后得到

$$\delta\theta_{\mathrm{E}} = \varepsilon\cos\phi. \tag{7.22}$$

这里用观测量 ϕ 代替了坐标 θ, 它是观测者观测的太阳和光源方向的夹角, 引起的误差是 2PN 级小量.

结合式(7.22)和式(7.18), 光线在传播到观测者时的弯曲为

$$\delta\theta_{-\infty\mathrm{E}} = \varepsilon(1+\cos\phi) = \frac{(\gamma+1)Gm}{c^2 d}(1+\cos\phi). \tag{7.23}$$

上式表明,偏折与光的频率无关,但是与参数 γ 有关.也就是说,不同的引力理论对应的偏折数值并不相同.对广义相对论,$\gamma=1$.从度规(7.11)看,当 $\gamma=0$,空间平直,度规只有牛顿引力势,为牛顿近似.从式(7.19)和式(7.23)可见,$\gamma=0$ 时光线弯曲为 $\gamma=1$ 时的一半,这正是卡文迪什等的结论.

虽然广义相对论的第一个实验验证应当属于水星近日点进动,但使爱因斯坦在公众中声名鹊起的是光线偏折.然而,1919 年日全食时爱丁顿等的观测及事后的资料处理得到的结果虽然与爱因斯坦的预言靠近,其误差在 30% 左右.也就是说,这一验证的精度很低,以后的日全食时的光学观测并无多大改善.

引力偏折比较精密的验证要等到天体测量的新技术,甚长基线干涉测量(very long baseline inteferometry,VLBI).用 2 个或多个相距很远的射电望远镜同时观测遥远的类星体,对观测数据进行干涉处理,定位可以达到毫角秒或 100 微角秒量级.望远镜之间的距离称为基线,基线越长,精度越高.迄今为止用 VLBI 技术对引力偏折的测定与广义相对论理论值的符合精度在 10^{-4} 水平.[①]

引力偏折在光学和射电定位观测的资料处理中起重要作用,在引力透镜等天体物理课题中极其重要.本书不涉及引力透镜问题.

7.1.4 引力时延

爱因斯坦最早预言的广义相对论实验验证是引力红移,光线弯曲和水星近日点进动,称为经典验证.另外,一直到爱因斯坦去世之前,天文学对天体位置的观测手段,限于测角,测定天体投影在天球上位置的经度和纬度,并不能直接量度天体的距离.第二次世界大战大大推动了雷达技术的发展,战后的雷达开始用于基本天文学.

20 世纪 50 年代末和 60 年代初,科学家用雷达向金星发射信号,试图收到行星反射的回波.按照牛顿力学,将收到回波的时刻与发射时刻之差乘以光速,得到的数值的一半,就应当是雷达站与目标行星之间的距离.但是实际数据表明,计算结果的数值大于实际的行星距离.或者说,似乎信号走得慢了,雷达收到回波的时刻比牛顿力学预期的要晚一些.

1964 年夏皮罗(Irwin I. Shapiro,1929—   )发表了著名的论文《广义相对论的第四个检验》[②],指出在引力场中,收到回波的时刻将被推迟,称为"引力时延",文献和书籍中常称为"Shapiro 时延",被列为广义相对论的第四个经典验证,在高精度距离测量和时间传播的数据处理中,是一项重要的相对论效应.

现在推导 1PN 近似下的引力时延计算公式.采用 1PN 近似度规(7.7),对电磁信号在真空中的传播,$ds^2=0$,因此有

① 参阅 Fomalont,E.,Kopeikin,S. et al,,2009,Astrophys. J.,699,1385-1402. 他们得到 $\gamma-1=(-2\pm3)\times10^{-4}$,还有 Lambert,S. B. and Le Poncin-Lafitte,2011,Astron. Astrophys.,529,A70.测得 $\gamma-1=(-0.8\pm1.2)\times10^{-4}$.

② Irwin I. Shapiro,1964,Phys. Rev. Lett.,13,789-791.

$$v = \sqrt{\delta_{ij} \frac{\mathrm{d}x^i}{\mathrm{d}t} \frac{\mathrm{d}x^j}{\mathrm{d}t}} = c\left(1 - \frac{(\gamma+1)M}{r}\right). \tag{7.24}$$

和本节其他地方一样,计算准到 1PN,且不写出误差项. 这里的 v 是电磁信号在所选坐标系中的传播速度,依赖坐标系的选择,是坐标速度. 从上式看,当存在引力场,$v<c$,可以预期将发生引力时延.

设电磁信号从时空坐标为 $(t_A, \vec{r}_A)$ 传播至 $(t_B, \vec{r}_B)$,这里 $\vec{r} = (x^i)$. 记

$$\mathrm{d}l = \sqrt{\delta_{ij}\mathrm{d}x^i\mathrm{d}x^j} \tag{7.25}$$

为传播空间路径的线元,则按照式(7.24),有

$$c\,\mathrm{d}t = \left(1 + \frac{(\gamma+1)M}{r}\right)\mathrm{d}l. \tag{7.26}$$

上式从 A 到 B 进行积分,第一项是信号空间路径从 A 到 B 的长度. 请注意,从式(7.26)看,这里讲的长度或距离都是用欧几里得几何的公式来定义,由于引力会造成信号路径弯曲,从 A 到 B 信号空间路径的长度并不严格等于欧几里得距离 $|\vec{r}_B - \vec{r}_A|$,然而如前一小节所述,引力造成的路径弯曲是 1PN 小量,而且发生在与路径相垂直的方向,对路径长度的影响至少为 2PN 量级. 所以在限于 1PN 计算时,有

$$c(t_B - t_A) = |\vec{r}_B - \vec{r}_A| + \int_A^B \frac{(\gamma+1)M}{\sqrt{l^2+d^2}}\mathrm{d}l. \tag{7.27}$$

其中,d 和图 7.1 中所标相同,是引力源到信号传播路径的最短距离,l 是空间路径长度,零点取为路径上离引力源最近的点. 因这一积分项有小因子 M,完全可以按牛顿近似和欧几里得几何计算. 最后得到

$$c(t_B - t_A) = |\vec{r}_B - \vec{r}_A| + \frac{(\gamma+1)Gm}{c^2}\ln\frac{r_B + \vec{r}_B \cdot \vec{n}}{r_A + \vec{r}_A \cdot \vec{n}}. \tag{7.28}$$

其中,$\vec{n}$ 是信号传播方向的单位向量. 利用

$$d^2 = r_A^2 - (\vec{r}_A \cdot \vec{n})^2 = r_B^2 - (\vec{r}_B \cdot \vec{n})^2,$$

得到更常用的形式

$$t_B - t_A = \frac{|\vec{r}_B - \vec{r}_A|}{c} + \frac{(\gamma+1)Gm}{c^3}\ln\frac{r_B + r_A + |\vec{r}_B - \vec{r}_A|}{r_A + r_A - |\vec{r}_B - \vec{r}_A|}. \tag{7.29}$$

上式的第二项就是引力时延项. 显然,无论信号从 A 到 B,还是从 B 到 A,该项总是取正值,所以引力引起的回波时刻被推迟. 引力时延在空间飞船测控、雷达测距、激光测距、脉冲星观测、时间传递等多种高精度测量中,必须予以考虑.

从式(7.29)也可见,与光线弯曲的计算公式一样,引力时延也有因子 $\gamma+1$,因此测量引力时延可以测定 γ 的值,从而检验引力理论. 一次著名的空间实验来自卡西尼飞船在 2002 年 6 月 21 日左右的测控数据. 那时卡西尼和地球上的天线分居太阳的两侧,三者几乎成一直线,信号传播路径离太阳的最小距离 d 只有 1.6 太阳半径. 因测控站天线随地球运动,信

号的时延在变化,回波的频率也就在变化.这次实测的结果是 $\gamma - 1 = (2.1 \pm 2.3) \times 10^{-5}$,广义相对论通过了这次检验.[1]

7.1.5 观测量和坐标量

在广义相对论领域,无论是理论还是应用工作,都会遇到大量的物理量和几何量,如时间、位置、距离、角度、频率、质量、角动量等,这时区分"观测量"(observable)和"坐标量"(coordinate quantity)分外重要.

3.6 节介绍了观测量的理论.结论是,观测的结果只依赖观测的对象和观测者,与坐标系的选择无关.在天体位置的观测中,常见的观测量是时间间隔和天体的方位观测,下面进行更详尽的讨论.

所谓时间间隔,指的是观测者的钟记录下多个事件发生的时间流动.自然要问,时间间隔观测量是坐标时的间隔,还是原时的间隔.从前文章节应当知道,任何一个标准时钟一定按照自己的原时在滴答运行.可能有人会表示异议,我们的钟表,钟面时是与协调世界时(UTC)相差整数的北京时间等,它们按概念都是坐标时,难道作为观测量的时间间隔不是相应的坐标时间隔吗? 确实,为了生活和工作的需要,大量的钟都要经常对时,将钟面时刻调整为当地使用的坐标时.然而,在两次对时之间,时钟一定按自己的原时运行.所以,观测量一定是原时间隔 $\Delta\tau$,而非坐标时间隔 Δt.后者不能直接测量,而要前者通过理论公式进行归算.现在来看引力时延公式(7.28).公式的左边是 B 地和 A 地的坐标时刻之差,显然无法和观测量相比较.实际观测的做法是,观测者 A 向目标 B 发射信号,到达后立即返回,观测者记录收到回波的事件和信号发射事件之间的原时间隔 $\Delta\tau$,这是观测量.所以,公式(7.28)需要修改来合乎数据处理的需要.

再来看方位观测.天文学家观测的不是天体辐射时的光线方向,而是光线到达观测者时,光线在观测者的空间路径的切线方向.为了语言简单,这里将电磁信号传播统称为光线.要记录到达观测者的光线的方向,必须给出光线方向与某些基准方向或参考方向之间的夹角.例如,量度光线方向与北极方向之间的角度.对于现代高精度天文观测,只有在同一视场中星象之间的角距离,才能消除观测的一些系统差,达到高精度.所以,方位观测的观测量是所观测的天体与邻近参考星之间的角距离,是到达观测者的两条光线之间的夹角,它是两个客观实体之间的联系,与坐标系的选择无关.显然,这个观测量要改正了光线弯曲较差、大气折射较差等系统差后,才能得到两个天体在天球上的角距离.

雷达和激光测距、多普勒测速、VLBI 等测控技术的观测量涉及的都是高精度的时间间隔.这些观测要得到的结果是天体的距离、速度、方位和轨道要素等.这些量是观测量吗? 它们与坐标系的选择有关吗?

以天体间的距离为例来进行深入一些的讨论.例如,问在中国火星车祝融号(下文用 B

---

[1] B. Bertotti, L. less and P. Tortora, 2003, Nature, 425, 374-376.

表示)登陆火星时,祝融号与地面测控站(下文用 A 表示)的距离如何定义和测量.在牛顿的理论框架中,问题的答案非常简单.时间是绝对的,空间平坦而有欧几里得几何的结构.记登陆时刻为 t,在 t 时连接 A 和 B 的所有曲线中最短的是直线,该直线的长度定义为 AB 之间的距离.用笛卡儿坐标 x^i 表示,这一距离为

$$s(t) = \sqrt{\delta_{ij}(x_A^i(t) - x_B^i(t))(x_A^j(t) - x_B^j(t))}. \tag{7.30}$$

这是中学生就熟知的距离定义.这里要强调,这时的距离是一个几何实体的量度,上式无论做什么空间坐标变换,只要测量单位不变,$S(t)$ 的数值不会改变.也就是说,$S(t)$ 是 3 维欧几里得空间的一个标量.

现在来看狭义相对论框架中的距离定义.狭义相对论的空间也平直,有欧几里得几何结构,距离自然可以用连接两地的直线的长度来表示.然而,时间不再是绝对的.虽然 4 维时空是客观存在,与参考系的选择无关,但每个观测者的时间轴是自己的世界线,不同的观测者只要相对运动,就有不同的时空分离,有不同的时间和空间.因为 A 和 B 都在运动,在应用式(7.30)计算时,就必须说明选用了哪个参考系,不同的参考系选择将得到不同的距离数值.式(7.30)是同时距离,从狭义相对论的同时性的相对性,就知道不同的参考系会有不同的距离.即使将 A 和 B 看成 2 个确定的时空事件,它们之间的 4 维时空距离是与参考系选择无关的不变量,但它们之间的 3 维空间距离与参考系的选择有关.

广义相对论就更复杂了,即使选定参考系,进行时空分离,可是空间是弯曲的,A 和 B 之间一般并没有直线相连接.有人可能会建议,直线是平直空间的短程线,弯曲空间可以用测地线.可是测地线是局域的极值曲线,并不是全局的短程线,弯曲空间的两点之间,可能有不止一条,甚至无穷多条测地线.从爱因斯坦引入后牛顿计算开始,空间距离就仍然用式(7.30)定义和计算.需要强调,这样计算的空间距离 $s(t) = |\vec{x}_B(t) - \vec{x}_A(t)|$ 依赖坐标系的选择.首先选定了类笛卡儿坐标系 (ct, x^i),才能进行数据处理和计算.距离 s 是一个"坐标量",它依赖坐标系的选择,要在观测得到观测量后进行数据处理后计算得到,因此也称为"可计算量"(computable quantity).

经过上面的讨论之后,可以理解坐标时,物体的空间坐标、速度、加速度、轨道根数等都是坐标量.在使用它们的时候,必须指明所采用的坐标系.例如,计算引力时延的公式(7.28),公式左右两边出现的都是作为坐标量的坐标时、空间坐标和坐标距离.在推导此公式的一开始,就说明采用的是施瓦西模型,谐和坐标的 1PN 近似度规.如果采用施瓦西标准坐标,将有不同的公式.

原时和坐标时有一个重要区别:原时只在局域有意义,坐标时在全局有意义.观测量是局域的量,坐标量则涉及大范围时空.众所周知,等效原理的结论是,狭义相对论在局域时空中成立,但是大范围不成立.必须注意局域和全局问题的差别.天体间的空间距离当然不是局域问题.天体轨道的半长径和偏心率等当然也不是局域问题.天文工作中存在大量的坐标量,在使用它们的时候必须明确标明所采用的理论、模型和坐标系.如果不同的工作组采用

不同的坐标,造成坐标量的定义各自不同,对观测量进行数据处理后得到的坐标量也难以相互比较.为此,国际天文学联合会(IAU)成立工作组,通过一系列决议,确定协议采用的参考系和度规.这是下两章要介绍的内容.

为了加深对坐标量依赖坐标系选择的理解,以施瓦西时空为例来进一步讨论.在 6.3.2 节和 6.3.3 节对施瓦西时空引入 3 种坐标系,对应的度规分别是标准度规(式(6.87)),各向同性度规(式(6.89))和谐和度规(式(6.95)).采用的都是类球坐标系.这 3 种坐标系的时间坐标完全相同,空间坐标虽然都写成(r,θ,ϕ),但径向坐标各不相同,由式(6.88)和式(6.94)相联系.通常将场点的径向坐标看成是场点和引力源之间的空间距离,显然这个距离的定义与坐标规范的选择有关,是道道地地的坐标量.如果将类球坐标转换成类笛卡儿坐标

$$\begin{cases} x^1 = r\sin\theta\cos\phi, \\ x^2 = r\sin\theta\sin\phi, \\ x^3 = r\cos\theta. \end{cases} \tag{7.31}$$

很容易看见,只有对各向同性坐标,度规空间分量的所有交叉项 g_{ij},当 $i \neq j$ 时全为零,表明各向同性度规的基底向量相互正交,符合传统直角坐标系的特点.然而,对于标准坐标和谐和坐标,转换成笛卡儿坐标后,并不具有这一性质.另需指出,对于谐和坐标,在 1PN 近似时,度规具有与各向同性坐标相同的形式.

上面的讨论表明,简单如施瓦西时空,也会有多个类笛卡儿坐标,因此在用式(7.30)计算两个空间点之间的距离时,除采用的理论模型外,必须指明所采用的坐标系,最简明的方式是列出采用的度规.对于所有的坐标量,都必须这么做.

再看光的坐标速度 v 的计算公式(7.24),很清楚这是一个坐标量,理论模型是带有爱丁顿参数的施瓦西时空,坐标系是谐和或各向同性坐标的 1PN 近似.根据等效原理,在每一个时空点的无穷小邻域,存在局域惯性参考系,光在其中的真空传播速度为 c,可称为光的"固有速度"(proper velocity).实际应用中,在通常选用的时空度规里,光的坐标速度小于光的固有速度.

最后来看天体的质量.狭义相对论与牛顿力学的一个重要差别是质量和能量的等价性.2.3.2 节说明,单个粒子的质量和动量组成一个 4 维向量,称为 4 动量.在不同的参考系测量,粒子的运动状态不同,测出的粒子质量数值也不同.选择与粒子相对静止的参考系,也就是粒子随动参考系,测出的是静止质量 $m_\square$.注意在所有的参考系里,4 动量的大小都是 $m_\square c$,一个不变量,所以将 $m_\square$ 称为粒子的质量,将所谓动质量称为测得的粒子能量更恰当.

在广义相对论里,宏观天体不能简单地将它分解成重子的集合,计算每个重子的质量,相加来得到总质量,因为在天体内部物质的运动、辐射和相互作用都对天体的质量有贡献.关于这一点,2.5 节和 4.3 节在建立物质的能量动量应力张量 $T^{\mu\nu}$ 时,已经有所说明.张量 $T^{\mu\nu}$ 是一个局域量,它的分量 $T^{00} = \rho c^2$ 是物质的能量密度,自然会猜测对整个天体进行体

积分来定义天体的质量.

本节已经强调过广义相对论里局域和全局的差别,将局域问题扩展到大范围必须十分谨慎.熟悉牛顿力学的读者应当知道,孤立的天体力学系统总能量守恒,它是总动能和总引力势能之和,而且引力势能取负值. $T^{\mu\nu}$ 并没有包含引力场的贡献,必须考虑引力场的能量动量.一个严重的问题是,按照等效原理,在局域引力可以被消除,引力场的能量动量在局域惯性参考系里应当等于零,但在其他参考系里不为零,所以不可能是张量.这是在广义相对论里定义天体质量的最大麻烦.自广义相对论建立以来,很多理论工作者提出各种各样的质量定义.[①]对于孤立而稳态的系统,例如施瓦西模型,距离该系统越远,时空区域越平直,可以称为渐近平直的时空.因系统为稳态,时空度规不显含时间,与时间正则共轭的能量守恒.对这样的系统,能够定义系统守恒的质量.施瓦西模型和克尔黑洞都符合条件.在 6.3 节已经看到,它们有守恒的质量.

对于太阳系,太阳和行星在不断运动,太阳系的度规并非稳态,每个天体也不孤立.太阳系动力学需要定义各个天体的质量和角动量等参数.9.1 节和相关联的附录 C 将介绍在 1PN 近似下天体的质量多极矩和自旋多极矩.质量多极矩中的单极矩就是质量.将会看到,它们都是坐标系依赖的坐标量,而且仅在 1PN 近似下为守恒量.

小结　广义相对论的理论和应用工作中遇到的物理量需要进行观测量和坐标量的区分.观测量是直接观测的结果,与物理理论和坐标系的选择无关.坐标量的定义与坐标系的选择有关,由观测量根据物理模型,具体坐标系下的度规,进行数据处理后得到其数值.观测量是局域概念的量.宏观物体的参数,表示全局现象的量,通常是坐标量.在相对论应用工作中大量遇到的是坐标量,如时间和空间位置坐标、速度、加速度、质量、动量、角动量和轨道参数等.因此必须有协议的坐标系和度规.这件事极其重要,将是第 8 章和第 9 章的主要内容.

7.2　相对论进动

7.2.1　陀螺的进动

在茫茫的星际空间,导航系统不仅要确定飞行器的空间位置,也要确定方向,陀螺仪是不错的选择.一个不受外力矩作用的陀螺的指向应当保持不变.这里的"不变"需要加以深究.4.2.4 节已有讲述,不受外力矩作用的理想陀螺的指向相对遥远天体的方向有变化.如果将地球看成一个陀螺,地球自转轴相对遥远天体有一个相对论进动:测地岁差.那么,是哪一个方向"不变"呢? 换一种更物理的语言:将不受外力矩作用的陀螺所在的飞行器,或

---

① 读者可参阅维基百科英文版的条目"mass in general relativity"和那里开列的文献,了解这一问题的历史和现状,条目会经常更新.

者陀螺本身,看成一个观测者,在观测者处建立无转动的局域空间参考架,应该用陀螺的指向还是遥远天体的方向? 从物理概念上论,答案显然是不受外力矩作用的陀螺的指向.

陀螺有两种运动:平移和自转.这里讨论的陀螺不受外力矩作用,其指向无空间转动.它的平移运动又可能有两种情况:在外部引力场中自由下落或非自由下落.如果是自由下落,陀螺的质心在时空中走了一条测地线,其切线方向的向量是陀螺的 4 速度向量 $u=(u^\mu)$. 在 4.2.3 节已经说明,这时 u 始终作列维-奇维塔平移,运动过程中其协变微分 $Du^\mu=0$. 设 $s=(s^\mu)$ 是陀螺空间指向方向的一个向量,s 也进行列维-奇维塔平移,有 $Ds^\mu=0$. 同时,作为空间向量,平移过程中始终保持 $u\cdot s=u^\mu s_\mu=0$. 如果观测者持有 3 个指向互相正交的理想陀螺,加上一个标准钟来记录原时的流逝,就实现了观测者处的局域惯性参考系,同时这 3 个陀螺的指向组成了局域的无转动空间参考架.

如果陀螺在引力场中非自由下落,也就有

$$\frac{Du^\mu}{D\tau}=a^\mu\neq 0. \tag{7.32}$$

这里 $a=(a^\mu)$ 是 4 加速度矢量.从上式可知,陀螺的 4 速度 u 不再进行列维-奇维塔平移,陀螺指向上的矢量 s 同样如此,但作为局域的空间向量,保持 $u\cdot s=0$. 在 7.2.4 节将要讲述它们的平移规律,称为 Fermi-Walker 平移.在这种情况,上段说的一个标准钟加上 3 个理想陀螺组成的系统不再是局域惯性参考系,而是一个局域准惯性参考系,但是 3 个陀螺仍然组成空间局域无转动参考架,因为它们的自转不受外力矩作用.

设想陀螺装置在星际飞船里,当飞船受到大气阻力、太阳光压等非引力作用,飞船和陀螺就不在引力场中自由下落.另一个重要的非自由下落的实例是地球.地球的大小、形状和质量使地球不能看成试验体或粒子,地球的自引力不能忽略,其质心并不严格在太阳系其他天体的引力场中自由下落.

在下面各小节的数学推演中,采用的物理模型和度规为式(6.117)给出的伦泽-蒂林度规,物理模型是具有质量 m 和角动量 $\vec{S}$ 的中心天体,为了和一些文献书籍和国际标准一致,加上爱丁顿参数,在这一节只涉及参数 γ. 度规改写成下面的形式:

$$ds^2=-\left[1-\frac{2U}{c^2}+O(c^{-4})\right]c^2dt^2+\frac{4(\gamma+1)\zeta_i}{c^3}cdtdx^i+$$
$$\left(1+\frac{2\gamma U}{c^2}\right)\delta_{ij}dx^idx^j, \tag{7.33}$$

其中,$\vec{\zeta}=(\zeta^i)$,

$$\begin{cases}U=\dfrac{Gm}{r},\\[2mm]\vec{\zeta}=\dfrac{G}{2r^3}(\vec{r}\times\vec{S}).\end{cases} \tag{7.34}$$

分别与中心天体的质量 m 和角动量 $\vec{S}$ 有关. 式中没有明显写出 g_{00} 的 $O(c^{-4})$ 项, 实际上本节后面也不涉及.

设 $\vec{J}$ 表示陀螺指向上长度固定的一个 3 维空间向量. 如果空间平直, 当陀螺没有外力矩作用, $\mathrm{d}\vec{J}/\mathrm{d}t = 0$. 当时空弯曲, 陀螺的自转轴有相对论进动. 在度规为式 (7.33) 的参考系里, 下面各小节导出的 $\vec{J}$ 的进动为

$$
\begin{cases}
\dfrac{\mathrm{d}\vec{J}}{\mathrm{d}t} = \vec{\Omega} \times \vec{J}, \\
\vec{\Omega} = \dfrac{2\gamma+1}{2c^2} \vec{v} \times \vec{\nabla} U - \dfrac{\gamma+1}{c^2} \vec{\nabla} \times \vec{\zeta} - \dfrac{1}{2c^2} \vec{v} \times \vec{a}.
\end{cases}
\tag{7.35}
$$

上式的进动角速度共有 3 项, 均为 1PN 量级. 第一项中的 $\vec{v} = (\mathrm{d}x^i/\mathrm{d}t)$, 是陀螺平动的坐标速度, 牛顿引力势 U 中有引力源的质量, 所以是引力源质量引起的相对论进动, 称为测地进动 (geodetic precession), 也称为德西特进动 (Willem de Sitter, 1872—1934), 今后简称为 GP 进动. 在地球的情况, 这一项称为测地岁差, 已经在 4.2.4 节予以介绍.

第二项中的 $\vec{\zeta} = (\zeta^i)$ 源自度规中的时空交叉项 g_{0i}, $\vec{\zeta}$ 和引力源的角动量有关. 该项称为伦泽-蒂林 (Lense-Thirring) 进动, 今后简称为 LT 进动. 它一直受到特别的关注, 因为在牛顿力学里, 天体的自转角动量并不产生引力. 近年来科学家设计了一些精密的空间实验来验证这一相对论效应.

第三项中的 $\vec{a}$ 并不是陀螺平移运动的坐标加速度 $(\mathrm{d}^2 x^i/\mathrm{d}t^2)$, 而是引力以外的其他力导致的陀螺平移运动加速度, 仅当陀螺在引力场中非自由下落时才不为零. 该项称为托马斯进动 (Levvellyn Thomas, 1903—1992), 今后简称为 TM 进动. 在太阳系动力学中, 对于自然天体, 还有人造天体的非动力飞行, 引力以外的力很小, 该项通常可以忽略.

本节的以下诸小节用于推导相对论进动方程 (7.35) 的各项, 并介绍近年对伦泽-蒂林效应的实验验证.

7.2.2　测地进动

对陀螺指向方向上的 4 维向量 $\mathbf{s} = (s^\mu)$[①], 当陀螺不受外力矩作用, 陀螺的质心在引力场中自由下落, 有

$$
\frac{\mathrm{D}s_\mu}{\mathrm{d}\tau} = \frac{\mathrm{d}s_\mu}{\mathrm{d}\tau} - \Gamma^\rho_{\mu\nu} s_\rho u^\nu = 0.
\tag{7.36}
$$

上式表示 $\mathbf{s}$ 进行列维-奇维塔平移. 还有

$$
s_\mu u^\mu = s_0 \frac{c\,\mathrm{d}t}{\mathrm{d}\tau} + s_i \frac{\mathrm{d}x^i}{\mathrm{d}\tau} = 0.
\tag{7.37}
$$

---

①　请不要将它和中心天体的角动量向量 $\vec{S}$ 混淆, 后者是中心天体的属性, 符号为大写字母.

这表示 **s** 是陀螺随动参考系中的局域空间矢量,并立即得到其协变时间分量与空间分量的关系

$$s_0 = -\frac{1}{c} s_i v^i. \tag{7.38}$$

这里 $v^i = \mathrm{d}x^i/\mathrm{d}t$ 是陀螺平移运动的坐标速度.

用 $\vec{s} = (s_i)$ 在形式上表示一个 3 维矢量,从式(7.36)和式(7.38)经过简单计算,得到

$$\frac{\mathrm{d}s_i}{\mathrm{d}t} = -\Gamma_{i0}^0 s_k v^k - \frac{1}{c}\Gamma_{ij}^0 s_k v^j v^k + c\Gamma_{i0}^k s_k + \Gamma_{ij}^k s_k v^j. \tag{7.39}$$

现在需要从度规(7.33)计算这些克里斯多菲符号.本小节推导测地进动,只计算牛顿引力势引起的陀螺进动,因此计算时暂时略去度规中的时空交叉项 g_{0i}.整个计算准确到 1PN 量级,直接计算的结果为

$$\begin{cases} \Gamma_{i0}^0 = -\dfrac{1}{c^2} U_{,i}, \quad \Gamma_{ij}^0 = 0, \\[2mm] \Gamma_{i0}^k = 0, \quad \Gamma_{ij}^k = -\dfrac{\gamma}{c^2}\delta_{ij} U_{,k} + \dfrac{\gamma}{c^2}\delta_{ki} U_{,j} + \dfrac{\gamma}{c^2}\delta_{kj} U_{,i}. \end{cases} \tag{7.40}$$

代入式(7.39),并且写成 3 维矢量形式,有

$$\frac{\mathrm{d}\vec{s}}{\mathrm{d}t} = \frac{\gamma+1}{c^2}(\vec{s}\cdot\vec{v})\vec{\nabla}U - \frac{\gamma}{c^2}\left[(\vec{s}\cdot\vec{\nabla}U)\vec{v} - (\vec{v}\cdot\vec{\nabla}U)\vec{s}\right]. \tag{7.41}$$

上式中两个 3 维向量的点乘都采用欧几里得空间的数量积规则,每一个 3 维矢量也应视作欧几里得向量,在 1PN 计算中通常都这样处理.问题是表示陀螺空间指向的向量在平移过程中,其长度应当保持不变,需要检查 $\vec{s}$ 是否符合这一要求.

按列维-奇维塔平移规律,4 维矢量 **s** 在平移中长度保持不变,亦即

$$|\,\mathbf{s}\,|^2 = g^{00} s_0 s_0 + g^{ij} s_i s_i = -\frac{1}{c^2}(\vec{v}\cdot\vec{s})^2 + \left(1 - \frac{2\gamma U}{c^2}\right)(\vec{s}\cdot\vec{s}) \tag{7.42}$$

为常数.上面的 1PN 计算用了度规式(7.33)和式(7.38).上式表明 $(\vec{s}\cdot\vec{s})$ 并不是常量,亦即 $\vec{s}$ 不能是代表陀螺角动量的空间矢量.显然,如引入 3 维矢量

$$\vec{J} = \left(1 - \frac{\gamma U}{c^2}\right)\vec{s} - \frac{1}{2c^2}(\vec{v}\cdot\vec{s})\vec{v}. \tag{7.43}$$

它作为欧几里得向量的长度 $\sqrt{\vec{J}\cdot\vec{J}}$ 保持不变.[①]

可以从物理概念更好地理解为什么引入 $\vec{J}$.张量 **s** 在度规(7.33)的坐标系里,有协变空间分量 (s_i) 和逆变空间分量 (s^i).两者并不相等,因为度规不是闵可夫斯基度规.另外,不同的参考系有不同的时间和空间分离.陀螺角动量作为空间向量,应当在陀螺随动参考中来观

---

① 在进行后牛顿计算时,所有的 3 维空间向量,都用上加箭头的符号表示,如 $\vec{J}$ 等,在公式中它们之间的运算,如点乘和叉乘等都遵从欧几里得几何的运算规则,如 $\vec{J}\cdot\vec{J} = \delta_{ij}J^i J^j$ 等,并不遵守张量运算的黎曼几何规则.对于张量,本书坚持用加粗黑体,如 $\mathbf{s}\cdot\mathbf{s} = g_{\mu\nu}s^\mu s^\nu$.

察. 为此在陀螺的局域进行如下的坐标变换. 首先,

$$ct = ct' \left(1 + \frac{U}{c^2}\right), \quad x^i = x'^i \left(1 - \frac{\gamma U}{c^2}\right). \tag{7.44}$$

在 1PN 近似下它将度规式(7.33)在陀螺的时空点局域变换成闵可夫斯基度规. 注意这仅仅是局域变换, 上式中的引力势 U 取该时空点的值, 不应当看成变量. 下一步是转换到陀螺随动参考系, 这是一个速度为 $\vec{v}$ 的洛伦兹变换. 按照式(2.8), 变换写成

$$ct' = \kappa \left(c\hat{t} + \frac{1}{c}\hat{x}^j v^j\right), \quad x'^i = \hat{x}^i + \left(\frac{\kappa-1}{v^2}\hat{x}^j v^j + \kappa \hat{t}\right) v^i \tag{7.45}$$

其中,

$$\kappa = \frac{1}{\sqrt{1 - v^2/c^2}}. \tag{7.46}$$

参考系 $\{c\hat{t}, \hat{x}^i\}$ 是与陀螺随动的瞬时局域洛伦兹系, 度规为局域的闵可夫斯基度规. 计算陀螺的角动量张量 s 在这个随动系中的坐标分量, 应当有

$$\hat{s}_\mu = \frac{\partial x'^\nu}{\partial \hat{x}^\mu} \frac{\partial x^\lambda}{\partial \hat{x}'^\nu} s_\lambda, \tag{7.47}$$

综合变换式(7.44)和式(7.45), 经过 1PN 近似计算, 得到 s 在陀螺随动洛伦兹系的时间坐标分量为零, 而空间坐标分量可以写成一个 3 维欧几里得向量, 表达式正是式(7.43)所示的 $\vec{J}$. 这一番有点繁琐的演算清晰地说明了 $\vec{J}$ 是在陀螺随动系中测量的陀螺角动量, 是一个观测量.

将式(7.43)对时间求导数, 注意陀螺在牛顿近似中的平移运动加速度就是 $\vec{\nabla}U$, 得到

$$\frac{d\vec{J}}{dt} = \frac{d\vec{s}}{dt} - \frac{\gamma}{c^2}(\vec{\nabla}U \cdot \vec{v})\vec{J} - \frac{1}{2c^2}(\vec{v} \cdot \vec{J})\vec{\nabla}U - \frac{1}{2c^2}(\vec{\nabla}U \cdot \vec{J})\vec{v}. \tag{7.48}$$

结合式(7.41), 最后得到测地进动的 1PN 表达式, 加注下标 GP 后为

$$\frac{d\vec{J}_{GP}}{dt} = \frac{2\gamma+1}{2c^2}(\vec{v} \times \vec{\nabla}U) \times \vec{J}. \tag{7.49}$$

这就是式(7.35)的第一项.

式(7.49)中 $\vec{v}$ 是陀螺围绕中心天体的轨道速度, $\vec{\nabla}U$ 是中心天体质量 m 引起的陀螺轨道加速度. $\vec{v} \times \vec{\nabla}U$ 沿陀螺绕中心天体运动的轨道面的法线方向. 这就是测地进动角速度 $\vec{\Omega}_{GP}$ 的指向. 将地球看成陀螺, 测地岁差使赤极绕黄极进动. 再次强调, 无外力矩作用的陀螺的指向才组成局域无转动参考架, 代表局域惯性参考系的空间参考架.

7.2.3　伦泽-蒂林进动

现在来看度规式(7.33)的时空交叉分量

$$g_{0i} = \frac{2(\gamma+1)}{c^3} \zeta_i \tag{7.50}$$

引起的陀螺自转轴的进动,也就是引力源的角动量引起的进动.这种相对论效应令物理学家特别关注,因为在牛顿力学中,天体的自转运动并不影响外部引力场.

有了上一小节的推导作为基础,这里的推导变得相当简单.基本的公式仍然是式(7.39),只是那里的克里斯多菲符号与式(7.40)不尽相同,那里的 2 个克里斯多菲符号现在不再为零,而是

$$\Gamma_{ij}^0 = -\frac{\gamma+1}{c^3}(\zeta_{i,j} + \zeta_{j,i}), \quad \Gamma_{i0}^k = \frac{\gamma+1}{c^3}(\zeta_{k,i} - \zeta_{i,k}). \tag{7.51}$$

在陀螺进动的计算公式(7.39)里只保留与 ζ_i 有关的项,有

$$\frac{\mathrm{d}s_i}{\mathrm{d}t} = -\frac{1}{c}\Gamma_{ij}^0 s_k v^j v^k + c\Gamma_{i0}^k s_k = \frac{\gamma+1}{c^2}(\zeta_{k,i} - \zeta_{i,k})s_k. \tag{7.52}$$

上式的计算只保留 $O(c^{-2})$ 的项.写成 3 维矢量形式,有

$$\frac{\mathrm{d}\vec{s}}{\mathrm{d}t} = -\frac{\gamma+1}{c^2}(\vec{\nabla}\times\vec{\zeta})\times\vec{s}. \tag{7.53}$$

要证明式(7.53)和式(7.52)等价,可以利用 3 维向量叉乘的列维-奇维塔符号 ε_{ijk},定义为

$$\varepsilon_{ijk} \equiv \begin{cases} 1, & \text{当}(ijk)\text{是}(123)\text{的偶排列}, \\ 0, & \text{当}(ijk)\text{中有 2 个指标相等}, \\ -1, & \text{当}(ijk)\text{是}(123)\text{的奇排列}. \end{cases} \tag{7.54}$$

3 维向量的叉乘可以写成

$$(\vec{A}\times\vec{B})_i = \varepsilon_{ijk}A_j B_k, \tag{7.55}$$

列维-奇维塔的缩并计算公式为

$$\varepsilon_{ijk}\varepsilon_{ilm} = \delta_{jl}\delta_{km} - \delta_{jm}\delta_{kl}. \tag{7.56}$$

用上面两式,容易从式(7.53)推导式(7.52).

最后,在 1PN 近似情况下,可以将 $\vec{s}$ 换成式(7.43)定义的矢量 $\vec{J}$,得到伦泽-蒂林进动的计算公式为

$$\frac{\mathrm{d}\vec{J}_{\mathrm{LT}}}{\mathrm{d}t} = -\frac{\gamma+1}{c^2}(\vec{\nabla}\times\vec{\zeta})\times\vec{J}. \tag{7.57}$$

这是陀螺进动公式(7.35)中的第二项.

现在来看 LT 进动的角速度矢量 $\vec{\Omega}_{\mathrm{LT}}$ 的方向.设中心天体有守恒的自转角动量 $\vec{S}$,应用 $\vec{\zeta}$ 和 $\vec{S}$ 的关系式(7.34),得到

$$\vec{\Omega}_{\mathrm{LT}} = -\frac{(\gamma+1)G}{2c^2 r^3}\vec{\nabla}\times(\vec{r}\times\vec{S}) = \frac{(\gamma+1)G}{c^2 r^3}\vec{S}. \tag{7.58}$$

上式的推导可用叉乘的定义直接计算,也可用列维-奇维塔符号.上式表明陀螺 LT 进动是

围绕中心天体角动量轴的进动,进动的方向与中心天体自转的方向相同.将陀螺的指向看成局域惯性参考系的参考架,LT 效应表明作为引力源的中心天体的自转将拖曳周围的空间随之转动,离天体越近,拖曳效应越强.所以 LT 效应也常称为参考架拖曳效应.

前面多次说过,不受外力和外力矩作用的陀螺构成局域惯性参考系的空间参考架.牛顿认为,存在绝对空间,惯性参考系是相对绝对空间静止或作匀速直线运动的参考系.马赫(Ernst Mach,1838—1916)认为,不存在绝对空间,惯性参考系由宇宙中的所有物质决定.陀螺的相对论进动表明,惯性参考系不仅由恒星世界决定,也受近处天体的影响,从概念上更接近马赫.

7.2.4   托马斯进动

前面已经说过,当陀螺的质心在引力场中非自由下落,陀螺的平移运动的时空轨迹不再是测地线,其 4 速度 u 不再遵循列维-奇维塔平移,而是

$$\mathrm{D}u = a\,\mathrm{d}\tau. \tag{7.59}$$

这里 a 是 4 加速度张量.如前所述,因为 u 的 4 维长度是常数,亦即 $u \cdot u = -c^2$,有 $u \cdot a = 0$,所以 a 是陀螺的局域空间张量.定义 u 的费米导数

$$\frac{\mathrm{D}_{\mathrm{F}}u}{\mathrm{d}\tau} \equiv \frac{\mathrm{D}u}{\mathrm{d}\tau} - a, \tag{7.60}$$

则在非自由下落时,4 速度 u 的平移规律不再是协变微分 $\mathrm{D}u$ 等于零,而是费米微分 $\mathrm{D}_{\mathrm{F}}u$ 等于零.

现在需要知道不受外力矩作用的陀螺指向上的 4 维空间矢量 s 的平移规律.因为 $s \cdot u = 0$,有

$$\frac{\mathrm{D}s}{\mathrm{d}\tau} \cdot u = -s \cdot a. \tag{7.61}$$

所谓不受外力矩作用,就是陀螺的空间指向保持不变,长度为常数的 s 对时间的导数不能沿任何空间方向,只能有

$$\frac{\mathrm{D}s}{\mathrm{d}\tau} = ku, \tag{7.62}$$

其中,k 是常数.结合上面两式,得到

$$\frac{\mathrm{D}s}{\mathrm{d}\tau} = \frac{1}{c^2}(s \cdot a)u. \tag{7.63}$$

自然想到定义 s 的费米导数为

$$\frac{\mathrm{D}_{\mathrm{F}}s}{\mathrm{d}\tau} \equiv \frac{\mathrm{D}s}{\mathrm{d}\tau} - \frac{1}{c^2}(s \cdot a)u. \tag{7.64}$$

综合式(7.60)和式(7.64),可以定义任何一个 4 维矢量 L 的费米导数为

$$\frac{\mathrm{D}_\mathrm{F} \boldsymbol{L}}{\mathrm{d}\tau} \equiv \frac{\mathrm{D}\boldsymbol{L}}{\mathrm{d}\tau} - \frac{1}{c^2}(\boldsymbol{L} \cdot \boldsymbol{a})\boldsymbol{u} + \frac{1}{c^2}(\boldsymbol{L} \cdot \boldsymbol{u})\boldsymbol{a}. \tag{7.65}$$

一个长度不变且无转动的 4 维矢量 $\boldsymbol{L}$,平移时满足 $\mathrm{D}_\mathrm{F}\boldsymbol{L}=\boldsymbol{0}$,称为费米-沃克平移. 当 4 加速度 $\boldsymbol{a}=\boldsymbol{0}$,即自由下落情况,退化成列维-奇维塔平移.

对陀螺指向上的矢量 $\boldsymbol{s}$ 应用上式,应该有 $\mathrm{D}_\mathrm{F}\boldsymbol{s}=\boldsymbol{0}$. 只看 4 加速度引起的进动,空间分量组成的 3 维向量 $\vec{s}=(s_i)$,得到托马斯进动在 1PN 近似时为

$$\frac{\mathrm{d}\vec{s}}{\mathrm{d}t}_\mathrm{TM} = \frac{1}{c^2}(\vec{s} \cdot \vec{a})\vec{v}. \tag{7.66}$$

上式推导时等号右边有 c^{-2} 因子,各量计算只需牛顿近似,

和前面一样,将 $\vec{s}$ 换成 $\vec{J}$,注意在牛顿近似下,

$$\frac{\mathrm{d}\vec{v}}{\mathrm{d}t} = \vec{\nabla} U + \vec{a}. \tag{7.67}$$

从式(7.43)知道

$$\frac{\mathrm{d}\vec{J}}{\mathrm{d}t} = \frac{\mathrm{d}\vec{s}}{\mathrm{d}t} - \frac{\gamma}{c^2}(\vec{\nabla} U \cdot \vec{v})\vec{J} - \frac{1}{2c^2}((\vec{\nabla} U + \vec{a}) \cdot \vec{J})\vec{v} -$$

$$\frac{1}{2c^2}(\vec{v} \cdot \vec{J})(\vec{\nabla} U + \vec{a}). \tag{7.68}$$

只计算与 4 加速度有关的项,陀螺的托马斯进动为

$$\frac{\mathrm{d}\vec{J}}{\mathrm{d}t}_\mathrm{TM} = \frac{1}{2c^2}(\vec{a} \cdot \vec{J})\vec{v} - \frac{1}{2c^2}(\vec{v} \cdot \vec{J})\vec{a}$$

$$= -\frac{1}{2c^2}(\vec{v} \times \vec{a}) \times \vec{J}. \tag{7.69}$$

这是式(7.35)的第三项.

太阳系中的自然大天体在自引力的作用下接近球对称. 一个球对称的天体在引力场中和试验体一样,沿测地线运动,4 加速度等于零. 人造天体在行星际空间处于无动力飞行时,情况相同. 因此托马斯进动在这些应用中可以忽略,也难以检测. 这并不等于托马斯进动在物理中不重要. 1925 年托马斯讨论的是电子的自旋,理论框架是狭义相对论. 托马斯进动在微观世界的物理中很重要.

7.2.5 GP-B 实验

1960 年斯坦福大学的 Schiff(Leonard Schiff,1915—1971)提出在绕地飞行的卫星上放置不受外界干扰的陀螺. 测量陀螺自转轴的指向相对遥远恒星的漂移,用于验证广义相对论预言的测地进动和 LT 进动. 经过 44 年的探索和研究,在美国国家航空航天局(NASA)的项目资助下,由斯坦福大学和 NASA 的马歇尔太空飞行中心共同研发,洛克希德马丁公司

研制的引力探测器 B(Gravity Probe B,GP-B)于 2004 年 4 月 20 日发射升空.[①]

根据前文章节的讲述,GP-B 要验证的测地进动来自地球的质量对周围时空的扭曲.它来自地球度规的 g_{00} 和 g_{ij} 项.如果将质量类比为电荷,可称为引力电效应.需要验证的更为重要的相对论效应是 LT 进动,常称为参考架拖曳效应.它来自地球自转中质量的运动造成的周围时空扭曲,会拖曳地球周围时空跟随转动.它来自度规中的 g_{0i} 项.这个效应之所以重要是因为在牛顿的理论中,质量的运动没有引力效应.类比电荷的运动会产生磁场,LT 效应也称为引力磁效应.

为了清晰区分这两种相对论进动,进动角速度 $\vec{\Omega}_{GP}$ 和 $\vec{\Omega}_{LT}$ 应当相互正交.式(7.58)表明, $\vec{\Omega}_{LT}$ 沿地球角动量也就是北天极方向,那么 $\vec{\Omega}_{GP}$ 应当指向赤道面上的某一个方向.式(7.49)及其后的文字表明,$\vec{\Omega}_{GP}$ 指向 GP-B 绕地球轨道面的法线方向.这样,GP-B 卫星的轨道应当是极轨道,也就是轨道倾角为 90°,经过地球南北两极上空的轨道.极轨道有无穷多个,需要进一步讨论.

为了使陀螺指向的飘移易于测量,陀螺自转轴的指向不应当与其进动角速度向量重合,最好是正交.所以,陀螺的指向 $\vec{J}$,其进动角速度矢量 $\vec{\Omega}_{LT}$ 和 $\vec{\Omega}_{GP}$ 最好构成 3 个相互正交的向量. $\vec{\Omega}_{LT}$ 沿北天极方向,$\vec{\Omega}_{GP}$ 在赤道面上,陀螺指向 $\vec{J}$ 也应当接近赤道面.

陀螺指向的漂移应当以遥远恒星的方向为基准.GP-B 上装置一个 5 英寸的光学望远镜,始终对准距离为 300 光年的基准星飞马座 IM(IM Pegasi),误差不超过 1 毫角秒.选择这颗恒星的主要理由是它接近赤道,有足够强的光学亮度,更重要的是它同时有射电波段的辐射.在 GP-B 卫星发射前的几年间,天文学家用全球甚长基线干涉(VLBI)网对它相对遥远类星体的运动进行了详尽的观测和研究.陀螺指向漂移的参照系应当是遥远的类星体.

图 7.2 是 GP-B 的示意图.陀螺初始与卫星上望远镜一样,指向参考星飞马座 IM.该星的赤经为 $-22.50'34.4''$,赤纬为 $-16.34'32''$.GP-B 的绕地轨道面大致和参考星的赤经圈相同.之后陀螺自转轴的指向将因相对论效应而进动.图上标出的数值是广义相对论预报的理论数值.

卫星上装置有 4 个陀螺,装在望远镜的后面,和望远镜排成直线.GP-B 的一个关键技术是陀螺必须是极其均匀的理想球体,任何一点不规则的形状都会造成转动的不稳定,也会使外部引力产生作用在陀螺上的力矩.GP-B 的以熔凝石英为材料的陀螺的直径为 1.5 英寸,非球对称误差小于 3×10^{-7} 英寸,执行任务时转速为 4000 转每分钟.

GP-B 需要读取陀螺自转的指向却不能触碰陀螺,在陀螺上也不能做标记.GP-B 用的是伦敦磁矩方法.在 20 世纪早期,物理学家伦敦(Fritz London,1900—1954)发现,低温超

---

① 本小节的材料和图片主要来自论文 C. W. F. Everitt et al. ,2011,Physical Review Letters,106,221101 和 http://einstein. stanford. edu/网站.

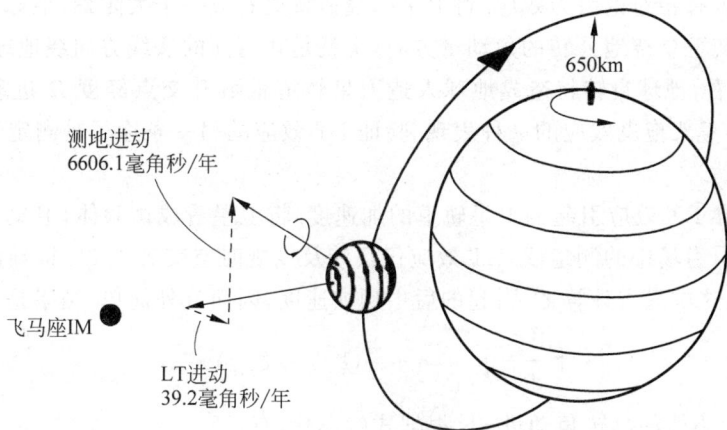

图 7.2 GP-B 示意图

导金属材料制成的球在自转时,周围会产生磁场,而且磁极的方向精确地与球的自转轴重合. GP-B 陀螺表面镀了一层金属铌,并且用液态氦将陀螺的温度控制在 $-271.2℃$,这时铌表现为超导材料,通过测量磁矩就能确定陀螺的指向.

装置仪器的容器放进一个 9 英尺长,充满液氦的杜瓦罐,以实现陀螺环境的超低温.低温的另一个重要用途是防止陀螺受到热辐射.陀螺应当与外界完全隔绝,除了热辐射外,也不应当有外磁场,因此装有陀螺的容器用铅袋包裹.此外,要保证陀螺严格在引力场中自由下落.由于太阳光压和大气阻力的作用,卫星不可能精确地处于自由下落状态,因此要保证陀螺不与容器壁发生接触.采取的办法是监视陀螺和容器壁的相对位置,微小的推进器可以启动调整容器的位置.

GP-B 于 2004 年 4 月 20 日发射上天,在进行了调试后,于当年 8 月 27 日开始执行科学任务,到 2005 年 8 月 15 日任务终止,进入数据分析阶段.

数据分析进行得很不顺利.开始时发现误差很大,几乎不可能验证 LT 进动.查出原因是陀螺表面金属层不够均匀.经过了几年努力,对系统差进行建模.2011 年 5 月 4 日课题组宣布了对 4 个陀螺数据处理的最后结果:陀螺指向的测地进动速率是每年 (6601.8 ± 18.3) 毫角秒,LT 进动速率为每年 (37.2 ± 7.2) 毫角秒.广义相对论的理论值相应为每年 6606.1 毫角秒和每年 39.2 毫角秒.

GP-B 空间实验耗资 7.5 亿美元,历时约 51 年,在一定程度上直接验证了广义相对论,但结果不很理想,没有达到预设的精度.在阅读本节和相关的材料后,读者会体会引力实验的困难和精致.

7.2.6 LAGEOS 实验

GP-B 实验可以看成是地球自转形成的空间弯曲对陀螺自转的作用.地球的自转应当

对卫星的轨道也有相对论引力效应. 将卫星的绕地轨道看成一个大陀螺, 地球自转产生的空间拖曳效应将使卫星绕地公转的角动量方向, 也就是轨道面的法线方向绕地球自转轴进动. 从附录图 A.2 看, 地球自转将造成地球人造卫星轨道根数升交点经度 Ω 进动. 这也是 LT 效应, 或称为参考架拖曳效应的一种表现. 验证 LT 效应的另一条途径是测定卫星吻切根数 Ω 的相对论进动.

首先来推导 LT 效应引起的卫星轨道的加速度. 将卫星看成试验体, 卫星的时空轨道就是度规(7.33)引力场中的测地线, LT 效应仅仅涉及度规时空交叉项 ζ^i. 推导测地线方程已经有多次经验, 这次只需计算 ζ^i 引起的后牛顿加速度, 因而分外简单, 结果是

$$\left(\frac{\mathrm{d}^2 x^i}{\mathrm{d} t^2}\right)_{\mathrm{LT}} = -\frac{4}{c^2}(\zeta_{i,j} - \zeta_{j,i})v^j. \tag{7.70}$$

其中, ζ^i 来自中心体的自转角动量 S^i, 根据式(7.34), 有

$$\zeta_i = \frac{G}{2r^3}(\vec{r} \times \vec{S}_{\mathrm{E}})^i = \frac{G}{2r^3}\epsilon_{ijk} x^j S_{\mathrm{E}}^k. \tag{7.71}$$

这里用 $\vec{S}_{\mathrm{E}}$ 表示地球自转的角动量矢量.

后面实际应用的卫星, 轨道偏心率非常小, 可以看成圆轨道, 上式中可用近似 $r = a$, 这里 a 是轨道半径. 附录 A.5 节应用吻切根数摄动法证明, 对于圆轨道, 相对论 LT 效应使人造卫星轨道升交点经度进动的平均速率为

$$\bar{\Omega}_{\mathrm{LT}} = \frac{2GS_{\mathrm{E}}}{c^2 a^3}. \tag{7.72}$$

这是广义相对论的理论预言, 在地球附近的弱引力场, 其数值必然十分微小, 需要选择恰当的卫星和精密的观测手段才有可能予以实验检测. 美国航天局 1976 年发射的激光地球动力学卫星(LAser GEOdynamics Satellite, LAGEOS)比较符合这一要求. 它是质量约为 407kg, 直径 0.6m 的球形, 表面有 422 面反射镜供作地面站的激光测距观测. 它的面积与质量之比很小, 轨道高度约有 6000km, 大气阻力很小, 又是一颗被动卫星, 没有太阳能板, 几乎没有太阳光压作用, 接近于在引力场中自由下落. 对它激光测距的观测精度很高, 好于 1cm. 它的轨道偏心率是 0.004, 几乎是圆轨道.

用 LAGEOS 卫星监测 LT 效应的主要障碍是地球并非球形, 也造成卫星轨道交点的进动, 其中最大一项来自地球引力势中 2 阶带谐项[①]:

$$\bar{\Omega}_{J_2} = -\frac{3}{2}J_2\left(\frac{R_{\mathrm{E}}}{a}\right)^2 n\cos i. \tag{7.73}$$

其中, R_{E} 是地球半径, J_2 是地球势函数中的 2 阶带谐系数, 量级为 10^{-3}, 造成的交点进动远大于 LT 效应. 可以根据现有的地球模型对式(7.73)进行计算, 然而地球的形状复杂, 并

---

① 刘林, 汤靖帅. 卫星轨道理论与应用[M]. 北京: 电子工业出版社, 2015; 吴连大. 人造卫星与空间碎片的轨道和探测[M]. 北京: 中国科学技术出版社, 2011; 或其他天体力学与卫星动力学书籍.

因潮汐等因素在变化,导致 J_2 的误差 δJ_2 是一个未知量,它引起的交点进动和 LT 效应混淆.

意大利物理学家 Ciufolini(Ignazio Ciufolini,1951—)于 1986 年提出,再发射一颗与 LAGEOS 卫星类似的激光动力学卫星以消除 δJ_2 的影响.观察式(7.73)和式(7.72)的差别,$\dot{\bar{\Omega}}_{J_2}$ 与 $\cos i$ 有关,而 $\dot{\bar{\Omega}}_{LT}$ 无关.1992 年意大利航天局和美国航天局联合发射了 LAGEOS2 卫星,其他方面和 LAGEOS 类似,但轨道倾角为 63.65 度,而 LAGEOS 为 109.83 度.因此,处理轨道资料时,采取

$$\dot{\bar{\Omega}}_{LAGEOS} + k\dot{\bar{\Omega}}_{LAGEOS2} \tag{7.74}$$

适当选择常数 k 的数值,就可以消除 δJ_2 的影响,检测出 LT 效应造成的交点进动.将 2 颗卫星的轨道根数代入式(7.73),算得 k 的值为 0.545.

2004 年公布了数据处理的结果[1],卫星激光测距实验验证了 LT 效应,随机和系统误差估计为 10%.Ciufolini 等科学家认为,验证精度主要因为地球引力场模型不够精确,LAGEOS2 能消除 2 阶带谐系数的误差 δJ_2 引起的效应,但 4 阶带谐系数的误差 δJ_4 并不能消除,建议再发射一颗激光动力学卫星.为此目的,2012 年意大利航天局发射了激光相对论卫星(Laser Relativity Satellite,LARES).与此同时,美国和德国联合发射的 GRACE (Gravity Recovery and Climate Experiment)卫星建立了更好的引力场模型.2018 年,Ciufolini 等发表了用 LARES 的 7 年激光测距资料,LAGEOS 和 LAGEOS2 的 26 年激光测距资料,以及 GRACE 的地球引力场模型来验证相对论 LT 效应的论文,验证的精度提高到 2%.[2]

因 LT 效应引起的卫星轨道交点进动速率 $\dot{\bar{\Omega}}_{LT}$,LAGEOS 和 LAGEOS2 的数值分别是每年 30.68 毫角秒和 31.50 毫角秒,LARES 的轨道比较低,数值为每年 118.50 毫角秒.所以,验证 LT 效应从理论上看似乎很简单,要从观测数据中检测出如此微小的效应不是一件容易的事.这是引力理论验证实验的特点.太阳系天体的自转速率缓慢,恒星世界中有快速自转的天体.在包含脉冲星的双星系中,有可能检测和验证 LT 效应.[3]

7.3 致密天体邻近的相对论效应

7.3.1 施瓦西场中的圆轨道

前文章节已多次计算过施瓦西时空中自由粒子的测地线轨道,本小节讨论其中的圆轨道,背景是在致密天体周围常有吸积盘之类的物质聚集.这里要讨论稳定圆轨道的存在性以

① I. Ciufolini and E. C. Pavlis,2004,Nature,431,958-960.
② Ciufolini et al. ,2019,Eur. Phys. J. C. ,79,872.
③ 例如,可参阅 V. Cwnkatraman Krishman et al. ,2020,Science,367,577-580.

及致密天体高能辐射能量的可能来源.

重写标准坐标系下的施瓦西度规如下:

$$ds^2 = -\left(1 - \frac{2M}{r}\right)c^2 dt^2 + \left(1 - \frac{2M}{r}\right)^{-1} dr^2 + r^2(d\theta^2 + \sin^2\theta d\phi^2). \tag{7.75}$$

不失一般性,取 $\theta = \pi/2$,对于静止质量不为零的自由粒子,取原时 τ 为自变量.因度规不显含坐标 t 和 ϕ,粒子 4 速度的对应协变坐标分量守恒:

$$u_t = \left(1 - \frac{2M}{r}\right)c\dot{t} = cE, \quad u_\phi = r^2\dot{\phi} = h. \tag{7.76}$$

粒子的运动满足

$$-c^2 = -\frac{c^2 E^2}{1 - 2M/r} + \frac{\dot{r}^2}{1 - 2M/r} + \frac{h^2}{r^2}. \tag{7.77}$$

轨道为圆轨道的充要条件是 $\dot{r} = 0$ 时径向加速度 $\ddot{r} = 0$.从上式得到

$$\begin{cases} \dot{r}^2 = c^2 E^2 - V(r), \quad V(r) = \left(c^2 + \frac{h^2}{r^2}\right)\left(1 - \frac{2M}{r}\right), \\ \ddot{r} = -\frac{1}{2}\frac{dV}{dr} = -\frac{Mc^2}{r^2} + \frac{h^2}{r^3} - \frac{3Mh^2}{r^4}. \end{cases} \tag{7.78}$$

所以对参数为 E 和 h 的自由粒子,可能的圆轨道的径向坐标 r_c 满足

$$Mc^2 r_c^2 - h^2 r_c + 3Mh^2 = 0. \tag{7.79}$$

得到两个圆轨道解

$$r_c^\pm = \frac{h^2 \pm \sqrt{h^4 - 12M^2 c^2 h^2}}{2Mc^2}. \tag{7.80}$$

检查轨道的稳定性,计算微分方程(7.78)在 r_c^+ 和 r_c^- 处的变分方程,看变分 δr 是有限还是发散.

$$\delta\ddot{r} = -\frac{1}{2}\frac{d^2 V}{dr^2}\delta r = -\frac{d}{dr}\left[\frac{Mc^2}{r^4}(r - r_c^+)(r - r_c^-)\right]\delta r. \tag{7.81}$$

显然,在圆轨道 r_c^- 的邻域,上式右边 δr 的系数取正值,δr 可以无限增长,所以圆轨道 r_c^- 不稳定.相反,r_c^+ 对应的圆轨道稳定,自然界应当有可观测的对应现象.

对于稳定的圆轨道 r_c^+,变分方程(7.81)成为简谐振动方程,频率的平方是

$$\omega_r^2 = \frac{1}{2}\frac{d^2 V}{dr^2}\bigg|_{r=r_c^+} = \frac{Mc^2}{r_c^{+4}}(r_c^+ - r_c^-) = \frac{\sqrt{h^4 - 12M^2 c^2 h^2}}{r_c^{+4}}. \tag{7.82}$$

这是稳定圆轨道邻近的轨道在 r 方向振动的频率.注意 $h = r^2\dot{\phi} = r^2\omega_\phi$.显然,当令 $c \to \infty$,这是牛顿力学的情况,注意 $M = Gm/c^2$,上式成为 $\omega_r = \omega_\phi$,亦即圆轨道邻近的轨道仍然是封闭的周期轨道,也就是熟知的椭圆轨道.对于相对论情况,上式表明 $\omega_r < \omega_\phi$,说明轨道不是封闭轨道,当 ϕ 增加 2π 后,还要一段时间后 r 的值才能回到原处,再次揭示了近心点进

动现象.

审视施瓦西场的圆轨道 r_c^+ 的表达式(7.80),可见并不是在空间任何地点都存在圆轨道,而是必须满足不等式

$$h^2 \geqslant 12M^2c^2. \tag{7.83}$$

这是和牛顿力学开普勒圆轨道的重要差别.上式取等号时得到施瓦西场的最小圆轨道 $r_c^{min} = 6M = 3r_h$.这里 $r_h = 2M$ 是施瓦西黑洞视界的径向坐标值.这是一个重要结果.因为在 $r = 6M$ 以内,已经不可能有大量物质聚集.

从式(7.79)可以计算以自由粒子原时度量的圆轨道运动的角频率

$$\dot\phi^2 = \frac{Mc^2}{r_c^2(r_c - 3M)}. \tag{7.84}$$

可以进一步计算圆轨道周期.例如,对于最小圆轨道,以粒子原时计量的周期为

$$P_\tau = \int_0^{2\pi} \frac{6\sqrt3 M}{c}\mathrm{d}\phi = \frac{12\sqrt3 \pi M}{c}. \tag{7.85}$$

然而,位于离黑洞很远处的观测者不可能用粒子的原时来测量粒子绕转运动的周期.设想观测者处于时空平直区域,且在施瓦西坐标系中处于静止状态,是无穷远处的静止观测者.观测者的原时与施瓦西坐标系的坐标时速率相同,所以要用坐标时来计量周期.从施瓦西度规式(7.84)和式(7.84)容易得到对于最小稳定圆轨道 $\mathrm{d}t = \sqrt2 \mathrm{d}\tau$,于是以坐标时计量的最小圆轨道周期为

$$P_t = \frac{12\sqrt6 \pi M}{c}. \tag{7.86}$$

有趣的是,这个结果正好与牛顿力学的开普勒圆轨道周期完全相同.

现在来计算在最小稳定圆轨道上粒子的能量常数 E.用自由粒子的积分式(7.76),代入 $r = 6M, \dot t = \sqrt2$ 后得到

$$E = \frac{2\sqrt2}{3}. \tag{7.87}$$

3.6.5 节说明,Ec^2 是粒子运动到无穷远处时单位质量所具有的能量.按照式(7.76),因为粒子在无穷远的平直时空里 $\dot t \geqslant 1$,应当有 $E \geqslant 1$,在最小圆轨道上运动的粒子,自然不可能克服引力的束缚,逃逸远离中心天体.

设想致密天体吸积远处的物质,吸积过程中因各种因素损失能量而形成环绕天体转动的轨道.被吸积物质损失的能量转化成辐射.以施瓦西黑洞最小稳定圆轨道来计算,引力吸积辐射的可能效率为

$$\eta = 1 - \frac{2\sqrt2}{3} = 5.7\%. \tag{7.88}$$

看上去效率不高,却是氢氦聚变释放能量的效率的几十倍.

很自然会想讨论克尔黑洞附近的稳定圆轨道,去研究黑洞吸积物质时能量释放的效率.

推导克尔黑洞附近粒子的测地线轨道的方法原则上与施瓦西黑洞的情况完全类似,只是更为繁琐.另外,这时有两类圆轨道:与黑洞自转方向相同的顺行圆轨道,对应 $ha>0$;与黑洞自转方向相反的逆行圆轨道,对应 $ha<0$. 在 Boyer-Lindquist 坐标系里克尔场中稳定圆轨道的推导在很多相对论教科书中可以找到,也可参考一些文献[①].下面直接列出最小稳定圆轨道的径向坐标:

$$r_c^{\min} = M\{3 + Z_2 \mp [(3 - Z_1)(3 + Z_1 + 2Z_2)]^{\frac{1}{2}}\}, \tag{7.89}$$

其中,干号取负号时为顺行圆轨道,取正号时为逆行圆轨道,此外

$$\begin{cases} Z_1 \equiv 1 + \left(1 - \dfrac{a^2}{M^2}\right)^{\frac{1}{3}} \left[\left(1 + \dfrac{a}{M}\right)^{\frac{1}{3}} + \left(1 - \dfrac{a}{M}\right)^{\frac{1}{3}}\right], \\[3mm] Z_2 \equiv \left(\dfrac{3a^2}{M^2} + Z_1^2\right)^{\frac{1}{2}}. \end{cases} \tag{7.90}$$

这些公式表明最小稳定圆轨道与黑洞的自转角动量有关,对每一个 a 值,最小稳定顺行圆轨道的径向坐标值要小于逆行轨道.当 $a=0$,对应施瓦西场情况,此时顺行和逆行的径向坐标值重合,为前面推导所得的 $6M$. 容易验证,顺行稳定圆轨道的 r 的最小值随 a 的增加而减小,而逆行稳定圆轨道的 r 的最小值随 a 的增加而增加.显然,这是伦泽-蒂林效应.黑洞自转越快,对周围时空的拖曳效应越强,而且离黑洞越近拖曳效应越强,粒子的逆行变得越来越困难.下一小节将具体讨论这种拖曳效应.

这样,极端克尔黑洞($a=M$)的最小顺行稳定圆轨道将是所有自转黑洞的最小稳定圆轨道.从上面的公式得到这个最小值为 $r_c^{\min}=M$,和视界的值相同.可以进一步推算,这时

$$E = \frac{1}{\sqrt{3}}, \quad \eta = 1 - E = 42.3\%. \tag{7.91}$$

这是惊人的高效率.然而,它对应极端克尔黑洞的情况.另外,$r=M$ 对应视界.总之,这些数字为高能天体物理现象提供了一些可能的解释.

7.3.2　克尔黑洞的拖曳效应

如 7.2 节所述,当天体快速自转时,相对论 LT 效应表现为拖曳天体附近的空间随之转动,离天体越近,拖曳效应越明显.本小节讨论克尔黑洞附近的 LT 效应,解释 6.3.6 节所说的克尔黑洞的"静界".

克尔黑洞的度规可写成

$$ds^2 = g_{tt}c^2 dt^2 + 2g_{t\phi}c\, dt\, d\phi + g_{rr}dr^2 + g_{\theta\theta}d\theta^2 + g_{\phi\phi}d\phi^2. \tag{7.92}$$

其中,各度规坐标分量的具体表达式见式(6.114),这里不再重复.度规的时空交叉项不为

---

① 例如,James M. Bardeen,William H,Press and Saul A. Teukolsky,1972,Ap. J.,178,347-369.该文有很仔细的分析.

零,表明中心天体有自转.度规不显含坐标 t 和 ϕ,自由粒子运动存在两个守恒量:4 速度的两个协变坐标分量

$$u_t = -cE, \quad u_\phi = h. \tag{7.93}$$

3.6.5 节讨论过施瓦西场中自由粒子的 E 的物理意义.完全类似,在克尔度规无穷远处,静止观测者对粒子进行测量,E 和 h 正是粒子单位质量所具有的能量和角动量.注意,对于克尔黑洞和所采用的坐标系,$x^\alpha = (ct, r, \theta, \phi)$,$\phi$ 增加方向就是黑洞自转的方向.

为了说明拖曳效应,设想一个粒子在初始时刻位于离开中心天体很远的地方,那里时空平直,而且粒子起初只有径向运动,在 $t = 0$ 时粒子的 $u^\phi = 0$.因为那里时空平直,所以 $u_\phi = h = 0$,亦即粒子本身没有角动量.如果粒子以后有横向运动,完全是黑洞拖曳造成.粒子随后在引力的作用下向黑洞运动.为检查粒子之后有没有因拖曳效应而产生横向运动,定义横向角速度

$$\Omega \equiv \frac{\mathrm{d}\phi}{\mathrm{d}t} = \frac{cu^\phi}{u^t}. \tag{7.94}$$

粒子在纯引力作用下的时空路径是测地线.为计算 Ω,利用守恒量 u_t 和 u_ϕ 为常数.有

$$\begin{cases} u^\phi = g^{\phi t}u_t + g^{\phi\phi}u_\phi, \\ u^t = g^{tt}u_t + g^{t\phi}u_\phi. \end{cases}$$

现在,$u_\phi = h = 0$,所以

$$\frac{\Omega}{c} = \frac{g^{t\phi}}{g^{tt}} = -\frac{g_{t\phi}}{g_{\phi\phi}} = \frac{2Mar}{(r^2 + a^2)^2 - a^2\Delta\sin^2\theta} = \frac{2Mar}{r^4 + a^2r(r + 2M) + a^2\Delta\cos^2\theta}. \tag{7.95}$$

计算上式时用了协变和逆变度规的互逆关系以及式(6.114)所给的克尔度规表达式.因此,Ω 的符号与 a 相同.这就是说,虽然在初始时刻,r 为"无穷大"时,Ω 等于零,r 越小,粒子横向转动的角速度越大,方向与黑洞自转的方向相同.角速度 Ω 完全由黑洞自转拖曳周围空间造成.

以上的讨论在 Boyer-Lindquist 坐标系中进行,r 越小,拖曳效应越强.粒子如果要保持坐标静止,必须朝相反的方向运动以抵消拖曳作用.因为粒子的运动速度有上限,自然猜测,当 r 足够小,拖曳效应如此之强,连最快的光子都无法静止,只能被拖着沿黑洞自转的方向转动.下面来深入探讨这一现象.

对光子的运动而言,$\mathrm{d}s^2 = 0$.从度规式(7.92)可见,光子在坐标系中静止的条件是 $g_{tt} = 0$,也就是在 $r = r_e$ 确定的曲面上.当 $r < r_e$,就是光子也不能静止,只能被拖曳着沿中心天体自转的方向运动.所以,将 r_e 定义的曲面称为静界.请注意,这一段讨论并不限于克尔黑洞,中心天体只要致密且快速自转,$g_{tt} = 0$ 的解 $r = r_e$ 位于天体表面之外,该天体就有静界.对于克尔黑洞,在静界和视界之间的区域是能层.如果不是黑洞,在静界和天体表面之间也有能层.下面对能层进一步讨论.

为简单起见,设想光子只有横向运动,亦即 $\mathrm{d}r = \mathrm{d}\theta = 0$.能层在视界之外,粒子可以逃离

天体引力的束缚. 这时度规为

$$0 = \mathrm{d}s^2 = g_{tt}c^2\mathrm{d}t^2 + 2g_{t\phi}c\,\mathrm{d}t\,\mathrm{d}\phi + g_{\phi\phi}\mathrm{d}\phi^2. \tag{7.96}$$

从上式解得

$$\frac{\omega}{c} = \frac{\mathrm{d}\phi}{c\,\mathrm{d}t} = -\frac{g_{t\phi}}{g_{\phi\phi}} \pm \sqrt{\left(\frac{g_{t\phi}}{g_{\phi\phi}}\right)^2 - \frac{g_{t\phi}g_{tt}}{g_{\phi\phi}^2}}. \tag{7.97}$$

在静界, $g_{tt} = 0$, 有两个解, 或者说光子有两个可能的运动:

$$\frac{\omega_1}{c} = 0, \quad \frac{\omega_2}{c} = -\frac{2g_{t\phi}}{g_{\phi\phi}}. \tag{7.98}$$

可以想象, 这表示了光子两种可能的局域运动, 反着和顺着天体自转运动的方向. 对于克尔黑洞, 这两个解是

$$\frac{\omega_1}{c} = 0, \quad \frac{\omega_2}{c} = \frac{4aMr}{(r^2 + a^2)^2 - a^2\Delta\sin^2\theta}. \tag{7.99}$$

前面已经讨论过, ω_2 表达式中的分母大于零, 所以 ω_2 与黑洞的自转角动量符号相同.

将式(7.99)或式(7.98)中的 ω_2 与式(7.95)的 Ω 相比较, 可知在静界, $\omega_2 = 2\Omega$, 说明在静界上, 中心天体对空间的拖曳速度已经达到光速.

当 $r < r_e$, 进入能层, 这时 $g_{tt} > 0$. 为叙述方便, 规定中心天体的自转方向与坐标 ϕ 增加的方向相同, 从式(7.97)得到

$$\frac{\omega_1}{c} > 0, \quad \frac{\omega_2}{c} > -\frac{2g_{t\phi}}{g_{\phi\phi}}. \tag{7.100}$$

在能层内, 拖曳效应如此之强, 即使光子也只能沿中心天体自转的方向运动.

7.3.3 彭罗斯过程和霍金面积定理

这一小节讨论致密天体能层. 1969 年英国数学和物理学家彭罗斯(Roger Penrose, 1931—)提出抽取克尔黑洞质量能量的思想实验, 后来发展成类星体能源, 天体高能喷流的一种理论解释.

彭罗斯过程, 又称为彭罗斯机制的定性描述如下. 设想一团物质进入克尔黑洞的能层, 该物质的能量常数为 E, 物质团在能层内发生恰当的爆裂, 分裂成 2 块, 一块的质能是 $E + \Delta E$, 另一块是 $-\Delta E$. 这里 $\Delta E > 0$. 具有负能的物质块落入黑洞的视界之内, 具有正能的那一块飞离黑洞. 总的效果是, 黑洞外的观测者看见黑洞因辐射而质量减少. 彭罗斯进一步指出, 减少的是黑洞的自转能, 这一过程导致黑洞的自转越来越慢, 直至角动量为零.

论证彭罗斯过程在理论上为合理进程有以下几个关键: 能层内允许具负 E 值的物质存在, 具负 E 值的物质不能逃离黑洞, 具负 E 值的物质也有负的角动量. 为简单起见, 这里仍规定黑洞自转方向与 ϕ 的增加方向相同, 亦即黑洞的角动量参数 a 大于零.

现在对上面的问题给一个简化的解释. 用具有单位静止质量的自由粒子来代表物质. 粒

子在克尔引力场中有两个守恒量 E 和 h. 按照广义相对论的观测量理论,粒子的能量和角动量要与粒子同时同地的瞬时观测者来测量. Boyer-Lindquist 坐标的克尔度规和标准坐标系的施瓦西度规一样是渐近平直度规. Ec^2 和 h 是离黑洞无穷远处,坐标系中静止观测者测量所得的结果. 对于克尔场它们是守恒量,是粒子本身具有的属性,称为粒子的能量和角动量常数. 当粒子处于时空弯曲不能忽略的地点,将观测者测量粒子能量所得的结果记为 En,一般 En 不等于 Ec^2. 3.6.5 节就施瓦西场的情况对此有讲述.

现在来讨论粒子处于克尔场不同地点时对粒子能量的测量结果,仍然选择坐标系的静止观测者. 当 $r>r_e$,在能层之外,$g_{tt}<0$,静止观测者的 4 速度为

$$U^\alpha = \left(\frac{c}{\sqrt{-g_{tt}}},0,0,0\right). \tag{7.101}$$

测量粒子能量的结果是

$$En = -\mathbf{U}\cdot\mathbf{u} = -U^t u_t = \frac{Ec^2}{\sqrt{-g_{tt}}}. \tag{7.102}$$

将粒子的静止质量取为 1,上式中的 En 应当是粒子相对观测者参考系的相对论质量对应的能量. 对于实粒子,En 一定大于零. 而且,对于所有可能的观测者,测量的结果也一定大于零,因为不同观测者参考系之间的变换为洛伦兹变换. 这样,根据式(7.102),在能层之外不存在能量常数 E 小于零的物质.

再来看粒子处于能层之内的情况. 这时已经不可能有静止的观测者,克尔黑洞以角速度 Ω 拖曳周围的空间. 最接近静止观测者的是具零角动量常数的观测者,它在 ϕ 方向的角速度等于 Ω,它的 4 速度是

$$U^\alpha = (cA,0,0,A\Omega). \tag{7.103}$$

其中,$A=\mathrm{d}t/\mathrm{d}\tau$,$\Omega$ 由式(7.95)给出. 观测者在 r 和 θ 方向没有运动,只有在 ϕ 方向被拖曳运动,在能层内 $A>0$.[①] A 可从下式决定

$$-c^2 = A^2(c^2 g_{tt} + 2c g_{t\phi}\Omega + g_{\phi\phi}\Omega^2). \tag{7.104}$$

该观测者测量具能量常数 E 和角动量常数 h 的粒子,得到粒子的能量为

$$En = -\mathbf{U}\cdot\mathbf{u} = -U^t u_t - U^\phi u_\phi = Ac^2\left(E-\frac{\Omega h}{c^2}\right). \tag{7.105}$$

同样,对于实际的物质,一定有 $Em>0$. 对于 E 的约束如下:当 $h\geqslant 0$,必须有 $E>0$;当 $h<0$,$E>0$ 和 $E<0$ 都允许.

上面的讨论表明,在能层之内,允许 E 值为负能的物质存在,但是这种物质不可能运动到能层之外,唯一可能的命运是沿着螺旋轨道落入黑洞,减少了黑洞的质量能量. 因为具有负能的物质一定有负的角动量,在克尔黑洞能量减少的同时,角动量也减少. 在彭罗斯过程

---

① 在能层内,$g_{tt}>0$,坐标 t 丧失了时间坐标的角色,按理 t 可以增加也可以减小,而在所选择的坐标系中,坐标 ϕ 只能单调增加,也就是 $\mathrm{d}\phi/\mathrm{d}\tau>0$,而 $\Omega>0$,对于所选择的观测者,有 $A>0$.

不断作用的情况下,黑洞自转越来越慢,直至停转成为施瓦西黑洞,这时静界和视界重合,没有了能层,也就不再有彭罗斯机制来抽取黑洞的能量和角动量.上面的讨论表明,彭罗斯过程抽取的是克尔黑洞的转动能.对于不是黑洞的快速自转的致密天体,只要表面之外有能层,彭罗斯过程同样起作用.

下一个问题是从克尔黑洞抽取能量的极限是多少?有几个途径可以回答.最常见的方式是用霍金(Stephen Hawking,1942—2018)的面积定理,即黑洞视界的表面积只能增大,不能变小,就像热力学中的熵.下面采纳钱德拉塞卡(Subrahmanyan Chandrasekhar,1910—1995)对彭罗斯过程的直接计算.[①]

从式(7.105),知道一定有

$$E - \frac{\Omega h}{c^2} \geqslant 0 \tag{7.106}$$

成立.彭罗斯过程中落入黑洞视界内的物质的 E 和 h 都具有负值.E 减少了黑洞的质能 M,记为 δM.h 减少了黑洞的角动量 J,记为 δJ.按照这些量的定义,如 $M = Gm/c^2$,$aM = GJ/c^3$ 等,它们之间的关系为

$$\delta M = GE/c^2,$$

$$G\delta J/c^2 = Gh/c^2 = Mc\delta a + ac\delta M. \tag{7.107}$$

不失一般性,这里假定物质块的静止质量为 1.此外,从式(7.106)可见,黑洞的拖曳速度越大,彭罗斯过程可抽取的能量越大.从 Ω 的表达式(7.95)可见,在黑洞赤道能层的内边界,即 $\theta = \pi/2$,$r = r_h$ 处,$\Omega = \Omega_h$ 达到最大,所以从式(7.106)和式(7.107)有

$$\delta M - \Omega_h (M\delta a + a\delta M)/c \geqslant 0.$$

而

$$\frac{\Omega_h}{c} = \frac{2Ma}{r_h^3 + a^2(r_h + 2M)},$$

$$r_h = M + \sqrt{M^2 - a^2}.$$

进一步的演算得到

$$r_h^2 \delta M - Ma\delta a \geqslant 0. \tag{7.108}$$

上式可以凑成全微分.定义

$$M_{\mathrm{irr}}^2 \equiv \frac{1}{2} M r_h = \frac{1}{2} M(M + \sqrt{M^2 - a^2}) = \frac{1}{4}(r_h^2 + a^2). \tag{7.109}$$

有

$$\delta M_{\mathrm{irr}}^2 = \frac{1}{2\sqrt{M^2 - a^2}}(r_h^2 \delta M - Ma\delta a).$$

[①] Chandrasekhar,S.,1992,The Mathematical Theory of Black Holes,Clarendon Press,Oxford.关于彭罗斯过程,见 p.364-375.关于抽取能量的极限,见该书 p.373-374.

立即得到最终的答案

$$\delta M_{\text{irr}} \geqslant 0. \tag{7.110}$$

上式表明,经过彭罗斯过程,克尔黑洞的质能参数 M 不断减少到 M_{irr} 后就不能再减少了.

为了更清晰地说明,对式(7.109)进行反解,得到

$$M^2 = \frac{M_{\text{irr}}^4}{M_{\text{irr}}^2 - \frac{1}{4}a^2}. \tag{7.111}$$

因为 a 的定义与 M 有关,换成黑洞的角动量 J,得到

$$M^2 = M_{\text{irr}}^2 + \frac{G^2 J^2}{4c^6 M_{\text{irr}}^2}. \tag{7.112}$$

显然,彭罗斯过程能抽取的是上式第二项的黑洞自转动能,直到 J 等于零,余下不能再减少的 M_{irr},成为施瓦西黑洞,能层消失.

对 M_{irr} 做进一步的讨论.计算克尔黑洞视界的表面积.视界是一个 2 维曲面,在其上 $dt = 0, dr = 0, r = r_h$,度规为

$$ds^2 = g_{\theta\theta} d\theta^2 + g_{\phi\phi} d\phi^2. \tag{7.113}$$

注意当 $r = r_h$,$\Delta = 0$,所以

$$\begin{cases} g_{\theta\theta} = \rho^2, \\ g_{\phi\phi} = \dfrac{(r_h^2 + a^2)^2 \sin^2\theta}{\rho^2}. \end{cases} \tag{7.114}$$

参照 1.3.2 节讲述的弯曲空间体元的计算公式,视界表面的面积为

$$A = \iint \sqrt{g_{\theta\theta} g_{\phi\phi}} \, d\theta d\phi = (r_h^2 + a^2) \int_0^{2\pi} d\phi \int_0^\pi \sin\theta d\theta = 16\pi M_{\text{irr}}^2. \tag{7.115}$$

所以式(7.110)对应的是

$$\delta A \geqslant 0. \tag{7.116}$$

亦即在彭罗斯过程中克尔黑洞视界的表面积不会减少,只会增加.

上面的论述从一个角度论证了霍金的面积定理.也常称为黑洞热力学第二定律.该定理的结论是黑洞在和周围物质的动力学过程中,黑洞视界的表面积只会增大,不会减少.这条面积定理的内涵自然比用于彭罗斯过程强大得多.例如,一个黑洞不能分裂成两个黑洞.以施瓦西黑洞为例,$a = 0$ 对应 $M_{\text{irr}} = M$.设想黑洞 M 分成黑洞 M_1 和 M_2,按照面积定理,应当有

$$M_1^2 + M_2^2 \geqslant M^2,$$

但是按照物质守恒定律,应当有

$$M_1 + M_2 \leqslant M,$$

而这两个不等式相互矛盾.反过来,这番讨论表明,两个黑洞可以并合成一个更大的黑洞.

还是讨论施瓦西黑洞的简单情况,看黑洞 M_1 和 M_2 合并成 M 能够释放多大的能量.

按照面积定理,有不等式

$$M^2 \geqslant M_1^2 + M_2^2. \tag{7.117}$$

合并时能量释放的效率为

$$\eta = \frac{M_1 + M_2 - M}{M_1 + M_2} \leqslant \frac{M_1 + M_2 - (M_1^2 + M_2^2)^{1/2}}{M_1 + M_2}. \tag{7.118}$$

看一个特殊情况 $M_1 = M_2$,算出 $\eta \leqslant 29\%$,这是一个很大的数值,说明致密天体并合时会释放巨大的引力波和电磁辐射.

现在来看彭罗斯过程能从极端克尔黑洞抽取多少能量. 这时 $a = M$,代入式(7.111),令 $M = kM_{\text{irr}}$,解得 $k = \sqrt{2}$,于是

$$\frac{M - M_{\text{irr}}}{M} = 0.29. \tag{7.119}$$

所以对于极端克尔黑洞,彭罗斯过程最多能抽取黑洞约 29% 的能量.

彭罗斯机制看上去像是极难实现的理想过程,但在天体物理的高能世界中有现实的升级版. 1977 年英国物理学家 Blandford(Roger Blandford,1949—   )及其合作者提出了 Blandford-Znajek 过程.[1]当克尔黑洞周围有吸积盘和穿过黑洞的极向磁场,会像彭罗斯过程一样产生接近光速的粒子辐射,抽取了黑洞的自转能,作为类星体能源,天体物理喷流等高能物理现象的一种解释. 这一理论机制得到了计算机模拟的证实.[2]

7.3.4 匀加速运动和霍金辐射

弱等效原理表明,局域的惯性力和引力等效. 因此,致密天体表面一点的引力,与平直时空的某种加速度等效. 量子场论有一种 Unruh 效应,声称平直时空中的加速观测者将测得背景真空具有温度和对应的黑体辐射. 按照等效原理,施瓦西黑洞表面的引力局域等效于加速度,可以推断黑洞表面也有温度和辐射,即所谓霍金辐射. 本小节仔细讨论加速运动所采用的 Rindler(Wolfgang Rindler,1924—2019)坐标并从 Unruh 效应导出霍金辐射的公式.[3]

先来看狭义相对论框架平直时空里的加速运动. 采用笛卡儿坐标,惯性参考系的闵可夫斯基度规为

$$ds^2 = -c^2 d\tau^2 = -c^2 dT^2 + dX^2 + dY^2 + dZ^2. \tag{7.120}$$

为简单起见,假定观测者的运动仅发生在 X 方向,而

$$v = \frac{dX}{dT}, \quad a = \frac{d^2 X}{dT^2}, \tag{7.121}$$

---

[1]　Blandford,R. D. and Znajek,R. L.,1977,Mon. Not. R. Astr. Soc.,179,433-456.

[2]　Parfrey,K.,Philippov,A. and Cerutti,B.,2019,Phys. Rev. Lett.,122,035101.

[3]　本小节内容主要参考了英文版维基百科的"Hawking Radiation"和"Rindler Coordinates"以及相关条目.

是观测者在惯性参考系 $\{cT,X\}$ 里的坐标 3 速度和 3 加速度. 注意它们并不是以前讲过的用原时和协变导数定义的 4 速度和 4 加速度. 另外, 为简略起见, 书写时略去坐标 Y 和 Z.

设想观测者作加速运动, 他随身携带的加速计测得的加速度是不是式 (7.121) 定义的 3 加速度 a 呢? 不是, 因为加速计相对参考系 $\{cT,X\}$ 不静止. 在加速计测定的瞬间, 存在与观测者相对静止的瞬时惯性参考系 $\{ct,x\}$, 观测者在该系中的 3 速度和 3 加速度相应为

$$u = \frac{\mathrm{d}x}{\mathrm{d}t} = 0, \quad \alpha = \frac{\mathrm{d}^2 x}{\mathrm{d}t^2}. \tag{7.122}$$

观测者携带的加速计测得的加速度是 α 而不是 a. 两个参考系间通过洛伦兹变换相联系, 比牛顿力学要复杂些. 此外, 从闵可夫斯基度规可见, 因为 $\{ct,x\}$ 在测量瞬间与观测者随动, $u=0, \mathrm{d}t = \mathrm{d}\tau$, 这里 τ 是观测者的原时, 所以称 α 是观测者的固有加速度 (proper acceleration), 参考系 $\{ct,x\}$ 为观测者的固有参考系. 同时, 在相对论里, 匀加速运动是指 α 为常数, 而不是 a 为常数的加速运动.

观测者在 $\{cT,X\}$ 系的速度是 v, 在 $\{ct,x\}$ 系的速度是 u, 根据第 2 章讲述的洛伦兹变换导致的速度叠加公式 (2.11), 有

$$u = \frac{v-w}{1-vw/c^2}, \tag{7.123}$$

其中, w 是两个惯性参考系的相对速度. 在计算瞬间, 自然有 $w=v, u=0$, 但要注意在上式中 w 是常数, 而 v 在变化. 将两边在该瞬间对 t 求导数, 注意 $u=0, \mathrm{d}u/\mathrm{d}t = \alpha, \mathrm{d}v/\mathrm{d}T = a$, 计及 T 和 t 之间的洛伦兹变换, 得到

$$\alpha = \left(1 - \frac{v^2}{c^2}\right)^{-3/2} a = \gamma^3 a. \tag{7.124}$$

这是固有加速度和 3 加速度之间的关系.

对于匀加速运动, α 是常数, 式 (7.124) 是参考系 $\{cT,X\}$ 中 3 速度 v 的一阶常微分方程, 初始条件为 $v(0)=0$ 的解为

$$v(T) = \frac{\alpha T}{\sqrt{1 + \left(\frac{\alpha T}{c}\right)^2}}. \tag{7.125}$$

读者可以对这个解进行验证. 从上式还能得到一个有用的关系式:

$$\gamma = \frac{1}{\sqrt{1 - v^2/c^2}} = \sqrt{1 + \left(\frac{\alpha T}{c}\right)^2}. \tag{7.126}$$

对式 (7.125) 进一步积分, 得到匀加速运动在 $\{cT,X\}$ 中的轨迹为

$$X(T) = \frac{c^2}{\alpha} \sqrt{1 + \left(\frac{\alpha T}{c}\right)^2}. \tag{7.127}$$

对应的初始条件为 $T=0$ 时, $X(0) = c^2/\alpha$ 和 $v(0)=0$.

现在来建立匀加速观测者在参考系 $\{cT,X\}$ 中的坐标与观测者的原时 τ 的关系. 首先

需要建立 T 和 τ 的关系. 从度规式(7.120)和式(7.126), 得到

$$d\tau = \frac{dT}{\gamma} = \frac{dT}{\sqrt{1+(\alpha T/c)^2}}.$$

初始条件为 $\tau = T = 0$ 的解为

$$c\tau = \frac{c^2}{\alpha}\ln\left(\sqrt{1+\left(\frac{\alpha T}{c}\right)^2}+\frac{\alpha T}{c}\right).\tag{7.128}$$

它的反函数为双曲函数, 再从式(7.127)得到

$$\begin{cases} cT = \dfrac{c^2}{\alpha}\sinh\left(\dfrac{\alpha\tau}{c}\right), \\ X = \dfrac{c^2}{\alpha}\cosh\left(\dfrac{\alpha\tau}{c}\right). \end{cases}\tag{7.129}$$

这是匀加速观测者在惯性参考系 $\{cT, X\}$ 中的世界线, 消去原时 τ 后得到时空轨道

$$X^2 - c^2 T^2 = c^4/\alpha^2.\tag{7.130}$$

这是一条有参数 α 的双曲线, 所以匀加速运动也称为双曲运动.

将式(7.129)看成坐标系 $\{cT, X\}$ 和 $\{ct, x\}$ 之间的坐标变换关系:

$$\begin{cases} cT = x\sinh\left(\dfrac{\alpha t}{c}\right), \\ X = x\cosh\left(\dfrac{\alpha t}{c}\right). \end{cases}\tag{7.131}$$

注意, 即使 $\{cT, X\}$ 是惯性参考系, $\{ct, x\}$ 不再是惯性参考系, 称为 Rindler 坐标, 上式称为 Rindler 变换. 当 $\{cT, X\}$ 的度规为闵可夫斯基度规, Rindler 坐标系里的度规为

$$ds^2 = -\frac{\alpha^2 x^2}{c^4}c^2 dt^2 + dx^2.\tag{7.132}$$

Rindler 坐标系 $\{ct, x\}$ 不是惯性参考系, 但是当 $\{cT, X\}$ 为惯性参考系, Rindler 系里的静止观测者, 就是 $\{cT, X\}$ 系里的匀加速观测者, 其中位于 $x = c^2/\alpha$ 的静止观测者, 正是 $\{cT, X\}$ 中固有加速度为 α 的匀加速观测者.

现在回到施瓦西黑洞视界附近来导出霍金辐射.[①] 施瓦西标准坐标为 (ct, r, θ, ϕ), 视界的径向坐标值为 $r = 2M$, 进行坐标变换

$$r = 2M + \frac{\rho^2}{8M}.\tag{7.133}$$

变换后的度规只保留 ρ 的最低阶项, 对于在视界附近的观测者, 变换后的度规是

---

① 关于霍金辐射的严谨推导和物理解释, 可见 Robert M. Wald, 1984, *General Relativity*, The University of Chicago Press, 14.3 节及所列有关文献, 然而该内容完全超出了本书的范围. 这里采纳英文版维基百科的陈述, 但没有论证 Unruh 效应. 至于霍金辐射的物理原始思想, 可看霍金在《时间简史》中的叙述.

$$ds^2 = -\frac{\rho^2}{16M^2}c^2\,dt^2 + d\rho^2. \tag{7.134}$$

做时间变换 $t/4M \to \alpha t/c^2$，得到的结果与式（7.132）在形式上完全相同，从而得到加速度 α 和位置 ρ 的关系：

$$\alpha = \frac{c^2}{\rho} = \frac{c^2}{\sqrt{8Mr(1-2M/r)}}. \tag{7.135}$$

加速度 α 可以理解为挣脱引力束缚，按等效原理与引力等效的加速度值.

量子场论的 Unruh 效应表明，平直时空里的加速观测者将测量出空间有温度为 K 的黑体辐射，其温度值为[①]

$$K = \frac{\hbar\alpha}{2\pi c k_B}, \tag{7.136}$$

其中，α 为观测者的加速度，$\hbar$ 和 k_B 分别为约化普朗克（Max Planck，1858—1947）常数和玻尔兹曼（Ludwig Boltzmann，1844—1906）常数. 代入 α 在径向坐标 r 处的值式（7.135）. 实际的观测者位于离黑洞很远处，所以要乘以辐射的引力红移因子 $\sqrt{1-2M/r}$，之后令 $r=2M$ 就得到霍金辐射的温度为

$$K_H = \frac{\hbar c}{8\pi M k_B} = \frac{\hbar c^3}{8\pi G m k_B} \approx 6\times10^{-8}\,K\,\frac{m_\odot}{m}. \tag{7.137}$$

这里采用开氏温度，m 和 $m_\odot$ 分别表示黑洞和太阳的质量.

从施瓦西黑洞霍金辐射的温度表达式（7.137）可见，黑洞的质量越大，温度越低. 一个孤立的黑洞将因霍金辐射而逐渐蒸发，质量逐渐变小，蒸发的速度也越来越快. 公式给出了近似的温度定量估计，对于恒星级黑洞和超大质量黑洞，霍金辐射对应的黑体辐射温度极低，远低于宇宙的背景辐射 2.7K. 这样的黑洞只会吸收背景热量，不会有热辐射.

对于施瓦西黑洞，不难进行寿命估计，需要的是将物体的温度和物体辐射功率相联系，这就要用到热力学著名的斯蒂芬（Josef Stefan，1835—1893）-玻尔兹曼定律：

$$J = \frac{1}{A}\frac{dE}{dt} = \sigma T^4, \tag{7.138}$$

其中，J 是单位时间内从表面单位面积辐射的能量，A 是物体表面面积，这里用黑洞视界面积，能量辐射率 $dE/dt = c^2\,dm/dt$，斯蒂芬-玻尔兹曼常数 σ 的表达式为

$$\sigma = \frac{\pi^2 k_B^4}{60\,\hbar^3 c^2}. \tag{7.139}$$

综合式（7.137）、式（7.138）和式（7.139），得到霍金辐射下的演化微分方程

$$dt = \frac{15\,360\pi}{c^4\,\hbar}G^2 m^2\,dm. \tag{7.140}$$

---

① 关于 Unruh 效应，请查阅英文版维基百科 "Unruh effect" 条目及有关文献.

积分后得到孤立施瓦西黑洞在霍金辐射下的寿命估计

$$t_{\text{life}} = \frac{5120\pi}{c^4\hbar}G^2 m^3 \approx 2.1 \times 10^{67} \text{ 年} \left(\frac{m}{m_\odot}\right)^3. \tag{7.141}$$

显然,对于超大黑洞,太阳质量级别甚至地球质量级别的黑洞,其估计寿命远远大于宇宙的年龄 137 亿年. 想要观测到霍金预言的黑洞生命最后的爆发而产生高能辐射现象,只有寄希望于宇宙大爆炸时形成的原初小黑洞. 对于质量为 $10^{11}\,\text{kg}$ 的小黑洞,寿命为 2.6×10^9 年,小于宇宙年龄.

最后,要说明无论 Unrum 效应还是霍金辐射,迄今为止还没有发现确凿的观测证据.

7.3.5　双星系统的引力辐射

6.2.1 节定性讲述了什么是引力波,其中提到引力波最早的观测证据是 1974 年赫尔斯和泰勒发现的脉冲双星 1913+16. 广义相对论预言,双星因引力辐射带走了能量,导致相互绕转的轨道能量损失,轨道半径逐渐变小和轨道周期变短. 该双星之一是脉冲星,通过多年观测,可以测定轨道递减率,结果与爱因斯坦相对论相符,成为引力波的第一个间接观测证据,赫尔斯和泰勒因此荣获 1993 年诺贝尔物理学奖.

双星系统因能量损失,将螺旋式地相互靠近,最后并合导致巨大的引力辐射. 2015 年 9 月 14 日后,LIGO 和 VIRGO 等引力波观测台成功直接观测到多次引力波,来自双黑洞或双中子星的并合. 2017 年诺贝尔物理学奖授予韦斯、巴里什和索恩.

由于引力源距离遥远,引力波又是四极矩辐射,科学家估计到达地球的引力辐射强度在 10^{-20} 以下,目前的直接观测只能测量双星系统并合最后阶段的辐射.

本小节讨论双星在并合之前因引力辐射导致的轨道演化. 在这个阶段,可以认为双星系统近于牛顿系统,亦即双星的环绕速度和星体内部物质的流动速度远小于光速($v \ll c$),星体内部应力小($T_{aj} \ll T_{00}$)等. 对于这样的孤立的非相对论系统,选取渐近平直的笛卡儿坐标系(ct, x^i),可以证明,孤立系统四极矩引力辐射的功率为[①]

$$\frac{\mathrm{d}E_{\text{GW}}}{\mathrm{d}t} = \frac{G}{5c^5}\langle \dddot{M}_{jk}\dddot{M}_{jk}\rangle. \tag{7.142}$$

其中,符号〈〉表示对时间的平均,M_{jk} 是系统的对称无迹四极矩,上面的 3 个点表示对时间的 3 阶导数. 上式有 c^{-5} 因子,为 2.5 阶后牛顿量级,其中的四极矩计算准到牛顿量级就可以了. 附录 C 式(C.32)给出的牛顿对称无迹四极矩定义为

$$M_{jk} \equiv \int \rho\left(x^j x^k - \frac{1}{3}\delta^{jk}r^2\right)\mathrm{d}^3 x. \tag{7.143}$$

---

① 这一公式在形式上与电四极矩辐射公式相同,只是系数换成了 1/5. 此公式的严格证明可见 Chales W. Misner, Kip S. Thorne, John Archibald Wheeler, 1973, *Gravitation* 第 36 章,特别是该书 36.10 节. 证明虽然有点长,然而耐心的读者可以理解.

这里 ρ 是系统的质量密度,积分对系统所在的空间进行.

式(7.142)对任意孤立的非相对论系统都适用,现在用于双星系统,并讨论最简单的情形:双星以圆轨道相互绕转.记双星的质量为 m_1 和 m_2,轨道半径为 a,角速度为 ω.选择以双星的质量中心为原点的时空坐标系 (ct,x,y,z),以双星的轨道面为 xy 坐标面.将双星看成点质量,则双星的质量密度为

$$\rho = m_1 \delta(\vec{r} - \vec{r}_1) + m_2 \delta(\vec{r} - \vec{r}_2). \tag{7.144}$$

其中,$\vec{r}_1$ 和 $\vec{r}_2$ 分别表示 m_1 和 m_2 的空间位置矢量,δ 是 3 维空间中的狄拉克 δ 函数.在这个简单模型里,对称无迹四极矩式(7.143)中的项

$$\int \rho r^2 \,\mathrm{d}^3 x = m_1 r_1^2 + m_2 r_2^2$$

是常数,对引力辐射没有贡献,不必计算.

为了计算这些四极矩,进行坐标旋转变换

$$\begin{cases} x = \bar{x}\cos\omega t - \bar{y}\sin\omega t, \\ y = \bar{x}\sin\omega t + \bar{y}\cos\omega t. \end{cases} \tag{7.145}$$

有

$$\begin{cases} x^2 = \dfrac{1}{2}(\bar{x}^2 + \bar{y}^2) + \dfrac{1}{2}(\bar{x}^2 - \bar{y}^2)\cos 2\omega t - \bar{x}\bar{y}\sin 2\omega t, \\[2mm] y^2 = \dfrac{1}{2}(\bar{x}^2 + \bar{y}^2) - \dfrac{1}{2}(\bar{x}^2 - \bar{y}^2)\cos 2\omega t + \bar{x}\bar{y}\sin 2\omega t, \\[2mm] xy = \dfrac{1}{2}(\bar{x}^2 - \bar{y}^2)\sin 2\omega t + \bar{x}\bar{y}\cos 2\omega t. \end{cases} \tag{7.146}$$

显然,双星在 $(\bar{x},\bar{y},\bar{z})$ 坐标系里均静止在 $\bar{x}$ 轴上,它们的 $\bar{y}$ 和 $\bar{z}$ 坐标全为零.于是

$$\begin{cases} \dddot{M}_{xx} = 4\omega^3 I_{\bar{x}\bar{x}}\sin 2\omega t, \\[1mm] \dddot{M}_{yy} = -4\omega^3 I_{\bar{x}\bar{x}}\sin 2\omega t, \\[1mm] \dddot{M}_{xy} = \dddot{M}_{yx} = -4\omega^3 I_{\bar{x}\bar{x}}\cos 2\omega t. \end{cases}$$

其中,

$$I_{\bar{x}\bar{x}} = \int \rho \bar{x}\bar{x} \,\mathrm{d}^3\bar{x} = m_1 r_1^2 + m_2 r_2^2 = \frac{m_1 m_2}{m_1 + m_2} a^2.$$

利用附录 A 所示开普勒第三定律式(A.15)

$$\omega^2 a^3 = G(m_1 + m_2), \tag{7.147}$$

最后得到双星系统引力辐射的功率为

$$\frac{\mathrm{d}E_{\mathrm{GW}}}{\mathrm{d}t} = \frac{32 G^4 (m_1 + m_2) m_1^2 m_2^2}{5 c^5 a^5}. \tag{7.148}$$

对于椭圆轨道,这一公式要加一个依赖轨道偏心率的因子如下:[①]

$$\frac{\mathrm{d}E_{\mathrm{GW}}}{\mathrm{d}t} = \frac{32G^4(m_1+m_2)m_1^2 m_2^2}{5c^5 a^5} f(e).\tag{7.149}$$

其中,

$$f(e) = (1-e^2)^{-7/2}\left(1+\frac{73}{24}e^2+\frac{37}{96}e^4\right).\tag{7.150}$$

下面仍按圆轨道进行推导.

双星系统的轨道总能量 E_{BS} 为

$$E_{\mathrm{BS}} = \frac{1}{2}m_1 v_1^2 + \frac{1}{2}m_2 v_2^2 - \frac{Gm_1 m_2}{a} = -\frac{Gm_1 m_2}{2a}.\tag{7.151}$$

上式推导时应用了坐标原点是质量中心,并应用附录 A 的活力公式(A.17).引力波带走能量使双星轨道能量减少,有

$$\frac{\mathrm{d}E_{\mathrm{BS}}}{\mathrm{d}t} = -\frac{\mathrm{d}E_{\mathrm{GW}}}{\mathrm{d}t},\tag{7.152}$$

从而得到轨道演化方程

$$\frac{\mathrm{d}a}{\mathrm{d}t} = -\frac{64G^3(m_1+m_2)m_1 m_2}{5c^5 a^3}.\tag{7.153}$$

上式表明双星的质量越大,相互距离越近,轨道演化越快.随着双星间的距离越来越近,轨道演化加快,形成螺旋式靠近.从上式可以得到轨道半径为 a 的双星系统在并合之前余下的时间为

$$\Delta t = \frac{5c^5 a^4}{256G^3(m_1+m_2)m_1 m_2}.\tag{7.154}$$

习题

7.1 完整推导引力红移的式(7.9).

7.2 在一阶后牛顿近似下,从光线方程(7.17)推导地球处观测到的光线弯曲式(7.22).

7.3 在解算习题 6.6 的基础上证明以下结论:施瓦西场中沿径向自由下落的航天器以固定频率不断向外发射信号,离中心天体很远的静止观测者测量信号的红移.在航天器接近视界时,观测者发现红移越来越大,与时间之间有 $\exp(ct/4M)$ 的规律,理论上可以用来测量中心黑洞的质量.

7.4 电子自旋的托马斯进动是重要的物理量.设时空平直,电子绕原子核进行圆轨道

———————
① 此式见 MTW *Gravitaion* 一书(见 P164 脚注①)式(36.16).

运动,角速度为 ω,轨道半径为 r,计算电子自旋的托马斯进动的频率.

　　7.5　证明对于施瓦西场标准坐标系中自由粒子的圆轨道,以坐标时度量的轨道周期,与开普勒第三定律的结果完全相同.

　　7.6　证明固有加速度和 3 加速度之间关系式(7.124),说明这两种加速度在概念和测量方式上的差别.

第8章

IAU相对论参考系

自 1976 年以来,IAU(国际天文学联合会)确定了以广义相对论作为高精度轨道动力学和天体测量资料处理的理论框架. 在 1976—2012 年通过了一系列关于相对论参考系的决议,附录 B 列有这些决议的译文. 本章在前文章节学习的基础上,对这些决议进行诠释,重点在概念和应用,决议的理论依据和部分数学推导则放到第 9 章. 不想深入理论的读者可以不阅读第 9 章,但阅读本章之前应当具备前七章讲述的相对论基础知识. 本章按时间次序对决议进行解释,使读者了解这些决议的产生和发展过程,应用时要注意的要点. 行文只对每个决议的重点进行讨论,读者应当结合附录 B 登载的全文来阅读和理解.

8.1   时间和长度的国际单位

8.1.1   秒和米定义的历史

本节主要讲述时间单位秒的历史,其中涉及时间的历史. 在本节的最后,简要叙述长度单位米的历史.

事物的变化和运动使我们感知时间的流逝,科学家自然选择一种稳定而反复出现的周期运动作为度量时间的单位. 太阳和恒星的东升西落是最常见的周期现象,表示的是地球的自转运动. 时间的测定和时间单位的定义曾经是天文学家的重要工作.

由于地形的复杂和大气折射的影响,天文学家并不测量天体东升西落,而是天体经过当地子午圈(过天顶和天极的大圆)的现象,称为"中天". 一个极其遥远的天体,连续两次中天的时间间隔,可以认为是地球相对空间惯性参考系的自转周期. 然而,人类的起居以太阳而非遥远天体的升降为准. 从地心系看,太阳在黄道而非赤道上绕地球运动,而且绕转的角速度并不均匀. 为了解决这一问题,天文学家定义了一个在天赤道上均匀运动的虚构太阳,称为"平太阳". 平太阳相对恒星空间的角速度为真太阳的平均角速度,在春分点和真太阳的位置相重合. 平太阳连续两次中天的时间间隔称为"日",它的 1/86 400 定义为"秒"或"时秒",用平太阳的周日运动建立的时间尺度称为"平太阳时". 在 1952 年定义历书时之前,以上就是国际曾经通行的时间尺度和时间单位的定义. 显然,只要地球自转的角速度亘古不变,这样定义的平太阳时就在均匀流逝,日和秒是不变且适用的时间单位.

如何检验这样定义的"日"和"秒"所表示的时间间隔是不变的呢? 实际上无法将现在的一秒和过去的一秒放到一起来进行比对.如果将地球的自转看成一个时钟,检查这个钟走得是否均匀稳定的办法是和其他钟进行比较.另一个自然的周期运动是地球的公转.在牛顿力学里,时间是绝对的,太阳系里所有天体轨道运动的自变量是同一个时间.

1878 年美国天文学家纽康(Simon Newcomb,1835—1909)发现月球黄经的观测和理论之差有不规则的起伏变化.观测所用的时间是基于地球自转的平太阳时,纽康猜测这些不规则的变化来自地球自转周期的变化.在月球之外,太阳系运动最快的天体是水星.如果纽康的猜测正确,水星的轨道中也应发现同样的起伏变化.当年的观测精度不高,未能证实猜测.经过几十年观测和精度的提高,多位科学家的工作证实纽康的猜测是正确的,地球自转有减慢和不规则变化,平太阳时不是理想的均匀流逝的时间,基于平太阳周日运动的秒不是不变的时间单位.

1948 年美国天文学家 Clemence(Gerald Maurice Clemence,1908—1974)在前人工作的基础上,提出定义和测定"历书时"的方案,取代平太阳时.历书时是按牛顿力学导出的太阳系天体运动的自变量.Clemence 用纽康的太阳平黄经的表达式:

$$L_S = 279°41'48''.04 + 129\ 602\ 768''.13T + 1''.089T^2 + \cdots \tag{8.1}$$

其中,T 是从 1900 年 1 月 0.5 日(1 月 1 日格林尼治正午)起算的世纪数.上式是平太阳相对春分点的运动,式中的 T 应当是牛顿力学中的时间.Clemence 建议将式(8.1)中的 T 定义为新的时间尺度.1952 年的 IAU 大会采纳了这一建议,命名为"历书时",取代之前使用的平太阳时.这里不关注历书时及其实现的更多细节[①],本节要关注的是"历书秒".

式(8.1)中时间线性项的系数是 $T=0$ 时太阳相对春分点运动的角速率,单位是角秒/世纪,据此容易算出该瞬间回归年的长度,进一步计算得到该瞬间回归年含有的时秒的数值,用于定义历书秒:

1 历书秒 = 历书时 1900 年 1 月 1 日 12 时的回归年的 1/31 556 925.974 7. (8.2)

上式是 1958 年 IAU 莫斯科大会上第 4(历表)和第 31(时间)专业委员会做出的决议.虽然 1984 年以后天文历书和历表不再使用历书时,历书秒的这一数值很重要,现代 SI 秒与历书秒保持连续性.美国天文学家马科维茨(William Markowitz,1907—1998)等[②]在 1958 年按历书秒测定当时原子钟的辐射频率是 9 192 631 770±20Hz,从附录 B 的 B.1 节可见现代 SI 秒继承了历书秒.到 1988 年,马科维茨等进一步测定现代 SI 秒与用天文方法测得的历书秒之差小于 10^{-10}.

在定义和应用平太阳时和历书时的年代,理论框架是牛顿力学而不是广义相对论,所追

[①] 关于历书时的历史,可阅读 G. M. Clemence,1971,The Concept of Ephemeris Time,*Journal for the History of Astronomy*,2,73-79.

[②] W. M. Markowitz, R. G. Hall, L. Essen, J. V. L. Parry, 1958, *Phys. Rev. Lett.*, 1, 105-107. (http://www.leapseconds.com/history/1958-PhysRev-v1-n3-Markowitz-Hall-Essen-Parry.pdf)

求的是牛顿的均匀流逝的绝对时间. 观测表明历书时更接近牛顿的时间, 用了一千多年的平太阳时则不够均匀. 两者还有一个重要的差别: 平太阳时的测定涉及观测天体的周日运动, 而历书时的定义则依赖牛顿动力学. 因而历书时可以看作是一种"力学时".

在进入原子时和 SI 秒之前, 说一下平太阳时, 历书时及其秒单位的现代状况. 平太阳时表示地球的自转, 有科学价值, 仍旧是天文学研究的重要对象, 现在称为世界时 (UT), 有了精确的定义, 但不在本书的讨论范围之内. 平太阳秒和历书秒一样, 1984 年后都已舍弃不用, 所有天文时间尺度的单位都是 SI 秒, 关于这一点的相对论概念, 将在 9.1.3 节讲述. 历书时已经为 TT 和 TDB 等多个相对论时间尺度取代, 在 9.2 节将要详细讲述.

原子钟在 1955 年诞生后, 技术不断进步. 自从马科维茨等测定用历书秒表示的铯原子钟的频率值, 天文学家不再需要用观测月球的位置来测定历书时, 取而代之是用原子钟来维持历书时. 1967 年第 13 届国际计量大会 (Conférence Générale des Poids et Measures, CGPM) 首次给出基于原子辐射频率的秒的定义: "秒是铯 133 原子基态两个超精细能级间跃迁的辐射的周期的 9 192 631 770 倍." 在 1997 年, 国际计量局 (Bureau International des Poids et Measures, BIPM) 对此定义加注 "此定义中的铯原子在绝对零度且处于静止状态". 2018 年 CGPM 第 26 次会议将 SI 秒的定义重写, 如附录 B 的 B.1 节所述, 强调的是铯频率 $\Delta\nu_{Cs}$ 不再是测量常数, 而是一个定义常数, 从它的数值定义了 SI 秒对应的时间间隔.

原子钟诞生后, 各研究机构用自己的原子钟建立原子时. 1970 年秒定义委员会 (Comité consultatif pour la définition de la seconde, CCDS) 定义了国际原子时 (International Atomic Time, TAI). 它建立在 SI 秒的基础上, 对各研究机构发布的原子时信号进行加权平均. 在这一过程中, 发现必须考虑各台原子钟所在的地面海拔高度不相同, 需要计入广义相对论的引力效应. TAI 的相对论效应修正开始于 1977 年 1 月 1 日. 同时, IAU 自 1976 年开始定义一系列相对论时间尺度. 这一切将在后面仔细讲述.

长度单位的演化其实比时间单位更为复杂. 各个国家和地区在很长时期中丈量长度的单位各不相同. 这种情况和质量单位类似. 从 1889 年有国际协议开始, 长度单位米的定义经历了 3 个阶段: 标准金属棒的长度, 特定辐射的波长, 光在特定时间段内经过的距离.

1889 年 9 月, CGPM 第一次会议选择了一根有 10% 铱的白金棒作为原型棒, 定义米为在冰的融点温度测量的原型棒上两条刻度线之间的距离. 1927 年 9 月 CGPM 第七次会议对用原型棒定义米做了更精细的规定. 例如测量点的位置, 测量时的温度和大气压, 以及金属棒的保存和放置. 这些补充规定都是为了稳定和唯一.

用原型棒来定义米长的缺点是金属棒很难保持不变, 构不成高度精确的定义. 1960 年 10 月 CGPM 第 11 次会议重新定义米为氪 86 原子在 $2p^{10}$ 和 $5d^5$ 之间跃迁的辐射在真空中波长的 1 650 763.73 倍.

1983 年 10 月 CGPM 第 17 次会议更改了米的定义: "米是真空中光在 1/299 792 458 秒内传播的距离." 这一定义明显取决于两个因素: 秒的定义和真空中光速 c 的数值. 前面已经提到, 1967 年 CGPM 第 13 届会议已经用铯 133 原子的跃迁频率 $\Delta\nu_{Cs}$ 定义了时间单位秒,所以可以认为米的定义是由 2 个定义常数 $\Delta\nu_{Cs}$ 和 c 的数值决定.自此以后,除了措辞上的改变,米定义的本质没有变化.读者可以对照附录 B 的 B.1 节所列的 CGPM 的最新定义.

麦克斯韦(James Clerk Maxwell,1831—1879)于 1873 年在他著名的电磁学专著里,开卷就讨论物理量的单位.他在介绍了天文学中的长度和时间的单位后,写道:"对于现代科学,我们能设想的最通用的长度标准可能是某些常见物质在真空中辐射的特定光的波长.""更普适的时间单位可以用波长为单位长度的特定的光振动的周期来建立."[①]将附录 B 的 B.1 节中 SI 秒和 SI 米的定义与麦克斯韦的设想相比较,能发现两者一致,次序反了.先用铯 133 原子超精细能级之间的跃迁频率 $\Delta\nu_{Cs}$ 定义 SI 秒,一个辐射的波长等于光速除以频率,给定真空光速 c 的数值,任何辐射在测定频率后立即算得用 SI 米表示的波长,这比用特定辐射的波长来定义长度单位更为方便.

麦克斯韦书中曾经说明他关于时间和长度单位的设想有两大好处:一是稳定,不会像日地距离、地球自转等在变化;二是普适,可以在世界上任何地点的实验室里进行测量.他没有想到还有第三点.麦克斯韦于 1879 年 11 月 5 日去世,该年 3 月 14 日,爱因斯坦出生,之后建立了相对论.20 世纪 70 年代起,CGPM 和 IAU 的科学家逐渐认识,高精度的时间和距离测量的理论框架是广义相对论,SI 秒和 SI 米应当是原时和固有长度的单位,它们是局域的物理量.地球的自转和公转都是宏观的自然现象,量子辐射可以认为是局域现象.关于这一点,将在下节仔细讨论.

8.1.2 相对论中的单位

本小节的主要参考文献为 Huang et al.(1995)[②]和 Klioner et al.(2010).[③]

7.1.5 节比较详尽地讲述了在广义相对论框架中观测量和坐标量的区别.这不仅是概念问题,在处理高精度测量课题时,有理论和实际的意义.观测量可以直接量度,和测量单位进行比较得到数值.观测结果由同一时空点的观测者和观测对象确定.例如地面站的观测者用高精度时钟记录向某一天体发射信号和收到信号返回的时间间隔,时钟记录的这个原时间间隔是观测量,然后依据物理理论和恰当的物理模型以及坐标系的选择计算该天体和观测站的距离.这个距离是坐标量,采用牛顿力学还是相对论,采用不同的物理模型和坐标系会得到不同的距离数值.另一个重要的例子是弯曲时空中原时和坐标时的关系.原时是观测量,它的流逝由原子钟的读数得到.坐标时则要根据国际协议规定的坐标系和度规,遵循协议的坐标同时性,从散布各地原子钟的原时信号综合计算得到.尽管在人类活动中,坐标

---

① Maxwell,James Clerk,1873,A Treatise of Electricity and Magnetism,Vol.1,p.3,MacMillian and Co.,London (https://archive.org/details/electricandmagne01maxwrich).本书所引为作者的译文.

② Huang,T.-Y.,Han,C.-H.,Yi,Z.-H.,Xu,B.-X.,1995,*Astron. Astrophys.*,298,629-633.

③ Klioner,S. A.,Capitaine,N.,Folkner,W. M.,Guinot,B.,Huang,T.-Y.,Kopeikin,S. M.,Pitjeva,E. V.,Seidelman,P. K. and Soffel,M. H.,2010,in "Relativity in Fundamental Astronomy",Proceedings IAU Symposium No. 261,2009,p. 79-84. S. A. Klioner,P. K. Seidelman & M. H. Soffel eds.

时至关紧要,必须了解 TAI,UTC,北京时间等都是坐标量,并非可以直接测量的量.

　　观测量要与同一类型的所谓单位比较才能确定数值.也就是说,测量单位本身是观测量.SI 秒可以用高精度频标和原子钟实现.SI 米的实现可以用多种方式,例如在实验室中测定一种辐射的频率 ν, c/ν 就是用 SI 米表示的波长,也可以用干涉测量的方法来精确测量距离.这些都是直接测量,它们是观测量.很明确,SI 秒和 SI 米是原时和固有长度的相应单位.在 BIPM 关于 SI 的手册[①]第 130 页写明"这样定义的秒是广义相对论意义下原时的单位".该手册的第 181 页上有"在广义相对论中,米被认为是固有长度的单位".

　　前文章节已经多次强调过,原时是一个局域量.固有长度在 2.2.5 节提到,那是在平直时空中,与直尺相对静止的观测者测量出的尺子的长度.在弯曲时空中,测量涉及的时空范围必须足够小,引力场的不均匀可以忽略,才有固有长度的概念.关于这一点,BIPN 手册的第 181 页予以强调.所以,SI 米也是局域量.

　　绝大部分坐标量有量纲,自然会问什么是坐标量的单位.请看在坐标系 (ct, x^i) 下的一个稳态度规,

$$ds^2 = -c^2 d\tau^2 = g_{00}(x^k)c^2 dt^2 + 2g_{0i}(x^k)c\, dt\, dx^i + g_{ij}(x^k)dx^i dx^j. \tag{8.3}$$

度规分量仅是空间坐标的函数.坐标系中静止的一个时钟的原时间隔 $d\tau$,是用 SI 秒量度的读数,对应的坐标时间隔通过公式 $dt = d\tau/\sqrt{-g_{00}(x^k)}$ 得到.计算时涉及度规分量 g_{00},而 g_{00} 则由物理模型、物理理论和坐标系的选择决定.坐标时及其间隔是坐标量,而原时量度的是时钟世界线的弧长,有明确的测量和几何意义.在这个例子中的每一个时空点,想象有两个钟:一个实际的标准钟,显示以 SI 秒为单位的原时;一个虚拟的坐标钟,显示坐标时.在地球附近的弱场,两者的钟速差别很小.实际情况通常是,时钟常按照授时中心的时号校准,使它显示坐标时,两次校准之间时钟仍按原时的速率运行,切不可认为可以直接测量得到坐标时,能直接测量的只有原时.

　　因此,坐标时间隔 $dt=1$ 是通过计算得到的.从公式 $d\tau = dt\sqrt{-g_{00}(x^k)}$ 可见,只有在 $\sqrt{-g_{00}(x^k)}=1$ 的空间点 x^k,坐标时 1 秒才等于 SI 秒.例如,只有在旋转大地水准面上,地球时 TT 的 1 秒等于 SI 秒,其他地点则不相等.然而只要进行坐标变换,换成另一个坐标时,例如地心坐标时 TCG,在大地水准面上 TCG 秒就不等于 SI 秒.所以,坐标时 1 秒不具有测量学里关于单位的概念.

　　Huang et al.(1995)提出另一个例子,说明所谓坐标单位的非物理性.设想在空间点 x^k,一个坐标系的静止观测者进行长度测量,测量沿 x^i 坐标线 $\Delta x^i = 1$,即该方向上所谓单位坐标长度.按照 3.6 节观测量理论,从式(3.49)得到该长度测量值的平方是 $h_{ii} = g_{ii} - g_{0i}g_{0i}/g_{00}$,这里对重复的 i 下标该项不求和.这样,在该空间点的不同方向上,坐标单位的

---

　　① 见 BIPM 手册 Le Système international d'unités (SI),9th edition,ISBN 978-92-822-2272-0.该手册的前半为法文版,后半为英文版,本章引文为作者从英文译出.

实际测量值一般并不相同,它们没有测量学和物理学的意义.如果在该空间点的局域放置一把短尺,无论沿什么方向放置,与尺子相对静止的观测者测量得到尺子的长度都相同,就是尺子的固有长度,然而各方向上尺子的坐标长度可能不同.该文写道:"虽然坐标单位的概念并不存在,坐标量有数值,可以称为读数(reading).物理模型一旦确定,坐标量的读数由以下两个因素决定:采用的坐标系和采用的固有(proper)单位."这是在广义相对论理论框架里得到的结论.固有单位已经确定为 SI 单位.对于坐标量,重要的是明确坐标系的选择.

天文历表和轨道工作涉及的量的量纲大都是时间、长度或是它们的组合.上面这些简单的讨论说明,观测量以 SI 秒和 SI 米为单位,然后从观测量去计算所需坐标量的数值.例如,太阳的引力参数是一个坐标量,IERS 规范 2010[①] 的表 1.1 列出的数值为

$$GM_S = 1.327\ 124\ 420\ 99 \times 10^{20}\ \mathrm{m^3/s^2}. \tag{8.4}$$

这一数值是大量地面和航天观测数据进行轨道拟合的结果.数值的量纲 $\mathrm{m^3/s^2}$ 中的"米"和"秒",并不是 SI 米和 SI 秒,而是因为拟合计算所用的观测量的单位是 SI 秒和 SI 米.比较恰当的说法是坐标量依据的观测量的测量单位是 SI 单位.附录 B 所列 IAU1991 决议的提案ⅱ的第 3 条写道:"所有坐标系的时空基本物理单位都是原时的国际单位制 SI 秒和固有长度的 SI 米".这段话说的是:测量单位都是国际单位制中的单位,任何坐标系都要遵从.

坐标量的定义和数值依赖坐标系的选择,所以在列出坐标量的数值时,应当标明从属的坐标系.IAU 在 BCRS(质心天球参考系)中定义了 2 个时间尺度,TCB 和 TDB.推荐使用 TCB,但因历史原因行星和月球历表通常使用 TDB.实际应用中 BCRS 有 2 个坐标系,TCB 系和 TDB 系,两个坐标系不仅时间坐标不同,空间坐标也不同.式(8.4)所列的太阳引力参数值属于 TCB 系,与 TDB 系的值有微小的不同,对此理论和应用工作者必须了解.8.2 节将仔细讲述这些坐标系和坐标量的数值.[②]

下文将以 SI 秒为单位的理想钟称为 SI 钟或标准钟.关于 SI 秒和 SI 米,常常听到下面的问题.拿 SI 秒为例,不同运动状态下,不同引力环境中的 SI 钟的速率是一样的吗?学习和探讨相对论的时候,经常有对这一问题的困惑和争论.首先要讨论,如何比较不在同一时空点的两个钟的速率.

先来看,在标准钟的局域测量各种物理现象.按照爱因斯坦等效原理,在任何时空点的局域,物理规律全相同,用 SI 单位去量度相同的物理现象,得到的数值也相同.一个在黑洞附近自由下落的密封舱里的探险家,和地球附近空间站里的航天员,感觉并无任何不同.在任何时空点的局域,用 SI 秒测量物理现象,得到的物理规律都相同.就这个意义来说,不同时空点的 SI 秒完全相同.

---

① IERS Convention (2010), Gerald Petit and Brian Luzum (eds.).

② P171 脚注③所引文献建议避免用"TCB 单位""TDB 单位"等用语,强调单位都是 SI 单位.该文还建议坐标量的数值使用"TCB 相容值"(TCB compatible value)等术语.目前已在 IERS 规范等处使用.这些术语目前没有法定约束力,本节强调的是关于测量单位的概念以及观测量和坐标量的区别.

　　然而,这番讨论仅仅说明,任何地点的 SI 秒在其局域的作用和价值一样,没有说明延伸到局域之外的作用和价值.本书前文章节已经多次说过,钟的原时只在钟的世界线上有定义,不在同一地点的两个标准钟的 SI 秒,无法进行直接比较.注意,这里强调的是直接,例如两个钟放在一起比对才是直接.如果某个钟与远处另一个钟发来的信号进行比对,那么直接比对的是那个信号,而且是信号到达时的状态,并不是发信号的那个钟.

　　实际对钟的方式是选择一个全局的坐标时为标准,对不同地点的 SI 钟进行比较.也就是认为各地的坐标钟速率相同,以此来比较各地的 SI 钟.Klioner et al. (2010) 中有一段话:"常见的错误是相信不同观测者测量的原时间隔 $\Delta\tau_1$ 和 $\Delta\tau_2$ 能够'唯一地'和'自然地'相互比较."这句话说的"不同观测者"指的是不同时空点的观测者.重点是 $\Delta\tau_1$ 和 $\Delta\tau_2$ 的比较没有唯一的结果.换句话说,不在一起的钟进行比较,结果并不唯一.上面的结论似乎很难接受.该文继续说"在广义相对论里要比较的唯一方法是定义一个坐标时为 t 的相对论 4 维参考系,建立时钟对于 t 的相对论坐标同时性[1],将每个观测者的原时间隔 $\Delta\tau_1$ 和 $\Delta\tau_2$ 转换成对应的坐标时间隔 Δt_1 和 Δt_2.这两个坐标时间隔就能进行比较".

　　上面这些话的要点是原时只有局域的意义,不同时空点的两个钟的原时无法进行直接比较,需要通过一个全局的坐标时作为中介.从 $\Delta\tau$ 计算 Δt 要用具体的度规.原时都以 SI 秒为单位,设 $\Delta\tau_1$ 和 $\Delta\tau_2$ 都是 1 SI 秒,它们对应的 Δt_1 和 Δt_2 的数值一般情况并不相等.规定各地坐标钟速率相同,以该坐标时为标准,得到的结论是不同地点的 SI 秒一般不相同.3.5 节讨论了广义相对论中的同时性,说明在地球附近和太阳系中,时空非静态,只能用坐标同时性建立坐标时,坐标时 t 依赖坐标系.选择不同的坐标时,各地 SI 秒的比较将有不同的结论.例如,IAU1991 决议定义了两个坐标时:质心坐标时 TCB 和地心坐标时 TCG. TCB 和 TCG 的同时性并不相同,用它们来比对各地的 SI 秒会得到不一样的结论.在地球附近,规定用与 TCG 紧密相关的协调世界时 UTC 来对准各地的时钟.这些时间尺度及其应用,将在下一节详细讨论.

　　综上所述,SI 秒和 SI 米是原时和固有长度的单位,是观测量的测量单位.坐标时 1 秒和坐标距离 1 米是从采用 SI 单位的观测量计算得来,并不具有测量单位的概念.然而,在生活和工程应用中,很多人将 UTC 等坐标时的 1 秒看成单位.这里想强调的是,坐标量的数值与物理模型、物理理论和坐标系选择有关,坐标量的米和秒具有人为协议的因素.

　　本小节的讨论也表明,SI 秒和 SI 米在时空点局域里,就测量物理现象和表述物理规律而言,它们处处相同.然而,要比较不同地点时钟的原时,需要引入一个全局的坐标时作为中介.在现实的太阳系时空中,这类比较没有唯一的结果.这正是 IAU 要建立协议坐标系的原因之一.这些结论显示了广义相对论中"局域"和"全局"问题的重要差别.

---

　　[1]　关于坐标同时性,见 3.5 节.与爱因斯坦同时性不同,坐标同时性依赖坐标系的选择.

8.2 IAU 相对论参考系决议诠释

本节帮助读者理解附录 B 所列的 IAU 关于相对论参考系的系列决议, 并不逐句解读, 只选择重要并需要解释的内容讲述. 这些决议有一个发展和改进的过程, 后文决议涉及对早期决议的了解.

8.2.1 IAU1976/1979 决议

太阳系动力学需要两个重要的动力学参考系. 计算行星和太阳系小天体运动的历表时, 需要以太阳系质心为原点的质心参考系(barycentric reference system, BRS). 计算绕地人造天体的历表时, 需要以地球质心为原点的地心参考系(geocentric reference system, GRS).

在牛顿力学框架里, 时间是绝对的, 空间是平直的. 因此, BRS 和 GRS 有共同的时间变量, 通常规定 BRS 的空间坐标轴指向遥远的天体, 是一个惯性参考系, 而 GRS 的空间坐标轴与 BRS 的平行, 所以只要明确基本坐标平面、经度和时间的零点、时间和长度的测量单位, 动力学参考系的定义就完整了.

在广义相对论框架里, 时间和空间相互纠缠且时空弯曲, 不存在全局的惯性参考系. 时间坐标和空间坐标都是坐标量, 不能直接测量, 而要从观测量进行计算. 一个参考系的准确定义只能通过给定对应的时空度规. 为了在高精度资料处理和动力学计算中采用统一的相对论参考系, 自 1976 年起到 2012 年, IAU 通过了一系列决议来定义 BRS 和 GRS, 包括度规、时间和空间坐标、相互的转换关系和测量单位. 这些决议的译文列于附录 B.

IAU1976 决议定义了两个时间尺度, IAU1979 决议定下名称: 地球力学时(terrestrial dynamical time, TDT)和质心力学时(barycentric dynamical time, TDB). 当时的决议说明 TDT 是视地心视历表的自变量, TDB 是 BRS 中天体运动方程的自变量. 从以后的应用来看, TDB 担当着 BRS 天体历表时间变量的角色, 而 TDT 则是 GRS 中历表的时间变量并和国际原子时 TAI 等密切关联.

IAU1976 决议并没有给出 TDB 和 TDT 对应的坐标系度规表达式, 因此这些时间尺度当时没有严格的定义. 决议的定义方式是: 用和国际原子时 TAI 的关系来定义 TDT, 规定 TDB 与 TDT 之间没有长期漂移, 只能有周期变化, 以此来约束 TDB.

当时国际上已经使用 TAI, 它是几百个分布世界各地的高精度原子钟的读数经过计算得到的坐标时. [1]不能说那时 TAI 已经有精确的定义. [2]至于 TDT 和 TAI 的差值 32.184

---

[1] 关于 TAI, 可参看 Guinot, B., 1986, *Celes. Mech.*, 38, 155-161. 在这篇文献中, 作者叙述了在考虑相对论效应后计算 TAI 的过程. TAI 是 GRS 的一种坐标时, 也是 TRS 的坐标时. 所谓地球参考系 TRS(terrestrial reference system)是与地球一起自转的参考系. 现行的 GRS 和 TRS 之间的变换是一个随时间变化的空间刚性转动, 而时间变量不变.

[2] 当时 GRS 或 TRS 都还没有完整的一阶后牛顿近似度规, 因此说没有精确定义. 然而, 从 Guinot 的论文可知, 归算所用的度规和算法与当时的测量精度相符.

秒,来自 TDT 继承历书时 ET,而 TAI 继承世界时 UT,这一点在 IAU1976 决议的注释 2 中讲得很清楚.

TDB 作为 BRS 天体历表的时间变量,应当和 TDT 一样继承 ET. 地心相对 BRS 运动,还有引力造成的时空弯曲,BRS 和 GRS 的时间变量之间的关系应当是一个包含引力修正项的洛伦兹变换,它们之间有随时间的长期和周期变化,可以参见后面的式(8.9). 然而,美国的 DE 系列历表在建立时,将历表的时间变量 TDB 规定为与 TDT 之间在地心处只有周期变化. 请注意这里强调了"地心处",因为在广义相对论里一个坐标系的时间是另一个坐标系的时间和空间坐标的函数.[①]这样定义的 TDB 显然有优点,当转换成视地心观测历表时,时间变量一定要是地球上的时间,应当是与 UTC、TAI 密切关联的 TDT. TDB 和 TDT 之差的周期项是相对论项,而且是由地球绕日运动的偏心率造成的. 这些周期项不随时间积累,可以估算最大振幅在 1.6ms(毫秒)左右. 在精度要求不高的工作中,可以认为 TDB 的数值与 TDT 等同.

IAU1976 决议对 GRS 和 BRS 中历表的时间变量进行定义的办法是用 TAI 定义 TDT,再用 TDB 和 TDT 之间无长期漂移来定义 TDB. 这样做留有两个问题. 一是 TAI 不是理论上有严格定义的时间尺度,它的建立过程中存在实测、模型和计算的各种误差. 二是要求 TDB 和 TDT 之间无长期漂移很难精确实现. 这导致 IAU 在 2000 年重新定义 TT(IAU1991 决议已经将 TDT 更名为 TT),在 2006 年重新定义 TDB.

IAU1976 决议中有一点要重点讨论一下. 提案 5 的(b)条写道:"新时间尺度的单位是日,等于在平均海平面上的 86 400 SI 秒."这里说的新时间尺度指 TDT. 这段话来自 TAI 的定义:"TAI 是地心系里的坐标时间尺度,以旋转大地水准面上的 SI 秒为单位."[②]清晰可见两者间的联系. 在当时,将 TDT 和 TAI 的单位说成是大地水准面上的 SI 秒需要有正确的理解. 它的含义是,静止在大地水准面上 TDT 和 TAI 的坐标钟的速率与当地 SI 钟相同,或者说在大地水准面上坐标时 1 秒等于 1 SI 秒. 对此,式(8.3)附近已有所论述. 后面还要多次回到这一问题.

8.2.2　IAU1991 决议

要想给定 BRS 和 GRS 的时空度规,需要有相对论 N 体问题的理论. 当时已经有 9.1.1 节介绍的 BK 体系,而 DSX 体系还在建立之中. 这是决议的理论背景. 决议没有试图给出完整的一阶后牛顿近似度规,而是给出与当时观测精度符合的近似度规. 决议规定了 BRS 和 GRS 空间坐标轴的取向,定义了 BRS 的坐标时质心坐标时(barycentric coordinate

---

① 　TDB 和 TDT 之间在地心处只有周期变化,不仅适用地心的观测者,也适用地面的观测者. 后者相对地心有周日运动,导致在地面,TDB 和 TDT 之间比地心多了一个振幅小于微秒的周日项.

② 　Guinot,B.,1986,Celes. Mech.,38,155-161. 见该文第 156 页. 这里说的地心系指 GRS. 在 GRS 里,大地水准面是转动的.

time,TCB)和 GRS 的坐标时地心坐标时(geocentric coordinate time,TCG).决议实际上重新定义了 TDB 和 TDT,并将 TDT 更名为地球时(terrestrial time,TT).决议强调了测量单位是 SI 秒和 SI 米.下面予以一一介绍.

以下采用第 9 章和 IAU2000 决议的书写符号.BRS 中的量用小写字母,GRS 中的量用大写字母.IAU1991 决议提案 I 给出 BRS 的度规为

$$ds^2 = -\left(1-\frac{2w}{c^2}\right)c^2 dt^2 + \left(1+\frac{2w}{c^2}\right)\delta_{ij} dx^i dx^j, \tag{8.5}$$

其中,w 是 BRS 中所有天体的牛顿势(取正值).[①]经典天体力学中天体牛顿引力势的表达式已经广为人知,无需列出.度规没有时空交叉项 g_{0i},g_{00} 中没有 $O(c^{-4})$ 项,没有达到完整的一阶后牛顿近似.空间度规为各向同性.如果退化到施瓦西时空,将不是施瓦西标准坐标,而是各向同性或谐和坐标.

提案 III 将 BRS 度规式(8.5)中的坐标时 t 定义为质心坐标时 TCB.这是用度规明确定义的坐标时.注意度规的表达式不仅定义了时间坐标,也定义了空间坐标,这是一个类笛卡儿坐标系.从度规表达式看,进行不依赖时间的空间转动后,度规形式保持不变.

提案 II 规定空间坐标轴相对银河系外的遥远天体无转动运动.讨论太阳系动力学时,可以认为太阳系是一个孤立系统,在远离太阳系质心处时空趋于平直,度规中的牛顿引力势 w 趋于零,亦即 g_{00} 趋于 -1.这表明 TCB 的速率和在距离质心无穷远处的静止 SI 钟的速率相同,而不是与旋转大地水准面上的 SI 秒相符.这符合相对论工作中,常见在时空平直的地方,度规为闵可夫斯基度规,静止标准钟的原时和坐标时的速率相同.

决议给出的 GRS 的度规有类似的形式,

$$ds^2 = -\left(1-\frac{2W}{c^2}\right)c^2 dT^2 + \left(1+\frac{2W}{c^2}\right)\delta_{ij} dX^i dX^j, \tag{8.6}$$

差别是 GRS 不是一个孤立的系统,引力势可写成 $W=W_E+W_{ext}$,其中 W_E 是地球的牛顿引力势,在远离地球的地方趋于零.在地球附近,地球以外天体的引力势 W_{ext} 表现为潮汐势.设 A 为地球之外的一个天体,它引起的潮汐势按牛顿力学为

$$W_{ext}^A = w^A(\vec{x}) - w^A(\vec{x}_E) - \frac{\partial w^A}{\partial x^i} X^i, \tag{8.7}$$

其中,$\vec{x}$ 和 $\vec{x}_E$ 是场点和地心在 BRS 中的空间坐标,$X^i = x^i - x_E^i + O(c^{-2})$.上式在地心处展开,$\vec{X}$ 最低为 2 次项,因此 W_{ext} 在地心处为零.

决议 II 说明 GRS 的空间坐标轴相对遥远河外天体也没有整体转动.与 BRS 不同,地球不是孤立的系统,如果忽略地球的形状和自引力,地心在太阳系其他天体的引力作用下自由

---

① 式(8.5)中的引力势 w 是 IAU1991 决议规定的牛顿引力势,它是泊松方程的解.不取通常的负值,而是取正值.本书中说的"牛顿引力势"或"牛顿势"都是这个意思.广义相对论里说的"引力势"并不一定是牛顿势.本书后面介绍 IAU2000 决议中的引力势 w,虽然用了同样的符号,却不是牛顿势.

下落. 4.2.4 节和 7.2.2 节说明, 以地心为原点的局域惯性参考系的空间坐标轴相对遥远天体有名为测地岁差的转动, 所以决议 Ⅱ 规定的 GRS 不是局域惯性参考系, 称为"运动学无转动参考系", 而做测地岁差改正后相对遥远天体转动的参考系称为"动力学无转动参考系". 决议 Ⅱ 采纳运动学无转动参考系是出于观测上可以和具体的天体方向联系, 易于实现. 但是在这样的参考系里列出人造卫星的运动方程, 就会有因测地岁差引起的惯性力. 这就是提案 Ⅱ 的注释 4 的说明.

提案 Ⅲ 将 GRS 度规中的坐标时 T 定名为地心坐标时 TCG. 两个参考系的时空度规已经确定, 在同一场点需要有两组坐标之间的变换关系: $(t, x^i) \leftrightarrow (T, X^a)$. 决议 Ⅲ 的注释 2 给出的 TCB 和 TCG 的转换公式与式 (9.91) 舍去 $O(c^{-4})$ 项的结果一致, 为

$$T = t - \frac{1}{c^2} \int_{t_0}^{t} \left(w_{\text{ext}} + \frac{1}{2} v_E^2 \right) dt - \frac{1}{c^2} v_E^i r^i + O(c^{-4}). \tag{8.8}$$

其中, t 是 TCB, T 是 TCG, w_{ext} 是太阳系质心系中除地球以外的天体在地心处的引力势, $r^i = x^i - x_E^i = X^i + O(c^{-2})$, 而 x_E^i 和 v_E^i 是地心在太阳系质心系中的坐标和速度. 上式如果去掉引力势项, 明显就是洛伦兹变换准确到 c^{-2} 项的结果.

式 (8.8) 中积分号下是 t 的函数, 可以分离成常数和周期项两部分, 积分后得到

$$\text{TCG} = \text{TCB} - L_C(t - t_0) + P - \frac{1}{c^2} v_E^i r^i + O(c^{-4}). \tag{8.9}$$

其中, P 是周期项, 称为条件周期项更合适, 是多种周期项的组合. L_C 构成了 TCG 和 TCB 之间的长期漂移. 如果只考虑太阳和地球, 构成二体问题, 并且将地球轨道看成圆形, 从附录 A 容易得到 $L_C \approx \frac{3 v_E^2}{2 c^2} \approx 1.5 \times 10^{-8}$, 提案 Ⅲ 给出的估计值为 $1.480\,813 \times 10^{-8}$. L_C 的数值来自对 $w_{\text{ext}} + v_E^2/2$ 求平均值, 结果与求平均时所用时间间隔的长短和采用的历表有关, 这个问题将在以后讨论. 这一段是对提案 Ⅲ 注释 2 的解释. 显然, 如果定义 $\text{TCB} - L_C(t - t_0)$ 为一个新的时间尺度, 该时间尺度与 TCG 之间将没有长期漂移. 但是这个时间尺度不会是 TDB, 因为要求 TDB 与 TDT 而不是 TCG 之间没有长期漂移. 所以, 要在讨论 TDT 之后再讨论 TDB.

提案 Ⅳ 将 TDT 更名为 TT, 再次强调"选择 TT 的测量单位与大地水准面上的 SI 秒符合". 大地水准面是和地球一起转动的地球参考系 TRS 中的等势面. 下面进行从 $\text{GRS}(T, \vec{X})$ 到 $\text{TRS}(T, \vec{\xi})$ 的坐标转换. 规定时间坐标不变. 作为定性解释, 将 GRS 度规式 (8.6) 近似成

$$ds^2 = -\left(1 - \frac{2W}{c^2}\right) c^2 dT^2 + d\vec{X} \cdot d\vec{X}. \tag{8.10}$$

GRS 到 TRS 是一个依赖时间的转动, 用正交矩阵 $R(T)$ 表示, 变换写成

$$\vec{X} = R(T) \vec{\xi}. \tag{8.11}$$

正交矩阵的转置就是它的逆矩阵, 容易证明 $R^{\mathrm{T}} \dot{R}$ 是一个反对称矩阵, 这里 $\dot{R}$ 和 R^{T} 表示 R

对时间的导数和它的转置矩阵,所以有

$$
\begin{cases}
S = R^{\mathrm{T}}\dot{R} = \begin{pmatrix} 0 & -\omega_3 & \omega_2 \\ \omega_3 & 0 & -\omega_1 \\ -\omega_2 & \omega_1 & 0 \end{pmatrix}, \quad \vec{\omega} = \begin{pmatrix} \omega_1 \\ \omega_2 \\ \omega_3 \end{pmatrix}, \\
\dot{R} = SR, \quad S\vec{\xi} = \vec{\omega} \times \vec{\xi},
\end{cases}
\tag{8.12}
$$

这里 $\vec{\omega}$ 是矩阵 $R(t)$ 对应的瞬时角速度矢量. 用这些数学工具, 得到 TRS 中的度规为

$$
ds^2 = -\left(1 - \frac{2W + |\vec{\omega} \times \vec{\xi}|^2}{c^2}\right)c^2 dT^2 + 2(\vec{\omega} \times \vec{\xi}) \cdot d\vec{\xi}\, dT + d\vec{\xi} \cdot d\vec{\xi}.
\tag{8.13}
$$

这是 TRS 中度规的牛顿近似表达式. 度规的时空交叉分量产生科里奥利力, 而 TRS 中的引力势则是地球引力势和日月潮汐势之和 W 加上地球自转引起的惯性离心力势 $|\vec{\omega} \times \vec{\xi}|^2/2$.

大地水准面就是平均海平面, 平均之后去除了潮汐效应, 在其上地球的引力势和惯性离心力势之和为天文常数 W_0. 设想大地水准面上一个静止的 SI 钟, 它的原时 τ 和坐标时 T 速率的关系为

$$
d\tau = dT\sqrt{1 - \frac{2W_0}{c^2}} = (1 - L_{\mathrm{G}})dT.
\tag{8.14}
$$

上式左边的 τ 是大地水准面上 SI 钟的原时, 单位是 SI 秒, 右边的 T 对应坐标时 TCG, 它的秒长显然不等于该处的 SI 秒. 定义

$$
\mathrm{TT} = \mathrm{TCG} - L_{\mathrm{G}}(T - T_0).
\tag{8.15}
$$

显然, 对于大地水准面上的静止钟, 坐标时 TT 的秒长与当地 SI 秒相同, $L_{\mathrm{G}} = W_0/c^2$, 当时的估计值为 $6.969\,291 \times 10^{-10}$. 这是提案 IV 的主要内容. 注意这不能算给 IAU1976 决议定义的 TDT 下了新的定义, 而是改了名字, 按照 1976 年定义的原则建立了和新定义的 TCG 之间的联系.

现在回到提案 III 注释 1 中提到的 TDB. 按 IAU1976 决议, TDB 和 TT 之间在地心处没有长期漂移. 将式 (8.15) 代入式 (8.9), 按照

$$
\begin{cases}
\langle d\mathrm{TCG}/d\mathrm{TCB} \rangle = 1 - L_{\mathrm{C}}, \\
d\mathrm{TT}/d\mathrm{TCG} = 1 - L_{\mathrm{G}}.
\end{cases}
\tag{8.16}
$$

这里符号 $\langle\rangle$ 表示取平均值. 如果引入

$$
\begin{cases}
\mathrm{TDB} = \mathrm{TCB} - L_{\mathrm{B}}(t - t_0), \\
1 - L_{\mathrm{B}} = (1 - L_{\mathrm{C}})(1 - L_{\mathrm{G}}).
\end{cases}
\tag{8.17}
$$

有

$$
\begin{cases}
\langle d\mathrm{TT}/d\mathrm{TDB} \rangle = 1, \\
\mathrm{TT} = \mathrm{TDB} + P - \dfrac{1}{c^2} v_{\mathrm{E}}^i r^i + O(c^{-4}).
\end{cases}
\tag{8.18}
$$

显然,在地心处($r^i=0$),TDB 与 TT 之间就只有周期变化,符合 IAU1976 决议.提案 V 说,在考虑工作的连续性时,可以使用 TDB.这表明决议并不建议使用 TDB 来建立历表.现实情况是现今的太阳系天体历表都是用 TDB 作为时间变量,显示了美国 JPL 的 DE 系列历表的巨大影响.

提案 V 的注释对应用来说很重要,留待讨论 IAU1997 决议时解释.同样.提案 Ⅱ 的建议 3 和注释 5 强调的测量单位问题,8.1.2 节中有说明,在研究 IAU1997 决议时还要予以讨论.

现在来讨论这些时间尺度的零点问题.TCG、TT 和 TAI 同属 GRS,提案 Ⅳ 的建议 3 写明,在 TAI 时刻 1977 年 1 月 1 日 0 时 0 分 0 秒,TT 的时刻是 1977 年 1 月 1 日 0 时 0 分 32.184 秒.该时刻对应的儒略日期为 2443144.5.提案 Ⅳ 注释 5 表明在该时刻,TCG 与 TT 的值相等.至于 TCB 和 TDB 的零点问题,注意它们是 BRS 的时间尺度,它们与 GRS 中时间尺度的关系,是 4 维时空变换,涉及空间坐标.提案 Ⅲ 的注释 3 清晰说明:在地心处,在 1977 年 1 月 1 日 0 时 0 分 0 秒 TAI 时刻,TCB、TDB、TCG 和 TT 的值相同,在该瞬间都是 TAI+32.184 秒.[①]

最后,要强调 IAU1991 决议并不是对 TDB 和 TT 的最后定义,只是在定义了 TCB 和 TCG 后对 IAU1976 决议做了进一步的阐述.TT 和 TDB 分别在 IAU2000 和 IAU2006 决议中重新定义,L_C、L_G 和 L_B 的数值也有更新.然而,本小节的内容有助于理解这些时间尺度.

8.2.3　IAU1994/1997 决议

IAU1994 决议说的平恒星时和视恒星时关系的公式不在本书的范围,不予讨论.决议的建议 1 对历元 J2000.0 下了明确的定义:"在地心处 2000 年 1 月 1.5TT,亦即儒略日期 2451545.0TT."儒略日期规定一天从中午而不是子夜开始,要注意这个差别.

选择地球时 TT 来标记历元比较恰当.在 TRS 和 GRS 中的坐标时中,TT 是有严格定义的理论时间尺度[②],国际原子时 TAI 是用原子钟综合的方法对 TT 的具体实现,协调世界时 UTC 是生活和天文观测实际使用的时间.J2000.0 应当有严格的定义.

应当注意决议中"在地心处"这几个字.如果只在 GRS 中应用 J2000.0,按照坐标同时性,GRS 的每个地点都适用,不必强调地心.然而,在 BRS 中也要使用 J2000.0,要计算对应的 TCB 或 TDB,必须确定空间地点.从式(8.18)可见,只有在地心($r^i=0$)TDB 和 TT 之间才保证只有周期变化.在天文参考系中使用历元,主要是确定坐标面平赤道和赤经零点平春分点对应的时刻,同时也为了确定有自行的恒星在天球上的位置.所以历元的实际应用中,可以忽略式中的周期项,在 BRS 地心处认为 TDB 等于 TT,然后按 BRS 的坐标同时性扩散

---

① IAU2006 决议给 TDB 重新定义,对 TDB 的零点做了调整.

② TT 最新的严格定义见 IAU2000 决议 B1.9.

到 BRS 的任何地点,在 BRS 中可以认为 J2000.0 是 2 451 545.0TDB. 当然也可以按精度要求换成 TCB. 由此可见,定义 J2000.0 的最佳方式是地心处的 TT 或 TDB,但是 IAU1994 决议一开始就说"IAU 已经推荐使用类时变量质心坐标时(TCB),地心坐标时(TCG)和地球时(TT)". 可见当时决议的制定者并不支持使用 TDB,一直到 2006 年,现实情况促使 IAU 再次定义 TDB.

IAU1994 决议 4 说"建立新的历表时,应当用类时变量 TCB 和 TCG,以及和这些类时变量一致的天文常数组". 充分说明当时决议反对使用 TDB 和 TT 来建立历表. 至于天文常数的数值问题,与 IAU1997 决议一并讨论.

在前面,已经了解 IAU1976/1979 决议定义的 TDB 和 TT 的优点,它们为天文资料处理和历表归算提供了方便. 在探讨 IAU1997 决议之前,来看 TDB 和 TT 的引入又会造成什么问题,有什么缺点. 看 IAU1991 决议的 BRS 度规式(8.5),其中的时间变量是 TCB. 引入 $\mathrm{d}t = k\,\mathrm{d}\bar{t}$,其中 k 是无量纲的常数. 根据式(8.17),如果选取 k 为 $1/(1-L_\mathrm{B})$,那么 $\bar{t}$ 就是 TDB. 按照这个变换,度规变成

$$\mathrm{d}s^2 = -k^2\left(1 - \frac{2w}{c^2}\right)c^2\,\mathrm{d}\bar{t}^{\,2} + \left(1 + \frac{2w}{c^2}\right)\delta_{ij}\,\mathrm{d}x^i\,\mathrm{d}x^j, \tag{8.19}$$

在太阳系为孤立天体系统的假定下,无穷远处牛顿引力势 $w=0$,上面的度规变成

$$\mathrm{d}s^2 = -k^2 c^2\,\mathrm{d}\bar{t}^{\,2} + \delta_{ij}\,\mathrm{d}x^i\,\mathrm{d}x^j.$$

虽然也表示平直时空,但是和闵可夫斯基度规形式上不同,特别是对于光,$\mathrm{d}s=0$,光在平直时空的坐标速度不等于 c,而是 kc. 另外,从度规式(8.19)推导出的光和天体的运动方程和本书各章以及相对论书籍文献列出的相关方程都不一样,会出现比例因子 k.

解决这个问题的一个方案是,对空间坐标也进行同样的比例因子变换,例如 $x^i = k\bar{x}^i$,这样度规变成

$$\mathrm{d}s^2 = -k^2\left[\left(1 - \frac{2w}{c^2}\right)c^2\,\mathrm{d}\bar{t}^{\,2} - \left(1 + \frac{2w}{c^2}\right)\delta_{ij}\,\mathrm{d}\bar{x}^i\,\mathrm{d}\bar{x}^j\right]. \tag{8.20}$$

很明显,这个度规对应的无穷远处的光的坐标速度是 c. 设想将因子 k^2 移到上面度规的左边去,光和天体的运动方程中不含观测量,形式上就和相对论书籍文献中一样. 注意,不能进行变换 $\mathrm{d}\tau/k = \mathrm{d}\bar{\tau}$,这意味着改变了原时测量的 SI 单位. IAU 决议多次强调这一点,例如 IAU1991 决议提案 Ⅱ 的建议 3.

看上去时间和空间坐标同时进行比例因子变换可以基本解决问题. 然而还存在一个重要问题:凡是以长度和时间为量纲的天文常数和天文量在 TCB 坐标系方程(8.5)和 TDB 坐标系方程(8.20)[①]中将有不同的数值. 一个典型的天文常数是天体的质量参数 GM,它的量纲是 $[L^3/T^2]$,这里 $[L]$ 和 $[T]$ 分别表示长度和时间的量纲. 在天体看成球对称无自转的

---

① 这里说 TCB 或 TDB 坐标系,以及后面的 TCG、TT 坐标系,不仅指坐标系的时间变量,也指空间坐标. 对于 TDB 和 TT 坐标系,空间坐标和时间坐标都做了相应的比例因子变换.

情况下,牛顿引力势

$$w = \sum \frac{GM}{r} = \sum \frac{GM}{k\bar{r}},$$

其中求和遍及所有天体,这里 r 和 $\bar{r}$ 分别是天体到场点的坐标距离在 TCB 和 TDB 系里的值. 显然,在 TDB 系的度规里又出现了比例因子,很自然会定义 $GM = k\bar{GM}$,使得 TDB 系的度规中不出现比例因子. 反过来说,如果在太阳系质心系中计算和编制历表使用 TDB,而所用的运动方程不显含比例因子,空间坐标一定和时间坐标一样,进行了相同的比例因子变换,同时有量纲的天文常数 GM 等一定也进行了与其量纲相称的比例因子变换.

现在来看在地心系 GRS 里 TCG 和 TT 的情况. 完全类似,如果使用 TT 来计算人造卫星的历表,从 IAU1991 决议的度规式(8.6)出发,时间和空间坐标,GM 等天文常数都要进行比例因子变换,只是比例因子与 TDB 所用的不一样,是 $1 - L_G$.[①]

需要强调,如果在 BRS 里采用 TCB,GRS 里采用 TCG,在度规式(8.5)和式(8.6)里的天体的质量参数 GM 完全一样,没有上面展示的麻烦. 下面是 GM 在不同坐标系中的数值之间的关系

$$GM|_{\text{TCB}} = GM|_{\text{TCG}},$$
$$GM|_{\text{TDB}} = (1 - L_B) GM|_{\text{TCB}},$$
$$GM|_{\text{TT}} = (1 - L_G) GM|_{\text{TCG}}. \qquad (8.21)$$

在 IAU2009 天文常数系统和一些文献中,采用的术语是用 TDB 相容值(TDB compatible value)来表示一个参数在 TDB 系中的数值,以此类推.[②]

由此可见,使用 TDB 或 TT 编算历表会产生这些麻烦,所以 IAU1991 决议推荐使用 TCB 和 TCG,TT 只用于视地心历表,作为观测时间而不是动力学时间尺度,不推荐 TDB. IAU1994 决议的建议 4 写明"建立新的历表时,应当用类时变量 TCB 和 TCG,以及和这些类时变量一致的天文常数组". IAU1997 决议几乎每一条都在强调执行 IAU1991 决议,使用 TCB 和 TCG,不引入比例因子,天文观测需要使用 TT 时,空间坐标也不得引入比例因子.

现实的情况是,并没有执行 IAU 的这些决议,BRS 里的太阳系天体历表普遍采用 TDB 坐标[③],GRS 中人造卫星的星历表通常用协调世界时 UTC,而 UTC 和 TT 只有常数差,

---

① 这一问题首先为 Fukushima 等和 Hellings 所发现,请见论文:Toshio Fukushima,Masa-Katsu Fujimoto,Hiroshi Kinoshita and Shinko Aoki,1986,*Celestial Mechanics*,36,215-230.;Hellings,R. W.,1986,Astron. J.,82,1446.

② Klioner,S. A.,Capitaine,N.,Folkner,W. M.,Guinot,B.,Huang,T.-Y.,Kopeikin,S. M.,Pitjeva,E. V.,Seidelman,P. K. and Soffel,M. H.,2010,in "Relativity in Fundamental Astronomy",Proceedings IAU Symposium No. 261,2009,p. 79-84. S. A. Klioner,P. K. Seidelman & M. H. Soffel eds. 该论文首先提出这类术语.

③ 作者记得在对这一问题的讨论中,美国 DE 系列历表的主要编算者之一,Myle Standish 曾说,如果要将历表的时间坐标从 TDB 改成 TCB,可能会引发美国航天灾难. 记忆中他说的话大意如此. DE 历表至今在各国的天文年历和航天工程中仍起重要作用,法国、俄罗斯等国的历表都继续使用了 TDB 坐标系.

速率相同[①]. 在这些应用中, 时间和空间坐标都进行了比例因子变换. 因此, 当需要达到相对论精度, 在应用第 9 章列出的天体运动方程, 或是直接引用天体的历表, 使用文献和规范列出的天文常数数值时, 必须明确它们属于哪一个坐标系, 所有的计算必须保持一致性, 防止错误应用.

8.2.4 IAU2000/2006 决议: BCRS 和 GCRS 度规

在讨论 IAU1991 决议时已经说明, 决议所列度规并不是完整的一阶后牛顿近似. 要达到一阶后牛顿近似, 以 BRS 度规为例, g_{00} 要准到 $O(c^{-4})$, g_{0i} 到 $O(c^{-3})$, g_{ij} 到 $O(c^{-2})$. GRS 度规类似. IAU1991 决议的度规没有时空交叉项, 因此不能讨论 7.2 节的伦泽-蒂林效应, 也就不能处理 GPB 和 LAGEOS 等高精度卫星的资料. 1991 决议的 g_{00} 和 G_{00} 都没有 $O(c^{-4})$ 项, 并写明度规中的引力势是牛顿势, 满足泊松方程, 并不是爱因斯坦引力场方程的一阶后牛顿近似解. 从 IAU1991 决议的度规不能导出著名的用于建立太阳系天体历表的 EIH 方程[②]. 为此, 在第 9 章介绍的 BK 和 DSX 体系等理论工作的基础上, 产生了 IAU2000 决议.

IAU2000 决议 B1.3-B1.5 给出了 BRS 和 GRS 的一阶后牛顿度规, 相应定名为 BCRS 和 GCRS, 实际定义了这两个坐标系的时间和空间坐标, 决议还具体给出两个坐标系之间的坐标变换. IAU2006 决议 B2 的提案 2 进行了补充, 确定 BCRS 的空间坐标轴和国际天球参考系(international celestial reference system, ICRS)一致. ICRS 是天文学的基本天球参考系, 由远处的类星体射电源的赤经和赤纬确定. BCRS 是动力学参考系, 在太阳系范围, 引力使时空弯曲. 假定太阳系是孤立的系统, IAU2006 决议表明, 将 BCRS 的空间坐标延伸至无穷远, 基本坐标面和经度起算点应当与 ICRS 的赤道与春分点一致. 太阳系天体历表正是这样执行的. IAU2006 决议要求 GCRS 的空间坐标轴和 BCRS 一致, 称为"运动学无转动参考系".

仔细研读第 9 章和附录 C 之后, 或阅读过 DSX 原始文献的读者理解 IAU2000 决议应当没有问题, 但是很多人反映阅读决议有困难. 为此, 提出决议的工作小组于 2003 年发表了一篇诠释性论文[③], 试图帮助理解和应用决议. 然而, 很多人反映这篇文章仍然很难读. 本小节和下一小节将从实际应用的角度解释决议.

相对论坐标系需要用度规的明确形式来定义. 度规定义了该坐标系的时间和空间坐标, 体现了采用的物理模型和精度. 从度规出发可以建立天体和光的运动方程, 以及与观测量联

---

① 天文观测习惯使用 UTC, 它与国家标准时间的差别固定. 例如比北京时间落后 8 小时. UTC 和 TAI 的差别是闰秒, 而 TT 等于 TAI 加 32.184 秒. UTC、TAI 和 TT 的速率相同, 因此可以认为人造卫星历表用的时间变量是 TT.

② 关于 EIH(Einstein-Infeld-Hoffmann)方程, 请见 9.2.3 节.

③ M. Soffel, S. A. Klioner, G. Petit, P. Wolf, S. M. Kopeikin, P. Bretagnon4 V. A. Brumberg, N. Capitaine, T. Damour, T. Fukushima, B. Guinot, T.-Y. Huang, L. Lindegren, C. Ma, K. Nordtvedt, J. C. Ries, P. K. Seidelmann, D. Vokrouhlicky, C. M. Will, and C. Xu, 2003, *Astron. J.*, 126: 2687-2706.

系的各种观测资料处理方程. 一言以蔽之, 度规是相对论参考系的核心. IAU2000 决议 B1.3~B1.5 给出太阳系质心系和地心系的完整的一阶后牛顿度规, 定名为质心天球参考系 (barycentric celestial reference system, BCRS) 和地心天球参考系 (geocentric celestial reference system, GCRS).

决议 B1.3 给出 BCRS 的度规为

$$ds^2 = g_{00}c^2 dt^2 + 2g_{0i}c\, dt\, dx^i + g_{ij}\, dx^i\, dx^j,$$

$$g_{00} = -1 + \frac{2w}{c^2} - \frac{2w^2}{c^4}, \quad g_{0i} = -\frac{4w^i}{c^3}, \quad g_{ij} = \delta_{ij}\left(1 + \frac{2w}{c^2}\right). \tag{8.22}$$

g_{00} 和 g_{ij} 由一个标量势 w 决定, 相对次要的时空交叉分量 g_{0i} 由有 3 个分量的矢量势 w^i 表示, 其中

$$w = \sum_A w_A = w_E + w_{ext}, \quad w^i = \sum_A w_A^i = w_E^i + w_{ext}^i. \tag{8.23}$$

下标 A 表示太阳系某个天体, E 表示地球, ext 表示地球以外的其他天体. 应该说, 这是一个相当简单的形式. 一般来说, 度规应当有 10 个分量, 然而在一阶后牛顿近似下, 可以选取一种代数规范 $-g_{00}g_{ij} = \delta_{ij} + O(c^{-4})$, 使得度规只有 4 个独立变量.

决议 B1.3 在给出度规之后, 紧接着给出标量势和矢量势的积分表达式. 对此读者常感困惑, 不知道如何用它们来得到这些引力势的可应用的表达式. 它们只是理论公式, 表明 w 和牛顿引力势不同, 不是泊松方程的解, 对此第 9 章有详细表述. 应用工作者可以放过这些积分公式. 至于 w 和 w^i 具体的可应用的定义和表达式, 与各个天体的质量、形状和角动量有关, 而天体的这些参数应该在该天体的局部参考系中定义. 例如地球的质量、形状和角动量参数应当在 GCRS 而不是 BCRS 中定义. 因此 BCRS 中引力势的表达式, 要在讨论 GCRS 度规后给出.

决议 B1.3 给出 GCRS 的度规为

$$\begin{cases} ds^2 = G_{00}c^2 dT^2 + 2G_{0a}c\, dT\, dX^i + G_{ab}\, dX^a\, dX^b, \\ G_{00} = -1 + \frac{2W}{c^2} - \frac{2W^2}{c^4}, \quad G_{0a} = -\frac{4W^a}{c^3}, \quad G_{ab} = \delta_{ab}\left(1 + \frac{2W}{c^2}\right). \end{cases} \tag{8.24}$$

同样由标量势 W 和矢量势 W^a 共 4 个量决定, 其中

$$\begin{cases} W = W_E + W_{ext}, \quad W_{ext} = W_{tidal} + W_{iner}, \\ W^a = W_E^a + W_{ext}^a, \quad W_{ext}^a = W_{tidal}^a + W_{iner}^a. \end{cases} \tag{8.25}$$

下标 tidal 表示地球以外天体的潮汐力势, 下标 iner 表示惯性力势. 决议沿用 DSX 体系的符号规则: BCRS 中的时空坐标和引力势用小写字母, 指标用 i, j, k 等; GCRS 中的时空坐标和引力势用大写字母, 指标用 a, b, c 等.

上面的两个度规要付诸实用, 必须给出这些相对论引力势的具体表达式. 下面将决议 B1.3~B1.5 的内容分解成如下几个步骤:

(1) GCRS 中地球的标量势 W_E

标量势显然比矢量势更为重要,它的计算需要准到 $O(c^{-2})$,亦即一阶后牛顿近似. W_E 是 GCRS 中 W 的主要项,先来讨论它的表达式.

在 9.1 节介绍的 DSX 体系中,相对论引力势 W_E 用所谓 BD 多极矩进行展开,然而地球物理和卫星动力学领域的科学家习惯使用球谐展开,用球谐系数来表示地球的形状.问题是,严格说相对论引力势在地球之外并不满足拉普拉斯方程,它的球谐展开式的系数不是常数,会和空间坐标 $\vec{X}$ 有关.经过仔细的数量估计,得出的结论是对于地球,这种依赖性目前完全可以忽略.[①]决议 B1.4 给出 W_E 的球谐展开式为

$$W_E(T,\vec{X}) = \frac{GM_E}{R}\left[1 + \sum_{l=2}^{\infty}\sum_{m-0}^{+l}\left(\frac{R_E}{R}\right)^l P_{lm}(\cos\theta)(C_{lm}^E(T)\cos m\phi + S_{lm}^E(T)\sin m\phi)\right],$$
(8.26)

其中,(R,θ,ϕ) 是 $\vec{X}$ 对应的球坐标,M_E 和 R_E 是地球的质量(单极矩)和赤道半径,P_{lm} 是缔合勒让德多项式.只有在地球参考系 TRS 中,并且当地球为刚体时,球谐系数才是常数.这里在 GCRS 中展开,所以 C_{lm}^E 和 S_{lm}^E 是时间 T 的函数,它们由观测测定.

(2) GCRS 中地球的矢量势 W_E^a

决议 B1.4 明确给出

$$W_E^a(T,\vec{X}) = -\frac{G(\vec{X}\times\vec{S}_E)^a}{2R^3}.$$
(8.27)

其中,$\vec{S}_E$ 是地球本身的角动量.这个表达式也可见式(9.95),它是忽略地球形状的结果.

(3) BCRS 中的标量势 w 和矢量势 w^i

从式(8.23)可见,w 和 w^i 对太阳系各天体是线性的,是太阳系各个天体引力势的叠加.各天体在 BCRS 中的表达式形式上类似,只需讨论一个天体,很自然选择地球 E.注意太阳系的大天体都接近球形,因此近似展开式(8.26)和式(8.27)适用于所有的大天体,只是质量、球谐系数和角动量要在该天体的局部参考系中定义和测定.它们都是坐标量,定义和数值与坐标系有关.这是相对论与牛顿力学的重要差别.

决议 B1.3 的注释中给出 GCRS(局部系)和 BCRS(全局系)的相对论引力势之间的关系[②]

$$\begin{cases} W_E(T,\vec{X}) = w_E(t,\vec{x})\left(1 + \frac{2}{c^2}v_E^2\right) - \frac{4}{c^2}v_E^i w_E^i(t,\vec{x}) + O(c^{-4}), \\ W_E^a(T,\vec{X}) = \delta_i^a(w_E^i(t,\vec{x}) - v_E^i w_E(t,\vec{x})) + O(c^{-2}). \end{cases}$$
(8.28)

---

① 见 P183 脚注③文献 Soffel et al. (2003) 3.5.2 节,p. 2697.

② 这个关系是 DSX 体系中的关键成果之一,从下文可见它的重要意义.关于它的推导,可见 9.1.4 节或查阅 DSX 原始文献.

容易得到反函数

$$\begin{cases} w_E(t,\vec{x}) = W_E(T,\vec{X})\left(1+\dfrac{2}{c^2}v_E^2\right)+\dfrac{4}{c^2}\delta_{ia}v_E^i W_E^a(T,\vec{X})+O(c^{-4}), \\[2mm] w_E^i(t,\vec{x}) = \delta_a^i W_E^a(T,\vec{X})+v_E^i W_E(T,\vec{X})+O(c^{-2}). \end{cases} \tag{8.29}$$

公式中引入 δ 符号,为的是坚持 BCRS 和 GCRS 中量的符号书写约定.

下面更仔细地给出 BCRS 中引力势便于应用的具体形式. 首先考虑天体为理想的球对称,取 $W_E=GM_E/R$, W_E^a 如式 (8.27) 所示,即地球只有质量和角动量两个参数,在代入式 (8.29) 之前有一点必须注意:公式中需要将坐标 $(T,\vec{X})$ 转换成 $(t,\vec{x})$. 最重要的是距离 $R=|\vec{X}(T)-\vec{X}_E(T)|$. 在 GCRS 里,自然有 $\vec{X}_E(T)$ 等于零,这样写是为了强调这是 GCRS 中的 T 同时距离,需要换算成 BCRS 中的 t 同时距离 $r=|\vec{x}(t)-\vec{x}_E(t)|$. GCRS 和 BCRS 里的同时性并不相同,这是相对论的重要结论,这一换算并不简单. 9.1.7 节给出了具体的推导,那里的式 (9.97) 给出转换后的 GCRS 中地球的引力势为

$$\begin{cases} W_E = \dfrac{GM_E}{r_E}\left\{1-\dfrac{1}{c^2}\left[w_{ext}+\dfrac{1}{2r_E^2}(\vec{r}_E\cdot\vec{v}_E)^2+\dfrac{1}{2}(\vec{a}_E\cdot\vec{r}_E)\right]\right\}+O(c^{-4}), \\[3mm] W_E^a = -\dfrac{G}{2r_E^3}(\vec{r}_E\times\vec{S}_E)^a+O(c^{-2}). \end{cases} \tag{8.30}$$

上式仔细标示了下标 E,以免在有多个天体时发生混淆. 式中 $\vec{r}_E(t)=\vec{x}(t)-\vec{x}_E(t)$, $r_E=|\vec{r}_E|$, 而 $\vec{x}_E$、$\vec{v}_E$ 和 $\vec{a}_E$ 是地心在 BCRS 中的坐标,坐标速度和坐标加速度,w_{ext} 是地球以外的天体在地心处的引力势,只需准到牛顿近似,为

$$w_{ext} = \sum_{B\neq E}\dfrac{GM_B}{r_{BE}}, \quad r_{BE}=|\vec{x}_B-\vec{x}_E|. \tag{8.31}$$

按照所需的精度,将式 (8.30) 代入式 (8.29) 就可以得到 BCRS 中的引力势 w_E 和 w_E^i. 对于任何天体 A,过程完全相同. 对所有的天体求和,最后很容易整理成决议 B1.5 建议 1 和注释 2 所列的度规:

$$\begin{cases} w = w_0 + w_L - \dfrac{1}{c^2}\Delta + O(c^{-4}), \\[3mm] w^i = -\sum_A \dfrac{G}{2r_A^3}(\vec{r}_A\times\vec{S}_A)^i + \sum_A \dfrac{GM_A v_A^i}{r_A} + O(c^{-2}). \end{cases} \tag{8.32}$$

其中,

$$\begin{cases} w_0 = \sum_A \dfrac{GM_A}{r_A}, \\[3mm] \Delta = \sum_A \dfrac{GM_A}{r_A}\left[\sum_{B\neq A}\dfrac{GM_B}{r_{BA}}-2v_A^2+\dfrac{1}{2r_A^2}(\vec{r}_A\cdot\vec{v}_A)^2+\dfrac{1}{2}(\vec{a}_A\cdot\vec{r}_A)\right]+ \\[3mm] \qquad \sum_A \dfrac{2G}{r_A^3}\vec{v}_A\cdot(\vec{r}_A\times\vec{S}_A), \end{cases} \tag{8.33}$$

而 w_L 是前面予以忽略的天体形状产生的引力势. 天体 A 在自己的局部参考系中的引力势 W_A 可以进行球谐展开, 容易转换到 BCRS 中去. 然而偏离球形分布产生的球谐系数本身比较小, 在 BCRS 中处理的事件离开天体通常也比较远, 从 GCRS 转换到 BCRS 一般可以按牛顿近似处理, 如果需要后牛顿处理也并无困难.

决议 B1.5 将当前实际的精度要求定为 10^{-18}, 将实用的 BCRS 度规写成

$$ds^2 = -\left[1 - \frac{2(w_0+w_L)}{c^2} + \frac{2(w_0^2+\Delta)}{c^4}\right]c^2 dt^2 - \frac{8w^i}{c^3}c\,dt\,dx^i + \delta_{ij}\left(1+\frac{2w_0}{c^2}\right)dx^i dx^j.$$

(8.34)

这里进行的合理近似, 道理十分明显. 至此, 已经得到 BCRS 中度规的实用表达式.

(4) GCRS 中的外部天体潮汐势 W_{tidal} 和 W_{tidal}^a

现在来估计地球外天体引起的标量潮汐势 W_{tidal} 相对地球引力势 W_E 的大小, 也就是人造卫星动力学中日月摄动的量级. 只需在牛顿近似下估算. 将 W_{tidal} 展开为 X^a 的级数, 形式为

$$W_{tidal} = w_{ext}(\vec{x}_E+\vec{X}) - w_{ext}(\vec{x}_E) - \frac{d^2 \vec{x}_E}{dt^2}\cdot\vec{X}$$

$$= Q_a X^a + \frac{1}{2}Q_{ab}X^a X^b + \cdots$$

(8.35)

所有的潮汐多极矩 Q_L 是坐标时的函数, 与空间坐标 $\vec{X}$ 无关. 作为潮汐势, 展开式中没有卫星在 GCRS 中坐标的零次项, 也就是没有潮汐单极矩.

潮汐偶极矩的表达式是

$$Q_a = \delta_{ai}\left(\partial_i w_{ext}(\vec{x}_E) - \frac{d^2 x_E^i}{dt^2}\right).$$

(8.36)

如果地球的质量分布是严格的球对称, 潮汐偶极矩等于零. 附录 C 的 C.5 节的末尾有讨论并推导出它的表达式, 主要项与地球质量四极矩和外部天体潮汐八极矩的乘积有关. 对于地球同步卫星高度以下的卫星, 如果忽略 Q_a, 产生的误差在 $10^{-12} \sim 10^{-10}$, 通常可以忽略, 更不需要讨论它的相对论项.

因此, 外部天体对地球人造卫星的潮汐引力势的主要项是潮汐四极矩. 将外部天体 A 看成点质量, 引起的潮汐四极矩的表达式为

$$\begin{cases} Q_{ab}^A = \frac{3GM_A}{r_{EA}^3}\left(n_{EA}^a n_{EA}^b - \frac{1}{3}\delta^{ab}\right), \\ n_{EA}^a = \frac{x_E^a - x_A^a}{r_{EA}}. \end{cases}$$

(8.37)

它是 A 的潮汐作用的主要项, 估计 $W_{tidal}^A/W_E \approx (M_A/M_E)(R/r_{EA})^3$, 当天体 A 是太阳或月球, 取决于地心距离 R 的数值. 对于从地球表面到 24 小时卫星的高度, 估算的结果在 $10^{-7} \sim$

10^{-5}. Q_{ab}^A 的一阶后牛顿表达式可以在文献中找到.[1] 估算一阶后牛顿项的相对量级在
$10^{-15}\sim 10^{-13}$. 这是对人造卫星运动方程中潮汐作用的量级估计. 上面的量级估计表明, 在
人造卫星的运动方程中, 日月潮汐摄动一般只需在牛顿近似下计算, 因为很多非引力因素达
不到高精度改正. 需要对引力计算有高精度要求的卫星, 只需计算潮汐四极矩的一阶后牛顿
项, 更高阶的潮汐多极矩可以按牛顿近似计算. 在局部系里电磁波的传播和坐标时与原时的
换算工作中, 标量势以 W/c^2 的形式出现, 潮汐势只要准到牛顿近似, 它的一阶后牛顿项的
效应小于 10^{-20}, 可以忽略.

至于太阳或月球引起的潮汐矢量势 $W_{\rm tidal}^a$, 矢量势的作用本身就是 $O(c^{-2})$ 级的一阶后
牛顿量, 在人造卫星运动方程中一般可以忽略, 需要时可以查阅参考文献.[2]

(5) GCRS 中的惯性力势 $W_{\rm iner}$ 和 $W_{\rm iner}^a$

GCRS 中有惯性力存在, 是因为 GCRS 与局域惯性参考系有差别. $W_{\rm iner}$ 来自地心的世
界线不是测地线; $W_{\rm iner}^a$ 来自空间坐标轴相对局域惯性参考系的转动.

在广义相对论一阶后牛顿近似下, 如果地球的物质分布具有严格的球对称, 地球质心的
时空轨迹是测地线[3], 这时地球在 BCRS 中的坐标加速度 $a_{\rm E}^i=\partial w_{\rm ext}/\partial x_{\rm E}^i$. 这里 $w_{\rm ext}$ 是
BCRS 标量势里地球以外天体的部分, 如式(8.23)所示. 也就是说, 球对称地球的自引力对
自身的运动并无贡献. 然而, 实际的地球并不具有球对称, 地球的自引力产生一个惯性加
速度

$$\vec{Q}=\vec{\nabla}\, w_{\rm ext}-\vec{a}_{\rm E}+O(c^{-2}). \tag{8.38}$$

上式与式(8.36)完全等同. Q_a 既是外部天体引起的潮汐偶极矩, 也能看成因地心运动偏离
测地线而产生的惯性加速度. 因为在讨论潮汐势 $W_{\rm tidal}$ 时已经计及, 这里不再计算和讨论.

在诠释 IAU1991 决议的章节中, 说过 IAU 对 GCRS 空间坐标轴的选择是与 BCRS 一
致, 相对遥远的天体无转动, 被称为"运动学无转动参考系", 并且强调 GCRS 的坐标轴不是
地心处局域惯性参考系的延伸, 后者是"动力学无转动参考系", 两者之间有相对论量级的转
动. 因此, 在 GCRS 中运动的人造卫星的运动方程就会出现惯性力, 科里奥利力和惯性离心
力. 因为这种转动的角速度是相对论量级的小量, 要考虑的只有科里奥利力.

---

①　潮汐四极矩 Q_{ab} 完整的一阶后牛顿近似表达式比较复杂, 见文献 T. Damour, M. Soffel and C. Xu, 1994,
Physical Review D, 49, 618. 的式(3.23)(那里的符号是 G_{ab}, 为了避免与 GCRS 度规混淆, 这里改了符号). 该文是 DSX
体系的第四篇论文, 专门讨论卫星的运动.

②　GCRS 中人造卫星所受的外部天体的潮汐力可见本页脚注①所引文献 DSX4 的第Ⅲ节, 那里详尽叙述了潮汐标
量势和矢量势引起的卫星加速度中的相对论项. 然而, 目前 IERS(国际地球自转服务)规范推荐的卫星运动方程中的相
对论效应里, 忽略了外部天体的潮汐力的相对论效应, 见 9.2.4 节.

③　按照广义相对论, 在引力场中自由下落的试验体, 时空轨迹是测地线. 地球等太阳系天体, 即使忽略其形状, 物
质分布为完美的球对称, 因本身的引力场不能忽略, 不是试验体, 没有理由说它的世界线是测地线. DSX 体系的第一篇论
文 DSX1(T. Damour, M. Soffel and C. Xu, 1991, *Physical Review D*, 43, 3273.) 的 7C 节, 严格证明了在一阶后牛顿近似
下, 自引力不能忽略的球对称天体在外部引力场中自由下落的时空轨迹和试验体一样, 是测地线.

设 $\vec{\Omega}_{\text{iner}}$ 是 GCRS 的空间轴相对地心局域惯性参考系转动的角速度矢量,对应的 GCRS 里的惯性矢量势 W^a_{iner} 的矢量形式为

$$\vec{W}_{\text{iner}} = -\frac{1}{4}c^2\vec{\Omega}_{\text{iner}}\times\vec{X}.\tag{8.39}$$

这个公式的证明类似式(8.13)的推导,那里说的是从地心天球参考系 GCRS 到地球参考系 TRS 的转动,可以类比.注意那里的角速度矢量 $\vec{\omega}$ 在这里应当换成 $\vec{\Omega}_{\text{iner}}$,空间坐标矢量换成 $\vec{X}$,再与度规式(8.24)对比就得到式(8.39).

根据 7.2 节各小节的叙述,$\vec{\Omega}_{\text{iner}}$ 有 3 个来源.要提请特别注意的是,7.2 节里的符号 $\vec{\Omega}$ 说的是陀螺指向相对 GCRS 转动的角速度.陀螺指向代表的是局域惯性参考系,那里的 $\vec{\Omega}$ 和本节的 $\vec{\Omega}_{\text{iner}}$ 的意义正好相反,所以将 7.2 节的结果引用到本节来时,都要加负号.另外,7.2 节的 U 在这里应当换成 w_{ext},ζ 应当换成 $-\vec{w}_{\text{ext}}$.

$\vec{\Omega}_{\text{iner}}$ 的主要项是外部天体的质量引起的测地进动,也称为测地岁差.令爱丁顿参数 γ 等于 1,用现在的符号,表达式为

$$\vec{\Omega}_{\text{GP}} = -\frac{3}{2c^2}\vec{v}_{\text{E}}\times\vec{\nabla}\,w_{\text{ext}}(\vec{x}_{\text{E}}).\tag{8.40}$$

它的数值是每世纪 $1.918''$.它引起的人造卫星的科里奥利加速度为 $-2\vec{\Omega}_{\text{GP}}\times\vec{V}$,其中 $\vec{V}$ 是卫星在地心系中的加速度,具体表达式见 9.2.4 节,可以根据精度要求予以取舍.

另两个相对论进动是外部天体的矢量势引起的伦泽-蒂林进动

$$\vec{\Omega}_{\text{LT}} = -\frac{2}{c^2}\vec{\nabla}\times\vec{w}_{\text{ext}}(\vec{x}_{\text{E}}),\tag{8.41}$$

和因地心的时空轨迹非测地线而引起的托马斯进动

$$\vec{\Omega}_{\text{TM}} = -\frac{1}{2c^2}\vec{v}_{\text{E}}\times\vec{Q}.\tag{8.42}$$

$|\vec{\Omega}_{\text{LT}}|$ 的估计数值为每世纪 $2\times10^{-3}{''}$ 左右,而 $|\vec{\Omega}_{\text{TM}}|$ 的估计值为每世纪 $4\times10^{-9}{''}$ 左右,目前都可以忽略.

最后,要说明这里讲的可以忽略的 LT 效应指的是地球外部天体太阳月球的矢量势 $\vec{w}_{\text{ext}}$ 引起的 LT 效应,并不是地球的矢量势 $\vec{W}_{\text{E}}$ 引起的 LT 效应,后者在 7.2 节有比较仔细的讨论.9.2.4 节给出的地球人造卫星运动方程里,列有测地岁差和 LT 效应对卫星运动的相对论效应加速度.

8.2.5 IAU2000/2006 决议:坐标时和坐标变换

IAU1991 和 IAU2000 决议开始和完善了 BCRS 和 GCRS 的定义,具体给定一阶后牛

顿近似下的度规. BCRS 的坐标时间尺度是 TCB, GCRS 的是 TCG. 在度规给定后, TCB 和 TCG 以及相应的空间坐标就有了明确的定义, 无需再用语言来描述. 然而, 早在 IAU1976 决议中就定义了两个应用更为广泛的坐标时间尺度: TT (曾用名 TDT) 和 TDB. 早年的定义存在一些缺陷, IAU 在 2000 和 2006 的决议中进行了再定义.

现代天体测量高精度观测都基于时间和频率测量, 应用工作者对各种时间尺度的定义和相互转换特别重视, 但是在相对论里, 时间和空间纠缠在一起, 在讨论各种时间尺度及其转换关系时, 必须了解对应的空间坐标.

(1) TT 的再定义

地面上民用和天文观测所用的时间是与国际原子时 TAI 相联系的协调世界时 UTC. TAI 是用世界各地原子钟的读数建立起来的时间, 与时频技术和数据处理过程有关, 有必要定义一个理想的时间尺度. 在 IAU1976 决议里, TT 是用 TAI 来定义. 现在需要反过来, 将 TT 定义成一个理想的相对论时间尺度, TAI 成为对 TT 用原子钟技术的具体实现.

在讨论 IAU1991 决议的时候, 式 (8.16) 给出

$$dTT/dTCG = 1 - L_G, \tag{8.43}$$

其中, $L_G = W_G/c^2$, 而 W_G 是大地水准面上的重力势. 问题是很难在每一个原子钟的地点确定相对大地水准面的位置, 大地水准面随时间而改变, W_G 目前测定精度不够高. 因此, IAU2000 决议 B1.9 将 L_G 与 W_G 脱钩, 定义为

$$L_G \equiv 6.969\,290\,134 \times 10^{-10}, \tag{8.44}$$

作为一个定义常数. 注意 IAU1991 决议中 L_G 的测定值为 $6.969\,291 \times 10^{-10}$.

在 8.2.3 节的最后, 讨论了比例因子问题, 说明在很多实际工作中, 不仅没有用 TCG, 而是进行比例因子变换, 使用 TT 为时间变量, 并且对空间坐标也进行同样的比例因子变换:

$$\begin{cases} TT \equiv TCG - L_G(TCG - T_0) = TCG - \dfrac{L_G}{1 - L_G}(TT - T_0), \\ \vec{X}_{TT} \equiv (1 - L_G)\vec{X}_{TCG}. \end{cases} \tag{8.45}$$

其中, T_0 是 1977 年 1 月 1 日 0 时 32.184 秒. TCG 和 TT 在该时刻的值相同. 用儒略日期表示, $T_0 = 2\,443\,144.500\,372\,5$. 式 (8.45) 的第一式就是用 TCG 来定义 TT.

这表明 GCRS 有两组坐标: $(TCG, \vec{X}_{TCG})$ 和 $(TT, \vec{X}_{TT})$. IAU 的决议建议在 GCRS 中使用 TCG 建立地心历表和进行资料处理, TT 用于观测历表, 特别反对空间坐标进行比例因子变换. 然而 IERS 规范 2010 明确指出, 国际 VLBI (甚长基线干涉测量) 和 SLR (卫星激光测距) 都使用 (TT, X_{TT}). 在规范的 11.1.3 节的最后写道: "在 ITRF 研讨会上, 也决定在计算 ITRF2000 (见第 4 章) 时, 坐标无需再次加比例因子成为 X_{TCG}, 所以自 ITRF2000 起,

ITRF 具体实现中的比例因子**不遵守 IAU 和 IUGG 的决议**."[1]读者了解这一点很重要,国际地球参考架中的观测站坐标和参数都是 TT 坐标系的值,称为 TT 相容值.

(2) TDB 的再定义

IAU1976 决议中引入太阳系质心坐标系中历表的时间变量 TDB,要求它和视地心历表的时间变量 TDT(现更名为 TT)之间没有长期变化. 这可以看成是 TDB 的一种定义. IAU1991 决议在引入 BCRS 的坐标时 TCB 后,引入比例因子 $1-L_B$,说明 TDB 是 TCB 的线性变换,可以看成 TDB 的另一种定义.

IAU1976 决议的定义在实现时遇到一些困难. BCRS 和 GCRS 的坐标时之差有长期项、周期项,还有混合项.所谓混合项是周期项的振幅,是时间的多项式.此外,周期项中有周期为几万年和几十万年的长周期项.[2]应用工作关心的是以现今为中心的几百年的时间范围,那些长周期项展开而作为长期项可能更合适. 这些情况给分离长期和周期项带来困难,分离的结果和时间跨度,采用的历表和使用的参数值有关,很难用这种方式给 TDB 下精确的定义.

TDB 的引入与现代行星和月球历表 DE 系列的时间变量紧密相关. 历表的编制者指出,历表的时间变量称为历表时 T_{eph},它并不是 IAU1976 决议意义下的 TDB,而是 TCB 的一个线性变换,与 TCB 之间有常数偏差和常数的速率比.[3]

显然,只要固定 L_B 的数值和 TDB 的零点,TDB 的定义就不受历表变迁的影响. IAU2006 决议 B3 定义 TDB 为

$$\begin{cases} \text{TDB} \equiv \text{TCB} - L_B(\text{TCB} - t_0) + \text{TDB}_0, \\ L_B \equiv 1.550\,519\,768 \times 10^{-8}, \\ \text{TDB}_0 \equiv -6.55 \times 10^{-5} \text{ 秒}. \end{cases} \tag{8.46}$$

式中的 t_0 表示 1977 年 1 月 1 日 0 时 32.184 秒 TCB 时刻. 同样,用儒略日期表示,$t_0 = 2\,443\,144.500\,372\,5$.注意在位于地心的这一瞬间,TT、TCG 和 TCB 的数值相同,但是 TDB_0 的存在表明 TDB 不一样,在地心处的该瞬间,TDB 与其他 3 个坐标时的数值差别是 TDB_0.

虽然 IAU1991 和 IAU2000 决议都不赞成使用 TDB,尤其反对空间坐标进行比例因子变换,现行的各国太阳系天体历表仍然使用 TDB,而且进行了空间坐标比例因子变换,如

$$\vec{x}_{\text{TDB}} \equiv (1-L_B)\vec{x}_{\text{TCB}}. \tag{8.47}$$

可以认为,BCRS 也有两组坐标,$(\text{TCB}, \vec{x}_{\text{TCB}})$ 和 $(\text{TDB}, \vec{x}_{\text{TDB}})$,对应的参数数值也不同,应

---

[1] 见 IERS Convention 2010 p.141.那里首先说明 VLBI 和 SLR 的数据处理都使用 TT 坐标,空间坐标也做了比例因子变换. 然后是课文引用的这段话,加粗字体是原文所标记. ITRF(International Terrestrial Reference Frame)是国际地球参考架.

[2] 见 Fairhead, L. and Bretagnon, P., 1990, *Astron. Astrophys.*, 229, 240-247. 具体形式见文中方程(2)和有关表格. 这篇文献也是 IAU2006 决议 TDB 再定义依据的基本文献之一.

[3] Standish, E. M., 1998, *Astron. Astrophys.*, 336, 381-384.

用时必须注意.

（3）坐标变换

如上所述,TT 和 TCG 之间,是比例因子 $1-L_G$ 的线性变换,TDB 和 TCB 之间,是比例因子 $1-L_B$ 的线性变换,而 IAU2000 决议 B1.3 给出了从 TCB 到 TCG 的完整的一阶后牛顿变换.9.1.5 节在 DSX 体系下推导了这一变换及其逆变换. 在一个空间区域,如果 BCRS 和 GCRS 两个坐标系都适用,两个坐标系的度规都确定,就可以从度规张量在坐标变换下的张量变换规律推导出坐标系之间的变换.[①]

从 9.1.5 节得到和 IAU2000 决议 B1.3 一致的变换公式

$$T = t - \frac{1}{c^2}\int_{t_0}^{t}\left(w_{\mathrm{ext}} + \frac{1}{2}v_E^2\right)\mathrm{d}t + \frac{1}{c^4}\int_{t_0}^{t}\left(\frac{1}{2}w_{\mathrm{ext}}^2 - \frac{1}{8}v_E^4 - \frac{3}{2}v_E^2 w_{\mathrm{ext}} + 4v_E^i w_{\mathrm{ext}}^i\right)\mathrm{d}t -$$

$$\frac{1}{c^2}v_E^i r_E^i - \frac{r_E^i}{c^4}\left(3w_{\mathrm{ext}}v_E^i + \frac{1}{2}v_E^2 v_E^i - 4w_{\mathrm{ext}}^i\right) + O(c^{-4}|\vec{r}_E|^2, c^{-6}),$$

$$X^i = r_E^i + \frac{1}{c^2}\left(w_{\mathrm{ext}}r_E^i + \frac{v_E^i v_E^j}{2}r_E^j\right) + O(c^{-2}|\vec{r}_E|^2, c^{-4}). \tag{8.48}$$

其中,$(ct, \vec{x})$ 和 $(cT, \vec{X})$ 分别表示 BCRS 和 GCRS 的时空坐标,$t = \mathrm{TCB}$,$T = \mathrm{TCG}$,$\vec{x}_E$ 和 $\vec{v}_E$ 是地心在 BCRS 中的坐标和速度,$\vec{r}_E = \vec{x} - \vec{x}_E$,外势 w_{ext} 和 w_{ext}^i 都在地心取值,是时间 t 的函数,与空间坐标无关.因为坐标变换都是对地球表面附近发生的事件进行,事件到地心的空间距离与到外部天体的距离之比是小量,上式忽略 $|\vec{r}_E|^2$ 及更高阶的项.

9.1.5 节也给出了上述变换的逆变换

$$t = T + \frac{1}{c^2}\int_{T_0}^{T}\left(w_{\mathrm{ext}} + \frac{1}{2}v_E^2\right)\mathrm{d}T + \frac{1}{c^4}\int_{T_0}^{T}\left(\frac{1}{2}w_{\mathrm{ext}}^2 + \frac{3}{8}v_E^4 + \frac{5}{2}v_E^2 w_{\mathrm{ext}} - 4v_E^i w_{\mathrm{ext}}^i\right)\mathrm{d}T +$$

$$\frac{1}{c^2}v_E^i X^i + \frac{1}{c^4}X^i\left(3v_E^i w_{\mathrm{ext}} + \frac{1}{2}v_E^2 v_E^i - 4w_{\mathrm{ext}}^i\right) + O(c^{-4}|\vec{X}|^2, c^{-6}),$$

$$x^i = x_E^i + X^i - \frac{1}{c^2}\left(w_{\mathrm{ext}}X^i - \frac{v_E^i v_E^j}{2}X^j\right) + O(c^{-2}|\vec{X}|^2, c^{-4}). \tag{8.49}$$

建立观测历表、激光测月（LLR）、甚长基线干涉测量（VLBI）、脉冲星观测等都需要根据精度要求进行坐标转换. 例如脉冲星信号观测,要将地面观测站原子钟记录的信号到达的原时间隔转换成地球时 TT,再通过坐标变换转换成 TCB. 这一转换要求比较高的精度,主要是时间变换.

忽略时间转换公式中的 $O(c^{-4})$ 项,TCB 和 TCG 的转换公式是

$$t - T = \frac{1}{c^2}\int_{t_0}^{t}\left(w_{\mathrm{ext}} + \frac{1}{2}v_E^2\right)\mathrm{d}t + \frac{1}{c^2}v_E^i(x^i - x_E^i) + O(c^{-4}). \tag{8.50}$$

[①]　这是常见的推导坐标变换的方法.例如,Klioner,S. F. & Voinov,A. V.,1993,*Phys. Rev. D*,48,1451.这篇论文给出了 IAU2000 决议 B1.3 中坐标变换的所有项.它采用的符号和方法属于 BK 体系.

上式右边第一项积分中的被积函数在地心处取值,与事件的空间坐标 $\bar{x}$ 无关,积分的结果为

$$\text{TCB} - \text{TCG} = L_C(t - t_0) + P(t) - P(t_0) + \frac{1}{c^2}v_E^i(x^i - x_E^i) + O(c^{-4}). \quad (8.51)$$

其中常数[①]

$$L_C = 1.480\ 826\ 867\ 41 \times 10^{-8}. \quad (8.52)$$

定义常数 L_B 正是按照 $1 - L_B = (1 - L_C)(1 - L_G)$,用 L_G 和这个 L_C 的值确定的.

式(8.51)中的 t 应当表示 TCB,t_0 则是 1977 年 1 月 1 日 $0^h0^m32.184^s$TCB. 在地心处的这一时刻,TCB、TCG 和 TT 有相同的值. 由于式(8.51)存在与空间坐标有关的项,在其他空间位置,当 TCB 的值为 t_0,对应的 TCG 时刻并不等于 T_0. 同样,只要不在地心,TCG 为 T_0 时,TCB 也不等于 t_0. 请注意在地心处的这一瞬间,TDB 的值有微小的差异 TDB_0,参见式(8.46).

显然,时间转换需要计算式(8.51)中的拟周期项 $P(t)$,称拟周期项是因为它是几百到上千各种周期的综合. 它在地心计算,和事件发生的空间位置无关,被称为地球的时间历表(time ephemeris). 现有的时间历表以时间为引数,以两种方式给出:数值历表和分析历表.[②]现有的时间历表精度是 $0.1\text{ns}(1\text{ns} = 10^{-9}\text{s})$,不需要计算 $O(c^{-4})$ 项. 在历元 J2000 前后的百年间,不同时间历表之间的差别有几纳秒. 拟周期项中最大项是周年项,振幅约为 $1.6\text{ms}(1\text{ms} = 10^{-3}\text{s})$. 了解这一点,有助于在计算时进行量级估计,建立合理近似.

建立时间历表要用行星和月球历表,DE 系列历表的时间变量是历表时 T_{eph} 而不是 TCB. 如前所述 T_{eph} 和 TDB 目前可认为相同,与 TCB 之间有 $1 - L_B$ 的比例因子. 式(8.51)每一项的量纲都是时间,而且是 TCB,然而从时间历表计算得到的结果是 TDB,需要对该式进一步转换. 为符号简单起见,下面将 TCB、TDB、TCG 和 TT 分别记为 t、$\bar{t}$、T、$\bar{T}$. 按照 TCB 和 TDB 的关系式(8.46),得到

$$\text{TCB} - \text{TCG} = \frac{1}{1 - L_B}\left[L_C(\bar{t} - \bar{t}_0) + P(\bar{t}) - P(\bar{t}_0)\right] + \frac{1}{c^2}v_E^i(\bar{x}^i - \bar{x}_E^i) + O(c^{-4})$$

$$(8.53)$$

---

① 这一数值来自 Irwin, A. W. and Fukushima, T., 1999, *Astron. Astrophys.*, 348, 642-652. 该论文用 DE405 历表对式(8.50)右边的积分进行了数值计算,得到长期项的系数 L_C. 所列的具体数值实际上还包括式(8.49)中 $O(c^{-4})$ 定积分项的贡献(109.7×10^{-18})和小行星的贡献(5×10^{-18}).

② 数值时间历表如 TE405,见本页脚注①所引文献. 它使用 JPL 的 DE405 历表对式(8.50)的定积分进行数值积分,然后用切比雪夫多项式的形式提供应用,精度为 0.1ns. 分析历表为 Fairhead, L. 和 Bretagnon, P., (1990, *Astron. Astrophy*. 229, 240-247.)根据法国的分析行星历表 VSOP82 和月球历表 ELP2000 所建立,精度为 1ns. 后来 Bretagnon 将其扩展,精度提高到 0.1ns. TE405 被 Harada, W. and Fukushima, T. (2003, *Astron. J.*, 126, 2557-2561)用调和分析拟合成数值三角级数. FB 和 HF 结果的计算程序都可以在国际计量局 BIPM 的网站上下载和应用(ftp://tai.bipm.org/iers/conv2010/chapter10/software/). 目前推荐的应用程序是 XHF2002 IERS. F. 关于时间历表的更多信息和下载地址,请参阅 IERS Convention2010 的 10.1 节.

上式右边都是 TDB 坐标系($c\bar{t},\bar{x}^i$)中的量. 上式中与空间坐标有关的项, 按理也应该放在方括号内, 但即使离地心几十万千米, 忽略 L_{B} 引起该项的误差只是 ps($1\mathrm{ps}=10^{-12}\mathrm{s}$)量级.

将式(8.53)和式(8.51)对比, 拟周期项的时间引数从 t 变成了 $\bar{t}$. 以周期项 $A\sin(nt+\phi)$ 为例, 时间 t 和频率 n 相乘构成无量纲的量, 两者应当在同一坐标系中取值.

现在来看 TDB 和 TT 的关系,
$$\mathrm{TDB}-\mathrm{TT}=(\mathrm{TDB}-\mathrm{TCB})+(\mathrm{TCB}-\mathrm{TCG})+(\mathrm{TCG}-\mathrm{TT}).$$
上面三个括号中的量由式(8.46)、式(8.53)和式(8.45)给出. 计算上式中时间的线性项得到
$$-L_{\mathrm{B}}(t-t_0)+L_{\mathrm{C}}(t-t_0)+L_{\mathrm{G}}(T-T_0)$$
$$=-L_{\mathrm{B}}(t-t_0)+L_{\mathrm{C}}(t-t_0)+L_{\mathrm{G}}[t-t_0-L_{\mathrm{C}}(t-t_0)].$$
利用
$$L_{\mathrm{B}}=L_{\mathrm{C}}+L_{\mathrm{G}}-L_{\mathrm{C}}L_{\mathrm{G}}, \tag{8.54}$$
证明了长期项完全抵消, 从而在合理的精度下, 有
$$\mathrm{TDB}-\mathrm{TT}=\frac{P(\bar{t})-P(\bar{t}_0)}{1-L_{\mathrm{B}}}+\mathrm{TDB}_0+\frac{1}{c^2}v_{\mathrm{E}}^i(x^i-x_{\mathrm{E}}^i)+O(c^{-4}). \tag{8.55}$$

应用工作者在用时间历表计算时间转换时, 常用的时间引数不是 TDB, 而是地球时 TT. IERS 规范 2010 的式(10.5)将时间变换写成
$$\mathrm{TCB}-\mathrm{TCG}=\frac{1}{1-L_{\mathrm{B}}}[L_{\mathrm{C}}(\mathrm{TT}-T_0)+P(\mathrm{TT})-P(T_0)]+\frac{1}{c^2}v_{\mathrm{E}}^i(x^i-x_{\mathrm{E}}^i)+O(c^{-4})$$
$$\tag{8.56}$$
与更精确的式(8.53)对比, 差别主要在时间的线性项, 忽略了 $L_{\mathrm{C}}P(t)$, 估计小于 30ps.

上面的讨论应用了现有的时间历表, 精度是 0.1ns. Soffel et al. (2003)指出, 如果要精度提高到 0.2ps, 不同时间尺度之比的精度达到 5×10^{-18}, 需要按照 IAU2000 决议 B1.5, 将坐标变换式(8.48)和 BCRS 度规式(8.32)与式(8.33)结合, 经过量级估计, 在地球附近的时间变换用下式计算:
$$\mathrm{TCB}-\mathrm{TCG}=\frac{1}{c^2}\int_{t_0}^t\left(w_{0,\mathrm{ext}}+\frac{1}{2}v_{\mathrm{E}}^2\right)\mathrm{d}t-$$
$$\frac{1}{c^4}\int_{t_0}^t\left(\frac{1}{2}w_{0,\mathrm{ext}}^2-\frac{1}{8}v_{\mathrm{E}}^4-\frac{3}{2}v_{\mathrm{E}}^2w_{0,\mathrm{ext}}+4v_{\mathrm{E}}^iw_{\mathrm{ext}}^i\right)\mathrm{d}t+$$
$$\frac{1}{c^2}v_{\mathrm{E}}^ir_{\mathrm{E}}^i+\frac{1}{c^4}v_{\mathrm{E}}^ir_{\mathrm{E}}^i\left(3w_{0,\mathrm{ext}}+\frac{1}{2}v_{\mathrm{E}}^2\right), \tag{8.57}$$

其中, $w_{0,\mathrm{ext}}$ 是除地球以外的太阳系天体在地心处的牛顿势, 但除这些天体的质量之外, 不必计算更高阶的质量多极矩, 也就是忽略天体的非球形. 与式(8.48)的另一个差别是, 在 $O(c^{-4})$ 项里, 略去了其他天体的矢量势.

式(8.57)的右边在 TCB 系中计算. 如前所述, 这些计算要用现代行星和月球历表, 这些历表在 TDB 系中计算, 得到的结果要乘因子 $1/(1-L_{\mathrm{B}})$.

(4) 原时和坐标时的转换

高精度的天体测量观测依赖先进的时频技术.原子钟不仅装备在地面观测站上,很多人造卫星和行星际飞行器上也有星载原子钟.曾经多次强调过,钟走的是自己的原时而非坐标时.尽管一些钟通过信号比对,将时刻调整为坐标时刻,但在不干扰期间仍然按原时行进.一些钟,例如 GPS 和北斗卫星上的钟,甚至调整了秒长,使钟的原时和坐标时尽可能接近,但钟走的还是自己的原时.因此,建筑在时频技术基础上的应用工作中,必须建立原时和坐标时之间的转换关系.

这一转换关系显然用度规建立.用 BCRS 度规建立原时 τ 与 TCB 的关系;用 GCRS 度规建立 τ 和 TCG 的关系.如前所述,度规的形式相当复杂,实际应用中要根据精度要求和应用范围决定取舍.Soffel et al.(2003)提出的精度要求是不同时间尺度的速率之比的计算要达到 5×10^{-18}.BCRS 中的空间应用范围是与太阳的距离大于 0.25 天文单位.GCRS 中的空间应用范围是地心距离小于 50 000km.也就是在同步卫星轨道高度之下.按照这一设定,该论文给出转换关系公式.

从 IAU2000 决议 B1.5 给出的度规式(8.32)容易导出 BCRS 中的原时和坐标时的转换关系:

$$\frac{\mathrm{d}\tau}{\mathrm{d}t} = 1 - \frac{1}{c^2}\left(w_0 + w_{\mathrm{L}} + \frac{v^2}{2}\right) + \frac{1}{c^4}\left(\frac{w_0^2}{2} - \frac{v^4}{8} + 4w^i v^i - \frac{3}{2}w_0 v^2 + \Delta\right). \qquad (8.58)$$

其中,t 是 TCB,所有的空间坐标 x^i 和速度 v^i 都是时钟(观测者)在 TCB 系中的坐标和坐标速度.式中的天体形状势 w_{L} 和 Δ 并不需要对所有的天体都计算,对于和观测者靠近的天体,才考虑适当计算该天体的这两项效应.

地球附近 GCRS 中的相对论效应要比 BCRS 小大约一个半量级,这可以从 L_{G} 和 L_{B} 的数值比较中看出.在计算 τ 和 TCG 转换关系的时候,IAU 度规式(8.24)和式(8.25)中的标量势平方 W^2,矢量势 W^a,以及标量势中的惯性力势 W_{iner} 的效应在 5×10^{-18} 的精度设定下都可以忽略,转换方程是

$$\frac{\mathrm{d}\tau}{\mathrm{d}T} = 1 - \frac{1}{c^2}\left(W_{\mathrm{E}} + W_{\mathrm{tidal}} + \frac{1}{2}V^2\right). \qquad (8.59)$$

其中,T 是 TCG,方程右边的量和坐标属于 TCG 系.

如果进一步提高时间尺度转换的精度要求,事情可能变得相当复杂.新近发展起来的光原子钟,号称不确定度有 10^{-19},并且发展了空间传输光频信号不稳定度达到 10^{-19} 的技术[1],构成时间尺度转换的理论分析新动力.

8.2.6 IAU2012 决议

附录 B 所列 IAU2012 决议是近年来关于相对论参考系的最后一个决议.太阳系动力学

---

[1] 见 Qi Shen et al., Free-space dissemination of time and frequency with 10^{-19} instability over 113km,2022. *Nature* 610,661-666.

和天体历表的计算和颁布一直使用天文单位系统. 早先的决议将日地的平均距离定义为长度的天文单位, 简称天文单位, 常记为 A 或 AU. 这样做的理由主要是两个: 一是用米来表示太阳系天体之间的距离数值量级太大, 很不方便. 二是, 在 20 世纪 60 年代以前, 只有角度的测量. 天体的距离只能靠视差, 用不同地点观测同一天体的方向之差来推算距离, 得到的距离精度低. 然而, 容易精确测定行星和小天体环绕太阳的周期 P. 从开普勒第三定律(见附录 A 式(A.13)), 如果忽略环绕太阳运动的天体的质量, a^3/P^2 是只和太阳引力参数 GM_s 有关的常数, 这里 a 是轨道半长径. 从太阳系天体的周期之比可以得到天体轨道半长径之比. 因此, 如果令地球轨道的半长径为 1 天文单位, 那么以天文单位表示的太阳系天体间的距离, 可以有比较精确的数值. 只要测出用米表示的其中某一个距离的精确数值, 就能得到天文单位和米的精确关系. 在牛顿力学框架里, 这样定义天文单位非常合理.

IAU1976 天文常数系统定义的天文单位系统如下所述. 时间的天文单位是日(d), 1 日等于 86 400 秒. 质量的天文单位是太阳质量(M_S). 选择长度的天文单位, 使得在天文单位制下高斯引力常量 k 的数值为 0.017 202 098 95. 这里 $k^2=G$, G 是万有引力常量. IAU2009 天文常数系统维持了这个定义.

现在对 IAU1976 的定义做些解释. 首先, 这个定义的理论框架仍然是牛顿力学, 不是广义相对论. 时间的天文单位日和秒已经建立了明确的倍数关系. 在太阳系动力学的轨道拟合中, 并不能精确测定行星和太阳的质量, 而是它们的质量之比, 所以很自然选取太阳质量 M_S 为质量的天文单位. 至于长度的天文单位, 再来看地球绕日运动的开普勒第三定律 $GM_S=n_E^2 a_E^3$, 如果将 M_S 和地球轨道半长径 a_E 都取为 1, 因为 $G=k^2$, 立即得到 $k=n_E=2\pi/P_E$, 将高斯常量 k 和地球的恒星年 P_E 联系起来. 恒星年有精确的测定数值, 由此可以算出 $k=0.017\ 202\cdots$. 附录 A 的式(A.15)表明, 上面写的开普勒第三定律不完整, 必须考虑地球的质量. 以上讨论表明, 与天文单位系统中 $k=0.017\ 202\ 098\ 95$ 对应的长度的天文单位大致是地球绕太阳轨道的半长径. 但是将 a_E 定义为长度的天文单位不恰当, 因为在其他行星的引力摄动下, a_E 在复杂地变化. 所以 IAU 将天文单位系里 k 的值固定, 作为定义常数. 注意 k^2 的量纲是 $[L^3 T^{-2} M^{-1}]$, 这里量纲 L、T、M 对应长度、时间和质量. 当时间和质量的天文单位已经确定, 给定 k 的数值等于定义了长度的天文单位.

从 20 世纪 60 年代开始, 出现了高精度时频技术, 与此伴生的雷达和激光测距、多普勒测速、干涉测量等精密天体测量技术手段, 可以得到以米表示的天体轨道半长径和天体间距离. 上面讲的关于天文单位的 IAU1976 决议的理由已经不复存在, 然而在太阳系动力学和天体历表中仍然需要定义一个长度的天文单位以适应太阳系的尺度. 另一个要注意的问题是, 现在的理论框架是广义相对论. 按 8.1.2 节的论述, 地球轨道半长径和日地距离都是坐标量, 依赖坐系的选择, 测量单位应当是固有长度的单位. IAU2012 决议规定长度的天文单位符号是小写字母 au, 定义

$$1au=149\ 597\ 870\ 700m. \tag{8.60}$$

这里的 m 当然是 SI 米. BIPM 关于 SI 的册子中的表 8 "可与 SI 单位共同使用的非 SI 单位"

中,列出了式(8.60).注意 SI 单位系统中只有十进制,如米、千米、厘米、纳米等,au 是长度单位中唯一允许使用的非 SI 单位.同表列出的还有时间的非 SI 单位"日"(d)"时"(h)和"分"(min).

读者一定发现,IAU2012 决议并没有提及质量的天文单位.要知道在太阳系动力学和历表工作中,起作用也就是能测量的并不是太阳的质量 M_S,而是太阳质量参数 GM_S.很难测量牛顿引力常量 G,它的测量值的相对误差现在仍然有 10^{-5} 左右.因此,无论 GM_S 的测量有多么精确,并不能改进 M_S 的值.所幸轨道和历表工作中,需要的是 GM_S,对太阳系其他天体也是如此.IAU2012 决议说了新老决议对 GM_S 处理的差别,下面予以说明.

在以前的天文单位系中,$GM_S = k^2$ 有确定的数值,量纲是 $[L^3/T^2]$.时间的天文单位和 SI 秒的关系是固定的,只要知道长度的天文单位和 SI 米的关系后,就能得到用 SI 单位表示的 GM_S 的数值了.在 IAU2012 决议里,au 不再由高斯引力常量的固定数值决定,所以 IAU2012 决议将 k 从天文常数表中移除,同时用 SI 单位表示的 GM_S 等天体质量参数由观测直接拟合得到,对不同的坐标系其值可能不同.对不同的历表,由于观测数据、物理模型和数据处理过程的差异,这些坐标量的数值也可能不同.在使用坐标量数据进行工作时,必须注意数据对应的坐标系和来源,以保持一致性.

IAU2012 决议和 IERS 规范表 1.1 多次使用"TCB 相容""TDB 相容"等术语.这些术语来自 171 页脚注③所引论文,目的是区分一个坐标量在不同坐标系里的数值.

习题

8.1 对太阳系质心天球参考系(BCRS),地心天球参考系(GCRS)和地球参考系(TRS)中现在使用的所有时间尺度及其相互关系进行总结,建议用图表展示.

8.2 总结 TDB 和 TT 定义的历史,特别是为什么会引入这两个时间尺度,讨论比例因子问题及其对现行历表和天体运动方程的影响.

8.3 人类已经进入行星际航行时代,特别是在月球和火星表面附近会有很多活动和精密测量,有必要在月球和火星定义局部的相对论参考系和相应的相对论时间尺度.提出对这些局部参考系的定义方案①,并且估计在火星和月球表面附近,采用全局系和局部系时相对论效应的量级.

---

① 在本书完稿之后,得悉 2024 年 IAU 第 32 届大会通过了建立月心天球参考系 LCRS 和月球坐标时 TCL 的决议.

第9章

相对论多体问题

国际天文学联合会(IAU)近年来关于相对论参考系的多个决议,主要用于太阳系自然和人造天体的历表计算,精密天体测量的资料处理. 太阳系是一个引力多体问题. 在讨论天体或其邻近小天体的轨道运动时,需要选择恰当的参考系,所以这是多参考系的多体问题,也称 N 体问题. 在牛顿力学框架里,将参考系原点从太阳系质心转换到地球质心,只是简单的坐标系平移. 广义相对论里的坐标变换及其相关的数学物理要复杂得多. 9.1 节介绍作为 IAU 决议主要理论基础的 DSX 体系. 除了广义相对论,还存在一些其他的引力理论. 天文学家希望有一个包含多个引力理论的度规,在处理观测数据时用来验证和淘汰与实测不符的引力理论. 9.2 节介绍为此目的建立的 PPN 形式. 学习本章前,建议先阅读附录 C.

9.1 DSX 体系

9.1.1 多参考系 N 体问题

前文曾经强调,广义相对论中没有优越的参考系. 那么,为什么在处理太阳系动力学时,要强调选择全局或局部参考系呢?

首先,虽然一条物理定律在不同的参考系里由同样的张量所组成,其数学表达式在不同的参考系中并不相同. 例如,如果忽略行星的质量,将太阳系看成以太阳为中心的施瓦西时空,显然不会采取空间坐标轴旋转的参考系,因为那种参考系会使行星的运动方程分外复杂,出现科里奥利力和惯性离心力项. 类似地,在讨论人造卫星运动时,选择地心参考系可以很大程度上抹消太阳和月球的引力,使之成为潮汐力.

另一个重要的理由是,一些重要的天文参数与参考系的选择有关. 例如地球的扁率,因为地球在绕太阳系质心运动,从太阳系质心参考系来看,有运动使尺子变短等洛伦兹效应,所以太阳系质心参考系和地球参考系中地球扁率数值不相同. 地球扁率,包括地球的质量多极矩等参数,应当在地心参考系,最好是地球参考系中度量[1],因为在适当选取的地球参考系里,地球物质大致处于静止状态,地球的扁率和多极矩的数值基本上是常数.

这些讨论都说明,对相对论 N 体问题进行理论或应用研究时,需要有多个参考系:1 个以 N 体质心为原点的全局参考系 $\{x^{\mu}=(ct,x^{i})\}$,和 N 个以个别天体质心为原点的局部参考系 $\{X^{\alpha}=(cT,X^{a})\}$.在本节中,全局系中的量,包括时空坐标,采用小写拉丁字母表示,其时空和空间指标分别用 $\mu,\nu,\cdots$ 和 $i,j,\cdots$ 表示;局部系中的量,包括时空坐标,采用大写拉丁字母表示,其时空和空间指标分别用 $\alpha,\beta,\cdots$ 和 $a,b,\cdots$ 表示.一些与参考系无关的物理量,如光速 c、引力常量 G 等,则遵从习惯.

在牛顿力学中,时空平直,说到太阳系质心参考系,只要说明是惯性参考系,采用笛卡儿坐标,图像立刻展现:以太阳系质心为原点,坐标轴无转动且相互正交.只要再说明空间轴的指向以及时间和长度的度量单位与零点,在理论和应用上这一参考系的定义已经完整.但是对于弯曲的相对论时空,这些说明不能定义一个参考系.例如所谓质心是系统的质量偶极矩为零,不同的多极矩的定义可能对应不同的质心.即使最简单的施瓦西时空,只说笛卡儿坐标不能明确对应的是施瓦西标准坐标,各向同性坐标,还是谐和坐标.将一个参考系明确的最好办法是给出该参考系时空度规的具体表达式.所以,多参考系相对论 N 体问题的主要任务是:

——解爱因斯坦场方程,给定全局系和局部系的度规表达式;

——给出全局系和局部系之间的坐标转换关系.

到目前为止,只能针对弱场低速的天体系统,在一阶后牛顿(1PN)近似下比较完整地实现了上述目标.在 1988 年,首先实现这一目标的是 Brumberg(Victor A. Brumberg,1933—)和 Kopeikin(Sergei M. Kopeikin,1956—)[2],可称为 BK 体系.BK 采用谐和坐标规范和渐近匹配技术[3],结果已经相当完整,但当时还存在一些缺陷,诸如将天体的结构限制为等熵理想流体,对全局系和局部系之间的变换形式做了一些预设假定,引力势的多极矩展开没有达到 1PN 精度等.

1991 年起 Damour(Thibault Damour,1951—)、Soffel(Michael Soffel,1953—)和 Xu(Choming Xu,1938—)发表了现在被称为 DSX 体系的论文[4],他们没有应用渐进匹配

---

[1]　通常用"地球参考系"(terrestrial reference system)表示以地球质心为原点,和地球一起自转的参考系,而"地心参考系"(geocentric reference system)则泛指以地球质心为原点的参考系,也常用于特指不与地球一起自转的地心参考系.

[2]　V. A. Brumberg and S. M. Kopejkin,1988,*Nuovo Cimento B*,103,63. S. M. Kopejkin,1988,*Celes. Mech.*,44,87.

[3]　所谓渐近匹配技术(asymototic march technique)系指对全局系和局部系度规,以及参考系之间变换的形式进行设定,引进适当合理的未知量量函数,根据相对论度规的协变规律来确定这些量量函数,最后得到度规和坐标变换的具体形式.具体可参考上一脚注所列 BK 的论文.

[4]　本节重点介绍相对论多参考系 N 体问题的 DSX 体系,采用的符号体系也尽可能和他们相同.本书涉及 DSX 体系的主要参考文献有 2 篇:T. Damour,M. Soffel and C. Xu,1991,*Physical Review D*,43,3273;1992,*ibid*,45,1017.今后在引用时,简记为 DSX1 和 DSX2.

技术,在 Blanchet(Luc Blanchet,1956—   )和 Damour 论文①工作的基础上,严谨地解决了 1PN 多参考系相对论 N 体问题,包含以下一些内容:

——选择坐标规范为"空间各向同性规范",也称为"空间笛卡儿共形规范",极大地简化了各参考系的度规和坐标变换的形式;

——对度规进行指数参数化,将度规的 10 个分量简化为 4 个相对论引力势 $w_\mu = (w,w_i)$(全局系)或 $W_\alpha = (W,W_a)$(局部系),进一步将场方程线性化,并求得引力势的解;

——给出全局系和局部系之间坐标变换的完整表达式;

——建立全局系和局部系中引力势之间的换算关系. 在这些引力势中,天体局部系中的引力自势 W_α^+ 是关键,由该天体的物质产生. 全局系中的引力势 w_μ 和局部系中的引力外势 $\overline{W}_\alpha$ 都可以从相应天体的引力自势通过这一换算关系得到;

——定义多极矩,对局部系中天体的引力自势和引力外势进行多极矩展开,成为可供实用的表达式;

——推导各类天体的运动方程,包括平移和自转方程.

这些课题内容丰富且相互关联. 本节的主要任务是,为深刻理解 IAU 相关决议,讲解 1PN 多参考系相对论 N 体问题的主要结果,给予适当的说明和推导以帮助理解. 需要深入研究的读者应该阅读原始论文,钻研相关文献并进行必要的数学推导. 本节将不涉及天体的运动方程.

9.1.2   弱场低速假设和规范选择

本小节列出 DSX 体系中的后牛顿(PN)假设和坐标规范的选择,给出数学表达式. 所谓假设其实说的是 DSX 体系只适用于弱场低速,类似太阳系的天体系统. 坐标规范则简化了数学推导,定义了具体采用的坐标系.

1. 度规的 PN 假设

记度规的一般形式为

$$ds^2 = g_{\mu\nu} dx^\mu dx^\nu = g_{00} c^2 dt^2 + 2g_{0i} c \, dt \, dx^i + g_{ij} dx^i dx^j , \tag{9.1}$$

在弱场低速情况下,有

$$g_{00} = -1 + \frac{2U}{c^2} + O(c^{-4}), \quad dx^i = v^i dt, \quad \frac{U}{c^2} \sim \frac{v^2}{c^2}. \tag{9.2}$$

其中,U 和 v 分别为天体的牛顿引力势和坐标速度. 在处理后牛顿近似时,将 U/c^2 和 v^2/c^2 看成 1PN 小量,其量级写成 $O(c^{-2})$.

---

① L. Blanchet and T. Damour,1989,*Ann. Inst. Henri Poincaré*,50,377.

将度规式(9.1)与闵可夫斯基度规

$$ds^2 = \eta_{\mu\nu}dx^\mu dx^\nu = -c^2 dt^2 + \delta_{ij}dx^i dx^j, \tag{9.3}$$

进行对比,记

$$h_{\mu\nu} \equiv g_{\mu\nu} - \eta_{\mu\nu}, \tag{9.4}$$

则全局系引力场的 PN 假设为

$$h_{00} = O(c^{-2}), \quad h_{0i} = O(c^{-3}), \quad h_{ij} = O(c^{-2}). \tag{9.5}$$

简化的符号记法为

$$h_{\mu\nu} = O(c^{-2}, c^{-3}, c^{-2}). \tag{9.6}$$

要说明的是时空交叉分量 h_{0i}. 从式(3.16)给出的转盘度规来看,那里 $c\,dt\,d\theta$ 项的度规分量的量级是 $O(c^{-1})$. 这说明 DSX 的 PN 假设规定,参考系的空间坐标轴最多只能有 $O(c^{-2})$ 量级的转动,也就是只能有相对论量级的转动. 读者应当牢记这一约束和限制. 例如,DSX 体系就不能用于与地面测站固连的地球参考系. 进一步的问题是,N 体系统有角动量,天体有自转,会不会违反 DSX 的 PN 假设呢? 看式(6.114)展示的克尔度规,那里时空交叉的度规分量的量级是 $O(c^{-3})$. 这是自然的结论,因为在牛顿力学里,角动量对引力并无贡献,它对度规的贡献必然为相对论量级.

对个别天体的局部系,坐标为 $X^\alpha = (cT, X^a)$,度规为 $G_{\alpha\beta}$,类似地引入

$$H_{\alpha\beta} \equiv G_{\alpha\beta} - \eta_{\alpha\beta}, \tag{9.7}$$

DSX 的 PN 假设为

$$H_{\alpha\beta} = O(c^{-2}, c^{-3}, c^{-2}). \tag{9.8}$$

2. 低速运动的 PN 假设

记全局系和局部系之间坐标变换的雅可比矩阵为

$$A^\mu_\alpha \equiv \frac{\partial x^\mu}{\partial X^\alpha}. \tag{9.9}$$

可以想象这一变换是洛伦兹变换在引力存在时的扩充. 当 $x^\mu = (ct, x^i)$,$X^\alpha = (cT, X^a)$,预计这个变换应当有下面的形式:

$$\begin{cases} ct = cT + \dfrac{V^a}{c}X^a + O(c^{-2}), \\ x^i = R^i_a X^a + \dfrac{v^i}{c}cT + O(c^{-2}). \end{cases} \tag{9.10}$$

上式的误差为 $O(c^{-2})$,那里会包含与引力有关的项. 式中 R^i_a 是一个正交矩阵,表示局部系的空间轴相对全局系有一个转动. 如度规的 PN 假设中所说,DSX 体系只允许 R^i_a 的变化最大为 $O(c^{-2})$ 量级,在这里可以看成是常数正交矩阵. 上式没有给出时间和空间的零点差,这对下面的讨论没有影响. 注意上式中速度 v^i 和 V^a 的差别,这是两个参考系空间轴的相对运动所引起的,v^i 是局部系的中心天体在全局系里的速度,而

$$V^a = R^a_i v^i, \quad v^i = R^i_a V^a. \tag{9.11}$$

在低速情况,显然有

$$\begin{cases} A^0_0 = O(c^0) = 1 + O(c^{-2}), & A^i_0 = O(c^{-1}) = \dfrac{v^i}{c} + O(c^{-3}), \\ A^0_a = O(c^{-1}) = \dfrac{V^a}{c} + O(c^{-3}), & A^i_a = O(c^0) = R^i_a + O(c^{-2}). \end{cases} \tag{9.12}$$

度规 $g_{\mu\nu}$ 和 $G_{\alpha\beta}$ 通过 A^μ_a 以张量协变的规律相联系,所以假设 Ⅰ 和 Ⅱ 不能相互矛盾. 容易证明假设式(9.6)、式(9.8)和式(9.12)相容的充分必要条件是

$$\eta_{\mu\nu} A^\mu_\alpha A^\nu_\beta - \eta_{\alpha\beta} = O(c^{-2}, c^{-3}, c^{-2}). \tag{9.13}$$

这个公式里不出现度规,只与坐标变换有关,所以它是对坐标变换的约束.

3. 引力源的 PN 假设

与度规和坐标变换的后牛顿假设相一致,作为引力源的天体不能是相对论性的引力源,包含的物质没有很强的引力和很高的速度. 这一约束由能量动量张量下面的量级估计来表示,在局部和全局参考系均有,

$$\begin{cases} T^{\alpha\beta} = O(c^2, c^1, c^0), \\ T^{\mu\nu} = O(c^2, c^1, c^0). \end{cases} \tag{9.14}$$

对 2 阶张量量级估计的简化表达方式与式(9.13)相同.

4. 空间各向同性规范

度规可以进行指数参数化,对全局参考系

$$\begin{cases} g_{00} = -\exp\left(-\dfrac{2w}{c^2}\right), \\ g_{0i} = -\dfrac{4w_i}{c^3}, \\ g_{ij} = \gamma_{ij} \exp\left(\dfrac{2w}{c^2}\right). \end{cases} \tag{9.15}$$

度规的 10 个分量恰好和 10 个参数 w, w_i, γ_{ij} 对应. DSX 选取的坐标规范是

$$-g_{00} g_{ij} = \delta_{ij} + O(c^{-4}). \tag{9.16}$$

对应 $\gamma_{ij} = \delta_{ij} + O(c^{-4})$. 与常见的微分形式的谐和规范不同,这是对度规的代数约束,使得空间度规 g_{ij} 与欧几里得空间笛卡儿度规 δ_{ij} 只差一个因子,或者说 g_{ij} 经过共形变换成为 δ_{ij},共形因子是 $-g_{00}$. 这一规范称为"空间笛卡儿共形规范"或"强空间各向同性规范". "强"字来自共形因子确定为 $-g_{00}$. 今后简称为"空间各向同性规范".

式(9.16)是 6 个方程,并不是通常说的 4 个坐标条件,所以需要证明对 1PN 多体问题

能做这样的规范选择.论文 DSX1 为此进行了严格的论证.选择空间各向同性规范后,时空度规由标量势 w 和矢量势 w_i 共 4 个引力势函数,合并写成 $w_\mu=(w,w_i)$,度规为

$$\begin{cases} g_{00}=-\exp\left(-\frac{2w}{c^2}\right)=-1+\frac{2w}{c^2}-\frac{2w^2}{c^4}+O(c^{-6}), \\ g_{0i}=-\frac{4w_i}{c^3}+O(c^{-5}), \\ g_{ij}=\delta_{ij}\exp\left(\frac{2w}{c^2}\right)+O(c^{-4})=\delta_{ij}\left(1+\frac{2w}{c^2}\right)+O(c^{-4}). \end{cases} \tag{9.17}$$

上式中标出度规各分量计算所需的精度.显然,标量势在 g_{00} 中需准确到后牛顿项 $O(c^{-2})$,在其他地方只需算到牛顿近似.

在各个局部系也采用空间各向同性规范,即

$$-G_{00}G_{ab}=\delta_{ab}+O(c^{-4}) \tag{9.18}$$

并引入局部系的引力势 $W_a=(W,W_a)$,

$$\begin{cases} G_{00}=-\exp\left(-\frac{2W}{c^2}\right)=-1+\frac{2W}{c^2}-\frac{2W^2}{c^4}+O(c^{-6}), \\ G_{0a}=-\frac{4W_a}{c^3}+O(c^{-5}), \\ G_{ab}=\delta_{ab}\exp\left(\frac{2W}{c^2}\right)+O(c^{-4})=\delta_{ab}\left(1+\frac{2W}{c^2}\right)+O(c^{-4}). \end{cases} \tag{9.19}$$

空间各向同性规范对空间坐标进行了强有力的约束,但时间坐标仍有自由度.以全局坐标系为例,当进行时间坐标变换

$$t'=t-c^{-4}\lambda(t,x^i), \tag{9.20}$$

其中,λ 为任意函数,空间坐标保持不变,即 $x'^i=x^i$.按照度规在坐标系变换下协变的规律,容易证明度规张量在坐标系 $\{ct',x'^i\}$ 下的形式与式(9.17)完全相同,只是势函数 w_μ 换成了 w'_μ,关系为

$$w'=w-\frac{1}{c^2}\partial_t\lambda, \quad w'_i=w_i+\frac{1}{4}\partial_i\lambda. \tag{9.21}$$

所以,要完全确定相对论势函数的表达式,必须对时间坐标有进一步的约束,常见的办法是再增加一个规范条件.

说到坐标规范,自然想起前文章节多次提到的谐和规范.第 5 章谐和坐标条件式(5.35)经过运用本节关于度规的 PN 假设,以全局系的谐和规范为例,直接计算得到谐和规范的表达式为

$$\begin{cases} g_{k0,k}-\frac{1}{2}g_{00,0}-\frac{1}{2}g_{kk,0}=O(c^{-5}), \\ g_{ki,k}-\frac{1}{2}g_{kk,i}+\frac{1}{2}g_{00,i}=O(c^{-4}). \end{cases} \tag{9.22}$$

这个方程的第一个式子来自要求时间坐标为谐和坐标,可称为时间谐和规范,后 3 个式子来自要求空间坐标为谐和坐标,称为空间谐和规范. 极其容易验证,在空间各向同性规范式(9.16)成立时,谐和坐标条件的上述空间规范方程自然成立. 也就是说,在选择了空间各向同性规范后,3 个空间坐标在误差为 $O(c^{-4})$ 时,一定是谐和坐标. 反之则并不正确. 谐和规范是一种微分约束,对应的解可以有无穷多个,而空间各向同性规范是代数规范,对空间坐标做出了明确的约束和选择.

DSX 体系只选择了空间各向同性规范,保留了时间规范选择的任意性. 然而,IAU2000 关于相对论参考系的决议决定采用谐和规范,本节余下的内容将局限于时间和空间坐标都采用谐和规范. [①]

5. 弱抹消条件

构造天体的局部参考系是多参考系相对论 N 体问题的重要内容. 用 A 标记某个天体,定义 A 的局部参考系需要进行多个选择. 例如参考系原点的选择,该原点在 N 体问题的 4 维时空中划出了一条世界线 $\mathcal{L}_{A}$. 通常将 A 的质心选择为 A 局部系的原点,而质心依赖多极矩的定义. DSX 选择的质心定义是使天体的 BD 偶极矩为零. [②]还有在原点处坐标基底的选择. 这 4 个基底向量决定了时空坐标轴的走向. 前面关于度规的 PN 假设已经约束空间坐标轴,使其只能有相对论量级的转动. 此外,还有局部系里坐标时 T 的选择.

在天体 A 附近使用局部参考系的主要原因之一,是尽可能地抹消 A 以外天体的引力作用,使外部天体的引力弱化为潮汐力. 这一点在牛顿力学中就为人所熟知. 附录 C 对此有仔细的讨论,式(C.45)给出的弱抹消条件表明,在局部系的坐标原点,即 $X^{a}=0$ 处,引力外势

$$\overline{W}(t,0)=0. \tag{9.23}$$

注意从这个条件并不能推断出,在局部参考系原点,外部潮汐力为零. 对此附录 C 的 C.5 节有讨论,这是将抹消条件冠以"弱"字的原因.

在 DSX 体系中,天体局部参考系中的相对论引力势类似地分解为引力自势 W_{a}^{+} 和引力外势 $\overline{W}_{a}$,

$$W_{a}=W_{a}^{+}+\overline{W}_{a}. \tag{9.24}$$

对于局部系的选择,采纳弱抹消条件

$$\overline{W}_{a}(T,0)=0. \tag{9.25}$$

注意,这是 4 个方程,而牛顿力学的式(9.23)只是 1 个方程.

---

① 关于 DSX 体系中的坐标规范问题,可参阅 J.-H. Tao, T.-Y. Huang and C.-H. Han, 2000, *Astron. Astrophys.* 363,335-342. 该文详细叙述 DSX 体系中在全局系、局部系和坐标变换中的规范,以及确定规范的步骤和方法. 读者要在学习完本节或 DSX1 论文后再去阅读.

② 关于多极矩,特别是 BD 多极矩,请参阅附录 C.

9.1.3 场方程及其解

在全局系里,无宇宙学常数的爱因斯坦引力场方程为

$$R^{\mu\nu} = \frac{8\pi G}{c^4}\left(T^{\mu\nu} - \frac{1}{2}g^{\mu\nu}T\right). \tag{9.26}$$

在度规指数参数化并选择空间各向同性规范后,1PN 近似的 10 个度规分量归纳成 4 个相对论引力势 w 和 w_i,所以只需选取 4 个独立的引力场方程. 在下文中,指标 $\mu\nu$ 的值选取 00 和 $0i$ 共 4 个方程. 根据协变度规式(9.17),得到逆变度规为

$$\begin{cases} g^{00} = -\exp\left(\dfrac{2w}{c^2}\right) + O(c^{-6}), \\[2mm] g^{0i} = -\dfrac{4w^i}{c^3} + O(c^{-5}), \\[2mm] g^{ij} = \delta^{ij}\exp\left(-\dfrac{2w}{c^2}\right) + O(c^{-4}). \end{cases} \tag{9.27}$$

这里 $w^i = w_i$.

场方程的两边,从度规和能量动量张量出发按定义进行推导,过程中要注意按照精度要求进行取舍. 对 R^{00} 场方程,要保留到 $O(c^{-4})$,舍弃 $O(c^{-6})$ 项. 对 R^{0i} 场方程,保留 $O(c^{-3})$,舍弃 $O(c^{-5})$ 项. 例如,R^{00} 场方程的右边,

$$T^{00} - \frac{1}{2}g^{00}T = T^{00} - \frac{1}{2}g^{00}g_{\rho\sigma}T^{\rho\sigma}$$

$$= T^{00} - \frac{1}{2}g^{00}g_{00}T^{00} - g^{00}g_{0i}T^{0i} - \frac{1}{2}g^{00}g_{ij}T^{ij}.$$

上式只需保留到 $O(c^0)$,应用度规的 PN 假设式(9.6),引力源的 PN 假设式(9.14)和空间各向同性规范,得到

$$T^{00} - \frac{1}{2}g^{00}T = T^{00} - \frac{1}{2}T^{00} - O(c^{-2}) + \frac{1}{2}g^{00}\frac{\delta_{ij}}{g_{00}}T^{ij}$$

$$= \frac{1}{2}T^{00} + \frac{1}{2}T^{ss} + O(c^{-2}).$$

进一步引入符号

$$\begin{cases} \sigma \equiv c^{-2}(T^{00} + T^{ss}), \\[2mm] \sigma_i \equiv c^{-1}T^{0i}. \end{cases} \tag{9.28}$$

Blanchet 和 Damour 将其称为"有效质量密度"(active mass density)和"有效质量流密度"(active mass current density),但是在 IAU2000 决议中被称为"引力质量密度"和"引力质量流密度". 今后将使用 IAU 的用词. 这 4 个量在 DSX 体系中取代了能量动量张量的 10 个分量.

最后得到全局系中的场方程是

$$
\begin{cases}
\Delta w + \dfrac{3}{c^2}\partial_{tt}^2 w + \dfrac{4}{c^2}\partial_{ti}^2 w_i = -4\pi G\sigma + O(c^{-4}), \\[2mm]
\Delta w_i - \partial_{ij}^2 w_j - \partial_{ti}^2 w = -4\pi G\sigma_i + O(c^{-2}).
\end{cases}
\tag{9.29}
$$

这个方程组最显著的优点是线性化. 度规的指数参数化和空间各向同性规范使得 1PN 引力场方程的左右两边都实现了线性化. 这就是说, 对整个天体系统,

$$
w_\mu = \sum_A w_\mu^A, \qquad \sigma_\mu = \sum_A \sigma_\mu^A.
\tag{9.30}
$$

如上一小节所述, DSX 的空间各向同性规范使空间坐标为谐和坐标, 尽管 DSX 理论本身保留了选择时间规范的自由度, 为了节省篇幅, 也为了和 IAU 的决议保持一致, 下面将时间规范选择为谐和规范方程(9.22). 将该方程的时间规范用引力势来表示, 从该式的第一式得到

$$
\partial_t w + \partial_i w_i = O(c^{-2}).
\tag{9.31}
$$

于是引力场方程简化为

$$
\begin{cases}
\Delta w - \dfrac{1}{c^2}\partial_t^2 w = -4\pi G\sigma + O(c^{-4}), \\[2mm]
\Delta w_i = -4\pi G\sigma_i + O(c^{-2}).
\end{cases}
\tag{9.32}
$$

上式中的矢量势方程的误差项为 $O(c^{-2})$, 在这一精度下, 引力场方程可简洁地写成平直空间中有源波方程的形式:

$$
\Box w_\mu = -4\pi G\sigma_\mu + O(c^{-4}, c^{-2}).
\tag{9.33}
$$

符号 $O(c^{-4}, c^{-2})$ 表示 $\mu=0$ 时误差项为 $O(c^{-4})$ 否则为 $O(c^{-2})$. 平直时空中的谐和算符是

$$
\Box = -\frac{1}{c^2}\partial_t^2 + \Delta = -\frac{1}{c^2}\partial_t^2 + \partial_i\partial^i.
\tag{9.34}
$$

波方程(9.33)的解为物理学中所熟知:

$$
w_\mu^{\mathrm{ret}} = G\int \mathrm{d}^3 x' \frac{\sigma_\mu\left(t - \dfrac{|\vec{x}-\vec{x}'|}{c}, \vec{x}'\right)}{|\vec{x}-\vec{x}'|} + O(c^{-4}, c^{-2}).
\tag{9.35}
$$

标记 ret 表示这是一个时间延迟解. 如果去掉时间延迟部分 $|\vec{x}-\vec{x}'|/c$, 就是拉普拉斯方程的解. 从数学上看, 还有一个时间上超前的解,

$$
w_\mu^{\mathrm{adv}} = G\int \mathrm{d}^3 x' \frac{\sigma_\mu\left(t + \dfrac{|\vec{x}-\vec{x}'|}{c}, \vec{x}'\right)}{|\vec{x}-\vec{x}'|} + O(c^{-4}, c^{-2}).
\tag{9.36}
$$

对于纯引力系统, 相对论和牛顿力学的一个重要差别是前者有引力辐射. 也就是说, 相对论多体是一个耗散系统, 与牛顿多体系统不同, 不具有时间反演的对称性. 然而, 引力波辐射要到 2.5 阶 PN 近似时才发生. DSX 是 1PN 近似的理论, 可以寻求时间对称的解, 根据不同的精度要求, 为

$$\begin{cases} w = \dfrac{1}{2}(w^{\mathrm{ret}} + w^{\mathrm{adv}}) \\[2mm] \quad = G\displaystyle\int \mathrm{d}^3 x' \dfrac{\sigma(t,\vec{x}')}{\vec{x}} + \dfrac{G}{2c^2}\dfrac{\partial^2}{\partial t^2}\displaystyle\int \mathrm{d}^3 x'\sigma(t,\vec{x}')\,|\vec{x}-\vec{x}'| + O(c^{-4}), \\[2mm] w_i = \dfrac{1}{2}(w_i^{\mathrm{ret}} + w_i^{\mathrm{adv}}) = G\displaystyle\int \mathrm{d}^3 x' \dfrac{\sigma_i(t,\vec{x}')}{|\vec{x}-\vec{x}'|} + O(c^{-2}). \end{cases} \tag{9.37}$$

谐和规范是微分规范,对应无穷多个坐标系. 在 DSX 体系中,它们对应的引力势之间由式(9.21)里的规范函数 λ 联系. 为了保持谐和规范,按照式(9.31)展示的谐和规范条件和式(9.21),λ 应当满足

$$-\frac{1}{c^2}\partial_{tt}^2\lambda + \frac{1}{4}\partial_{ii}^2\lambda = O(c^{-2}).$$

这一条件是

$$\Delta\lambda = \partial_i\partial^i\lambda = O(c^{-2}). \tag{9.38}$$

每个天体的引力势应当在自己的局部系中得到清晰的表达. DSX 体系并没有在全局系中求解引力场方程,而是在天体的局部系中求解,再转换到全局系. 下一小节将详细介绍全局系和局部系中引力势的转换关系. 9.1.7 节讲述一个有用的实例.

局部系的场方程及其解的演算类似,以天体 A 为例,在 A 的局部系内选择空间各向同性规范和谐和规范,场方程为

$$\Box W_\alpha^{\mathrm{A}} = -4\pi G\Sigma_\alpha^{\mathrm{A}} + O(c^{-4}, c^{-2}). \tag{9.39}$$

其中,

$$\Sigma^{\mathrm{A}} \equiv \frac{1}{c^2}(T_{\mathrm{A}}^{00} + T_{\mathrm{A}}^{aa}), \quad \Sigma_a^{\mathrm{A}} \equiv \frac{1}{c}T_{\mathrm{A}}^{oa}. \tag{9.40}$$

在 A 局部系的适用空间区域里,只有天体 A 的物质存在,所以场方程的右边,只出现 $\Sigma_\alpha^{\mathrm{A}}$.

天体 A 局部系中的引力势 W_α^{A} 可分成两部分:

$$W_\alpha^{\mathrm{A}} = W_\alpha^{+\mathrm{A}} + \overline{W}_\alpha^{\mathrm{A}}. \tag{9.41}$$

$W_\alpha^{+\mathrm{A}}$ 是 A 的物质密度 $\Sigma_\alpha^{\mathrm{A}}$ 生成的引力自势,它是非齐次场方程(9.39)的一个特解. 在局部系空间中自然还存在其他天体的引力和类似牛顿力学中的惯性力,所以引力外势又可以分成两部分:

$$\overline{W}_\alpha^{\mathrm{A}} = \sum_{\mathrm{B}\neq\mathrm{A}} W_\alpha^{\mathrm{B/A}} + W_\alpha''^{\mathrm{A}}. \tag{9.42}$$

右边的第一部分是 A 以外的天体在 A 的局部系中的引力势,$W_\alpha''^{\mathrm{A}}$ 是局部系的参考系选择效应,类似于牛顿力学中的惯性力的势. 外势 $\overline{W}_\alpha^{\mathrm{A}}$ 是引力场方程(9.39)齐次部分的解. 在全局系中,所讨论的 N 体系统被假定为孤立系统,没有外力,也就没有场方程(9.33)齐次部分的解.

引力自势 $W_\alpha^{+\mathrm{A}}$ 与全局系的解形式上类似,同样取时间对称解如下. 为书写简单起见,

凡局部系中的量,标记 A 一般情况下予以省略,

$$
\begin{cases}
W^+ = G\displaystyle\int_A d^3X'\,\frac{\Sigma(T,\vec{X}')}{|\vec{X}-\vec{X}'|} + \frac{G}{2c^2}\frac{\partial^2}{\partial T^2}\int_A d^3X'\Sigma(T,\vec{X}')\,|\vec{X}-\vec{X}'| + O(c^{-4}), \\[3mm]
W_a^+ = G\displaystyle\int_A d^3X'\,\frac{\Sigma_a(T,\vec{X}')}{|\vec{X}-\vec{X}'|} + O(c^{-2}).
\end{cases}
\tag{9.43}
$$

后文章节将对 W_a^+ 进行多极矩展开. 只有在天体的局部系中,这些多极矩才能最恰当地表示天体的物质结构.

在相对论 N 体问题中,各个天体的引力自势 W_a^+ 是最基础的引力势. 为说明这个论点,全局系中的引力势分成

$$
w_\mu = w_\mu^A + \bar{w}_\mu^A = w_\mu^A + \sum_{B\neq A} w_\mu^B.
\tag{9.44}
$$

这种分割以天体 A 为准,w_μ^A 是全局系中天体 A 的引力势,$\bar{w}_\mu^A$ 是 A 以外其他天体在全局系中的引力势. 显然,w_μ^A 与 A 局部系中的引力自势 W_a^{+A} 直接相关,可以相互转换. 同样,w_μ^B 可以与天体 B 局部系中引力自势 W_a^{+B} 相互转换. 这些转换关系将在 9.1.4 节具体给出. 如前所述,天体的物理参数只有在局部系中才能有恰当表述,所以每个天体局部系中的引力自势是最基本的引力势.

9.1.4   不同参考系引力势之间的转换关系

这一小节将实现上面所述,给出引力势在参考系变换时的转换表达式,并说明局部系的引力自势 W_a^+ 是最基本的引力势,其他引力势都能从它导出.

首先来看全局系中的引力势 w_μ 和某一天体局部系中的引力势 W_a 之间的关系. 用矢量势 w_i 与度规 g^{0i} 的关系式(9.27),得到

$$
\begin{aligned}
g^{0i} &= -\frac{4w_i}{c^3} + O(c^{-5}) = A_a^0 A_\beta^i G^{\alpha\beta} \\
&= A_0^0 A_0^i G^{00} + (A_0^0 A_a^i + A_a^0 A_0^i)G^{0a} + A_a^0 A_b^i G^{ab} \\
&= -A_0^0 A_0^i\left(1+\frac{2W}{c^2}\right) - A_0^0 A_a^i\frac{4W_a}{c^3} + A_a^0 A_a^i\left(1-\frac{2W}{c^2}\right) + O(c^{-5}).
\end{aligned}
$$

其中用 9.1.2 节低速运动的 PN 假设式(9.12)进行误差估计. 最后整理得到

$$
w_i = v^i W + R_a^i W_a + \frac{c^3}{4}(A_0^0 A_0^i - A_a^0 A_a^i) + O(c^{-2}).
\tag{9.45}
$$

标量势关系的推导略为复杂,

$$
\begin{aligned}
c^2\ln(-g^{00}) &= 2w + O(c^{-4}) = c^2\ln(-A_a^0 A_\beta^0 G^{\alpha\beta}) \\
&= c^2\ln(-A_0^0 A_0^0 G^{00} - A_a^0 A_b^0 G^{ab} - 2A_0^0 A_a^0 G^{0a})
\end{aligned}
$$

$$= c^2 \ln\Big(A_0^0 A_0^0 - A_a^0 A_a^0 + (A_0^0 A_0^0 - A_a^0 A_a^0)\, \frac{2W}{c^2} +$$

$$\frac{2W^2}{c^4} + V^a V^a\, \frac{4W}{c^4} + V^a\, \frac{8W_a}{c^4} \Big) + O(c^{-4}).$$

对上面的对数函数进行泰勒展开，整理后得到

$$w = \Big(1 + \frac{2V^a V^a}{c^2} \Big) W + \frac{4V^a}{c^2} W_a + \frac{1}{2} c^2 \ln(A_0^0 A_0^0 - A_a^0 A_a^0) + O(c^{-4}). \tag{9.46}$$

式(9.46)和式(9.45)可以合并成下面的线性关系：

$$w_\mu(t, x) = \mathcal{A}_{\mu\alpha}(T) W_\alpha(T, X) + \mathcal{B}_\mu(T) + O(c^{-4}, c^{-2}). \tag{9.47}$$

其中，

$$\mathcal{A}_{\mu\alpha} = \begin{pmatrix} 1 + \dfrac{2V^a V^a}{c^2} & \dfrac{4V^a}{c^2} \\ v^i & R_a^i \end{pmatrix}, \tag{9.48}$$

$$\mathcal{B}_\mu = \begin{pmatrix} \dfrac{1}{2} c^2 \ln(A_0^0 A_0^0 - A_a^0 A_a^0) \\ \dfrac{c^3}{4}(A_0^0 A_0^i - A_a^0 A_a^i) \end{pmatrix}. \tag{9.49}$$

它们都是局部系时间 T 的函数. 参数向量 $\mathcal{B}_\mu$ 需要全局系和局部系之间变换的雅可比矩阵 A_a^μ，这一变换将在下一小节确定.

线性关系式(9.47)并没有给出天体 A 局部系中引力自势 W_α^{+A} 和全局系中 A 的引力势 w_μ^A 之间的转换关系. 可以证明，天体 A 局部系中的引力自势 W_α^{+A}（由方程(9.43)给出），和全局系引力势 w_μ^A（方程(9.37)中与天体 A 有关的部分），有下面的线性齐次关系[①]

$$w_\mu^A(x) = \mathcal{A}_{\mu\alpha}^A(T) W_\alpha^{+A}(X) + O(c^{-4}, c^{-2}). \tag{9.50}$$

为清晰起见，上式对特定的天体 A 进行了标注.

方程(9.50)是 DSX 理论体系中的一个关键方程. 当在 N 体中天体 A 的局部系中建立了引力自势 W_α^{+A} 的表达式后，用方程(9.50)可以得到全局系引力势中与 A 有关的部分 w_μ^A. 对所有的天体进行计算后[②]，将它们相加，就得到了全局系中的引力势 w_μ. 余下的问题是局部系中引力外势的计算. 仍然以天体 A 为例，综合方程(9.47)和方程(9.50)，得到

---

① DSX 体系的作者将这一关系看作他们理论体系中的关键成果之一. 有了式(9.50)，所有相对论引力势的转换关系都能导出，使得理论具有应用价值. 然而，方程(9.50)的证明比较复杂，想深入的读者请阅读论文 DSX1 的 3289-3292 页. 在 AGR 书(Michael H. Soffel and Wen-Biao Han, *Applied General Relativity*, Springer, 2019.)的 9.3 节，用更易理解的方法进行了证明.

② 对不同天体，引力自势数学表达式的形式相同，只是各个天体的物理参数不同，所以就数学演算而言，只需对一个天体进行推导.

$$\bar{w}_\mu^A = \mathcal{A}_{\mu a}^A \overline{W}_a^A + \mathcal{B}_\mu^A + O(c^{-4}, c^{-2}). \tag{9.51}$$

其中,

$$\begin{cases} \bar{w}_\mu^A = w_\mu - w_\mu^A = \sum_{B \neq A} w_\mu^B, \\ \overline{W}_a^A = W_a^A - W_a^{+A} = \sum_{B \neq A} W_a^{B/A} + W''_a. \end{cases} \tag{9.52}$$

方程(9.51)实际应用的形式应当是,

$$\overline{W}_a^A = \mathcal{A}_{\mu a}^{A-1}(\bar{w}_\mu^A - \mathcal{B}_\mu^A) + O(c^{-4}, c^{-2}). \tag{9.53}$$

同时显然有

$$\begin{cases} W_a^{B/A} = \mathcal{A}_{\mu a}^{A-1} w_\mu^B + O(c^{-4}, c^{-2}) = \mathcal{A}_{\mu a}^{A-1} \mathcal{A}_{\mu \beta}^B W_\beta^{+B} + O(c^{-4}, c^{-2}), \\ W''_a = -\mathcal{A}_{\mu a}^{A-1} \mathcal{B}_\mu^A + O(c^{-4}, c^{-2}). \end{cases} \tag{9.54}$$

至此,已经给出相对论引力势转换的全部公式.要将这些公式付诸实用,首先需要给出天体引力自势的表达式,同时需要局部系和全局系之间坐标变换的关系式.这两个要点将在9.1.6节和9.1.5节中叙述.此外,在进行引力势转换时,要进行相应的参考系转换.例如,在执行式(9.54)第一式中的转换时,W_β^{+B} 是天体 B 局部系中时间和空间坐标的函数,要转换到全局系,再转换成天体 A 局部系中时间和空间坐标的函数.然而,在最后的表达式中出现的 B 的物理参数仍然是 B 局部系中的物理量.这点自然很重要,因为只有在 B 的局部系中,B 的质量、形状、角动量等物理参数才有明确的物理意义.我们将在本节的最后举例说明引力势的转换.

9.1.5 全局系和局部系之间的坐标变换

现在来关注全局系 $x^\mu = (ct, x^i)$ 和天体 A 局部系 $X^a = (cT, X^a)$ 之间的变换关系.这里忽略关于天体的标记 A.不失一般性,将这一变换的数学形式写成

$$x^\mu = z^\mu + e_a^\mu(T)X^a + \xi^\mu(T, \vec{X}), \tag{9.55}$$

其中,z^μ 是局部系原点在全局系中的坐标,$e_a^\mu(T)X^a$ 是局部系中空间坐标的线性项,ξ^μ 包含的项中空间坐标为 2 次幂以上.

上式中

$$e_a^\mu \equiv \left(\frac{\partial x^\mu}{\partial X^a}\right)_{X^a=0} = (A_a^\mu)_{X^a=0}. \tag{9.56}$$

可看成是局部系坐标原点处,局部系协变基底 e_a 在全局系中的逆变坐标分量,按定义应当有

$$e_0^0 = \frac{\partial t}{\partial T}\bigg|_{X^a=0}, \qquad e_0^i = \frac{\mathrm{d}z^i}{c\,\mathrm{d}T} = e_0^0\,\frac{v^i}{c}. \tag{9.57}$$

坐标变换的雅可比矩阵为

$$
\begin{cases}
A_0^\mu = \dfrac{\mathrm{d}z^\mu}{c\,\mathrm{d}T} + \dfrac{\mathrm{d}e_a^\mu}{c\,\mathrm{d}T}X^a + \dfrac{\partial \xi^\mu}{c\,\partial T}, \\[3mm]
A_a^\mu = e_a^\mu + \dfrac{\partial \xi^\mu}{\partial X^a}.
\end{cases}
\tag{9.58}
$$

坐标变换要受 9.1.2 节中讲述的后牛顿假设和规范选择的约束,本节的任务是用这些约束决定 e_a^μ 和 ξ^μ 的具体形式.这一过程将分成三步进行.

1. 弱场低速的相容性约束

在 9.1.2 节中说明全局系和局部系中的度规都要满足后牛顿假设,这 2 个度规之间由坐标变换联系,而坐标变换又要满足低速假设,这些假设相容的充要条件是式(9.13),为方便起见,重写如下:

$$
\eta_{\mu\nu}A_\alpha^\mu A_\beta^\nu - \eta_{\alpha\beta} = O(c^{-2}, c^{-3}, c^{-2}).
\tag{9.59}
$$

此式与具体的度规无关,完全是对坐标变换的约束.

将式(9.58)代入式(9.59)进行严格的论证,得到以下结果:

$$
\begin{cases}
e_0^0 = 1 + O(c^{-2}), \\[2mm]
e_a^0 = e_a^i \dfrac{\mathrm{d}z^i}{c\,\mathrm{d}T} + O(c^{-3}) = e_a^i e_0^0 \dfrac{v^i}{c} + O(c^{-3}), \\[2mm]
\dfrac{\mathrm{d}e_a^i}{\mathrm{d}T} = O(c^{-2}), \\[2mm]
\delta_{ij}e_a^i e_b^j = \delta_{ab} + O(c^{-2}), \\[2mm]
\xi^0 = O(c^{-3}), \\[2mm]
\xi^i = O(c^{-2}).
\end{cases}
\tag{9.60}
$$

这些公式的论证略有点繁琐,却没有困难.这里对它们做一些解释.首先,这些方程产生的量级估计与 9.1.2 节中的低速假设式(9.12)完全一致.在那一节,曾经提到在时空平直时,这个坐标变换应当是洛伦兹变换,所以现在面临的是扩充的洛伦兹变换,非线性项 ξ^μ 由时空弯曲造成,它们应当至少是 $O(c^{-2})$ 量级.ξ^0 要小一个量级也容易理解,因为当 $\mu=0$ 时变换式(9.55)的线性项已经是 $O(c^{-1})$,比 $\mu=i$ 的线性项要小一个量级.上式的第二个和第三个方程可从低速假设式(9.12)的后两个式子直接看出.特别是第三个方程表示 DSX 体系中局部系的空间轴相对全局系只能有后牛顿量级的缓慢转动,这样 e_a^i 和一个常数正交矩阵的差是 $O(c^{-2})$ 量级,第四个方程自然成立.

2. 强空间各向同性规范约束

坐标变换给出两个参考系度规之间的联系,而全局系和局部系的度规都要满足强空间各向同性条件,所以必然对坐标变换有所约束.

局部系和全局系的规范分别是

$$\begin{cases} -G_{00}G_{ab} = \delta_{ab} + O(c^{-4}), \\ -g_{00}g_{ij} = \delta_{ij} + O(c^{-4}). \end{cases} \tag{9.61}$$

后牛顿计算常引入

$$\begin{cases} H_{\alpha\beta} \equiv G_{\alpha\beta} - \eta_{\alpha\beta}, \\ h_{\mu\nu} \equiv g_{\mu\nu} - \eta_{\mu\nu}. \end{cases} \tag{9.62}$$

在现在的弱引力场情形,它们都是 $O(c^{-2})$ 量级,应用到规范式(9.61),立即得到

$$\begin{cases} H_{ab} = \delta_{ab}H_{00} + O(c^{-4}). \\ h_{ij} = \delta_{ij}h_{00} + O(c^{-4}). \end{cases} \tag{9.63}$$

从局部系的坐标规范经过坐标变换到全局系,有

$$-(g_{\mu\nu}A_0^\mu A_0^\nu)(g_{\mu\nu}A_a^\mu A_b^\nu) = \delta_{ab} + O(c^{-4}).$$

运用式(9.63)和低速约束式(9.12),在误差为 $O(c^{-4})$ 的精度下,上式等价于下面的约束:

$$-(\eta_{\mu\nu}A_0^\mu A_0^\nu)(\eta_{\mu\nu}A_a^\mu A_b^\nu) = \delta_{ab} + O(c^{-4}). \tag{9.64}$$

此式完全是对全局系和局部系间坐标变换的约束,与度规无关.

式(9.64)中的 $A_a^\mu = \partial x^\mu / \partial X^a$,可以用坐标变换形式(9.55)进行展开以进一步确定变换中的各个参数.式(9.55)对 X^a 进行了展开,展开式中局部系空间坐标 X^a 的各个幂次都有相应的约束方程.具体应用式(9.58),X^a 的零次幂产生约束

$$(e_0^0)^2 \left(1 - \frac{v^2}{c^2}\right)(\delta_{ij}e_a^i e_b^j - e_a^0 e_b^0) = \delta_{ab} + O(c^{-4}) \tag{9.65}$$

推导上式时使用了式(9.60)中的各式.对上式应用式(9.60)第二式,得到

$$(e_0^0)^2 e_a^i e_b^j \left(1 - \frac{v^2}{c^2}\right)\left(\delta_{ij} - \frac{v^i v^j}{c^2}\right) = \delta_{ab} + O(c^{-4}),$$

它的解是

$$e_0^0 e_a^i = \left(1 + \frac{v^2}{2c^2}\right)\left(\delta^{ik} + \frac{v^i v^k}{2c^2}\right)R_a^k + O(c^{-4}). \tag{9.66}$$

其中,R_a^i 是一个在式(9.10)已经引入的正交矩阵,自然满足

$$\delta_{ij}R_a^i R_b^j = \delta_{ab}. \tag{9.67}$$

式(9.64)展开式中 X^a 的一次幂以上的项构成

$$2\delta_{ab}e_d^i \frac{\mathrm{d}^2 z^i}{c^2 \mathrm{d}T^2}X^d + e_a^i \frac{\partial \xi^i}{\partial X^b} + e_b^i \frac{\partial \xi^i}{\partial X^a} = O(c^{-4}). \tag{9.68}$$

推导时同样需要应用式(9.60).上式是 ξ^i 的偏微分方程,定义

$$\begin{cases} \xi^i \equiv e_a^i \Xi^a, \\ A_a \equiv e_a^i \frac{\mathrm{d}^2 z^i}{\mathrm{d}T^2}. \end{cases} \tag{9.69}$$

应用式(9.60)的第四个方程,得到 ξ^i 满足的偏微分方程是

$$\frac{\partial\Xi^a}{\partial X^b}+\frac{\partial\Xi^b}{\partial X^a}=-\frac{2}{c^2}\delta_{ab}A_dX^d+O(c^{-4}).\tag{9.70}$$

容易验证有下面的解

$$\Xi^a=\frac{1}{c^2}\left[\frac{1}{2}A_aX^2-X^a(\vec{A}\cdot\vec{X})\right]+O(c^{-4}).\tag{9.71}$$

最后得到

$$\xi^i=\frac{1}{c^2}e^i_a\left[\frac{1}{2}A_aX^2-X^a(\vec{A}\cdot\vec{X})\right]+O(c^{-4}).\tag{9.72}$$

式(9.66)和式(9.72)两式是这一步的成果.

3. 弱抹消条件的约束

最后一步是用弱抹消条件 $\overline{W}_\mu(T,0)=0$ 来进一步确定 e^μ_a. 注意全局系和天体 A 局部系中引力势的变换关系式(9.47)和式(9.51)形式上完全相同,前者是两个参考系中全部引力势 w_μ 和 W_a 之间的转换关系,后者仅涉及 A 以外天体产生的引力势 $\overline{w}_\mu$ 和 $\overline{W}_a$. 设想有度规 $\overline{g}_{\mu\nu}$ 完全由 $\overline{w}_\mu$ 构成,度规 $\overline{G}_{\alpha\beta}$ 完全由 $\overline{W}_a$ 构成,天体 A 并无贡献,显然现在讨论的坐标变换将它们相互转换,亦即

$$\overline{G}_{\alpha\beta}=\overline{g}_{\mu\nu}A^\mu_\alpha A^\nu_\beta.$$

在上式中令空间坐标 $X^a=0$,使用弱抹消条件,立即得到

$$\overline{g}_{\mu\nu}e^\mu_\alpha e^\nu_\beta=\eta_{\alpha\beta}+O(c^{-6},c^{-5},c^{-4}).\tag{9.73}$$

这是一个新的约束. 以下只是一些具体而直接的演算,过程中要注意所需的精度.

对 α 和 β 均为 0 的所谓时时项,有

$$-e^{-\frac{2\overline{w}}{c^2}}e^0_0e^0_0-\frac{8\overline{w}_i}{c^3}e^0_0e^i_0+\delta_{ij}e^{\frac{2\overline{w}}{c^2}}e^i_0e^j_0=-1+O(c^{-6}),$$

再次运用 $e^i_0=e^0_0v^i/c$,进一步演算得到

$$e^0_0=1+\frac{1}{c^2}\left(\overline{w}+\frac{1}{2}v^2\right)+\frac{1}{c^4}\left(\frac{1}{2}\overline{w}^2+\frac{3}{8}v^4+\frac{5}{2}v^2\overline{w}-4v^i\overline{w}_i\right)+O(c^{-6}).\tag{9.74}$$

然后从式(9.66)立即可得

$$e^i_a=R^i_a\left(1-\frac{\overline{w}}{c^2}\right)+\frac{v^iv^j}{2c^2}R^j_a+O(c^{-4}).\tag{9.75}$$

对式(9.73)的时空项,有

$$-e^{-\frac{2\overline{w}}{c^2}}e^0_0e^0_a-\frac{4\overline{w}_i}{c^3}e^0_0e^i_a+\delta_{ij}e^{\frac{2\overline{w}}{c^2}}e^i_0e^j_a=0+O(c^{-5}),$$

进一步计算得到

$$e_a^0 = R_a^i \frac{v^i}{c}\left(1 + \frac{3\bar{w}}{c^2} + \frac{v^2}{2c^2}\right) - \frac{4\bar{w}_i}{c^3}R_a^i + O(c^{-5}). \tag{9.76}$$

至此,除正交矩阵 R_a^i 和时间变换中的非线性项 ξ^0 外,坐标变换式(9.55)的各项都已确定. ξ^0/c 在坐标时 t 和 T 的变换中,为 $O(c^{-4})$ 量级,而且是局部系空间坐标 X^a 的 2 次幂以上项,应用工作中通常可以忽略. ξ^0 可以看成是局部系时间 T 定义的一个规范函数,将在本小节后面选择给定. 从式(9.75)看,R_a^i 给出在局部系原点处,局部系空间坐标轴相对全局系的转动. 式(9.60)的第三个方程表明,在 DSX 体系中这只能是后牛顿量级的缓慢转动. 下面整理坐标变换的最后表达式时,将遵从 IAU 决议,选择

$$R_a^i = \delta_a^i. \tag{9.77}$$

于是时间和空间坐标变换的公式为

$$t = T + \frac{1}{c^2}\int_{T_0}^T \left(\bar{w} + \frac{1}{2}v^2\right)dT + \frac{1}{c^4}\int_{T_0}^T \left(\frac{1}{2}\bar{w}^2 + \frac{3}{8}v^4 + \frac{5}{2}v^2\bar{w} - 4v^i\bar{w}_i\right)dT +$$

$$\frac{1}{c^2}v^i X^i + \frac{1}{c^4}v^i X^i\left(3\bar{w} + \frac{v^2}{2}\right) - \frac{4}{c^4}\bar{w}_i X^i + \frac{1}{c}\xi_0 + O(c^{-6}). \tag{9.78}$$

$$x^i = z^i + X^i - \frac{1}{c^2}\left(\bar{w}X^i - \frac{v^i v^j}{2}X^j\right) + \frac{1}{c^2}\left[\frac{1}{2}a^i X^2 - X^i(\vec{a}\cdot\vec{X})\right] + O(c^{-4}). \tag{9.79}$$

其中,

$$v^i = \frac{dz^i}{dt}, \quad a^i = \frac{d^2 z^i}{dt^2}. \tag{9.80}$$

关于时间转换的公式表明,在局部系原点,当 T 取值 T_0 时,t 有相同的值. v^i 和 a^i 分别为局部系原点在全局系中的速度和加速度. 根据式中各项的量级和误差标记可按所需的计算精度进行取舍.

现在讨论的是一个事件 $\mathcal{E}$,它在全局系和天体 A 局部系中的坐标分别为 (ct, x^i) 和 (cT, X^a),式(9.78)和式(9.79)给出了从局部系到全局系的坐标转换公式. 在附录 B 所列 IAU 关于相对论参考系的决议里,给出的是从全局系到局部系的变换. 因此,需要推导上述变换的逆变换.[①]

在变换方程(9.55)中,按照说明,z^μ 是局部系原点在全局系中的时空坐标. 天体 A 局部系的原点在 4 维时空中划出了一条世界线 $\mathcal{L}_A$. 不禁要问,z^μ 是 $\mathcal{L}_A$ 上哪个点的时空坐标? 说到这里,立即会想到在世界线 $\mathcal{L}_A$ 上与 $\mathcal{E}$ 同时的事件有: T 同时事件 $\mathcal{E}_A^T$ 和 t 同时事件 $\mathcal{E}_A$,两者并不相同. 下面列出推导中涉及的 3 个事件在局部系和全局系中的时空坐标:

---

① 在进行逆变换的推导时,作者曾与 Michael Soffel 教授交换过电子邮件,得到他的帮助,对此深表感谢.

事件	局部系坐标	全局系坐标	说明
$\mathcal{E}$	(cT, X^a)	(ct, x^i)	天体 A 外部一事件
$\mathcal{E}_A^T$	$(cT, 0)$	$(ct^*, z^i(t^*))$	$\mathcal{L}_A$ 上 T 同时的事件
$\mathcal{E}_A^t$	$(cT^*, 0)$	$(ct, z^i(t))$	$\mathcal{L}_A$ 上 t 同时的事件

$$(9.81)$$

将 $(cT, 0)$ 代入式(9.78),得到

$$t^* = T + \frac{1}{c^2}\int_{T_0}^{T}\left(\bar{w} + \frac{1}{2}v^2\right)\mathrm{d}T + O(c^{-4}). \tag{9.82}$$

同时,清晰表明式(9.79)中的 z^i 是事件 $\mathcal{E}_A^T$ 的空间坐标,亦即 $z^i(t^*)$.

先来推导精度要求较低的空间坐标逆变换.定义全局系中的距离向量

$$r^i \equiv x^i - z^i(t) = X^i + O(c^{-2}), \quad r^2 = r^i r^i. \tag{9.83}$$

注意 r 是两个 t 同时事件之间的空间距离.从式(9.78)和式(9.82)可知

$$t = t^* + \frac{1}{c^2}v^i r^i + O(c^{-4}). \tag{9.84}$$

于是

$$z^i(t^*) = z^i(t) - \frac{1}{c^2}v^i v^j r^j + O(c^{-4}). \tag{9.85}$$

得到空间坐标变换式(9.79)的逆变换为

$$X^i = r^i + \frac{1}{c^2}\left(\bar{w}r^i + \frac{v^i}{2}(\vec{v}\cdot\vec{r}) + r^i(\vec{a}\cdot\vec{r}) - \frac{1}{2}a^i r^2\right) + O(c^{-4}), \tag{9.86}$$

在上式精度要求下,式中的 $z^i, v^i, a^i, \bar{w}^i$ 都可看成时刻 t 时在局部系原点的值.

时间变换式(9.78)的精度要求比较高,推导逆变换时对其中的 $O(c^{-2})$ 项要非常小心.注意在世界线 $\mathcal{L}_A$ 上,

$$\mathrm{d}t = \left[1 + \frac{1}{c^2}\left(\bar{w} + \frac{1}{2}v^2\right)\right]\mathrm{d}T + O(c^{-4}), \tag{9.87}$$

而且局部系时刻 T 对应的全局系时刻是 t^*,所以

$$\frac{1}{c^2}\int_{T_0}^{T}\left(\bar{w} + \frac{1}{2}v^2\right)\mathrm{d}T = \frac{1}{c^2}\int_{t_0}^{t^*}\left(\bar{w} + \frac{1}{2}v^2\right)\mathrm{d}t - \frac{1}{c^4}\int_{t_0}^{t^*}\left(\bar{w} + \frac{1}{2}v^2\right)^2\mathrm{d}t + O(c^{-6})$$

$$= \frac{1}{c^2}\int_{t_0}^{t}\left(\bar{w} + \frac{1}{2}v^2\right)\mathrm{d}t - \frac{1}{c^2}\left(\bar{w} + \frac{1}{2}v^2\right)(t - t^*) -$$

$$\frac{1}{c^4}\int_{t_0}^{t}\left(\bar{w} + \frac{1}{2}v^2\right)^2\mathrm{d}t + O(c^{-6}).$$

式(9.78)中的另一个 $O(c^{-2})$ 项为

$$\frac{1}{c^2}v^i(t^*)X^i = \frac{1}{c^2}v^i(t)r^i + \frac{1}{c^2}v^i(X^i - r^i) - \frac{1}{c^2}a^i r^i(t - t^*) + O(c^{-6}).$$

综合所有这些,得到时间变换的逆变换是

$$T = t - \frac{1}{c^2} \int_{t_0}^{t} \left(\bar{w} + \frac{1}{2} v^2 \right) \mathrm{d}t + \frac{1}{c^4} \int_{t_0}^{t} \left(\frac{1}{2} \bar{w}^2 - \frac{1}{8} v^4 - \frac{3}{2} v^2 \bar{w} + 4 v^i \bar{w}_i \right) \mathrm{d}t -$$

$$\frac{1}{c^2} v^i r^i - \frac{r^i}{c^4} \left(3 \bar{w} v^i + \frac{1}{2} v^2 v^i - 4 \bar{w}_i \right) + \frac{1}{2 c^4} v^i a^i r^2 - \frac{1}{c} \xi_0 + O(c^{-6}). \quad (9.88)$$

在全局系和局部系都选取谐和规范的情况下, 可以导出[①]

$$c^3 \xi_0 = \left(-2 \bar{w}_{i,j} - \frac{1}{2} \bar{w}_{,t} \delta_{ij} + v^i \bar{w}_{,j} + v^i Q_j + \right.$$

$$\left. \frac{1}{2} (\vec{v} \cdot \vec{a}) \delta_{ij} - \frac{1}{2} v^k \bar{w}_{,k} \delta_{ij} \right) r^i r^j + \frac{1}{10} (\dot{\vec{a}} \cdot \vec{r}) r^2. \quad (9.89)$$

其中,

$$Q_i = \bar{w}_{,i} - a_i. \quad (9.90)$$

是外力作用在非球对称天体时产生的附加加速度.

最后整理得到的从全局系到局部系的时间和空间坐标转换公式如下:

$$T = t - \frac{1}{c^2} \int_{t_0}^{t} \left(\bar{w} + \frac{1}{2} v^2 \right) \mathrm{d}t + \frac{1}{c^4} \int_{t_0}^{t} \left(\frac{1}{2} \bar{w}^2 - \frac{1}{8} v^4 - \frac{3}{2} v^2 \bar{w} + 4 v^i \bar{w}_i \right) \mathrm{d}t -$$

$$\frac{1}{c^2} v^i r^i - \frac{r^i}{c^4} \left(3 \bar{w} v^i + \frac{1}{2} v^2 v^i - 4 \bar{w}_i \right) +$$

$$\frac{r^i r^j}{c^4} \left(2 \bar{w}_{i,j} + \frac{1}{2} \dot{\bar{w}} \delta_{ij} - v^i \bar{w}_{,j} - v^i Q_j \right) - \frac{1}{10 c^4} (\dot{\vec{a}} \cdot \vec{r}) r^2 + O(c^{-6}), \quad (9.91)$$

$$X^i = r^i + \frac{1}{c^2} \left(\bar{w} r^i + \frac{v^i}{2} (\vec{v} \cdot \vec{r}) + r^i (\vec{a} \cdot \vec{r}) - \frac{1}{2} a^i r^2 \right) + O(c^{-4}).$$

这是 IAU2000 决议采纳的坐标变换. 在应用上式的时候, 要注意式中的 $\vec{r} = \vec{x} - \vec{z}$, 而 $\vec{z}$、$\vec{v}$、$\vec{a}$ 是局部系原点在全局系中的空间位置、速度和加速度向量, 都是全局系坐标时 t 的函数.

9.1.6　引力势的多极矩展开

在学习本节前, 请先阅读附录 C. 从 9.1.4 节已经知道, 天体局部系中的引力自势 W_α^+ 是关键, 其他的相对论引力势都可以借助引力势间的关系式 (9.50) 和式 (9.53) 导出. 9.1.3 节已经给出谐和规范下 W_α^+ 的时间对称解式 (9.43). 它们是积分形式, 涉及天体的内部结构, 显然不适宜实际应用. 附录 C 展示了牛顿力学中, 引力势用 STF 多极矩进行展开. 这些多极矩的数值及其变化可以用观测测定. 例如, 精确观测人造卫星环绕地球的轨道运动, 可以测定地球的引力场, 从而测定地球的质量多极矩或球谐系数. 显然, 在广义相对论情况, 希望能建立类似的引力势多极矩展开.

---

①　首先导出这一结果的见, Klioner, S. F. & Voinov, A. V., 1993, *Phys. Rev. D*, 48, 1451. 他们用的是渐近匹配的方法. 在 AGR 书 (见 P209 脚注①) 的 9.4 节里, 该书作者在 DSX 体系里, 选择谐和规范后导出了 ξ_0 的表达式, 见该书式 (9.4.24).

附录 C 的 C.6 节介绍了广义相对论 1PN 多体问题中的 BD 多极矩：质量多极矩 M_L 和自旋多极矩 S_L. Blanchet 和 Damou 证明[1]，相对论引力自势式(9.43)可以用 BD 矩进行展开，在谐和规范条件下的结果为

$$
\begin{cases}
W^{+A}(T,X) = G\sum_{l \geqslant 0} \dfrac{(-1)^l}{l!} \partial_L\big[R^{-1}M_L^A(T \pm R/c)\big] + \dfrac{1}{c^2}\partial_T \Lambda^A + O(c^{-4}), \\[3mm]
W_a^{+A}(T,X) = -G\sum_{l \geqslant 1} \dfrac{(-1)^l}{l!}\left[\partial_{L-1}\left(R^{-1}\dfrac{\mathrm{d}}{\mathrm{d}T}M_{aL-1}^A\right) + \dfrac{l}{l+1}\varepsilon_{abc}\partial_{bL-1}\left(R^{-1}S_{cL-1}^A\right)\right] - \\[3mm]
\qquad\qquad \dfrac{1}{4}\partial_a \Lambda^A + O(c^{-2}).
\end{cases}
$$

$$(9.92)$$

其中 $R = |\vec{X}|$,

$$
\begin{cases}
\Lambda^A \equiv 4G\sum_{l \geqslant 0} \dfrac{(-1)^l}{(l+1)!}\dfrac{(2l+1)}{(2l+3)}\partial_L\left(R^{-1}\mu_L^A(T \pm R/c)\right), \\[3mm]
\mu_L^A(T) \equiv \displaystyle\int_A \mathrm{d}^3 X \hat{X}^{bL}\Sigma^b(T,X).
\end{cases}
$$

$$(9.93)$$

与式(9.21)对照，知道 Λ^A 可以看成是天体 A 局部系里的时间规范函数，将 Λ^A 移除后的 W_α^{+A} 仍是 DSX 体系中天体 A 局部系中的引力自势. 余下的问题是移除 Λ^A 项后的 W_α^{+A} 是否还是谐和规范下的引力势. 这就要检查条件(9.38)是否成立. 这只需要 $\Delta\Lambda^A = O(c^{-2})$，实际上 $\Delta\Lambda^A = 0$. 移除 Λ^A 后的规范称为骨架(skeletonized)谐和规范. IAU 决议采纳了这一规范.

附录 C 的 C.5 节介绍了牛顿力学中引力外势的多极矩展开式(C.41)，DSX 体系中也相应建立局部系中引力外势展开的潮汐多极矩. 当然，在应用时引力外势也可以不展开而采取封闭的函数.[2]本章的主要目的是为解读 IAU 决议做准备，不讨论引力外势的潮汐多极矩展开.

9.1.7 质点 N 体问题

作为 DSX 体系的一个应用实例，本小节讨论只有质量 M(质量单极矩)和自转角动量 $\vec{S}$ (自旋偶极矩)的天体组成的系统的全局系时空度规. 太阳系的天体不能看成球对称，它们的非球形效应，也就是质量四极矩等通常不能忽略，但是在目前的观测精度下，当不在天体附近，常常忽略四极矩以上的引力效应. 太阳系天体的自转角动量远比轨道角动量小，而且在牛顿力学中，自转并不产生引力，然而对快速自转的致密天体，例如脉冲星，自转角动量有重

---

[1] 可查阅原始论文 L. Blanchet and T. Damour, 1989, *Ann. Inst. Henri Poincaré*, 50, 377. 推荐阅读 AGR 书(见 P209 脚注[1])7.4 节的定理 7.1，那里给出详细的证明.

[2] 参阅 S. A. Klioner, A. V. Voinov, 1993, *Physical Review D*, 48, 1451.

要作用,所以本小节在讨论简化的相对论 N 体问题时,选择保留 M 和 $\vec{S}$.

质量和自转角动量都是天体的属性,在天体的局部参考系里定义.在只有 M 和 S^a 的简化模型里,可以证明[①]

$$\frac{\mathrm{d}M}{\mathrm{d}T} = O(c^{-4}), \qquad \frac{\mathrm{d}S^a}{\mathrm{d}T} = O(c^{-2}). \tag{9.94}$$

这样,在 1PN 近似中,M 和 $\vec{S}$ 都是守恒量.

根据式(9.92),立即可得在这一简化模型下,一个天体的引力自势为

$$\begin{cases} W^+ = \dfrac{GM}{R} + O(c^{-4}), \\[2mm] W_a^+ = -\dfrac{G}{2R^3}(\vec{R} \times \vec{S})^a + O(c^{-2}) \end{cases} \tag{9.95}$$

这里省略了关于天体的标记 A.

公式中 R 是局部系中场点到局部系原点的距离,也就是局部系坐标时 T 同时的距离.为了转换到全局系,要转成 t 同时的距离 r.按照从局部系到全局系的空间坐标转换公式(9.86),得到

$$\frac{1}{R} = \frac{1}{r} - \frac{1}{c^2}\left[\frac{\bar{w}}{r} + \frac{1}{2r^3}(\vec{r} \cdot \vec{v})^2 + \frac{1}{2r}(\vec{a} \cdot \vec{r})\right] + O(c^{-4}). \tag{9.96}$$

于是有

$$\begin{cases} W^+ = \dfrac{GM}{r}\left\{1 - \dfrac{1}{c^2}\left[\bar{w} + \dfrac{1}{2r^2}(\vec{r} \cdot \vec{v})^2 + \dfrac{1}{2}(\vec{a} \cdot \vec{r})\right]\right\} + O(c^{-4}), \\[4mm] W_a^+ = -\dfrac{G}{2r^3}(\vec{r} \times \vec{S})^a + O(c^{-2}). \end{cases} \tag{9.97}$$

DSX 体系有将引力势从局部系转换到全局系的简单方式,见式(9.50)和式(9.48),立即得到全局系引力势中天体 A 的贡献部分:

$$\begin{cases} w_A = \dfrac{GM_A}{r_A}\left\{1 - \dfrac{1}{c^2}\left[\bar{w}_A - 2v_A^2 + \dfrac{1}{2r_A^2}(\vec{r}_A \cdot \vec{v}_A)^2 + \dfrac{1}{2}(\vec{a}_A \cdot \vec{r}_A)\right]\right\} - \\[4mm] \qquad \dfrac{2G}{c^2 r_A^3}(\vec{r}_A \times \vec{S}_A) \cdot \vec{v}_A + O(c^{-4}), \\[4mm] w_A^i = \dfrac{GM_A}{r_A}v_A^i - \dfrac{G}{2r_A^3}(\vec{r}_A \times \vec{S}_A)^i + O(c^{-2}). \end{cases} \tag{9.98}$$

再次提醒,上式中的 r_A 是全局系中场点到天体 A 质心的距离,不是 A 的质心到全局系原点的距离,对此式(9.83)有明确的定义.

---

①   见 DSX2 论文的式(6.21a)和式(6.21c),在没有高阶多极矩的当前简化模型下,可以得到式(9.94).

如前所述,DSX 体系的一个重要优点是场方程的线性化,因此将所有天体对引力势的贡献叠加就得到全局系中的总引力势:

$$
\begin{cases}
w = \sum_A \dfrac{GM_A}{r_A}\left\{1 - \dfrac{1}{c^2}\left[\sum_{B\neq A}\dfrac{GM_B}{r_{AB}} - 2v_A^2 + \dfrac{1}{2r_A^2}(\vec{r}_A\cdot\vec{v}_A)^2 - \dfrac{1}{2}\sum_{B\neq A}\dfrac{GM_B}{r_{AB}^3}(\vec{r}_{AB}\cdot\vec{r}_A)\right]\right\} - \\
\qquad \dfrac{1}{c^2}\sum_A\dfrac{2G}{r_A^3}(\vec{r}_A\times\vec{S}_A)\cdot\vec{v}_A + O(c^{-4}), \\
w^i = \sum_A\dfrac{GM_A}{r_A}v_A^i - \sum_A\dfrac{G}{2r_A^3}(\vec{r}_A\times\vec{S}_A)^i + O(c^{-2}).
\end{cases}
$$

$$(9.99)$$

上式中的坐标和速度已经完全是全局系中的量,天体的物理属性 M 和 $\vec{S}$ 则是局部系中定义和测量的量.式(9.98)里天体的全局系外势 $\bar{w}$ 和加速度 $\vec{a}$ 允许的误差是 $O(c^{-2})$,在式(9.99)中则用牛顿力学的表达式.

有了引力势的上述表达式,自然就有了全局系中时空度规 1PN 的完整表达式.在上面的推导中,没有提及规范的选择.式(9.99)可看成是骨架谐和规范下的引力势表达式.然而在 DSX 体系中,不同的坐标规范选择会影响引力势的表达式,却有完全相同的天体运动方程.关于太阳系天体的运动方程,将在 9.2.3 节讨论.

9.2　PPN 形式

9.2.1　PPN 概述

国际天文学联合会已经决议将广义相对论作为高精度观测资料处理的理论框架,理由是迄今为止,在太阳系进行的所有高精度观测中,没有发现与广义相对论有明显的矛盾.然而,广义相对论不可能是最后的引力理论,精密的地面和空间实验正可以用来检验形形色色引力理论的正确性.各个引力理论的 1PN 时空度规各不相同,资料处理要对众多的理论逐个进行检验,工作量过于庞大.诺特维特(Kenneth Nordtvedt,1939—　)和威尔(Clifford Martin Will,1946—　)在 20 世纪六七十年代建立了含有十个参数的全局系 1PN 时空度规,不同的引力理论对应这些参数的不同取值.在进行高精度观测资料的处理时,这些参数作为待拟合的参数,用它们的测定值来检验引力理论的正确性.他们所建立的带有参数的时空度规以及相关的结果被称为参数化后牛顿形式(parameterized post-Newtonian formalism,PPN).PPN 并不是一个严谨的理论体系,而是在物理上有根据地引入一些参数来综合一大批引力理论的全局系 1PN 度规.PPN 形式在太阳系历表归算和高精度资料处理中被广泛采用.本节简要介绍 PPN 形式,给出目前应用中的主要结果,不叙述数学推导.

想深入了解的读者可阅读有关的书籍和文献.[1]

从第 3 章开始讲述广义相对论,这个理论有 2 个核心内容:爱因斯坦等效原理 EEP 和爱因斯坦引力场方程. EEP 得到了大量实验的支持[2],所以绝大多数引力理论都承认 EEP. 第 3 章讲述的 EEP 表明,在每一个时空点的局域都存在局域惯性参考系,在其中狭义相对论的物理定律成立,然而对于不均匀引力场,不存在全局惯性参考系.这意味着引力场的几何化,弯曲的全局时空和局域平直的切空间.引力场表现为度规张量场.第 4 章讲了 EEP 的直接推论:广义协变原理,在物理定理中加入度规,也就是加入引力的作用.这一切表明,只要承认 EEP,引力理论一定是几何化的度规理论,引力对物质的作用通过时空几何,亦即度规张量场起作用.然而,从 EEP 出发并不能直接导出爱因斯坦引力场方程.也就是说,不同引力理论的主要差别是有不同的引力场方程.当物质及其分布确定之后,求解引力场方程可以得到时空度规.也就是说,对于相同的物质及其分布,不同的引力理论有不同的度规张量.

仔细回忆第 5 章叙述的建立爱因斯坦引力场方程的过程.场方程的右边是代表物质的能量动量张量 $T^{\alpha\beta}$,左边应当是由黎曼曲率张量生成,且协变散度为零的爱因斯坦张量 $G^{\alpha\beta}$. 这个过程似乎自然而合乎逻辑.然而,如果物质生成的引力场除了度规场 $g^{\alpha\beta}$ 外,还有其他形式,例如像牛顿力学中引力势那样的标量场.当物质产生的引力场除度规场 $g^{\alpha\beta}$ 外,还有一个标量场 ϕ,就产生了著名的布兰斯-迪克引力理论[3],场方程的形式自然和爱因斯坦场方程不同,而且还要加上 ϕ 的动力学演化方程.显然,除了可能的标量场外,也可能存在其他的张量场,从而产生形形色色的引力理论,它们的引力场方程与爱因斯坦引力场方程不同,对应同样的物质分布,产生的表示时空弯曲的度规张量也不同.

需要强调,度规场以外的场,只在引力场方程求解度规时起作用,它们的存在影响了时空的弯曲,但是只要 EEP 成立,引力对物质的作用完全由时空弯曲亦即度规所决定,在物体运动等物理定律中只出现度规张量.

在第 3 章讲述 EEP 时已经看到,EEP 成立的前提之一是弱等效原理 WEP,规定在引力场中自由下落的物体是"试验体",亦即大小和自引力都可以忽略的物体.地球、月球等自然天体尽管接近球形,可以近似看成像质点一样运动,但其自引力不能忽略,而且不同天体的物质成分和结构不相同.问题是,自引力不能忽略且成分不同的物体在同样的引力场中下

① 本节写作主要参考了 Will,C. M. ,*Theory and experiment in gravitational physics*,Cambridge,Cambridge University Press,1993,以后提到该书时,简称为 WILL93.

② 关于等效原理和引力理论的实验验证,可参阅 Will 的综述论文:Will,C. M. The Confrontation between General Relativity and Experiment,Living Reviews in Relativity,December 2014,17:4.

③ 布兰斯-迪克理论的提出者是普林斯顿大学的博士研究生 Carl H. Brans 及其导师 Robert H. Dicke,时间为 1960 年.这是广义相对论之外最受关注的引力理论之一.关于这一理论的详尽介绍,以及在相对论 N 体问题中的应用,请参阅 Sergei Kopeikin,Michael Efroimsky,Geoge Kaplan,*Relativistic Celestial Mechanics of the Solar System*,WILEY-VCH Verlag GmbH & Co. KGaA,2011.

落,它们的加速度是否相同? 如果加速度仍然与物体内部的成分无关,称之为引力弱等效原理(GWEP)成立. 如果 GWEP 成立,显然就比 EEP 提高了一步,称之为强等效原理(strong equivalence principle,SEP). 以后的讨论表明,对广义相对论 SEP 成立. 然而,与 EEP 的情况不同,SEP 的实验支撑并不很多,这就为众多的引力理论留下了生存空间.

SEP 不仅包含 GWEP,还有 LLI,即局域洛伦兹不变性,指的是在一个时空点,所有局域惯性参考系中的实验结果与各局域系的相对速度无关. SEP 与 EEP 不同,这里的实验不仅是非引力实验,还包含引力实验. 在第 6 章讲述宇宙学的罗伯逊-沃克度规,宇宙物质无论空间如何膨胀,在该参考系中保持静止. 这样的参考系可以称为"宇宙静止参考系",那里的坐标时增加的方向是宇宙演化的时间方向. 这个参考系和那个特殊的类时矢量,显然有物理和天文意义. 在一时空点处无穷多个局域洛伦兹参考系相对宇宙静止参考系的速度和时间增加方向各不相同. 此时不禁要问,SEP 中的 LLI 是否仍然成立. PPN 形式中也纳入了 LLI 不成立的引力理论.

可能没有物理学家认为,广义相对论是最终的引力理论. 理论物理学家一直在努力探索爱因斯坦开创的道路,试图建立引力、电磁力、弱作用力和强作用力的大统一理论. 实验物理学家和天文学家努力设计各种高精度的空间实验,试图找出理论的破绽.

PPN 形式讨论的是各种度规理论,也就是认可 EEP 的引力理论. 在下面各小节可见,在形形色色的度规理论中,广义相对论在数学形式上最为简单. PPN 形式并没有包括所有现存和未来的引力理论,但它是现阶段高精度资料处理常用的框架.

PPN 形式提供了在太阳系弱引力场中检验引力理论的一种框架. 如 7.1 节和 7.2 节所述,现今的很多验证都是弱引力系统中的引力现象. 随着观测技术的不断进步,用强引力系统中的引力现象来验证引力理论得到越来越多的重视.[①]

9.2.2 PPN 度规

PPN 形式将天体的物质模型设定为理论工作常用的理想流体,形式为

$$T^{\mu\nu} = \left(\rho + \rho\frac{\Pi}{c^2} + \frac{p}{c^2}\right) u^{\mu} u^{\nu} + g^{\mu\nu} p. \tag{9.100}$$

与式(4.21)对比,这里将天体的质量和内能分开. 上式中 ρ 表示流体中原子的静止质量密度,Π 表示单位静止质量具有的内能,注意都是与该物质元相对静止时测量到的密度,这里不再标记下标□. 所以,上式中的 ρ、Π、p 是与坐标系选择无关的标量.

PPN 形式讨论的是 N 体问题的 1PN 近似,采用的空间坐标是类笛卡儿坐标,当 $c \to \infty$

---

① 可参阅综述论文 Emanuele Berti et al.,"Testing general relativity with present and future astrophysical observation",2015,*Class. Quantum Grav.*,32,243001.

时回到欧几里得空间的笛卡儿坐标形式. 当去除引力后, 度规回到闵可夫斯基度规. 采用的坐标规范是标准后牛顿规范. 这一规范的主要特点是使度规分量 g_{00} 尽可能简单, 更显著的特点是使度规的空间分量 g_{ij} 具有下面的形式:

$$g_{ij} = \left(1 + \frac{2\gamma U}{c^2}\right)\delta_{ij} + O(c^{-4}), \tag{9.101}$$

其中, U 是 N 体的牛顿引力势, γ 是一个重要的 PPN 参数. 上式表明, 在标准后牛顿规范下, 度规的空间分量对角化, 而且各向同性. 因为选择了类笛卡儿坐标系, 一定有

$$g_{00} = -1 + \frac{2U}{c^2} + O(c^{-4}). \tag{9.102}$$

合并起来, 就有

$$-g_{00}g_{ij} = \delta_{ij}\left[1 + \frac{2(\gamma-1)U}{c^2}\right] + O(c^{-4}). \tag{9.103}$$

注意对于广义相对论, $\gamma = 1$, 回到了 DSX 体系采用的强各向同性规范 (9.16). 这是关于空间坐标的约束, 关于时间坐标的规范将在给出 PPN 度规时予以讨论.

　　PPN 形式一共引入 10 个参数. 最重要的 2 个是 6.3.4 节中曾经引入的爱丁顿参数 γ 和 β. 它们的意义是: γ 度量单位静止质量产生的空间弯曲的程度, β 度量多个天体引力叠加时的非线性程度. 在给出具体的度规后可以更清晰地了解. 其他 8 个参数为: ξ 表示是否存在优越的空间位置, $\alpha_1, \alpha_2, \alpha_3$ 揭示有没有优越的参考系, $\zeta_1, \zeta_2, \zeta_3, \zeta_4$ 加上 α_3 共同显示引力理论是否违背整个物质系统的动量守恒定律. 对于广义相对论, $\gamma = \beta = 1$, 其余 8 个参数全为零. 也就是说, 广义相对论中没有任何优越的空间位置和参考系, 对于孤立的物质系统, 整个系统具有物理的守恒定律.

　　有一个问题需要讨论, 就是 PPN 参数的值是否和坐标选择有关. 一个明显的例子是施瓦西度规. 从 6.3.4 节可知, 在谐和或各向同性坐标的 1PN 近似施瓦西度规中加入了爱丁顿参数 β 和 γ, 如果改用标准坐标, 它的 1PN 近似度规式 (6.100) 可以引入 γ, 但不可能引入 β. 这说明对同样的物理模型, PPN 参数的数值可能与坐标规范有关.

　　如前所述, 当前高精度天体测量观测资料的处理大都采用 PPN 形式, 然而通常只保留爱丁顿参数, 而将其余 8 个参数设为零. 这样做自然是为了资料处理不至于过于繁复. 本节给出的度规和运动方程也只包含 γ 和 β, 想要了解完整的 PPN 形式, 可阅读 P220 脚注①的 WILL93. 关于其他 8 个参数的测定现状, 可参阅 P220 脚注②的参考文献.

　　两参数的 PPN 度规如下[①]:

――――――――――――

　　① 以下度规表达式取自 WILL93 一书的 Table 4.1(p.104), 仅保留参数 γ 和 β, 其余 8 个参数取为零, 同时恢复原书隐蔽的真空光速 c 和牛顿引力常量 G.

$$\begin{cases} g_{00} = -1 + \dfrac{2U}{c^2} - \dfrac{1}{c^4}\big[2\beta U^2 - 2(\gamma+1)\Phi_1 - 2(3\gamma-2\beta+1)\Phi_2 - 2\Phi_3 - 6\gamma\Phi_4\big], \\ g_{0i} = -\dfrac{1}{2c^3}\big[(4\gamma+3)V^i + W^i\big], \\ g_{ij} = \Big(1 + \dfrac{2\gamma U}{c^2}\Big)\delta_{ij}. \end{cases} \tag{9.104}$$

其中引力势的定义为

$$\begin{cases} U = \displaystyle\int \dfrac{G\rho'}{|\vec{x}-\vec{x}'|}\mathrm{d}^3 x', \\ \Phi_1 = \displaystyle\int \dfrac{G\rho' v'^2}{|\vec{x}-\vec{x}'|}\mathrm{d}^3 x', \quad \Phi_2 = \displaystyle\int \dfrac{G\rho' U'}{|\vec{x}-\vec{x}'|}\mathrm{d}^3 x', \\ \Phi_3 = \displaystyle\int \dfrac{G\rho' \Pi'}{|\vec{x}-\vec{x}'|}\mathrm{d}^3 x', \quad \Phi_4 = \displaystyle\int \dfrac{G p'}{|\vec{x}-\vec{x}'|}\mathrm{d}^3 x', \\ V^i = \displaystyle\int \dfrac{G\rho' v'^i}{|\vec{x}-\vec{x}'|}\mathrm{d}^3 x', \quad W^i = \displaystyle\int \dfrac{G\rho' [\vec{v}\cdot(\vec{x}-\vec{x}')](x^i-x'^i)}{|\vec{x}-\vec{x}'|^3}\mathrm{d}^3 x'. \end{cases} \tag{9.105}$$

现在将 PPN 度规与上一节的 DSX 体系进行对比. 当物质模型为理想流体式 (9.100) 时, 计算 DSX 体系的引力质量密度和引力质量流密度式 (9.28), 得到

$$\begin{cases} \sigma = \rho\Big[1 + \dfrac{\Pi}{c^2} + \dfrac{2U}{c^2} + \dfrac{2v^2}{c^2} + \dfrac{3p}{c^2\rho} + O(c^{-4})\Big], \\ \sigma^i = \rho v^i[1 + O(c^{-2})]. \end{cases} \tag{9.106}$$

再来看没有选定谐和规范之前的 DSX 体系场方程 (9.29), 如果不选谐和规范, 而选

$$3\partial_t w + 4\partial_i w_i = O(c^{-2}), \tag{9.107}$$

场方程成为

$$\begin{cases} \Delta w = -4\pi G\sigma + O(c^{-4}), \\ \Delta w_i - \dfrac{1}{4}\partial_t\partial_i w = -4\pi G\sigma_i + O(c^{-2}). \end{cases} \tag{9.108}$$

在谐和规范下, 标量势 w 满足的场方程是波方程, 而现在则是泊松方程. 简单计算得到

$$w = \int \dfrac{G\sigma'\mathrm{d}^3 x'}{|\vec{x}-\vec{x}'|} + O(c^{-4})$$

$$= U + \dfrac{1}{c^2}(2\Phi_1 + 2\Phi_2 + \Phi_3 + 3\Phi_4) + O(c^{-4}). \tag{9.109}$$

进一步有度规分量

$$g_{00} = -1 + \dfrac{2U}{c^2} + \dfrac{1}{c^4}(-2U^2 + 4\Phi_1 + 4\Phi_2 + 2\Phi_3 + 6\Phi_4) + O(c^{-6}). \tag{9.110}$$

度规 g_{0i} 的计算要求在牛顿精度下求解式 (9.108) 的第二式, 其解为

$$w_i = \int \frac{G\rho' v'^i}{|\vec{x} - \vec{x}'|} \mathrm{d}^3 x' + \frac{1}{8}\partial_t \partial_i \chi + O(c^{-2}), \tag{9.111}$$

要求函数 χ 满足

$$\Delta\chi = 2U. \tag{9.112}$$

仿照 WILL93,选择下面的函数满足这一条件,

$$\chi \equiv \int G\rho' \,|\vec{x} - \vec{x}'| \,\mathrm{d}^3 x'. \tag{9.113}$$

在牛顿近似下,最后得到

$$g_{0i} = -\frac{4w_i}{c^3} + O(c^{-5}) = -\frac{1}{2c^3}(7V_i + W_i) + O(c^{-5}). \tag{9.114}$$

这样就与 PPN 度规在 $\gamma = \beta = 1$ 时完全相同. 上面的推演说明广义相对论 DSX 体系中的规范(9.107)相当于 PPN 形式中的标准后牛顿规范.

9.2.3 N 体运动方程

高精度资料处理要用到时空度规,也要使用天体的精密历表. 编制精密历表,则需要天体的运动方程. 目前广泛使用的太阳系天体历表为 DE 系列. 它是数值历表,编制时要同时数值积分太阳、地球和月球,其他行星和几个小行星的运动方程. 方程的主要部分是只保留单极矩(质量)的相对论性 N 体运动方程. 由于大部分观测资料在地球附近取得,对地球和月球的物理模型做了尽可能精确的考虑,例如地球和月球形状的球谐系数,地球的自转和月球的天平动等,但这些相对次要的因素处理时用的都是牛顿力学.

虽然 IAU 决议以广义相对论为高精度观测资料处理的理论,DE 历表编制时采用的是 PPN 形式给出的度规和运动方程. WILL93 书中的式(6.31)~式(6.34)给出 N 体中一个天体 A 的加速度,在只保留 γ 和 β 后,为

$$\vec{a}_{\mathrm{A}}^{\mathrm{PPN}} = -\sum_{\mathrm{B}\neq\mathrm{A}} \frac{GM_{\mathrm{B}}}{r_{\mathrm{AB}}^2}\vec{n}_{\mathrm{AB}} + \frac{1}{c^2}\sum_{\mathrm{B}\neq\mathrm{A}} \frac{GM_{\mathrm{B}}}{r_{\mathrm{AB}}^2}\vec{n}_{\mathrm{AB}}\left[(2\gamma+2\beta)\frac{GM_{\mathrm{B}}}{r_{\mathrm{AB}}} + (2\gamma+2\beta+1)\frac{GM_{\mathrm{A}}}{r_{\mathrm{AB}}} + \right.$$

$$(2\beta-1)\sum_{\mathrm{C}\neq\mathrm{AB}}\frac{GM_{\mathrm{C}}}{r_{\mathrm{BC}}} + (2\gamma+2\beta)\sum_{\mathrm{C}\neq\mathrm{AB}}\frac{GM_{\mathrm{C}}}{r_{\mathrm{AC}}} - \frac{1}{2}\sum_{\mathrm{C}\neq\mathrm{AB}}GM_{\mathrm{C}}\frac{\vec{x}_{\mathrm{AB}}\cdot\vec{x}_{\mathrm{BC}}}{r_{\mathrm{BC}}^3} - \gamma v_{\mathrm{A}}^2 + $$

$$2(\gamma+1)\vec{v}_{\mathrm{A}}\cdot\vec{v}_{\mathrm{B}} - (\gamma+1)v_{\mathrm{B}}^2 + \frac{3}{2}(\vec{v}_{\mathrm{B}}\cdot\vec{n}_{\mathrm{AB}})^2\bigg] - $$

$$\frac{1}{2c^2}(4\gamma+3)\sum_{\mathrm{B}\neq\mathrm{A}}\frac{GM_{\mathrm{B}}}{r_{\mathrm{AB}}}\sum_{\mathrm{C}\neq\mathrm{AB}}\frac{GM_{\mathrm{C}}}{r_{\mathrm{BC}}^2}\vec{n}_{\mathrm{BC}} + $$

$$\frac{1}{c^2}\sum_{\mathrm{B}\neq\mathrm{A}}\frac{GM_{\mathrm{B}}}{r_{\mathrm{AB}}^2}\vec{n}_{\mathrm{AB}}\cdot\left[(2\gamma+2)\vec{v}_{\mathrm{A}} - (2\gamma+1)\vec{v}_{\mathrm{B}}\right](\vec{v}_{\mathrm{A}} - \vec{v}_{\mathrm{B}}). \tag{9.115}$$

其中,

$$\vec{x}_{\mathrm{AB}} = \vec{x}_{\mathrm{A}} - \vec{x}_{\mathrm{B}}, \quad r_{\mathrm{AB}} = |\vec{x}_{\mathrm{AB}}|, \quad \vec{n}_{\mathrm{AB}} = \frac{\vec{x}_{\mathrm{AB}}}{r_{\mathrm{AB}}}. \tag{9.116}$$

经过仔细整理和归并,得到

$$\vec{a}_{\mathrm{A}}^{\mathrm{PPN}} = -\sum_{\mathrm{B}\neq\mathrm{A}}\frac{GM_{\mathrm{B}}}{r_{\mathrm{AB}}^2}\vec{n}_{\mathrm{AB}} + \frac{1}{c^2}\sum_{\mathrm{B}\neq\mathrm{A}}\frac{GM_{\mathrm{B}}}{r_{\mathrm{AB}}^2}\vec{n}_{\mathrm{AB}}\left[(2\gamma+2\beta)\sum_{\mathrm{C}\neq\mathrm{A}}\frac{GM_{\mathrm{C}}}{r_{\mathrm{AC}}} + (2\beta-1)\sum_{\mathrm{C}\neq\mathrm{B}}\frac{GM_{\mathrm{C}}}{r_{\mathrm{BC}}} + \right.$$

$$\left. \frac{1}{2}\vec{x}_{\mathrm{AB}}\cdot\vec{a}_{\mathrm{B}} - \gamma v_{\mathrm{A}}^2 + 2(\gamma+1)\vec{v}_{\mathrm{A}}\cdot\vec{v}_{\mathrm{B}} - (\gamma+1)v_{\mathrm{B}}^2 + \frac{3}{2}(\vec{v}_{\mathrm{B}}\cdot\vec{n}_{\mathrm{AB}})^2\right] +$$

$$\frac{4\gamma+3}{2c^2}\sum_{\mathrm{B}\neq\mathrm{A}}\frac{GM_{\mathrm{B}}\vec{a}_{\mathrm{B}}}{r_{\mathrm{AB}}} + \frac{1}{c^2}\sum_{\mathrm{B}\neq\mathrm{A}}\frac{GM_{\mathrm{B}}}{r_{\mathrm{AB}}^2}\{\vec{n}_{\mathrm{AB}}\cdot[(2\gamma+2)\vec{v}_{\mathrm{A}} - (2\gamma+1)\vec{v}_{\mathrm{B}}]\}(\vec{v}_{\mathrm{A}} - \vec{v}_{\mathrm{B}}).$$

$$(9.117)$$

式中的加速度 $\vec{a}_{\mathrm{B}}$ 应当用牛顿近似. 这个方程与 DE 历表理论模型所给的运动方程完全相同.[1]

当 $\gamma = \beta = 1$ 时式(9.117)变成

$$\vec{a}_{\mathrm{A}}^{\mathrm{EIH}} = -\sum_{\mathrm{B}\neq\mathrm{A}}\frac{GM_{\mathrm{B}}}{r_{\mathrm{AB}}^2}\vec{n}_{\mathrm{AB}} + \frac{1}{c^2}\sum_{\mathrm{B}\neq\mathrm{A}}\frac{GM_{\mathrm{B}}}{r_{\mathrm{AB}}^2}\vec{n}_{\mathrm{AB}}\left[4\sum_{\mathrm{C}\neq\mathrm{A}}\frac{GM_{\mathrm{C}}}{r_{\mathrm{AC}}} + \sum_{\mathrm{C}\neq\mathrm{B}}\frac{GM_{\mathrm{C}}}{r_{\mathrm{BC}}} + \right.$$

$$\left. \frac{1}{2}\vec{x}_{\mathrm{AB}}\cdot\vec{a}_{\mathrm{B}} - v_{\mathrm{A}}^2 + 4\vec{v}_{\mathrm{A}}\cdot\vec{v}_{\mathrm{B}} - 2v_{\mathrm{B}}^2 + \frac{3}{2}(\vec{v}_{\mathrm{B}}\cdot\vec{n}_{\mathrm{AB}})^2\right] +$$

$$\frac{7}{2c^2}\sum_{\mathrm{B}\neq\mathrm{A}}\frac{GM_{\mathrm{B}}\vec{a}_{\mathrm{B}}}{r_{\mathrm{AB}}} + \frac{1}{c^2}\sum_{\mathrm{B}\neq\mathrm{A}}(\vec{v}_{\mathrm{A}} - \vec{v}_{\mathrm{B}})\frac{GM_{\mathrm{B}}}{r_{\mathrm{AB}}^2}[\vec{n}_{\mathrm{AB}}\cdot(4\vec{v}_{\mathrm{A}} - 3\vec{v}_{\mathrm{B}})]. \qquad (9.118)$$

这就是著名的广义相对论框架下 N 个球对称天体的 EIH 运动方程.[2]

附录 B 列出的 IAU2000 决议明确说明采用谐和规范,然而运动方程(9.117)和方程(8.118)采用的是标准后牛顿规范,似乎有矛盾. DSX1 论文的ⅢB 小节有严格的证明,这两种规范对应的 1PN 运动方程完全相同,差别在 $O(c^{-4})$ 项,但是它们对应的 1PN 度规却有差别. 9.2.2 节讨论了度规的差别.

9.2.4 人造卫星运动方程

地球人造卫星在大地测量、重力测量、天体测量,以及导航、通信、气象、资源、军事等应用中起重要的作用. 在各种应用中需要精密测定和计算人造卫星的轨道. 对于需要精密历表的人造卫星,需要计入相对论效应. 显然,它的轨道在地心坐标系中计算比较简单,在其中太阳和月球的引力以潮汐力的形式呈现.

---

[1] 参见 X. X. Newhall, E. M. Standish, Jr. and J. G. Williams, 1983, *Astron. Astrophys.* 125, 150-167. 关于 DE102 模型中的式(1).

[2] EIH 方程也称为 LD-EIH 方程,是 N 个具球对称的天体在广义相对论框架 1PN 近似下的运动方程. Lorentz 和 Droste 于 1917 年用简化的物质模型推导了这一方程. Einstein, Infield 和 Hoffmann 在 1938 年改进了这一方程的推导. 在 DSX1 论文 VIIC 节的最后叙述了方程推导的历史及有关文献,并且严格证明,在 1PN 近似下,对只有单极矩的 N 体问题,一个天体在时空中运动路径是在其他天体引力场中的时空测地线.

在以地球质心为原点的局部系里,人造卫星受的力是地球质量(单极矩)产生的牛顿引力,其他力都要小得多,是摄动力.在牛顿力学的框架里,有地球形状摄动、大气阻力摄动、日月潮汐力摄动、太阳光压摄动等.广义相对论引起的差别,可称为相对论摄动,其主要项为地球质量产生的引力,应当按施瓦西模型推算,而非简单的平方反比定律.

按照现在的观测精度,高精度测量需要考虑的相对论摄动还有两项.一项是地球自转角动量 $\vec{S}_E$ 引起的伦泽-蒂林效应.另一项是测地岁差产生的相对论效应.第 8 章和附录 B 已经多次说过,IAU 参考系的空间轴指向与遥远的射电源相对固定,相对地心处的局域惯性参考系的空间指向以测地岁差的速率转动.换句话说,IAU 的地心参考系不是惯性参考系,所以在该参考系中的运动方程应当有测地岁差引起的科里奥利惯性力.

以上 3 种相对论摄动的原理和计算公式在 7.1 节和 7.2 节中都已讨论和给出,那里已经引入 PPN 参数 β 和 γ.现将相对论摄动加速度归纳列出如下:

$$\Delta\vec{a} = \Delta\vec{a}_{SW} + \Delta\vec{a}_{LT} + \Delta\vec{a}_{GP}, \tag{9.119}$$

$$\Delta\vec{a}_{SW} = \frac{GM_E}{c^2 R^3}\left\{\left[2(\beta+\gamma)\frac{GM_E}{R} - \gamma V^2\right]\vec{R} + 2(1+\gamma)(\vec{R}\cdot\vec{V})\vec{V}\right\}, \tag{9.120}$$

$$\Delta\vec{a}_{LT} = (1+\gamma)\frac{G}{c^2 R^3}\left[\frac{3}{R^2}(\vec{R}\times\vec{V})(\vec{R}\cdot\vec{S}_E) + (\vec{V}\times\vec{S}_E)\right], \tag{9.121}$$

$$\Delta\vec{a}_{GP} = \left\{(1+2\gamma)\left[\vec{v}_{ES}\times\left(-\frac{GM_S}{c^2 r_{ES}^3}\vec{r}_{ES}\right)\right]\times\vec{V}\right\}. \tag{9.122}$$

上式中 M_E 和 $\vec{S}_E$ 分别为地球的质量和自转角动量,$\vec{R}$ 和 $\vec{V}$ 是人造卫星在地心系里的坐标和速度矢量,M_S 是太阳的质量,$\vec{r}_{ES}$ 和 $\vec{v}_{ES}$ 是地球相对太阳的矢径和速度向量,在地心系和太阳系质心系中计算都符合 1PN 精度.

现在依次对这 3 个相对论摄动加速度的来源予以说明.在球对称但有自转的地球引力作用下,人造卫星的时空轨迹是下面度规的测地线,

$$ds^2 = -\left(1 - \frac{2W}{c^2} + \frac{2\beta W^2}{c^4}\right)c^2 dT^2 - \frac{4(\gamma+1)W_a}{c^3}c\,dT\,dX^a + \delta_{ab}\left(1 + \frac{2\gamma W}{c^2}\right)dX^a dX^b, \tag{9.123}$$

其中,

$$W = \frac{GM_E}{R}, \quad W_a = -\frac{G}{2R^3}(\vec{R}\times\vec{S}_E). \tag{9.124}$$

此度规和式(7.33)完全相同,只是换了符号,也是式(9.101)加上了 PPN 参数.

施瓦西摄动加速度 $\Delta\vec{a}_{SW}$ 来自测地线方程中标量势 W 产生的项,在附录 A 的 A.4 节已经做了推导,就是式(A.49)中的相对论项.

LT 效应引起的摄动加速度 $\Delta\vec{a}_{LT}$ 源自测地线方程中矢量势产生的项,可以从度规直接推导,式(7.70)已经给出,只是那里的 ζ_i 在这里要换成 $-W_i$

$$\Delta a^i_{LT} = \frac{4}{c^2}(W_{i,j} - W_{j,i})V^j,\qquad(9.125)$$

其中,V^j 是卫星在地心参考系 GCRS 中的轨道速度.附录中式(A.55)已经给出 LT 效应引起的卫星加速度,换成本节的符号为

$$\Delta \vec{a}_{LT} = -\frac{2G(\gamma+1)}{c^2 R^3}(\vec{V}\times\vec{S}_E) + \frac{3G(\gamma+1)}{c^2 R^5}\{(\vec{R}\cdot\vec{V})(\vec{R}\times\vec{S}_E) - [(\vec{R}\times\vec{S}_E)\cdot\vec{V}]\vec{R}\}.$$

$$(9.126)$$

利用

$$(\vec{R}\cdot\vec{V})(\vec{R}\times\vec{S}_E) - [(\vec{R}\times\vec{S}_E)\cdot\vec{V}]\vec{R}$$
$$= [\vec{R}\times(\vec{R}\times\vec{S}_E)]\times\vec{V}$$
$$= R^2(\vec{V}\times\vec{S}_E) + (\vec{R}\cdot\vec{S}_E)(\vec{R}\times\vec{V})$$

最终得到式(9.121).

IAU 规定地心天球参考系 GCRS 的空间轴相对遥远类星体无转动,是运动学无转动参考系.在相对论概念里,自由陀螺的指向才代表局域惯性参考系,称为动力学无转动参考系,而 GCRS 是有微小转动的非惯性参考系.7.2 节的陈述和推演中,陀螺系相对 GCRS 的转动角速度为 $\vec{\Omega}$,也就是 GCRS 相对惯性参考系有一个相对论量级的角速度 $-\vec{\Omega}$.它主要由太阳质量 M_S 所造成,称为测地进动,其表达式见式(7.49),按本节的符号写成

$$\vec{\Omega}_{GP} = \frac{2\gamma+1}{2c^2}\left[\vec{v}_{ES}\times\left(-\frac{GM_S}{r_{ES}^3}\right)\vec{r}_{ES}\right].\qquad(9.127)$$

式中的小写字母表示在太阳系质心系中计算,然而在 1PN 近似时也可以在地心系中计算.它引起的人造卫星运动方程中的科里奥利惯性加速度应当是

$$\Delta\vec{a}_{GP} = 2\vec{\Omega}_{GP}\times\vec{V}.\qquad(9.128)$$

这就是式(9.122).

对 3 个摄动加速度的轨道效应和量级估计,IERS 规范有详尽准确的描述,引用如下[①]:

"对于地球附近的卫星(同步轨道以下),相对主要的牛顿加速度,……施瓦西项(第一行)大约要小 10^{10}(高轨)到 10^9(低轨)倍;伦泽-蒂林进动(参考架拖曳,第二行)和测地(de Sitter)进动的效应要小 $10^{12}\sim10^{11}$ 倍.施瓦西项的主要效应是近地点辐角的长期移动,而伦泽-蒂林和测地项造成轨道面的进动.对伦泽-蒂林项,进动速率为每年 0.8 毫角秒(同步轨道)到每年 180 毫角秒(低轨).对测地项,速率为每年 19 毫角秒(与轨道高度无关).对高于 Lageous(高度约为 6000 千米)的轨道,测地项比 LT 项更重要;对于低于 Lageous 的轨道,LT 项比测地项更重要……"

---

① 见 IERS Conventions 2010,p.156.

9.2.5　诺特维特效应

PPN 形式对应的所有引力理论都是度规理论,包括广义相对论.基础原理是爱因斯坦等效原理 EEP,其前提是弱等效原理 WEP,也就是物体的惯性质量 m 与引力质量 m_G 相等.在引力势为 U 的引力场中,当 WEP 成立,物体的牛顿运动方程是

$$\vec{a} = \frac{m_G}{m}\vec{\nabla}U = \vec{\nabla}U, \tag{9.129}$$

这里 $\vec{a}$ 是物体的加速度矢量.上式表明不同质量、不同物质成分的物体在同一引力场的同一地点有相同的加速度.关于这一点,第 3 章有详细的叙述.

需要强调,无论是 WEP 还是 EEP,说的物体都是试验体,亦即其大小和自引力都可以忽略的物体.没有自引力指物体内部没有引力内能,即内部物质由引力以外其他力的作用而聚集.太阳、地球和月球等自然天体都不是试验体,正是内部引力作用使这些天体近于球形.因此自然要问,对于大质量的天体,式(9.129),亦即 m 等于 m_G 是否仍然成立.将 WEP 从试验体延伸到对大质量天体成立,将 EEP 从非引力实验扩展到包括引力实验在内的所有局域实验,构成等效原理的最高层次,强等效原理 SEP.如果 SEP 成立,球对称的地球和月球在相同的太阳引力作用下,将有完全相同的加速度.下面将说明,对于广义相对论,SEP 成立,但对很多引力理论,SEP 不成立.对于天文学和物理学,实验验证 SEP 是否成立很重要,这涉及一些试图解释暗能量或暗物质的引力理论,对量子引力理论和四种力的大统一探索也有重要意义.

本节介绍 PPN 形式的缔造者之一诺特维特提出的检验 SEP 的一种方案,常称为诺特维特效应.[①]因该效应可能具有的数值很小,下面的讨论在牛顿力学框架下进行,只是考虑了引力内能和质量的关系.此外,引力理论书籍文献常将 m_G 区分为主动和被动引力质量,式(9.129)中的 m_G 显然是被动引力质量.本小节对主动和被动引力质量不予区分,采用同样的符号.

天体的引力质量 m_G 与惯性质量 m 之间有下面的关系:

$$\frac{m_G}{m} = 1 + \Delta_{EP} = 1 + \Delta_{WEP} + \Delta_{SEP}. \tag{9.130}$$

其中,Δ_{WEP} 和 Δ_{SEP} 相应为弱等效原理和强等效原理不成立引起的项.WEP 已经历多次实验验证.自 20 世纪早期起,地面试验室不断改进 Eötvös(Loránd Eötvös,1848—1919)的扭秤实验.对于两个具有不同物质成分的试验质量 A 和 B,在同一引力场中的作用下产生的加速度为 a_A 和 a_B,实验测量的是 Eötvös 参数

---

① 以这一效应在 1968 年的提出者诺特维特而命名.原始论文见 Nordtvedt Jr Kenneth,1968,*Phys. Rev.* 169,1014-1016,1017-1025.在 WILL93 专著的第 8 章有详细叙述.本小节关于 LLR 中诺特维特效应的推导参考了该书的 8.1 节.

$$\delta_{AB} = \frac{2\,|\,a_A - a_B\,|}{a_A + a_B}. \tag{9.131}$$

它的数值不等于零表明违背 WEP. 迄今为止,地面实验的精度已经从 10^{-8} 提高到 10^{-13}. 2016 年法国发射的 MICROSCOPE 卫星对钛和铂合金两个试验质量进行了空间实验,将精度提高到 10^{-15},没有发现违背 WEP.[1]因此,在下面的推导中将式(9.130)中的 Δ_{WEP} 设为零.

物体引力内能 Θ 引起的项可写成

$$\Delta_{SEP} = \eta\,\frac{\Theta}{mc^2}. \tag{9.132}$$

诺特维特给出在 PPN 形式中系数 η 的表达式. 和前面一样,这里只保留 γ 和 β 两个 PPN 参数,其他 8 个参数全置零,这样做与现在绝大多数引力理论验证实验的数据处理相一致. 这一关系是

$$\eta = 4\beta - \gamma - 3. \tag{9.133}$$

按照这个公式,如果系数 $4\beta - \gamma - 3$ 不等于零,大质量天体的引力内能将造成引力质量与惯性质量不再相等. 地球显然比月球有更大的引力内能,即使在完全相同的太阳引力作用中,也可能有不同的加速度,会违背强等效原理 SEP. 它可以在高精度的月球激光测距(LLR)中进行检验.

下面来推导 LLR 中的诺特维特效应. 规定的符号如下:M、m、$\tilde{m}$ 分别为太阳、地球和月球的惯性质量,M_G、m_G、$\tilde{m}_G$ 对应它们的引力质量. $\vec{R}$ 和 $\vec{\tilde{R}}$ 分别表示从太阳到地球和到月球的空间矢量,R 和 $\tilde{R}$ 则是日地和日月距离. 用 $\vec{r}$ 表示从地球到月球的空间矢量,r 表示地月距离. 以牛顿力学为框架,选取一个惯性参考系,则地球和月球的加速度为

$$\begin{cases} \vec{a} = -\dfrac{GM_G m_G}{mR^3}\vec{R} + \dfrac{G\tilde{m}_G m_G}{mr^3}\vec{r}, \\[3mm] \vec{\tilde{a}} = -\dfrac{GM_G \tilde{m}_G}{\tilde{m}\tilde{R}^3}\vec{\tilde{R}} - \dfrac{Gm_G \tilde{m}_G}{\tilde{m}r^3}\vec{r}. \end{cases} \tag{9.134}$$

两式相减,得到地心系中月球的加速度为

$$\frac{d^2\vec{r}}{dt^2} = \vec{\tilde{a}} - \vec{a} = -\frac{\mu}{r^3}\vec{r} + \delta f\,\frac{\vec{R}}{R} + \cdots, \tag{9.135}$$

其中第一项构成熟知的地月二体问题,而

$$\mu = G\left[m_G + \tilde{m}_G + \eta\left(\frac{\Theta\tilde{m}_G}{c^2 m} + \frac{\tilde{\Theta}m_G}{c^2 \tilde{m}}\right)\right], \tag{9.136}$$

① Touboul, P., Métris, G., Rodrigues, M., Bergé, J., Robert, A., Baghi, Q., André, Y., Bedouet, J., Boulanger, D., Bremer, S. and Carle, P. (2022). MICROSCOPE Mission: Final Results of the Test of the Equivalence Principle. *Physical Review Letters*. 129 (12): 121102.

式(9.135)的第二项是诺特维特效应引起的摄动加速度,其中

$$\delta f = \eta \frac{GM_\mathrm{G}}{c^2 R^2} \left(\frac{\Theta}{m} - \frac{\widetilde{\Theta}}{\widetilde{m}} \right). \tag{9.137}$$

式(9.135)没有列出的摄动项主要是地心系中太阳对月球的潮汐力,它虽然很大,但对要讨论的诺特维特效应几乎没有影响,不再列出.

在讨论微弱的诺特维特效应时,进一步做下面的近似.忽略黄道和白道的夹角,假定太阳和月球在同一平面上运动.进一步假定地球环绕太阳的轨道是频率为 Ω 的圆运动,形式为

$$\vec{R} = (R\cos\Omega t, R\sin\Omega t). \tag{9.138}$$

再假定月球环绕地球的轨道运动是频率为 ω 的圆运动加上诺特维特扰动,即

$$\begin{cases} \vec{r} = \vec{r}_0 + \delta\vec{r}, \\ \vec{r}_0 = (r_0\cos\omega t, r_0\sin\omega t). \end{cases} \tag{9.139}$$

月球激光测距 LLR 测量的是地月之间的距离,所以下面来计算诺特维特效应引起的地月距离的变化 δr.因此,列出月球在径向的运动方程

$$\begin{cases} \dfrac{\mathrm{d}^2 r}{\mathrm{d}t^2} - \dfrac{h^2}{r^3} = \vec{f} \cdot \dfrac{\vec{r}}{r}, \\ \dfrac{\mathrm{d}\vec{h}}{\mathrm{d}t} = \vec{r} \times \vec{f}, \end{cases} \tag{9.140}$$

其中,

$$\vec{f} = \vec{f}_0 + \delta f \frac{\vec{R}}{R} = -\frac{\mu}{r^3}\vec{r} + \delta f \frac{\vec{R}}{R}, \tag{9.141}$$

而 $\vec{h}$ 则是月球单位质量具有的轨道角动量.

用 $r = r_0 + \delta r, h = h_0 + \delta h$ 等将运动方程线性化,并使用著名的二体问题圆轨道公式(参见附录 A),诸如 $\mu = \omega^2 r_0^3, h_0 = \omega r_0^2$ 等,得到

$$\delta h = \frac{r\delta f}{\Lambda}\cos\Lambda t,$$

$$\frac{\mathrm{d}^2(\delta r)}{\mathrm{d}t^2} = 2\omega^2\delta r + \frac{2h\delta h}{r^3} - \frac{3h^2\delta r}{r^4} + \delta f\cos\Lambda t, \tag{9.142}$$

这里

$$\Lambda = \omega - \Omega \tag{9.143}$$

是月球和太阳绕地运行会合运动的频率,对应的周期是朔望月.最后得到一个非齐次的振动方程

$$\frac{\mathrm{d}^2\delta r}{\mathrm{d}t^2} + \omega^2\delta r = \left(\frac{2\omega}{\Lambda} + 1 \right)\delta f\cos\Lambda t. \tag{9.144}$$

诺特维特效应造成的地月距离的变化为

$$\delta r = \frac{\Lambda + 2\omega}{\Lambda(\omega^2 - \Lambda^2)}\delta f \cos\Lambda t. \tag{9.145}$$

所以,诺特维特效应使地月距离有以朔望月为周期的微小变化,其最大值发生在朔和望,也就是发生在日、地、月成一直线时,大小则取决于诺特维特参数 η. 对于广义相对论,$\beta = \gamma = 1$,没有诺特维特效应.

　　用 LLR 观测检验诺特维特效应的一个难点是太阳对月球的摄动力也会造成以朔望月为周期的项,必须予以区分. 迄今为止,没有在 LLR 和其他空间实验中检验出诺特维特效应.[①]

习题

　　9.1　证明引力场的 PN 假设(9.6)与(9.8),和低速运动的 PN 假设(9.12)相容的充要条件是(9.13).

　　9.2　证明时间规范变换(9.20)使引力势的变换为(9.21),进一步证明变换后的引力场方程形式仍然是(9.29).

　　9.3　证明在度规的 PN 假设下,谐和坐标条件为式(9.22),进一步证明空间各向同性规范的空间坐标一定满足谐和坐标条件.

　　9.4　在全局系度规为(9.17)时,证明下面两个克里斯多菲符号的表达式,

$$\Gamma_{i0}^{k} = \frac{1}{c^3}(\delta_{ik}w_{,t} + 4w_{[i,k]}) + O(c^{-5}),$$

$$\Gamma_{ij}^{k} = \frac{1}{c^2}(\delta_{ik}w_{,j} + \delta_{jk}w_{,i} - \delta_{ij}w_{,k}) + O(c^{-4}).$$

进一步推导 Ricci 张量的坐标分量 R_{0i},从而证明引力场方程(9.29)的第二式.

　　9.5　将坐标变换的展开式(9.58)代入引力场 PN 约束和运动低速约束的条件式(9.59),证明式(9.60)成立.

　　9.6　通过网络搜索,了解实验检测 PPN 参数的最新结果.

---

① 参见 Viswanathan, V., Fienga, A., Minazzoli, O., Bernus, L., Laskar, J., Gastineau, M., 2018, *MNRAS*, 476, 1877-1888. 在该论文的 Table 6 列出 48 年的 LLR 资料进行拟合,假定 WEP 成立,应用地球和月球引力内能的理论模型,得到诺特维特参数 η 的数值为 $(0.85 \pm 1.49) \times 10^{-4}$,可以认为给出了 η 的一个上限.

开普勒椭圆及其摄动

天体运动最简单的模型是在牛顿万有引力的作用下,围绕中心天体的椭圆运动.例如行星围绕太阳的运动,人造卫星围绕地球的运动.在这个模型里,天体和中心天体都看成点质量,忽略两天体相互牛顿引力以外的其他力.这样的模型称为二体问题,或开普勒问题,轨道椭圆也称为开普勒椭圆.作为质点的两天体的牛顿引力之外的其他力称为摄动力,摄动使轨道椭圆不断变化.相对论效应可以看成是一种摄动,例如施瓦西场使水星轨道椭圆的近日点进动.本附录简略叙述本书需要的二体问题及其摄动的基础知识,需要深入了解的读者可阅读天体力学的教科书和专著.①

A.1　二体问题的完全解

设质量为 m 的天体 B 围绕质量为 M 的中心天体 C 运动,选取以 C 为坐标原点的无转动直角坐标系 $\{x^i\}$,B 的坐标为 $\vec{r}=(x^i)$.这是一个非惯性参考系,在其中 B 的运动方程是

$$\ddot{\vec{r}} = -\frac{\mu}{r^3}\vec{r}, \tag{A.1}$$

其中,

$$\mu \equiv G(M+m), \tag{A.2}$$

式中,G 是万有引力常量.运动方程(A.1)的左边是 B 的加速度,右边是 C 对 B 的引力产生的加速度和 B 对 C 的引力引起的惯性加速度之和.这是一个 3 维向量的 2 阶常微分方程,它的完全解要包含 6 个独立的积分常数.

将方程(A.1)两边叉乘 $\vec{r}$ 后积分,得到

$$\vec{r} \times \dot{\vec{r}} = \vec{h}. \tag{A.3}$$

常矢量 $\vec{h}$ 的物理意义是天体 B 在以 C 为原点的参考系中单位质量具有的角动量.引力是中心力,不产生力矩,角动量守恒.

---

① 例如,刘林,汤靖帅.卫星轨道理论与应用[M].北京:电子工业出版社,2015.

角动量守恒式(A.3)表明 B 的运动保持在与矢量 $\vec{h}$ 垂直的平面上,该平面是轨道面.在轨道面上建立平面极坐标(r,θ),则有

$$
\begin{cases}
\vec{r} = r\vec{e}_S, \\
\vec{v} = \dot{\vec{r}} = \dot{r}\vec{e}_S + r\dot{\theta}\dfrac{\partial \vec{e}_S}{\partial \theta} = \dot{r}\vec{e}_S + r\dot{\theta}\vec{e}_T.
\end{cases}
\tag{A.4}
$$

上式中 $\vec{e}_S$ 和 $\vec{e}_T$ 为轨道面上径向和横向的单位矢量.

从式(A.3)和式(A.4)立即得到

$$
r^2\dot{\theta} = h,
\tag{A.5}
$$

其中,$h \equiv |\vec{h}|$.这正是著名的开普勒第二定律:行星向径在相同的时间里扫过相同的面积.常量 h 是天体 B 的向径面积速率的两倍.

运动方程(A.1)两边点乘 $\dot{\vec{r}}$ 后再积分,得到

$$
\frac{1}{2}v^2 - \frac{\mu}{r} = E_n,
\tag{A.6}
$$

其中,$v \equiv |\dot{\vec{r}}|$ 是 B 的轨道速度,而常量 E_n 的物理意义是天体 B 单位质量具有的轨道能量,是动能和引力势能之和.引力是保守而非耗散力,因而有能量守恒成立.

引入平面极坐标后,按径向和横向分解,能量守恒方程(A.6)在结合面积积分式(A.5)后写成

$$
\dot{r}^2 + \frac{h^2}{r^2} - \frac{2\mu}{r} = 2E_n.
\tag{A.7}
$$

改用 θ 为自变量,$\mathrm{d}t = r^2\mathrm{d}\theta/h$.为计算方便,引入 $u \equiv 1/r$,从上式得到

$$
\frac{\mathrm{d}^2 u}{\mathrm{d}\theta^2} + u = \frac{\mu}{h^2}.
$$

这是一个有常数项的非齐次简谐振动方程,定义参数

$$
p \equiv h^2/\mu.
\tag{A.8}
$$

得到天体 B 的轨道为

$$
r = \frac{p}{1 + e\cos(\theta - \omega)}.
\tag{A.9}
$$

这是一条圆锥曲线,本节只讨论偏心率 $e < 1$ 的情况,亦即椭圆轨道.这就是开普勒第一定律:行星的轨道是以太阳为焦点的椭圆.

式(A.9)有两个新的积分常数.e 表示椭圆的偏心率.$\theta = \omega$ 时,天体 B 距中心天体最近,位于近心点[①],ω 是近心点和极轴间的角距离,称为"近心点辐角".定义

[①] 椭圆轨道上距离位于焦点的中心天体最近一点有多种名称.对于行星,称为"近日点".对于人造卫星,称为"近地点".总之,视具体问题而定.本附录统一采用"近心点".

$$f \equiv \theta - \omega, \tag{A.10}$$

称为"真近点角",是近心点到天体方向的角距离,沿天体运动方向量度. $f = 0$ 和 $f = \pi$ 分别对应天体位于近心点和远心点. $f = \pi/2$ 时 $r = p$,称 p 为"半通径". 轨道方程写成

$$r = \frac{p}{1 + e \cos f}. \tag{A.11}$$

以 a 表示椭圆的半长轴,天体的近心点距离 r_Π 和远心点距离 r_A 以及半通径 p 的表达式为(见图 A.1 和轨道方程(A.9))

$$r_\Pi = a(1 - e), \quad r_A = a(1 + e), \quad p = a(1 - e^2). \tag{A.12}$$

椭圆的面积为 $A = \pi a^2 \sqrt{1 - e^2}$,常数 h 为天体 B 的向径面积的速度的两倍,所以 B 的轨道周期 $P = 2A/h$. 应用式(A.8)和式(A.12),立即得到

$$\frac{a^3}{P^2} = \frac{\mu}{4\pi^2}. \tag{A.13}$$

这是开普勒第三定律:行星半长轴的立方和周期的平方之比为常数.

定义

$$n \equiv \frac{2\pi}{P}, \tag{A.14}$$

是天体 B 绕中心天体 C 运动的平均角速度,习惯称为"平均运动". 立即得到常用的公式

$$\mu = G(M + m) = n^2 a^3, \quad h = na^2 \sqrt{1 - e^2}. \tag{A.15}$$

再来看能量常数 E_n 与椭圆轨道参数的关系. 这只要在能量方程(A.6)中代入轨道上某一点的向径 r 和速度 v 的数值. 用近心点的 r_Π 值,该处的速度和矢径垂直,从角动量守恒式(A.3)解出速度值 v_Π,代入式(A.6),得到

$$E_n = -\frac{\mu}{2a}. \tag{A.16}$$

说明轨道能量只和椭圆轨道的半长轴有关,与偏心率无关. 同时能量守恒定律可以写成下面的常见形式:

$$v^2 = \mu \left(\frac{2}{r} - \frac{1}{a} \right). \tag{A.17}$$

常称为活力公式.

迄今为止,还没有导出天体坐标和时间的关系,为此引入时间变换

$$\mathrm{d}t = \frac{r}{na} \mathrm{d}E. \tag{A.18}$$

从方程(A.7)得到

$$\frac{\mathrm{d}^2 r}{\mathrm{d}E^2} + r = a$$

又是有常数项的简谐振动方程. 选取解为

$$r = a(1 - e\cos E). \tag{A.19}$$

注意式(A.18)并没有严格定义变量 E. 上式表明,当 $E=0,r=r_\Pi$,可以看成附加条件以确定 E,称为"偏近点角". 从上式还可知,当 $E=\pi,r=r_A$. 说明在近心点和远心点,偏近点角 E 和真近点角 f 的值相同,进一步可以判断 E 和 f 同在 $[0,\pi]$ 区间,或同在 $[\pi,2\pi]$ 区间.

从轨道方程(A.9)可以推导出

$$\begin{cases} r\cos f = a(\cos E - e), \\ r\sin f = a\sqrt{1-e^2}\sin E. \end{cases} \tag{A.20}$$

从中得到天体直角坐标和偏近点角的关系.

到此,要寻求天体坐标与时间的关系,只需建立 E 和 t 的关系. 将式(A.19)代入式(A.18)后积分,初始条件为过近心点时 $E=0$,得到

$$n(t - t_\Pi) = E - e\sin E, \tag{A.21}$$

其中, t_Π 是天体过近心点的时刻. 定义

$$M \equiv \int_{t_\Pi}^{t} n\,dt = \int_{t_0}^{t} n\,dt + M_0, \tag{A.22}$$

称为"平近点角",是假想天体从近心点起以平均运动 n 为角速度转动的角度,式中 t_0 是某个给定的时刻. 式(A.21)可以写成

$$M = E - e\sin E. \tag{A.23}$$

称为"开普勒方程". 式(A.22)用积分形式定义平近点角,是因为在有摄动时, n 不再是常数.

最后,结合轨道方程(A.11)和开普勒第二定律方程(A.5),速度矢量的分解式(A.4)可进一步写成

$$\vec{v} = \frac{h}{p}e\sin f\,\vec{e}_S + \frac{h}{r}\vec{e}_T. \tag{A.24}$$

A.2 轨道根数

A.1 节给出二体问题的完全解,选取的参考系是以中心天体 C 为原点的无转动参考系. 按照牛顿力学,天体 B 的轨道运动由某一时刻的初始条件决定,亦即由某一时刻的坐标和速度矢量,共 6 个量决定. 显然,完全可以用另外 6 个独立的量代替初始的坐标和速度. 轨道力学通常用 6 个参数来表示轨道和天体在轨道上的运动,称为"轨道根数". 常见的选择是: 半长轴 a,偏心率 e,倾角 i,升交点经度 Ω,近心点辐角 ω,过近心点时刻 t_Π,也可以是它们的某种组合. 下面一一予以介绍.

轨道半长轴 a 和偏心率 e 决定轨道椭圆的大小和形状. 图 A.1 表示轨道椭圆,中心天体 C 位于椭圆

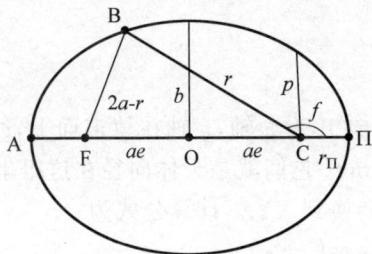

图 A.1 决定轨道大小和形状的轨道根数: 半长轴 a 和偏心率 e

焦点之一,F 为另一焦点.椭圆的半短轴 $b=a\sqrt{1-e^2}$,O 为椭圆的几何中心,Ⅱ 和 A 对应近心点和远心点,B 为某一时刻天体在轨道上的位置,在以近心点方向为极轴的平面极坐标系里,B 的坐标是向径 r 和真近点角 f.A.1 节中出现的多个参数中,轨道能量 E_n,周期 P 和平均运动 n 都只和 a 有关.角动量参数 h,半通径 p,近心点和远心点距离 r_{Π} 和 r_A 则是 a 和 e 的函数.因此,a 和 e 也确定了天体在轨道上的运行规律.

升交点经度 Ω,轨道倾角 i 决定了轨道面在空间的位置.近心点辐角 ω 则进一步确定轨道椭圆在轨道面上的方位.图 A.2 显示以中心天体 C 为原点的天球,XYZ 是 3 维空间直角坐标系,X 轴是经度起算的零点,大圆 NⅡS 表示轨道面在天球上的投影,W 是轨道面的极.运动天体 B 在 XY 平面之下经过 N 点进入上半天球,所以称 N 为"升交点".显然,轨道根数 i 和 Ω 决定轨道面在空间的位置.点 Ⅱ 为轨道椭圆近心点方向在天球上的投影.轨道根数 ω 给出近心点和升交点的角距离,确定了轨道椭圆在轨道面上的方位.这里要强调这些角度的量度规则.按照大多数太阳系天体的轨道运动方向,规定从 Z(通常选北天极或北黄极)往下看,逆时针运动方向称为顺行,顺时针运动为逆行.升交点经度 Ω 为从 X 起按顺行方向量到升交点 N.轨道倾角 i 在升交点从 XY 平面起向上量到

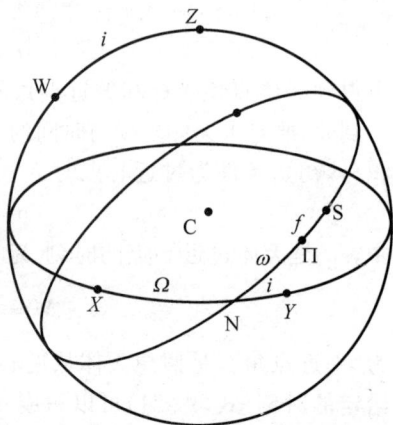

图 A.2   决定轨道在空间位置和方位的轨道根数:升交点经度 Ω,轨道倾角 i 和近心点辐角 ω.详情见本小节和下小节

轨道面.显然,当 $0° \leqslant i < 90°$,天体的轨道运动为顺行;当 $90° < i \leqslant 180°$,为逆行.图 A.2 显示的为顺行轨道.ω 从升交点 N 起沿运动方向量到近心点方向 Ⅱ.真近点角 f 则是从 Ⅱ 起沿运动方向量到天体向径在天球上的投影 S.

上面 5 个轨道根数决定轨道椭圆的大小、形状、位置、方位和运行规律,轨道根数 t_{Π} 给定天体过近心点的时刻,由此就能推断在任意时刻天体 B 在轨道上的位置和速度.

以下是从轨道根数 $(a,e,i,\omega,\Omega,t_{\Pi})$ 计算时刻 t 时天体的坐标和速度矢量 $(\vec{r},\vec{v})$ 的过程:

(1)用式(A.22)计算平近点角 M,其中 $n=\mu a^{-3/2}$.

(2)从开普勒方程(A.23)计算偏近点角 E.

(3)在轨道面上建立右手直角坐标系 $\xi\eta\zeta$,近心点方向 Ⅱ 为 ξ 轴,η 轴在轨道面上,ζ 轴指向轨道面的法线方向 W.用式(A.20)计算 $r\cos f$ 和 $r\sin f$.它们就是天体向径在这组坐标系里的 ξ 和 η 坐标分量.然后按照图 A.2 将坐标系 $\xi\eta\zeta$ 转换到 XYZ,计算公式为

$$\vec{r}=R_3(-\Omega)R_1(-i)R_3(-\omega)\begin{pmatrix} a(\cos E - e) \\ a\sqrt{1-e^2}\sin E \\ 0 \end{pmatrix}, \tag{A.25}$$

对上式求导数,利用式(A.18)得到

$$\vec{v} = R_3(-\Omega)R_1(-i)R_3(-\omega)\begin{pmatrix} -\sin E \\ \sqrt{1-e^2}\cos E \\ 0 \end{pmatrix}\frac{na^2}{r}. \tag{A.26}$$

其中 $r = a(1-e\cos E)$,

$$R_1(\theta) = \begin{pmatrix} 1 & 0 & 0 \\ 0 & \cos\theta & \sin\theta \\ 0 & -\sin\theta & \cos\theta \end{pmatrix}, \quad R_3(\theta) = \begin{pmatrix} \cos\theta & \sin\theta & 0 \\ -\sin\theta & \cos\theta & 0 \\ 0 & 0 & 1 \end{pmatrix}, \tag{A.27}$$

相应表示绕第一轴和第三轴的转动.

以上过程表明,在任何时刻 t,(a,e,i,ω,Ω,M) 和 $(\vec{r},\vec{v})$ 可以相互转换.下面将用平近点角 M 的初值 M_0 取代轨道根数 t_Π.

A.3 摄动方程

天体的实际运动并不能简单地用二体问题描述,除了中心天体的牛顿引力之外,天体还受其他力的作用,它们也不是理想的球体.天体的运动方程应当写成

$$\ddot{\vec{r}} = -\frac{\mu}{r^3}\vec{r} + \vec{P}. \tag{A.28}$$

通常力 $\vec{P}$ 要比中心天体的牛顿引力小得多,称为"摄动力".可以用数学方法寻求含有摄动力的运动方程的近似解,也常用常微分方程数值方法直接积分运动方程得到数值解.天体力学常用的方法是将实际的轨道看成轨道根数在不断变化的椭圆.

在每一时刻 t,天体的位置和速度矢量 $(\vec{r}(t),\vec{v}(t))$,对应一组轨道根数 $\{a,e,i,\omega,\Omega, M_0\}$.以后用 $\sigma(t)$ 表示时刻 t 时的轨道根数.并且用式(A.22)定义的 M 作为根数之一.注意 在有摄动时,一般情况下所有的轨道根数都不是常量,而是时间的函数.轨道根数 $\sigma(t)$ 对应的椭圆称为"吻切椭圆".关键点是在时刻 t,用该时刻的轨道根数 $\sigma(t)$ 沿吻切椭圆计算,得到的这一时刻的 $(\vec{r}(t),\vec{v}(t))$ 就是天体实际的位置和速度.注意,在时刻 t 的吻切椭圆上,只有该时刻的 $\vec{r}$ 和 $\vec{v}$ 与实际值相同.

引入吻切椭圆后,天体星历表的计算变成计算吻切根数 $\sigma(t)$ 如何随时间变化.这样处理有两大好处.一是轨道根数几何上比较直观,可以形象地描述摄动力造成的轨道变化.二是轨道根数的变化是摄动力造成的,它们的变化远比坐标和速度的变化慢,求分析解或数值解都比较方便.图 A.3 是实际轨道和吻切椭圆的示意图.

下面给出在摄动力作用下,轨道根数随时间变化的微分方程.首先,将摄动力在轨道面上径向、横向以及垂直轨道面的法线方向进行分解,记这 3 个方向上的单位向量为 $\vec{e}_S$、$\vec{e}_T$ 和 $\vec{e}_W$,如图 A.4 所示,它们的定义为

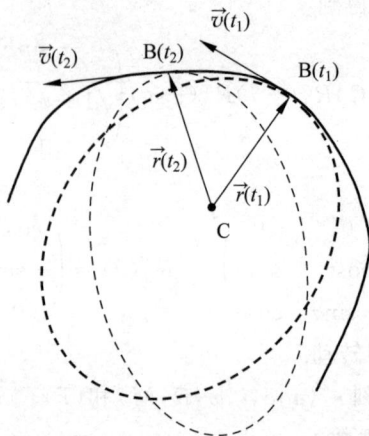

图 A.3   吻切椭圆示意图. 粗实线为天体 B 的实际轨道, 虚线为某一时刻的吻切椭圆,
它与实际轨道在该时刻的天体位置处相切. 在该时刻沿吻切椭圆和沿实际轨
道计算得到相同的天体坐标和速度矢量 $(\vec{r}(t), \vec{v}(t))$

$$\vec{e}_S \equiv \frac{\vec{r}}{r}, \quad \vec{e}_T \equiv \vec{e}_W \times \vec{e}_S, \quad \vec{e}_W \equiv \frac{\vec{h}}{h}. \tag{A.29}$$

摄动力的分解为

$$\vec{P} = S\vec{e}_S + T\vec{e}_T + W\vec{e}_W. \tag{A.30}$$

著名的轨道根数摄动方程是

$$
\begin{cases}
\dfrac{\mathrm{d}a}{\mathrm{d}t} = \dfrac{2}{n\sqrt{1-e^2}}\left(Se\sin f + T\,\dfrac{p}{r}\right), \\[3mm]
\dfrac{\mathrm{d}e}{\mathrm{d}t} = \dfrac{\sqrt{1-e^2}}{na}\left[S\sin f + T(\cos E + \cos f)\right], \\[3mm]
\dfrac{\mathrm{d}i}{\mathrm{d}t} = \dfrac{r\cos(f+\omega)}{na^2\sqrt{1-e^2}}W, \\[3mm]
\dfrac{\mathrm{d}\omega}{\mathrm{d}t} = \dfrac{\sqrt{1-e^2}}{nae}\left[-S\cos f + T\left(1+\dfrac{r}{p}\right)\sin f\right] - \cos i\,\dfrac{\mathrm{d}\Omega}{\mathrm{d}t}, \\[3mm]
\dfrac{\mathrm{d}\Omega}{\mathrm{d}t} = \dfrac{r\sin(f+\omega)}{na^2\sqrt{1-e^2}\sin i}W, \\[3mm]
\dfrac{\mathrm{d}M}{\mathrm{d}t} = n + \dfrac{1-e^2}{nae}\left[S\left(\cos f - \dfrac{2er}{p}\right) - T\left(1+\dfrac{r}{p}\right)\sin f\right].
\end{cases}
\tag{A.31}
$$

其中各量的定义前面都已给出. 上式的最后一个方程用 $\dot{M}$ 代替 $\dot{M}_0$, 因为在轨道实际计算
时需要的是平近点角 M.

很多天体力学和卫星动力学的教科书都有该方程的推导和证明, 方式各有不同. 下面给

出本书作者的推导. 首先引入开普勒导数和摄动导数的概念和符号.

轨道上一个量 $q(t)$ 对时间求导数, 将其分成两部分:

$$\frac{\mathrm{d}q(t)}{\mathrm{d}t} = \frac{\mathrm{d}_{\mathrm{K}}q(t)}{\mathrm{d}t} + \frac{\mathrm{d}_{\mathrm{P}}q(t)}{\mathrm{d}t}, \tag{A.32}$$

其中, 开普勒导数 $\mathrm{d}_{\mathrm{K}}/\mathrm{d}t$ 为沿时刻 t 的吻切椭圆求导数, 亦即将吻切根数 σ 看成常量来计算时刻 t 时的导数. 摄动导数 $\mathrm{d}_{\mathrm{P}}/\mathrm{d}t$ 则是普通导数和开普勒导数之差. 为了简单, 采用下面的简略记号:

$$\dot{q} = q' + \widetilde{q}. \tag{A.33}$$

这些符号仅限于本小节.

按照吻切椭圆的概念, 有

$$\begin{cases} \vec{r}' = \vec{v}, \quad \vec{v}' = -\dfrac{\mu}{r^3}\vec{r}, \quad r' = \dot{r}, \quad \sigma' = 0, \\ \widetilde{\vec{r}} = \vec{0}, \quad \widetilde{\vec{v}} = \vec{P}, \quad \widetilde{r} = 0, \quad \widetilde{\sigma} = \dot{\sigma}. \end{cases} \tag{A.34}$$

对于 3 个近点角, 则有

$$\dot{M} = n + \widetilde{M}, \quad \dot{f} = \frac{h}{r^2} + \widetilde{f}, \quad \dot{E} = \frac{na}{r} + \widetilde{E}. \tag{A.35}$$

导数是一种线性运算. 以下的推导多数情况下只进行摄动导数运算, 可以减轻工作量. 首先, 对活力公式 (A.17) 的两边进行摄动导数, 有

$$2\vec{v} \cdot \vec{P} = \mu \frac{\dot{a}}{a^2}$$

用式 (A.24) 和式 (A.30) 来计算上式左端的内积, 立即得到根数摄动方程 (A.31) 的第一式.

对角动量方程 (A.3) 两边求摄动导数, 得到

$$\widetilde{\vec{h}} = \vec{r} \times \vec{P}.$$

上式在径向、横向和法向的分解为

$$\dot{h}\vec{e}_{\mathrm{W}} + h\dot{\vec{e}}_{\mathrm{W}} = r\vec{e}_{\mathrm{S}} \times (S\vec{e}_{\mathrm{S}} + T\vec{e}_{\mathrm{T}} + W\vec{e}_{\mathrm{W}}). \tag{A.36}$$

基底向量 $\vec{e}_{\mathrm{W}}$ 的导数一定和自己垂直, 从图 A.4 可以直观看出

$$\dot{\vec{e}}_{\mathrm{W}} = \frac{\mathrm{d}i}{\mathrm{d}t}\vec{e}_{\mathrm{K}} + \dot{\Omega}\sin i\,\vec{e}_{\mathrm{N}}.$$

其中, $\vec{e}_{\mathrm{K}}$ 和 $\vec{e}_{\mathrm{N}}$ 是图 A.4 中沿 K 和 N 方向的单位向量. 从图 A.4 得到

$$\vec{e}_{\mathrm{K}} = -\sin(f+\omega)\vec{e}_{\mathrm{S}} - \cos(f+\omega)\vec{e}_{\mathrm{T}},$$

$$\vec{e}_{\mathrm{N}} = \cos(f+\omega)\vec{e}_{\mathrm{S}} - \sin(f+\omega)\vec{e}_{\mathrm{T}}.$$

将这些公式代入式 (A.36), 比较两边在径向、横向和法向上的量, 立即证明了摄动方程 (A.31) 的第三式和第五式, 并且有下面的重要公式,

$$\dot{h} = rT. \tag{A.37}$$

从物理上看,这个结论很显然,只有横向摄动力的力矩会改变角动量的大小,而法向摄动力改变角动量的方向,亦即改变轨道面在空间的位置.

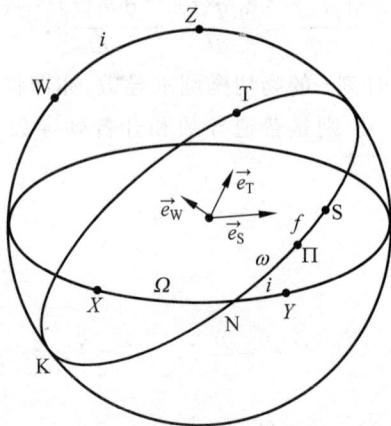

图 A.4 同图 A.2,增加了轨道上的径向、横向、法向参考系 $\{\vec{e}_S, \vec{e}_T, \vec{e}_W\}$ 和
轨道面上的点 K,它是轨道面和 ZW 大圆的交点之一

从式(A.15)、式(A.37)和轨道根数 a 的摄动方程,容易证明根数摄动方程(A.31)的第二式 $\dot{e}$.

为了推导 $\dot{\omega}$,先来看在有摄动的情况速度矢量的表达式:

$$\vec{v} = \frac{\mathrm{d}}{\mathrm{d}t}(r\vec{e}_S) = \dot{r}\vec{e}_S + r\dot{\vec{e}}_S,$$

而从图 A.4 得到

$$\dot{\vec{e}}_S = \vec{e}_W\left[\frac{\mathrm{d}i}{\mathrm{d}t}\sin(f+\omega) - \dot{\Omega}\sin i\cos(f+\omega)\right] + \vec{e}_T(\dot{f}+\dot{\omega}+\dot{\Omega}\cos i),$$

因此有

$$\vec{v} = \dot{r}\vec{e}_S + r(\dot{f}+\dot{\omega}+\dot{\Omega}\cos i)\vec{e}_T + r\left[\frac{\mathrm{d}i}{\mathrm{d}t}\sin(f+\omega) - \dot{\Omega}\sin i\cos(f+w)\right]\vec{e}_W. \quad (A.38)$$

按照吻切椭圆的概念,式(A.38)和式(A.4)等同. 这样,上式中速度的法向分量应当为零,可用于验证前面的推导. 对比两式的横向分量,得到

$$\widetilde{f} + \dot{\omega} + \dot{\Omega}\cos i = 0. \quad (A.39)$$

对轨道方程(A.11)求摄动导数,有

$$0 = \frac{\dot{p}}{p}r - \frac{r^2}{p}(\dot{e}\cos f - \widetilde{f}e\sin f),$$

从 e 的摄动方程立即得到

$$\widetilde{f} = \frac{\sqrt{1-e^2}}{nae}S\cos f + \frac{\sqrt{1-e^2}}{nae}T\left[-\frac{2}{\sin f} + \frac{(\cos f + \cos E)\cos f}{\sin f}\right].$$

代入式(A.39),利用下面的等式

$$-2+(\cos f+\cos E)\cos f=-\left(1+\frac{r}{p}\right)\sin^2 f. \tag{A.40}$$

立即证明轨道根数摄动方程(A.31)中根数 ω 的摄动方程.

至于 $\dot{M}$ 方程的证明,需要对开普勒方程(A.23)求摄动导数

$$\widetilde{M}=-\dot{e}\sin E+\frac{r}{a}\widetilde{E}.$$

而 $\widetilde{E}$ 可以对方程(A.19)求摄动导数后求得

$$\widetilde{E}=\frac{\dot{e}\cos E}{e\sin E}-\frac{\dot{a}r}{a^2 e\sin E}.$$

将上式和 $\dot{a}$、$\dot{e}$ 的方程代入前式,进行整理推导,利用式(A.40),可以证明摄动方程(A.31)中的最后一式 $\dot{M}$.

A.4 近心点进动的推导

7.1.1 节对带爱丁顿参数的施瓦西度规的近心点进动进行了推导,结果为式(7.4).本小节用吻切根数摄动法再次推导这一结论.传统天体力学的这一方法能更方便地计算高阶后牛顿近似.

选择类笛卡儿坐标后的度规是

$$-c^2 d\tau^2=-\left(1-\frac{2M}{r}+\frac{2\beta M^2}{r^2}\right)c^2 dt^2+\left(1+\frac{2\gamma M}{r}\right)\delta_{ij}dx^i dx^j. \tag{A.41}$$

1PN 近似的测地线方程为

$$\frac{d^2 x^i}{d\tau^2}=-\frac{Mc^2 E^2}{r^2}\frac{x^i}{r}-\frac{2(2-\beta-\gamma)M^2 c^2 E^2}{r^3}\frac{x^i}{r}-\frac{\gamma M}{r^3}x^i v^2+\frac{2\gamma M}{r^2}\dot{r}v^i. \tag{A.42}$$

式中含有积分常数

$$E=\left(1-\frac{2M}{r}+\frac{2\beta M^2}{r^2}\right)\dot{t}. \tag{A.43}$$

显然 $E=1+O(c^{-2})$.式(A.42)的第一项是牛顿引力项,后 3 项是相对论摄动项.对于 1PN 近似,摄动项中的 E 可以取值 1.

将摄动加速度进行径向、横向和法向的分解,注意摄动项的前两项沿径向,最后一项沿速度方向,可以用二体问题公式进行分解,得到

$$\begin{cases} S=-\dfrac{2(2-\beta-\gamma)M^2 c^2}{r^3}-\dfrac{\gamma M}{r^2}v^2+\dfrac{2\gamma M}{r^2}\dot{r}^2, \\[2mm] T=\dfrac{2\gamma M h}{r^3}\dot{r}, \\[2mm] W=0. \end{cases} \tag{A.44}$$

应用吻切根数摄动方程式(A.31),得

$$\dot{\omega} = \frac{\sqrt{1-e^2}}{nae}\left[-S\cos f + T\left(1+\frac{r}{p}\right)\sin f\right] - \dot{\Omega}\cos i. \tag{A.45}$$

到现在为止,时间自变量是原时 τ,但对于 1PN 近似,因 $\dot{\omega} = O(c^{-2})$ 而 $\mathrm{d}t/\mathrm{d}\tau = 1 + O(c^{-2})$,也可以看成是以坐标时为自变量.

对摄动方程(A.45)右边进行平均,计算近心点的长期进动,即

$$\left\langle\frac{\mathrm{d}\omega}{\mathrm{d}t}\right\rangle = \frac{1}{P}\int_0^P \dot{\omega}\,\mathrm{d}t = \frac{n}{2\pi h}\int_0^{2\pi} r^2\dot{\omega}\,\mathrm{d}f. \tag{A.46}$$

其中,$P = 2\pi/n$ 是轨道周期,而 n 是平均运动,f 是真近点角.对于 1PN 近似,上面的平均值计算可以应用二体问题公式,上式用了面积积分 $r^2\dot{f} = h$.计算涉及的平均值为

$$\left\langle\frac{1}{r^3}\cos f\right\rangle = \frac{ne}{2hp}, \quad \left\langle\frac{v^2}{r^2}\cos f\right\rangle = \frac{neGm}{hp}, \quad \left\langle\frac{\dot{r}}{r^3}\left(1+\frac{r}{p}\right)\sin f\right\rangle = \frac{ne}{p^2}. \tag{A.47}$$

代入式(A.45),忽略偏心率项,最后得到

$$\left\langle\frac{\mathrm{d}\omega}{\mathrm{d}t}\right\rangle = \frac{(2+2\gamma-\beta)Gm}{c^2 a}n + O(c^{-4}, c^{-2}e). \tag{A.48}$$

与式(7.4)完全一致.

运动方程(A.42)用

$$\frac{\mathrm{d}^2 x^i}{\mathrm{d}t^2} = \left(\frac{\mathrm{d}\tau}{\mathrm{d}t}\right)^2\frac{\mathrm{d}^2 x^i}{\mathrm{d}\tau^2} + \frac{\mathrm{d}x^i}{\mathrm{d}\tau}\frac{\mathrm{d}^2\tau}{\mathrm{d}t^2}$$

转换成以坐标时 t 为自变量.在 1PN 近似下可用

$$\mathrm{d}\tau = \left(1 - \frac{Gm}{c^2 r} - \frac{v^2}{2c^2} + O(c^{-4})\right)\mathrm{d}t$$

得到运动方程

$$\frac{\mathrm{d}^2 x^i}{\mathrm{d}t^2} = -\frac{Gmx^i}{r^3} + \frac{2(\beta+\gamma)G^2 m^2}{c^2 r^3}\frac{x^i}{r} - \frac{\gamma Gmv^2}{c^2 r^2}\frac{x^i}{r} +$$

$$\frac{2(\gamma+1)Gm}{c^2 r^2}\dot{r}v^i + O(c^{-4}). \tag{A.49}$$

其摄动力分解为

$$\begin{cases} S = \dfrac{2(\beta+\gamma)G^2 m^2}{c^2 r^3} - \dfrac{\gamma Gm}{c^2 r^2}v^2 + \dfrac{2(\gamma+1)Gm}{c^2 r^2}\dot{r}^2, \\[3mm] T = \dfrac{2(\gamma+1)Gm}{c^2 r^3}\dot{r}h, \\[3mm] W = 0. \end{cases} \tag{A.50}$$

上式各项中的 $\dot{r}$ 和 v 等量看成是坐标对 t 或是 τ 的导数,引起的误差是 2PN 量级,可以忽略.

用与之前完全类似的计算,如预计的一样,再次得到式(A.48).

A.5 LT 效应交点进动的推导

7.2.6 节说明,地球自转角动量 $\vec{S}_E$ 将引起地球人造卫星轨道升交点的进动.本节将用吻切根数摄动法证明,对于圆轨道,进动速率的平均值为

$$\vec{\Omega}_{LT} = \frac{2GS_E}{c^2 a^3}. \tag{A.51}$$

其中,a 为轨道半长径.

式(7.70)给出相对论 LT 效应引起的卫星轨道摄动加速度.为了兼顾 9.2.4 节的引用,加入爱丁顿参数后为

$$\left(\frac{\mathrm{d}^2 x^i}{\mathrm{d}t^2}\right)_{LT} = -\frac{2(\gamma+1)}{c^2}(\zeta_{i,j} - \zeta_{j,i})v^j, \tag{A.52}$$

其中,ζ_i 由式(7.71)给出为

$$\zeta_i = \frac{G}{2r^3}(\vec{r} \times \vec{S}_E)^i = \frac{G}{2r^3}\varepsilon_{ijk} x^j S_E^k. \tag{A.53}$$

直接计算得到

$$\begin{cases} \zeta_{i,j} v^j = \frac{G}{2r^3}(\vec{v} \times \vec{S}_E)^i - \frac{3G}{2r^5}(\vec{r} \cdot \vec{v})(\vec{r} \times \vec{S}_E)^i, \\ \zeta_{j,i} v^j = -\frac{G}{2r^3}(\vec{v} \times \vec{S}_E)^i - \frac{3G}{2r^5} x^i [\vec{v} \cdot (\vec{r} \times \vec{S}_E)]. \end{cases} \tag{A.54}$$

于是相对论 LT 效应引起的卫星轨道加速度为

$$\left(\frac{\mathrm{d}^2 \vec{r}}{\mathrm{d}t^2}\right)_{LT} = -\frac{2G(\gamma+1)}{c^2 r^3}(\vec{v} \times \vec{S}_E) + \frac{3G(\gamma+1)}{c^2 r^5}\{(\vec{r} \cdot \vec{v})(\vec{r} \times \vec{S}_E) - \vec{r}[\vec{v} \cdot (\vec{r} \times \vec{S}_E)]\}. \tag{A.55}$$

式(A.31)表明圆轨道升交点经度的摄动运动方程为

$$\frac{\mathrm{d}\Omega}{\mathrm{d}t} = \frac{\sin(f+\omega)}{na\sin i}W, \tag{A.56}$$

这里 W 为摄动加速度的轨道面法线方向分量.对于圆轨道,式(A.55)中花括号里的第一项因径向和速度向量正交而等于零,第二项沿径向而对轨道升交点进动没有贡献.因此,在讨论升交点进动的 LT 效应时,对圆轨道卫星只需计算式(A.55)右边第一项.

对于圆轨道,轨道速度沿轨道面的横向.应用径向、横向和法向基底组($\vec{e}_S, \vec{e}_T, \vec{e}_W$),速度向量 $\vec{v} = v\vec{e}_T$,因此对广义相对论

$$W = -\frac{4G}{c^2 a^3}(\vec{v} \times \vec{S}_E) \cdot \vec{e}_W = -\frac{4Gv}{c^2 a^3}(\vec{e}_T \times \vec{S}_E) \cdot \vec{e}_W = -\frac{4Gv}{c^2 a^3}(\vec{e}_W \times \vec{e}_T) \cdot \vec{S}_E$$

对于地球人造卫星,通常将地球赤道面取为基本坐标面,即图 A.4 的 XY 面,所以 $\vec{S}_E = S_E \vec{e}_Z$,得到

$$W = \frac{4GvS_E}{c^2 a^3} \vec{e}_S \cdot \vec{e}_Z = \frac{4GvS_E}{c^2 a^3} \sin(f+\omega)\sin i. \tag{A.57}$$

上式推导的最后一步要从图 A.4 的球面三角形 SNZ 计算大圆弧 SZ 的余弦.

　　将式(A.57)代入式(A.56),应用二体问题公式,针对圆轨道情况进行平均,对于广义相对论,γ 等于 1,证明了 LT 效应导致的交点进动式(A.51).

附录B

相对论参考系的国际决议

本附录列出迄今为止与相对论参考系有关的国际决议,供应用相对论的工作者查询.本书第 8 章有比较详尽的解释和讨论.决议有法文版和英文版,本附录所列均为作者从英文版翻译.B.1 节为关于时间和长度的国际单位制的决议,并列原文和译文.其余各节是 1976 年至今 IAU(国际天文学联合会)做出的有关相对论参考系的系列决议的译文,按年排列.译文若有误解原文之处,概由本书作者负责.IAU 决议的原文可在 IAU 网站阅读和下载[①].

B.1 时间和长度的国际单位

2018 年计量大会(Conférence Générale des Poids et Measures,CGPM)对 SI(国际单位制)单位的定义进行了修正,用 7 个定义常量的固定数值来定义 7 个基本单位,规定新的国际单位制自 2019 年 5 月 20 日开始实行.下面列出时间单位秒和长度单位米的定义的英文和译文.[②]

The second, symbol s, is the SI unit of time. It is defined by taking the fixed numerical value of the caesium frequency, $\Delta\nu_{Cs}$, the unperturbed ground-state hyperfine transition frequency of the caesium 133 atom to be 9 192 631 770 when expressed in the unit Hz, which is equal to s^{-1}.

秒,时间的 SI 单位,符号 s,用铯频率 $\Delta\nu_{Cs}$ 的固定数值定义:铯 133 原子在无干扰状态下基态超精细跃迁频率为 9 192 631 770,单位是 Hz,等于 s^{-1}.

The metre, symbol m, is the SI unit of length. It is defined by taking the fixed numerical value of the speed of light in vacuum, c, to be 299 792 458 when expressed in the unit ms^{-1}, where the second is defined in terms of the caesium frequency $\Delta\nu_{Cs}$.

---

① https://www.iau.org/administration/resolutions/general_assemblies/

② 见国际计量局(Le Bureau International des Poids et Mesures,BIPM)手册:Le Système international d'unités (SI),9th edition,ISBN 978-92-822-2272-0.该手册的前半为法文版,后半为英文版,本书所引时间和长度的 SI 定义见该手册 p. 130 和 p. 131.

米,SI 长度单位,符号 m,用真空中光速为固定数值 299 792 458 定义,单位是 m·s^{-1},其中 s 用铯频率 $\Delta\nu_{Cs}$ 定义.

B.2 IAU1976 决议

1976 年在法国 Grenoble 举行的 IAU 第 26 届大会,通过了专业委员会 4(历表),8(方位天文)和 31(时间)提议的有关天文参考系的 1 号决议.决议所附第 5 号提案在 IAU 历史上首次提出相对论时间尺度.

提案 5 动力学理论和历表的时间尺度

建议

(a) 在时刻 1977 年 1 月 01^{d}00^{h}00^{m}00^{s}TAI,视地心历表的新时间尺度的精确值是 1977 年 1 月 1^{d}.000 372 5;

(b) 新时间尺度的单位是日,等于在平均海平面上的 86 400 秒;

(c) 要求太阳系质心系中运动方程的时间尺度与视地心历表的时间尺度之差只有周期变化;

(d) 国际原子时不引入时间跳步.

注释

1. 动力学理论和历表的类时变量称为力学时.当期望并可能将一个力学时的单位用 SI 秒建立(IAU(1976)天文常数系统草案采用),必须了解在相对论理论中,视地心历表的时间单位和太阳系质心系中运动方程的相应时间尺度单位之间有周期性变化(按照广义相对论理论的术语,可认为这些时间尺度对应原时和坐标时).

视地心历表和运动方程的时间尺度之间以一个变换相联系,该变换依赖于模拟的系统和采用的理论.可以选择变换中的任意常数,使时间尺度间只有周期变化.这样就足以明确用于新的精密视地心历表的独一无二的时间尺度.

提案 5(a)和 5(b)中视地心历表的力学时是独一无二的时间尺度,与理论无关,而太阳系质心系中的力学时可以是一族时间尺度,取决于各种理论变换和相对论度规.

2. 本提案确定视地心历表的一个特定的力学时,实际等于 TAI+32.184^{s}.(TAI 秒长的随机误差和可能的系统误差,TAI 的构建方法等会造成两者有差别,但是对于长时间的天文应用而言,这些因素可能没有意义.)将该时间尺度与 TAI 挂钩,为的是利用直接可使用的 UTC(它基于 SI 秒,并与 TAI 直接相关),并提供了历书时使用和当前值的连续性.因为所选择的在该新时间尺度和 TAI 之间的差值就是 ET 和 TAI 之差的当前估计值,也因为 SI 秒定义为在测量误差范围内与历书秒相等,连续性得以实现.在使用那些最常用的历表时,时间变量能看成就是该新时间尺度.1955 年以前,没有原子时,可以认为测定 ET 就是实现该新尺度.因为理论和历表的时间变量通常以日为单位,本提案所列的差值用日的十进小数表示.

3. 考虑维持 TAI 连续性的愿望,避免回溯时如果再定义可能引发的困惑,TAI 不引入跳步.虽然本提案说的是 TAI,天文学家实际使用 UTC 并直接转换成力学时.

4. 将在以后考虑力学时的名称和符号.

5. 1969 年至今,TAI 秒和 SI 秒之差为 $(10\pm2)\times10^{-13}$,对 TAI 尺度间隔将进行修正.因此,在第 4 专业委员会和第 31 专业委员会随后的一次会议上,视地心历表力学时的历元从 1958 年调整到 1977 年.

B.3 IAU1979 决议

1979 年在加拿大蒙特利尔召开的 IAU 第 17 届大会认可了专业委员会 4(历表)、19(地球自转)和 31(时间)联合通过的多项决议,其中第 5 号决议规定了力学时的名称.

IAU 专业委员会 4、19、31 的第 5 号决议 力学时的名称

IAU 第 4、19 专业委员会和第 31 专业委员会建议 1976 年 IAU 第 16 届大会采纳的动力学理论和历表使用的时间尺度的名称:

(1) 太阳系质心系中运动方程的时间尺度的名称为质心力学时(TDB).
(2) 视地心历表的时间尺度的名称为地球力学时(TDT).

B.4 IAU1991 决议

1991 年在阿根廷布宜诺斯艾利斯召开的 IAU 第 21 届大会通过了一系列由参考系工作小组(WGRF)提交的决议.下面是与相对论参考系有关决议的译文.

IAU1991 决议 A.4

国际天文学联合会第 21 届大会

提案 I

考虑
应当在广义相对论框架内定义几个时空坐标系.
建议
以如下方式选择 4 维时空坐标 $(x^0=ct, x^1, x^2, x^3)$:在每一个以天体系统质心为中心的坐标系里,平方间隔 $\mathrm{d}s^2$ 最低近似的形式为

$$\mathrm{d}s^2 = -c^2\mathrm{d}\tau^2 = -\left(1-\frac{2U}{c^2}\right)(\mathrm{d}x^0)^2 + \left(1+\frac{2U}{c^2}\right)\left[(\mathrm{d}x^1)^2 + (\mathrm{d}x^2)^2 + (\mathrm{d}x^3)^2\right],$$

其中 c 是光速,τ 是原时,U 是上述天体系统的引力势和外部天体的潮汐势之和,而潮汐势在质心处为零.

注释

1. 本提案明确引入广义相对论作为定义天文时空参考系的理论背景.

2. 本提案确认时空不能只用一个坐标系,因为选择好坐标系可以显著简化问题的处理,阐明有关事件的物理意义.当远离空间原点,该坐标系关联的天体系统的引力势变得可以忽略,而外部天体的势仅以潮汐项显现并在空间原点为零.

3. 所建议的 ds^2 只给出现今观测精度需要的项.高阶项可在使用者认为有必要时添加.当 IAU 认为有普遍需要,将添加更多的项.添加项可以不改变本提案的其余部分.

4. 所给 ds^2 公式中势的代数符号取为正.

5. 按照本提案所给的近似,潮汐势的组成为,外部天体牛顿势展开式中局域空间坐标至少二次以上的所有项.

提案 II

考虑

(a) 需要定义以太阳系质心为空间原点的质心坐标系和以地球质心为空间原点的地心坐标系,对于其他行星和月球可定义类似的坐标系.

(b) 坐标系应当与参考系在时间和空间的最佳实现相关联.

(c) 在所有的坐标系中应当使用相同的物理单位.

建议

1. 相对一组遥远的河外天体,原点在太阳系质心和在地球质心的坐标系的空间坐标网格都没有整体的转动.

2. 时间坐标来自在地面运行的原子钟实现的时间尺度.

3. 所有坐标系的时空基本物理单位都是原时的国际单位制(SI)秒和固有长度的 SI 米,用光速的值 $c = 299\,792\,458\,\text{m} \cdot \text{s}^{-1}$ 与 SI 秒关联.

注释

1. 本提案给出,为建立基于提案 I 理想定义之上的参考架和时间尺度所用的实际物理量和结构.

2. 对地心和质心参考系转动速率的运动学约束不可能完美实现.设想大量河外天体转动的平均值表示数值假定为零的宇宙转动.

3. 当本提案定义的质心参考系被用于研究太阳系内部动力学,可能不得不考虑银河系测地岁差的运动学效应.

4. 此外,本提案对地心参考系转动状态的约束暗示,当该参考系用于动力学(例如月球和地球卫星的运动),必须考虑地心系相对质心系的随时间变化的测地岁差,在运动方程中引入相应的惯性项.

5. 天文量和常数用 SI 单位表示,不引入与测量它们所在坐标系有关的转换因子.

提案 Ⅲ

考虑

期望天文学中使用的坐标时的单位和零点要标准化.

建议

1. 选择所有原点在天体系统质心的坐标系中的坐标时的测量单位与时间的原时单位 SI 秒保持一致.

2. 在地心处 1977 年 1 月 1 日 $0^h0^m0^s$TAI(JD＝2 443 144.5TAI)瞬时,这些坐标时的读数准确地为 1977 年 1 月 1 日 $0^h0^m32.184^s$.

3. 遵照上面的(1)和(2)条款建立起来的,分别以地球质心和太阳系质心为空间原点的坐标系中的坐标时,相应定名为地心坐标时(TCG)和质心坐标时(TCB).

注释

1. 在任何两个坐标系的共同区域,用于度规张量的张量变换定律适用,不进行时间单位的重置.因此,所考虑的各个坐标时之间有长期漂移.IAU 专业委员会 4、8 和 31 的提案 5 (1976),专业委员会 4、19 和 31 最后完成的提案 5(1979),说明地球力学时(TDT)和质心力学时(TDB)应当只差周期变化.因此,TDB 和 TCB 的速率有差别,下式给出用秒表示的两者间的关系:

$$\text{TCB} - \text{TDB} = L_B \times (\text{JD} - 2\,443\,144.5) \times 86\,400$$

L_B 现今的估计值为 1.550 505$\times10^{-8}$($\pm1\times10^{-14}$)(Fukushima et al.,Celestial Mechanics,38, 215,1986).

2. 关系式 TCB－TCG 涉及 4 维变换:

$$\text{TCB} - \text{TCG} = c^{-2}\left[\int_{t_0}^{t}(v_e^2/2 + U_{\text{ext}}(\vec{x}_e))\mathrm{d}t + \vec{v}_e \cdot (\vec{x} - \vec{x}_e)\right].$$

其中,$\vec{x}_e$ 和 $\vec{v}_e$ 是地球质心在太阳系质心系中的位置和速度,而 $\vec{x}$ 是观测者在太阳系质心系中的位置,外部势 U_{ext} 是太阳系中地球以外所有天体的牛顿势.外部势必须在地心计算.在积分中,t＝TCB,而 t_0 的选择与注释 3 的历元一致.作为 TCB－TCG 用秒表示的近似式,可以用

$$\text{TCB} - \text{TCG} = L_C \times (\text{JD} - 2\,443\,144.5) \times 86\,400 + c^{-2}\vec{v}_e \cdot (\vec{x} - \vec{x}_e) + P.$$

L_C 的现今估计值为 1.480 813$\times10^{-8}$($\pm1\times10^{-14}$)(Fukushima et al.,Celestial Mechanics,38,215,1986),表达式是 $[3GM/(2c^2a)]+\varepsilon$,这里 G 是引力常量,M 是太阳质量,a 是地球的平均日心距离,ε 是行星对地球的平均势引起的很小的项(2×10^{-12} 量级).量 P 是周期项,能用 Hirayama 等的解析公式计算(Analytical Expression of TDB-TDT$_0$,见 IAG 专题讨论会会刊.IUGG 第 16 届大会,1987 年 8 月 10—12 日于温哥华).对于地面观测者,依赖观测者地球坐标的项为周日项,最大振幅为 2.1 微秒.

3. 坐标时的零点已被设置,使得当 1977 年 1 月 1 日 $0^h0^m0^s$ TAI,这些坐标时与提案 IV 里的地球时(TT)在地心处完全相同(见提案 IV 的注释 3).

4. 当 TCB 和 TCG 需要具体实现,建议实现方式用诸如 TCB(×××)之类表示,这里 ××× 指明时间尺度实现的来源(例如 TAI)以及用于变换成 TCB 或 TCG 的理论.

提案 IV

考虑

(a)记录地面观测和地球测量事件的时间尺度应当用 SI 秒为测量单位,作为地球时间标准的具体实现.

(b)第 14 届国际计量大会(1971)通过,并为秒定义顾问委员会第 9 次会议(1980)完成的国际原子时 TAI 的定义.

建议

1. 视地心历表的时间尺度为地球时(TT).

2. TT 是与提案 III 中的 TCG 有常数速率差别的时间尺度,选择 TT 的测量单位与大地水准面上的 SI 秒符合.

3. 在 1977 年 1 月 1 日 $0^h0^m0^s$ TAI 瞬时,TT 的读数准确地为 1977 年 1 月 1 日 $0^h0^m32.184^s$.

注释

1. 地球上时间测量的基础是国际原子时(TAI),通过发布国家时间和钟读数的改正值来获得.时间尺度 TAI 由国际计量委员会第 59 次会议(1970)定义,第 14 届国际计量大会(1971)认可为实用的时间尺度.因为 TAI 建立过程中的误差不能完全忽略,发现有必要定义 TAI 的一个理想形式,相差 32.184 秒,现在称为地球时 TT.

2. 按照 CCDS 第 9 次会议(1980)和 CCIR 1990 报告卷 VII 中附件(1990)的解释,时间尺度 TAI 在地心坐标系里按坐标同时性的原则建立和散播.

3. 为了定义 TT,有必要用它从属的度规形式来精确定义坐标系.为了和最佳频标的误差相称,提案 I 所给的相对论度规在当前(1991)已足够应用.

4. 为了和历表以前的时间变量——历书时 ET,保持一定的连续性,引入时间偏移值,令 1977 年 1 月 1 日 $0^h0^m0^s$ TAI 准确地有 TT-TAI=32.184^s.该日期对应 TAI 频率的一个调整过程,调整是为了使 TAI 的测量单位与大地水准面上 SI 秒的最佳实现值密切符合. TT 被认为与 TDT 等同,TDT 为专业委员会 4、8、31 的 IAU 提案 5(1976)和专业委员会 4、19、31 的 IAU 提案 5(1979)所定义.

5. TAI 和 TT 之间的差来自原子时标的物理缺陷.1977—1990 年,在常数偏移 32.184 秒外,偏差保持在 ±10 微秒之内.由于时标的改进,预期将来增加得更慢.在很多情况,特别是历表出版,这种差别可以忽略.这时可以认为历表变量就是 TAI+32.184 秒.

6. 地球时与提案 III 中的 TCG 的差别为一个比例因子,用秒表示为

$$TCG - TT = L_G \times (JD - 2\,443\,144.5) \times 86\,400.$$

L_G 现在的估计值为 $6.969\,291 \times 10^{-10} (\pm 3 \times 10^{-16})$. 该数值来自对地球大地水准面上引力势的最新估计: $W = 62\,636\,860 (\mp 30)\,\mathrm{m}^2/\mathrm{s}^2$ (Cnovitz, Bulletin Geodsique, 62, 359, 1988). 这两个时间尺度用不同的名称以避免错用比例因子. 在提案Ⅲ注释 1 和 2 中的 L_B 和 L_C, 以及 L_G 间的关系是 $L_B = L_C + L_G$.

7. TT 的测量单位是大地水准面上的 SI 秒. 可以使用常用的一些倍数乘子. 在可能引起混淆时, 只要清晰标明这是 TT, 例如 86 400 大地水准面上 SI 秒为 TT 日, TT 儒略世纪为 36 525 TT 日. 在主要的原子标准的不确定度范围内 (例如, 1990 年时的相对值为 $\pm 2 \times 10^{-14}$), 对应的 TAI 时间间隔与 TT 间隔一致.

8. TT 尺度标记可用于任何以秒为基本单位的日期系统, 例如常用的历法日期或儒略日期, 只要在可能混淆时清晰标明是 TT.

9. 建议 TT 的实现写成 TT(×××), 这里 ××× 是标识符. 大多数情况下, 实用的近似为

$$TT(TAI) = TAI + 32.184^s$$

然而, 在某些应用中, 用其他实现方式或许有好处. 例如, BIPM 发布一些时间尺度, 诸如 TT (BIPM90).

提案 V

考虑

已经用 IAU 专业委员会 4、8、31 的提案 5 (1976) 和专业委员会 4、19、31 的提案 5 (1979) 定义的质心力学时 (TDB) 做了重要的工作.

承认

当不希望与以往工作有不连续时, 可以使用 TDB.

注释

一些天文量和常数会有不同的数值, 取决于用 TDB 还是 TCB. 在列出这些数值时必须标注所用的时间尺度.

B.5　IAU1994 决议

1994 年在荷兰海牙召开的 IAU 第 22 届大会认可由天文标准工作组 (WGAS) 提出, 为专业委员会 4 (历表)、5 (文档和天文资料)、8 (方位天文)、19 (地球自转)、24 (照相天体测量)、31 (时间) 联合会议 JD14 采纳的关于 J2000.0 定义以及关于时间尺度的以下决议.

IAU1994 决议 C7

考虑

1. IAU 已经推荐使用类时变量质心坐标时(TCB),地心坐标时(TCG)和地球时(TT);

2. 近年来恒星时的测定精度已有显著进步;

3. 在 TAI 建立之前,需要妥善定义一个均匀时间尺度的实现.

建议

1. 事件(历元)J2000.0 定义为在地心处 2000 年 1 月 1.5TT,亦即儒略日期 2451545.0TT;

2. 儒略世纪定义为 36 525 日 TT;

3. 自 1997 年 2 月 26 日起(日期会因新的信息而变动),格林尼治平恒星时(GMST)与格林尼治视恒星时(GAST)的关系为

$$GAST = GMST + \delta\psi\cos\varepsilon_0 + 0''.002\ 64\sin\Omega + 0''.000\ 063\sin2\Omega,$$

其中,$\delta\psi$ 是黄经章动,ε_0 是平黄赤交角,而 Ω 是月球交点黄经;

4. 建立新的历表时,应当用类时变量 TCB 和 TCG,以及和这些类时变量一致的天文常数组;

5. TT 要作为连续的类时变量,延伸到 1955 年以前;

6. 当给出 $\Delta T(=TT-UT)$ 的值,要说明数值确定的根据以及正确改正的方法.

B.6　IAU1997 决议

1997 年在日本京都召开的第 23 届大会通过了下面的决议.

IAU1997 决议 B6 关于天体力学和天体测量中的相对论

国际天文学联合会第 23 届大会

考虑

——IAU 决议 A4(1991)定义了相对论太阳系质心系 4 维时空坐标系和其坐标时 TCB;

——IAU 决议 A4(1991)和国际测地和地球物理联合会(IUGG)决议 2(1991)定义了相对论地心 4 维坐标系和其坐标时 TCG;

——IAU 决议 A4(1991)推荐所有坐标系的时空基本物理单位是,原时为 SI 秒和固有长度为 SI 米.

注意

——很多群组(见国际地球自转服务(IRERS)标准 1992)对质心和地心坐标系的具体实现,不用 TCB 和 TCG,使用的是时间尺度 TDB 和 TT,而且在质心和地心坐标系中对空

间坐标和质量因子 GM 引入对应的比例因子 $1-L_B$ 和 $1-L_G$，L_B 和 L_G 由 IAU 决议 A4 (1991)给出；

——在 IERS 规范(1996)的 VLBI(甚长基线干涉测量)模型里甚至引入了更复杂的比例因子；

——天文常数和当前所用的基本天文概念的定义都是基于牛顿力学的绝对时间和绝对空间，导致处理相对论效应时模糊不清.

建议

——IAU(1991)决议定义的质心和地心参考系的空间坐标用于对应的天球和地球参考架，没有任何比例因子；

——在天文和测地中使用的坐标系的最终实现要执行 IAU-IUGG(1991)决议定义的坐标系；

——为观测资料分析方便而使用 TT 时，不应引入地心系空间坐标的比例因子；

——确定天文常数的算法和基本天文概念的定义要明确符合 IAU-IUGG(1991)决议架构的基本参考系；

——IAU 天文标准工作组(WGAS)继续研究基本天文学中的概念、算法和常数的相对论问题.

B.7 IAU2000 决议

2000 年 IAU 在英国曼彻斯特召开第 24 届大会，通过了一系列关于相对论参考系的决议，将 IAU1991 决议推进到完整的一阶后牛顿近似.

IAU2000 决议 B1.3 质心天球参考系和地心天球参考系的定义

国际天文学联合会第 24 届大会

考虑

1. 第 21 届大会(1991)的 A4 决议已经在广义相对论框架内，为(a)太阳系(现称为质心天球参考系(BCRS))和(b)地球(现称为地心天球参考系(GCRS))定义了一组时空坐标系.

2. 期望将 BCRS 和 GCRS 中的度规写成紧凑和自洽的形式.

3. 在广义相对论里已经使用谐和规范做了很多工作，在很多应用中是有用和简单的规范.

建议

1. 在质心系和地心系中都选择谐和坐标.

2. 用一个标量势 $w(t,\vec{x})$ 表示质心坐标系 $(t,\vec{x})$(t 是质心坐标时 TCB)的度规 $g_{\mu\nu}$ 的时时分量和空空分量，它是推广的牛顿势，而度规的时空分量用一个矢量势 $w^i(t,\vec{x})$ 表示，边界条件是在远离太阳系处，这两个势全为零.

度规表达式为

$$g_{00} = -1 + \frac{2w}{c^2} - \frac{2w^2}{c^4},$$

$$g_{0i} = -\frac{4w^i}{c^3},$$

$$g_{ij} = \delta_{ij}\left(1 + \frac{2w}{c^2}\right),$$

$$w(t,\vec{x}) = G\int \mathrm{d}^3 x' \frac{\sigma(t,\vec{x}')}{|\vec{x}-\vec{x}'|} + \frac{1}{2c^2}G\frac{\partial^2}{\partial t^2}\int \mathrm{d}^3 x' \sigma(t,\vec{x}') \mid \vec{x}-\vec{x}' \mid,$$

$$w^i(t,\vec{x}) = G\int \mathrm{d}^3 x' \frac{\sigma^i(t,\vec{x}')}{|\vec{x}-\vec{x}'|}.$$

这里，σ 和 σ^i 相应为引力质量密度和质量流密度.

3. 地心坐标系 $(T,\vec{X})$(T 是地心坐标时 TCG)的度规有和质心系度规同样的形式，但势为 $W(T,\vec{X})$ 和 $W^a(T,\vec{X})$，这些地心势应当分成两部分：来自地球引力作用的 $W_E(T,\vec{X})$ 和 $W_E^a(T,\vec{X})$，以及因潮汐和惯性效应引起的外部势 W_{ext} 和 W_{ext}^a，规定外部势在地心处为零并能展开为 $\vec{X}$ 的正次幂.

度规表达式为

$$G_{00} = -1 + \frac{2W}{c^2} - \frac{2W^2}{c^4},$$

$$G_{0a} = -\frac{4W^a}{c^3},$$

$$G_{ab} = \delta_{ab}\left(1 + \frac{2W}{c^2}\right),$$

势 W 和 W^a 分成两部分：

$$W(T,\vec{X}) = W_E(T,\vec{X}) + W_{ext}(T,\vec{X}),$$

$$W^a(T,\vec{X}) = W_E^a(T,\vec{X}) + W_{ext}^a(T,\vec{X}),$$

地球势 W_E 和 W_E^a 用与 w 和 w^i 相同的方式定义，但积分覆盖整个地球并且所有量在 GCRS 中计算.

4. 当有精度需要，在 BCRS 和 GCRS 之间使用从对应的度规张量形式导出的完整的后牛顿坐标变换.

对于运动学无转动的 GCRS，变换表达式为（$T = \text{TCG}, t = \text{TCB}, r_E^i = x^i - x_E^i(t)$，指标重复意味着从 1 到 3 求和）：

$$T = t - \frac{1}{c^2}\big[A(t) + r_E^i v_E^i\big] + \frac{1}{c^4}\big[B(t) + B^i(t)r_E^i + B^{ij}(t)r_E^i r_E^j + C(t,\vec{x})\big] + O(c^{-5}),$$

$$X^a = \delta_{ai}\left[r_E^i + \frac{1}{c^2}\left(\frac{1}{2}v_E^i v_E^j r_E^j + w_{\text{ext}}(\vec{x}_E)r_E^i + r_E^i a_E^j r_E^j - \frac{1}{2}a_E^i r_E^2\right)\right] + O(c^{-4}),$$

其中,

$$\frac{\mathrm{d}}{\mathrm{d}t}A(t) = \frac{1}{2}v_E^2 + w_{\text{ext}}(\vec{x}_E),$$

$$\frac{\mathrm{d}}{\mathrm{d}t}B(t) = -\frac{1}{8}v_E^4 - \frac{3}{2}v_E^2 w_{\text{ext}}(\vec{x}_E) + 4v_E^i w_{\text{ext}}^i(\vec{x}_E) + \frac{1}{2}w_{\text{ext}}^2(\vec{x}_E),$$

$$B^i(t) = -\frac{1}{2}v_E^i v_E^2 + 4w_{\text{ext}}^i(\vec{x}_E) - 3v_E^i w_{\text{ext}}(\vec{x}_E),$$

$$B^{ij}(t) = -v_E^i \delta_{aj} Q^a + 2\frac{\partial}{\partial x^j}w_{\text{ext}}^i(\vec{x}_E) - v_E^i \frac{\partial}{\partial x^j}w_{\text{ext}}(\vec{x}_E) + \frac{1}{2}\delta_{ij}\dot{w}_{\text{ext}}(\vec{x}_E),$$

$$C(t,\vec{x}) = -\frac{1}{10}r_E^2(\dot{a}_E^i r_E^i),$$

其中,x_E^i,v_E^i 和 a_E^i 是地球在质心坐标系中的位置,速度和加速度矢量的分量,变量上的点表示对时间 t 的全导数,而

$$Q^a = \delta_{ai}\left[\frac{\partial}{\partial x^i}w_{\text{ext}}(\vec{x}_E) - a_E^i\right].$$

外部势 w_{ext} 和 w_{ext}^i 为

$$w_{\text{ext}} = \sum_{A \neq E} w_A, \quad w_{\text{ext}}^i = \sum_{A \neq E} w_A^i,$$

其中,E 表示地球,而 w_A 和 w_A^i 是 w 和 w^i 表达式中积分仅覆盖天体 A 的部分.

注释

所给的 w 和 w^i 的表达式,使 g_{00} 的误差为 $O(c^{-5})$,g_{0i} 为 $O(c^{-5})$,而 g_{ij} 为 $O(c^{-4})$. 密度 σ 和 σ^i 由太阳系天体物质组成的能量动量张量的分量所决定,如参考文献所示. 用 c^{-n} 表示的 $G_{\alpha\beta}$ 的精度与 $g_{\mu\nu}$ 的对应项相同.

外部势 W_{ext} 和 W_{ext}^a 能写成如下形式:

$$W_{\text{ext}} = W_{\text{tidel}} + W_{\text{iner}},$$

$$W_{\text{ext}}^a = W_{\text{tidal}}^a + W_{\text{iner}}^a.$$

W_{tidel} 推广了牛顿潮汐势. W_{tidel} 和 W_{tidel}^a 的表达式见参考文献. W_{iner} 和 W_{iner}^a 是惯性贡献,是 X^a 的线性函数. 前者主要由地球的非球形和外部势的耦合所决定. 在运动学无转动地心天球参考系里,W_{iner}^a 表示主要由测地岁差引起的科里奥利力.

最后,局部引力势 W_E 和 W_E^a 与质心系引力势 w_E 和 w_E^i 的关系为

$$W_E(T,\vec{X}) = w_E(t,\vec{x})\left(1 + \frac{2}{c^2}v_E^2\right) - \frac{4}{c^2}v_E^i w_E^i(t,\vec{x}) + O(c^{-4}),$$

$$W_E^a(T,\vec{X}) = \delta_{ai}(w_E^i(t,\vec{x}) - v_E^i w_E(t,\vec{x})) + O(c^{-2}).$$

参考文献

Brumberg, V. A. , Kopeikin, S. M. , 1988, *Nuovo Cimento B*, 103, 63.

Brumberg, V. A. , 1991, *Essential Relativistic Celestial Mechanics*, Hilger, Bristol.

Damour, T. , Soffel, M. , Xu, C. , *Phys. Rev. D.* 43, 3273 (1991); 45, 1017 (1992); 47, 3124 (1993); 49, 618 (1994).

Klioner, S. A. , Voinov, A. V. , 1993, *Phys. Rev. D.* 48, 1451.

Kopeikin, S. M. , 1989, *Celest. Mech.* , 44, 87.

IAU2000 决议 B1.4 后牛顿势系数

国际天文学联合会第 24 届大会

考虑

1. 天体力学和天体测量领域的很多应用中,在太阳系大质量天体之外,以势系数展开的形式将度规势适当参数化(或多极矩)极其有用.

2. 能够从文献中得到有物理意义的后牛顿势系数.

建议

1. 在地心天球参考系(GCRS)中的地球之外进行地球后牛顿势展开,形式为

$$W_E(T,\vec{X}) = \frac{GM_E}{R}\left[1 + \sum_{l=2}^{\infty}\sum_{m=0}^{+l}\left(\frac{R_E}{R}\right)^l P_{lm}(\cos\theta)(C_{lm}^E(T)\cos m\phi + S_{lm}^E(T)\sin m\phi)\right],$$

这里 C_{lm}^E 和 S_{lm}^E 以足够的精度与 Damour 等(Damour et al. , *Phys. Rev. D*, 43, 3273, 1991) 引入的多极矩等价,θ 和 ϕ 对应 GCRS 中空间坐标 X^a 的极角,$R = |\vec{X}|$.

2. 在地球之外,导致著名的伦泽-蒂林效应的矢量势,用地球总角动量 $\vec{S}_E$ 表示的形式为

$$W_E^a(T,\vec{X}) = -\frac{G(\vec{X}\times\vec{S}_E)^a}{2R^3}.$$

IAU2000 决议 B1.5

时间变换的相对论拓展构架和太阳系中坐标时的实现

国际天文学联合会第 24 届大会

考虑

1. 第 21 届大会(1991)的决议 A4 已经在广义相对论框架内为太阳系(质心参考系)和地球(地心参考系)定义了时空坐标系;

2. 标题为"质心天球参考系和地心天球参考系的定义"的决议 B1.3 将这些坐标系相应地定名为质心天球参考系(BCRS)和地心天球参考系(GCRS),并且在一阶后牛顿水平上确

定了一个整体框架来表示度规张量并给出坐标变换;

3. 基于期望中的原子钟的进步,未来的时间频率测量将要求在 BCRS 中实际应用这一框架;

4. 这类拓展所需的理论工作已经完成.

<u>建议</u>

关于太阳系内时间变换和坐标时的实现,决议 B1.3 的应用如下:

1. 度规张量为

$$g_{00} = -\left\{1 - \frac{2}{c^2}[w_0(t,\vec{x}) + w_L(t,\vec{x})] + \frac{2}{c^4}[w_0^2(t,\vec{x}) + \Delta(t,\vec{x})]\right\},$$

$$g_{0i} = -\frac{4}{c^3}w^i(t,\vec{x}),$$

$$g_{ij} = \delta_{ij}\left[1 + \frac{2}{c^2}w_0(t,\vec{x})\right],$$

其中,$(t \equiv \mathrm{TCB}, \vec{x})$ 是质心系坐标,$w_0 = G\Sigma_A M_A/r_A$,对太阳系所有天体 A 求和,$\vec{r}_A = \vec{x} - \vec{x}_A$,$\vec{x}_A$ 是天体 A 质心的坐标,$r_A = |\vec{r}_A|$,而 w_L 包含每个天体所需的多极矩[参见 B1.4 "后牛顿系数"中的定义]展开项;矢量势 $w^i(t,\vec{x}) = \Sigma_A w_A^i(t,\vec{x}_A)$,函数 $\Delta(t,\vec{x}) = \Sigma_A \Delta_A(t,\vec{x}_A)$ 在注释 2 给出.

2. TCB 和地心坐标时(TCG)的关系以足够的精度表示为

$$\mathrm{TCB} - \mathrm{TCG} = c^{-2}\left[\int_{t_0}^{t}\left(\frac{v_E^2}{2} + w_{0\mathrm{ext}}(\vec{x}_E)\right)\mathrm{d}t + v_E^i r_E^i\right] -$$

$$c^{-4}\left\{\int_{t_0}^{t}\left[-\frac{v_E^4}{8} - \frac{3}{2}v_E^2 w_{0\mathrm{ext}}(\vec{x}_E) + 4v_E^i w_{\mathrm{ext}}^i(\vec{x}_E) + \right.\right.$$

$$\left.\frac{1}{2}w_{0\mathrm{ext}}^2(\vec{x}_E)\right]\mathrm{d}t - \left[3w_{0\mathrm{ext}}(\vec{x}_E) + \frac{v_E^2}{2}\right]v_E^i r_E^i\right\}$$

其中,v_E 是地球的质心系速度,而下标 ext 表示对地球以外的所有天体求和.

<u>注释</u>

1. 在离太阳几个太阳半径以外的地点,这些公式的不确定度按速率不大于 5×10^{-18},对于拟周期项,按速率振幅不大于 5×10^{-18},按相位振幅不大于 0.2 皮秒.同样的不确定度数值也适用于在地球 50 000 千米之内的 TCB 和 TCG 间的变换.天文量数值的不确定度可能导致公式的更大误差.

2. 在上述不确定度的范围内,天体 A 的矢量势 $w_A^i(t,\vec{x})$ 以足够的精度表示为

$$w_A^i(t,\vec{x}) = G\left[-\frac{(\vec{r}_A \times \vec{S}_A)^i}{2r_A^3} + \frac{M_A v_A^i}{r_A}\right],$$

其中,$\vec{S}_A$ 是天体 A 的总角动量,v_A^i 是天体 A 的质心系坐标速度分量.至于函数 $\Delta_A(t,\vec{x})$,以足够的精度表示为

$$\Delta_{\rm A}(t,\vec{x}) = \frac{GM_{\rm A}}{r_{\rm A}}\left[-2v_{\rm A}^2 + \sum_{{\rm B}\neq {\rm A}}\frac{GM_{\rm B}}{r_{\rm BA}} + \frac{1}{2}\left(\frac{(r_{\rm A}^k v_{\rm A}^k)^2}{r_{\rm A}^2} + r_{\rm A}^k a_{\rm A}^k\right)\right] + \frac{2Gv_{\rm A}^k(\vec{r}_{\rm A}\times\vec{S}_{\rm A})^k}{r_{\rm A}^3},$$

其中,$r_{\rm BA} = |\vec{x}_{\rm B} - \vec{x}_{\rm A}|$,而 $a_{\rm A}^k$ 是天体 A 的质心系坐标加速度. 在公式中,含 $\vec{S}_{\rm A}$ 的项仅对木星 ($S\approx 6.9\times 10^{38}\,{\rm m}^2\cdot{\rm s}^{-1}\cdot{\rm kg}$)和土星($S\approx 1.4\times 10^{38}\,{\rm m}^2\cdot{\rm s}^{-1}\cdot{\rm kg}$),在这两个行星邻近才需要计算.

3. 因为本提案是 IAU1991 提案在完整的一阶后牛顿近似下的延伸,IAU1991 提案引入的常数 $L_{\rm C}$ 和 $L_{\rm B}$ 应当定义为〈TCG/TCB〉$=1-L_{\rm C}$ 和〈TT/TCB〉$=1-L_{\rm B}$,其中 TT 表示地球时,符号〈〉表示在地心取足够长时间平均值. $L_{\rm C}$ 的最新估计值为(Irwin, A. and Fukushima, T., 1999, *Astrom. Astroph.* 348, 642-652)

$$L_{\rm C} = 1.480\ 826\ 867\ 41\times 10^{-8}\pm 2\times 10^{-17},$$

从决议 B1.9"地球时 TT 的再定义",应用关系 $1-L_{\rm B}=(1-L_{\rm C})(1-L_{\rm G})$ 和 B1.9 定义的 $L_{\rm G}$,得到

$$L_{\rm B} = 1.550\ 519\ 767\ 72\times 10^{-8}\pm 2\times 10^{-17}.$$

因为不能提供 $L_{\rm B}$ 和 $L_{\rm C}$ 的清晰定义,当要求 $L_{\rm B}$ 和 $L_{\rm C}$ 数值的不确定度在 1×10^{-16} 量级或更小时,这些常数不应当用来建立时间变换.

4. 如果 TCB-TCG 用行星历表进行计算,这些历表不用 TCB,而是用一个接近质心力学时(TDB)的时间变量(记为 $T_{\rm eph}$),这时上面建议 2 里的第一个积分可用下式计算

$$\int_{t_0}^t \left(\frac{v_{\rm E}^2}{2} + w_{\rm 0ext}(\vec{x}_{\rm E})\right){\rm d}t = \frac{1}{1-L_{\rm B}}\int_{T_{\rm eph0}}^{T_{\rm eph}}\left(\frac{v_{\rm E}^2}{2} + w_{\rm 0ext}(\vec{x}_{\rm E})\right){\rm d}t.$$

IAU2000 决议 B1.9 地球时 TT 的再定义

国际天文学联合会第 24 届大会

考虑

1. IAU 第 21 届大会的决议 A4(1991)在其提案 IV 中已经定义了地球时(TT);

2. 大地水准面的定义和实现所具有的复杂性,随时间变化的特点,是 TT 的定义及其实现的不确定性的原因,不久之后,可能成为用原子钟实现 TT 的主要不确定因素.

建议

TT 是与 TCG 不同的时间尺度,两者的速率之间有一个常数比:$\rm dTT/dTCG = 1-L_{\rm G}$,其中 $L_{\rm G} = 6.969\ 290\ 134\times 10^{-10}$ 是一个定义常数.

注释

$L_{\rm G}$ 在 IAU 决议 A4(1991)的提案 IV 中定义,等于 $U_{\rm G}/c^2$,而 $U_{\rm G}$ 是大地水准面上的地球势. 现在 $L_{\rm G}$ 被确定为定义常数.

B.8　IAU2006 决议

2006 年在捷克的布拉格召开 IAU 第 26 届大会,通过了几个有关参考系的决议. 下面仅列出与相对论参考系有关的决议.

IAU2006 决议 B2 提案 2

质心天球参考系（BCRS）和地心天球参考系（GCRS）的默认定向

国际天文学会第 26 届大会

注意

1. 采纳了 IAU2000 大会的决议 B1.1～B1.9；

2. 国际地球自转和参考系服务（IERS）和基本天文学标准（SOFA）的活动已经使模型、过程、资料和软件执行这些决议，并且天文年历自 2006 版开始执行该决议；

3. 特别是，IAU2000 决议 B1.3 为（a）太阳系（称为质心天球参考系，BCRS）和（b）地球（称为地心天球参考系，GCRS）定义的时空坐标系已经开始使用；

4. IAU"基本天文学术语"工作组的推荐（IAU Transactions XXVIA，2005）；

5. 来自 IAU"天体力学天体测量和测量学中的相对论"工作组的推荐.

确认

1. BCRS 的定义并没有确定空间坐标的定向；

2. 对于典型应用，定向的自然选择是 ICRS；

3. GCRS 的定义使得它的空间坐标相对 BCRS 为运动学无转动.

建议

用以下方式完成 BCRS 的定义："除非特别说明，在所有实际应用中，BCRS 的定向与 ICRS 轴相同，GCRS 的定向由 ICRS 定向的 BCRS 确定."

IAU2006 决议 B3 质心力学时 TDB 的再定义

国际天文学联合会第 26 届大会

注意

1. 作为历书时（ET）的替代，IAU 专业委员会 4、8、31（1976）的提案 5 引入用于质心历表的一族力学时间尺度和用于视地心历表的独特时间尺度；

2. IAU 专业委员会 4、19、31（1979）决议 5 将这些时间尺度定名为质心力学时（TDB）和地球力学时（TDT），IAU1991 决议 A4 将后者重定名为地球时（TT）；

3. TDB 和 TDT 之差曾规定仅由周期项组成；

4. IAU 决议 A4（1991）的提案 III 和 V，（i）取代 TDB，引入坐标时尺度质心坐标时（TCB），（ii）确认 TDB 是 TCB 的线性变换，（iii）当与以往工作的不连续被认为不能容忍时，可以使用 TDB.

确认

1. TCB 是质心天球坐标系使用的坐标时尺度；

2. 按当前的定义，TDB 的实现有多种可能；

3. 用与 TCB 成线性关系来清晰定义坐标时尺度,实用目的是要在地心使该坐标时与地球时(TT)之差在长时间内保持为小量;

4. 期望与喷气推进实验室(JPL)的太阳系历表使用的时间尺度 T_{eph} 以及现在使用的 TDB(例如 Fairhead & Bretagnon,$A\&A$,229,240,1990)保持一致;

5. IAU 工作组"基本天文学术语"的 2006 建议(IAU Transaction XXVIB,2006).

建议

当需要使用一个与质心坐标时(TCB)有线性关系,长时间在地心保持接近地球时(TT)的坐标时尺度,定义 TDB 为以下的 TCB 的线性变换:

$$TDB = TCB - L_B \times (JD_{TCB} - T_0) \times 86\,400 + TDB_0,$$

其中,$T_0 = 2\,443\,144.500\,372\,5$,$L_B = 1.550\,519\,768 \times 10^{-8}$ 和 $TDB_0 = -6.55 \times 10^{-5}$ 秒,它们都是定义常数.

注释

1. JD_{TCB} 是 TCB 儒略日期,对 1977 年 1 月 1 日 00 时 00 分 00 秒 TAI 位于地心的事件,其值 $T_0 = 2\,443\,144.500\,372\,5$,TCB 每经 86\,400 秒,$JD_{TCB}$ 增加 1.

2. 本定义给的 L_B 的固定值来自 $L_C + L_G - L_C L_G$ 的当前估计值,其中 IAU2000 决议 B1.9 给出 L_G 的值,而 L_C 用 JPL 历表 DE405 确定(Irwin & Fukushima,1999,$A\&A$,348,642).在使用 JPL 行星历表 DE405 时,L_B 的定义数值有效消除了 TDB 和 TT 之间在地心计算的长期漂移.当用其他历表实现 TCB 时,在地心计算的 TDB 与 TT 之差,可能有一些线性漂移,预期不会超过每年 1 纳秒.

3. 在地球表面计算 TDB 与 TT 之差,在现今的前后几千年,能保持小于 2 毫秒.

4. JPL 历表的时间自变量称为 T_{eph}(Standish,$A\&A$,336,381,1998),就实用而言,与本决议定义的 TDB 相同.

5. 常数项 TDB_0 的选择使得与广泛使用的 Fairhead & Bretagnon(1990)的 TDB-TT 公式保持一致.注意:存在 TDB_0 项表明在地心,1977 年 1 月 1.0TAI,TDB 与 TT,TCG 和 TCB 并不同时.

6. 对太阳系历表的发展,鼓励使用 TCB.

B.9   IAU2012 决议

2012 年在北京召开 IAU 第 28 届大会,通过了学部 I 数值标准工作组提请,得到学部支持的长度天文单位再定义的决议.

IAU2012 决议 B2 长度天文单位的再定义

国际天文学联合会第 28 届大会

注意

1. 国际天文学联合会(IAU)1976 天文常数系统为太阳系动力学制定的单位包括,日

(1d=86 400s),太阳质量 M_S,和长度的天文单位,或简称天文单位,其定义[i]基于高斯引力常量的数值.

2. 天文单位上述定义的想法是,当不能得到距离的高精度估计值时,提供太阳系里精确的距离比值.

3. 为了用国际单位制(SI)计算太阳质量参数 $GM_S^{[ii]}$(以前称日心引力常量),要用高斯引力常量和观测测定的天文单位.

4. IAU2009 天文常数系统(IAU2009 决议 B2)保持了 IAU1976 关于天文单位的定义,指定 k 是一个"辅助定义常数",具有 IAU1976 天文常数系统所列的数值.

5. IAU2009 系统表 1 所列的与质心力学时(TDB)相容的天文单位数值(149 597 870 700 米±3 米)是用 k 定义的天文单位的最新估计值的平均值(Pitjeva & Standish,2009).

6. IAU2009 系统表 1 所列的 TDB 相容的 GM_S 值,来自 DE421 历表拟合得到的天文单位(Folkner et al. 2008),在估计的误差范围内与表 1 所列的天文单位值相一致.

考虑

1. 在广义相对论框架里,现代天动力学的应用需要一组自洽的单位和数值标准[iii].

2. 现代距离测量的精度使得没有必要使用距离比.

3. 现代行星历表能直接提供用 SI 单位表示的 GM_S,它可能随时间变化.

4. 需要一个与日地距离近似的长度单位.

5. 现有多个天文单位的符号在使用中.

建议

1. 再定义天文单位为一个常用的长度单位,准确等于 149 597 870 700 米,与 IAU2009 决议 B2 采用的数值一致.

2. 天文单位的这一定义对所有的时间尺度都适用,诸如 TCB、TDB、TCG、TT 等.

3. 从天文常数系统里删去高斯引力常量 k.

4. 用 SI 单位表示的太阳质量参数 GM_S 数值由观测测定.

5. "au"用作天文单位的唯一符号.

---

i IAU1976 的定义是:"长度的天文单位是长度(A),它使高斯引力常量(k)取值 0.017 202 098 95,其测量单位是长度、质量和时间的天文单位.k^2 的量纲与引力常量(G)相同,亦即 $L^3 M^{-1} T^{-2}$.名词'单位距离'也指长度 A".虽说这是天文单位定义的首次描述,固定 k 的值作为常数来定义天文单位的做法自 19 世纪起就在实际使用,官方则自 1938 年起.

ii 使用方程 $A^3 k^2/D^2 = GM_S$,其中 A 是天文单位,D 是一日的时间间隔,而 k 是高斯引力常量.

iii 相对论太阳系历表展示太阳系动力学的坐标图像,天文单位是有用的单位.通过光子和天体的相对论方程,事件的坐标和以 SI 单位表示的观测量之间的关联,在该坐标图像中引入 SI 单位.

参考文献

Capitaine, N., Guinot, B., Klioner, S., 2011, Proposal for the re-definition of the astronomical unit of length through a fixed relation to the SI metre, Proceedings of the Journées 2010 Systèmes de référence spatio-temporels, N. Capitaine (ed.), Observatoire de Paris, pp 20-23.

Fienga, A., Laskar, J., Morley, T., Manche, H. et al., 2009, INPOP08: a 4D-planetary ephemeris, A&A 507, 3, 1675.

Fienga, A., Laskar, J., Kuchynka, P., Manche, H., Desvignes, G., Gastineau, M., Cognard, I., Theureau, G., 2011, INPOP10a and its applications in fundamental physics, Celest. Mech. Dyn. Astr., Volume 111, on line edition (http://www. springerlink. com/content/0923-2958).

Folkner, W. M., Williams, J. G., Boggs, D. H., 2008, Memorandum IOM 343R-08-003, Jet Propulsion Laboratory.

International Astronomical Union (IAU), Proceedings of the Sixteenth General Assembly, Transactions of the IAU, XVIB, p. 31, pp. 52-66, (1976).

International Astronomical Union (IAU), Proceedingsof the Twenty Seventh General Assembly, Transactions of the IAU, VXVIIB, p. 57, pp. 6: 55-70 (2010).

Klioner, S., 2008, Relativistic scaling of astronomical quantities and the system of astronomical units, A&A 478, 951.

Klioner, S., Capitaine, N., Folkner, W., Guinot, B., Huang, T.-Y., Kopeikin, S. M., Pitjeva, E., Seidelmann P. K., Soffel, M., 2009, Units of relativistic time scales and associated quantities, in Proceedings of the International Astronomical Union, IAU Symposium, Volume 261, pp. 79-84.

Luzum, B., Capitaine, N., Fienga, A., Folkner, W., Fukushima, T., Hilton. J., Hohenkerk, C., Krasinsky, G., Petit, G., Pitjeva, E., Soffel, M., Wallace, P., 2011, The IAU 2009 system of astronomical constants: the report of the IAU working group on numerical standards for Fundamental Astronomy, Celest. Mech. Dyn. Astr., doi: 10. 1007/s10569-011-9352-4.

Pitjeva, E. V., Standish, E. M., 2009, Proposals for the masses of the three largest asteroids, the Moon-Earth mass ratio and the astronomical unit, Celest. Mech. Dyn. Astr., 103, 365, doi: 10. 1007/s10569-009-9203-8.

Standish, E. M., 2004, The Astronomical Unit now, in Transits of Venus, New views of the Solar System and Galaxy, Proceedings of the IAU Colloquium 196, D. W. Kurtz ed., 163.

附录C

引力势展开中的STF张量

本附录讲述采用笛卡儿坐标系进行引力势展开式遇到的数学工具：对称无迹 (symmetric and trace free，STF) 张量. 同时讲述表示天体质量、形状、结构和自转的多极矩参数，也给出牛顿力学中引力势的多极矩展开式. 本附录为第 9 章的学习进行数学上的准备.

C.1 球函数的笛卡儿坐标展开

引力问题要讨论延展体的引力势. 所谓延展体，系指其大小、形状和结构不能忽略的天体. 传统方法常用球坐标 (r,θ,ϕ) 来解算延展体外面的引力场. 对相对论多体问题的研究表明，采用笛卡儿直角标系 (x^1,x^2,x^3) 在数学上更恰当方便. 除了 C.6 节外，本附录都将在牛顿力学框架中讨论引力势的展开，所讲的"张量"，均指 3 维欧几里得空间中的空间张量，采用笛卡儿坐标系后的度规是 δ_{ij}. 空间张量的指标用度规 δ_{ij} 进行升降，因此 $T^i = T_i$.[①]

设 $Y(\theta,\phi)$ 是定义在 2 维球面上的函数. 球面上一点用球坐标 (θ,ϕ) 表示，也可以用笛卡儿坐标 (x^i) 表示. 球面上一点的笛卡儿坐标是单位向量 $\vec{n} = \vec{r}/r$，3 个分量是

$$n^1 = \sin\theta\cos\phi, \quad n^2 = \sin\theta\sin\phi, \quad n^3 = \cos\theta. \tag{C.1}$$

函数 Y 可以展开为它们的幂级数，形式为

$$Y(\theta,\varphi) = C + C_{i_1} n^{i_1} + C_{i_1 i_2} n^{i_1} n^{i_2} + \cdots$$

$$= \sum_{l=0}^{\infty} C_{i_1 i_2 \cdots i_l} n^{i_1} n^{i_2} \cdots n^{i_l} = \sum_{l=0}^{\infty} C_L n^L. \tag{C.2}$$

上式将球函数 $Y(\theta,\phi)$ 表达成笛卡儿坐标 (n^1, n^2, n^3) 的函数. 上式书写适用爱因斯坦求和规则，任一项的每一个指标都进行了从 1~3 的求和缩并，结果是一个标量函数. 在写成求和形式的第二行，当 $l=0$ 时，应理解为常数 C. 此外，为了符号书写简洁，使用大写拉丁字母 L

---

① 本节关于 STF 张量的讲述，参考了麻省理工学院（MIT）Alan Guth 教授放在网上的讲义 Lecture Notes 9 "Traceless Symmetric Tensor Approach to Legendre Polynomals and Spherical Harmonics".

代替 l 个指标,诸如

$$C_L = C_{i_1 i_2 \cdots i_l}, \quad n^L = n^{i_1} n^{i_2} \cdots n^{i_l}. \tag{C.3}$$

下面来证明,展开式(C.2)中的系数 C_L 是对称无迹张量.注意 n^L 和 C_L 是相乘,所有指标进行缩并,结果是标量函数,因为 n^L 为对称,指标的次序可以任意调换,C_L 必然也是对称张量.现在进一步说明,C_L 是一个无迹张量.所谓"无迹",指任意 2 个指标进行缩并时,结果为零.因为指标的次序可以任意调换,可以认为缩并的指标是最后 2 个,即有

$$C_{i_1 i_2 \cdots i_{l-2} kk} = 0. \tag{C.4}$$

现在来逐阶进行检查,显然只需从 $l=2$ 开始.如果 C_{kk} 不等于零,引入

$$\widetilde{C}_{ij} = C_{ij} - \frac{1}{3} \delta_{ij} C_{kk}. \tag{C.5}$$

显然 $\widetilde{C}_{ii} = 0$,无迹,并且

$$C_{ij} n^i n^j = \left(\widetilde{C}_{ij} + \frac{1}{3} \delta_{ij} C_{kk} \right) n^i n^j = \widetilde{C}_{ij} n^i n^j + \frac{1}{3} C_{kk}.$$

上式第二项与坐标 x^i 无关,可以归并到 $l=0$ 项去,用无迹的 $\widetilde{C}_{ij}$ 代替 C_{ij}.这样,在球面函数笛卡儿坐标展开式中,任何一阶的系数张量 C_L 的有迹部分都可以分离出来,归到阶更低的项中去.以此类推,可以认为展开式(C.2)中的 C_L 是对称无迹张量,简记为 STF 张量.今后在张量指标上加尖括号 $\langle\rangle$,或者在张量符号上加 ^,表示该张量对称无迹部分.例如 $T_{\langle L \rangle}$ 或 $\hat{T}_L$ 都表示张量 $T_{i_1 i_2 \cdots i_l}$ 的 STF 部分.于是,球函数的笛卡儿坐标展开式写成

$$Y(\theta, \varphi) = \sum_{l=0}^{\infty} C_{\langle L \rangle} n^L = \sum_{l=0}^{\infty} \hat{C}_L n^L. \tag{C.6}$$

其中,系数 $C_{\langle L \rangle}$ 是 l 阶 STF 张量.

C.2　拉普拉斯方程的解

式(5.1)给出牛顿引力势 U 满足的引力场方程:泊松方程.在延展体外面的真空区域,引力势满足拉普拉斯方程

$$\Delta U = 0. \tag{C.7}$$

求解拉普拉斯方程的传统方法是在球坐标系中进行分离变量法.假定解的形式为

$$U = R(r) Y(\theta, \phi). \tag{C.8}$$

代入拉普拉斯方程后,得到

$$\frac{1}{R} \frac{\mathrm{d}}{\mathrm{d}r} \left(r^2 \frac{\mathrm{d}R}{\mathrm{d}r} \right) + \frac{1}{Y} \widetilde{\nabla}^2 Y = 0, \tag{C.9}$$

其中微分算子 $\widetilde{\nabla}$ 与 r 无关,虽然后面并不需要其具体的形式,仍列出为

$$\widetilde{\nabla}^2 Y = \frac{1}{\sin\theta}\frac{\partial}{\partial\theta}\left(\sin\theta\frac{\partial Y}{\partial\theta}\right) + \frac{1}{\sin^2\theta}\frac{\partial^2 Y}{\partial\phi^2}. \tag{C.10}$$

式(C.9)的两项分别只是 r 或只是 (θ,ϕ) 的函数,所以唯一的可能是

$$-\frac{1}{R}\frac{\mathrm{d}}{\mathrm{d}r}\left(r^2\frac{\mathrm{d}R}{\mathrm{d}r}\right) = \frac{1}{Y}\widetilde{\nabla}^2 Y = K. \tag{C.11}$$

其中,K 是与坐标无关的常数.

选用笛卡儿坐标,拉普拉斯算子为

$$\Delta = \delta_{ij}\nabla^i\nabla^j = \nabla^i\nabla^i = \partial_i\partial_i, \quad \nabla^i = \partial_i = \frac{\partial}{\partial x^i}. \tag{C.12}$$

上面给出了所使用的符号.由于空间度规是 δ_{ij},指标可以任意地写在上或下.现在来看展开式(C.6)与拉普拉斯方程解的关系.可以证明,函数

$$F_l(x^1,x^2,x^3) = r^l C_{\langle L\rangle} n^L = C_{\langle L\rangle} x^1 x^2\cdots x^l. \tag{C.13}$$

是拉普拉斯方程的解.当 l 等于 0 和 1 自然成立.当 $l=2$,

$$\partial_k\partial_k(C_{\langle ij\rangle}x^i x^j) = 2(C_{\langle ij\rangle}\delta^{ik}\delta^{jk}) = 2C_{\langle kk\rangle} = 0.$$

显然,关键是系数张量 $C_{\langle ij\rangle}$ 是 STF 张量.基于完全类似的理由,对任意的 l 值,函数 F_l 是拉普拉斯方程的解.

为了得到拉普拉斯方程的一般解.将 $R=r^l$ 代入式(C.11),得到 $K=-l(l+1)$.容易看出和验证,2 阶线性常微分方程

$$\frac{1}{R}\frac{\mathrm{d}}{\mathrm{d}r}\left(r^2\frac{\mathrm{d}R}{\mathrm{d}r}\right) = l(l+1)$$

有 2 个特解 r^l 和 $r^{-(l+1)}$.综合上面的结果,拉普拉斯方程的一般解为[①]

$$U = \sum_{l=0}^{\infty}\left(A_l r^l + \frac{B_l}{r^{l+1}}\right)C_{\langle L\rangle} n^L. \tag{C.14}$$

式中常数 A_l 和 B_l,STF 张量 $C_{\langle L\rangle}$ 都是与坐标无关的参数.式(C.14)包含两族解,对应不同的边界条件.

C.3 STF 张量

式(C.5)表明如何将一个 2 阶对称张量扣除了迹以后,构造成对应的 2 阶 STF 张量.本小节要回答两个问题:如何将一个 l 阶张量构造成对应的 STF 张量? 一个 l 阶 STF 张量有几个独立的分量?

设 T_L 是一个任意的 l 阶张量,$S_L = T_{\langle L\rangle}$ 是它的对称部分,则对应的 STF 张量由下式

① 式(C.14)给的是拉普拉斯方程的标量函数解,它的向量和张量函数解可参阅 Sergei Kopeikin,Michael Efroimsky,Geoge Kaplan,2011,*Relativistic Celestial Mechanics of the Solar System*,Appendix A.

给出[①]

$$T_{\langle L \rangle} = \sum_{n=0}^{[l/2]} a_{ln} \delta_{(k_1 k_2} \cdots \delta_{k_{2n-1} k_{2n}} S_{k_{2n+1} \cdots k_l) j_1 j_1 \cdots j_n j_n}, \tag{C.15}$$

其中,$[l/2]$是整除,表示等于或小于$l/2$的最大整数,指标中出现的圆括号和前文章节一样,其定义见 1.3.7 节,而

$$a_{ln} = (-1)^n \frac{l!(2l-2n-1)!!}{(l-2n)!(2l-1)!!(2n)!!}. \tag{C.16}$$

使用上面的公式,对$l = 2,3,4$写出结果如下

$$T_{\langle k_1 k_2 \rangle} = a_{20} S_{k_1 k_2} + a_{21} \delta_{(k_1 k_2)} S_{j_1 j_1}.$$

$$= T_{(k_1 k_2)} - \frac{1}{3} \delta_{k_1 k_2} T_{(jj)}. \tag{C.17}$$

$$T_{\langle k_1 k_2 k_3 \rangle} = a_{30} S_{k_1 k_2 k_3} + a_{31} \delta_{(k_1 k_2} S_{k_3) j_1 j_1}$$

$$= T_{(k_1 k_2 k_3)} - \frac{1}{5} \{ \delta_{k_1 k_2} T_{(k_3 jj)} + \delta_{k_2 k_3} T_{(k_1 jj)} + \delta_{k_3 k_1} T_{(k_2 jj)} \}. \tag{C.18}$$

$$T_{\langle k_1 k_2 k_3 k_4 \rangle} = a_{40} S_{k_1 k_2 k_3 k_4} + a_{41} \delta_{(k_1 k_2} S_{k_3 k_4) jj} + a_{42} \delta_{(k_1 k_2} \delta_{k_3 k_4)} S_{iijj}$$

$$= T_{(k_1 k_2 k_3 k_4)} - \frac{1}{7} \{ \delta_{k_1 k_2} T_{(k_3 k_4 jj)} + \delta_{k_3 k_4} T_{(k_1 k_2 jj)} + \delta_{k_1 k_3} T_{(k_2 k_4 jj)} +$$

$$\delta_{k_2 k_4} T_{(k_1 k_3 jj)} + \delta_{k_1 k_4} T_{(k_2 k_3 jj)} + \delta_{k_2 k_3} T_{(k_1 k_4 jj)} \} +$$

$$\frac{1}{35} \{ \delta_{k_1 k_2} \delta_{k_3 k_4} + \delta_{k_1 k_3} \delta_{k_2 k_4} + \delta_{k_1 k_4} \delta_{k_2 k_3} \} T_{(iijj)}. \tag{C.19}$$

上面的 3 组公式中,每一组的第一个式子直接来自式(C.15),第二个公式则是进一步推演的结果.

对第二个问题的回答可以按以下逻辑进行. 先来计算l阶对称张量S_L有多少独立坐标分量. 它有l个下标,每个下标可取 1、2、3 中的某个数值,下标的排列次序没有关系. 假定取值为 1 的下标有k个,那么取值为 2 的下标可能从 0 到最多$l-k$个,有$l-k+1$种可能,余下的下标不用讨论,一定取数值 3. 所以,对称张量独立分量的个数应当是

$$N_{\text{sym}}(l) = \sum_{k=0}^{l} (l-k+1) = \frac{1}{2}(l+1)(l+2). \tag{C.20}$$

STF 张量独立分量的个数当然要少一些. 它要满足下面的方程

$$S_{i_1 i_2 \cdots i_{l-2} jj} = 0. \tag{C.21}$$

显然,这样的约束条件共有$N_{\text{syn}}(l-2)$个,所以l阶 STF 张量独立分量的个数是

$$N_{\text{STF}}(l) = N_{\text{sym}}(l) - N_{\text{sym}}(l-2) = 2l+1. \tag{C.22}$$

所以,l阶 STF 张量组成一个$2l+1$维线性子空间.

---

① 此式来自关于相对论多极矩的重要文献 Kip S. Thorne,1980,Reviews of Modern Physics,Vol. 52,No. 2,p. 299,公式(2.2).

C.4 牛顿引力自势的多极矩展开

图 C.1 中 A 是一个天体,现在讨论 A 附近的引力场.选择笛卡儿坐标系 $\{X^i\}$,原点在 A 的质心 O.无论牛顿还是相对论框架,N 体问题动力学中常使用两类参考系:以 N 体质心为原点的全局参考系和以某天体质心为原点的局部参考系.[①] 前者用于讨论各个天体围绕 N 体质心的运动,后者用于讨论该天体附近区域中的运动.在牛顿力学中,时间是绝对的,只需标出空间坐标的差别.全局坐标系用小写拉丁字母,如 x^i,$\vec{x}$ 等;局部坐标系用大写拉丁字母,如 X^i,$\vec{X}$ 等.

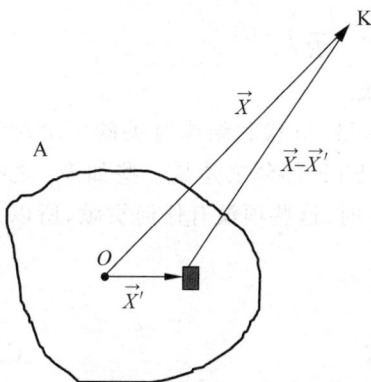

图 C.1 延展体 A 对外部一点 K 的引力. 图中 O 是 A 的质心,也是 A 处局部坐标系 $\{X^i\}$ 的原点,深色方块表示 A 的物质元

图 C.1 中 K 是天体 A 外面的一个场点,其位置矢量为 $\vec{X}$,到局部系原点的距离为 $R=|\vec{X}|$.要计算 K 处的引力势 W.它应当包含两部分:天体 A 产生的自引力势 W^+,A 以外其他天体产生的外引力势 $\overline{W}$.本小节讨论自势 W^+ 的多极矩展开.

天体 A 是延展体,其形状、大小和密度分布都不能忽略.图 C.1 中绘出体积为 $d^3 X'$ 的体元,其坐标矢量为 $\vec{X}'$.记 $\rho(t,\vec{X}')$ 为天体 A 的密度,它是时间和空间位置的函数,则

$$W^+(t,\vec{X})=\int_A \frac{G\rho(t,\vec{X}')}{|\vec{X}-\vec{X}'|}d^3 X'. \qquad (C.23)$$

积分区域遍及 A 的全部物质.

上面的积分表达式强烈依赖天体 A 的形状和密度分布.为了实际应用,需要引入一些能表示天体质量、形状和密度分布的参数.因为 $|\vec{X}'|/R<1$,进行多元函数泰勒展开,有

$$\frac{1}{|\vec{X}-\vec{X}'|}=\frac{1}{R}+\frac{\partial}{\partial X'^{i_1}}\left(\frac{1}{|\vec{X}-\vec{X}'|}\right)_{\vec{X}'=0}X'^{i_1}+\cdots+$$

$$\frac{1}{l!}\frac{\partial}{\partial X'^{i_1}}\frac{\partial}{\partial X'^{i_2}}\cdots\frac{\partial}{\partial X'^{i_l}}\left(\frac{1}{|\vec{X}-\vec{X}'|}\right)_{\vec{X}'=0}X'^{i_1}X'^{i_2}\cdots X'^{i_l}+\cdots,$$

显然有

$$\frac{\partial}{\partial X'^i}\left(\frac{1}{|\vec{X}-\vec{X}'|}\right)_{\vec{X}'=0}=-\frac{\partial}{\partial X^i}\left(\frac{1}{R}\right).$$

---

① 这里用"局部"而不用"局域".本书中用"局域"表示一个时空点或空间点的无穷小邻域,"局部参考系"则表示适用于一个天体附近空间区域的时空或空间参考系.

用前面引入的符号缩写,得到

$$\frac{1}{|\vec{X} - \vec{X}'|} = \sum_{l=0}^{\infty} \frac{(-1)^l}{l!} \partial_L \left(\frac{1}{R}\right) X'^L. \tag{C.24}$$

代入式(C.23),得到

$$W^+ = \sum_{l=0}^{\infty} \frac{(-1)^l}{l!} \partial_L \left(\frac{1}{R}\right) \int_A G\rho X'^L \, \mathrm{d}^3 X'. \tag{C.25}$$

上式每一项中积分号之外的 $\partial_L (R^{-1})$ 有 l 个指标,是 l 阶空间张量. 容易证明它是 STF 张量. 因为普通偏导数可以交换次序,所以它是对称张量. 至于无迹,对 $l=0,1$ 无需讨论. 对 $l \geqslant 2$,当 2 个指标进行缩并,不失一般性,假定为最后 2 个指标,

$$\partial_{i_1} \cdots \partial_{i_{l-2}} \partial_j \partial_j \left(\frac{1}{R}\right) = \partial_{i_1} \cdots \partial_{i_{l-2}} \nabla^2 \left(\frac{1}{R}\right) = 0,$$

因为从式(C.14)看,$1/R$ 是拉普拉斯方程的解,证明完成.

在式(C.25)里,与 $\partial_L (R^{-1})$ 缩并的积分是与天体质量、形状和结构有关的 l 阶对称张量. 从式(C.15)～式(C.19)可见,一个对称张量和它的 STF 部分之差是一些如 δ_{ij} 之类的函数项,当该对称张量与一个同阶的 STF 张量进行缩并时,这些项没有任何贡献,所以只需计算该对称张量的 STF 部分.

定义天体 A 的质量多极矩为

$$M_L(t) \equiv \int_A \rho \hat{X}'^L \, \mathrm{d}^3 X'. \tag{C.26}$$

按照 C.1 节中的符号书写约定,$\hat{X}'^L = X'^{\langle L \rangle}$,表示 $X'^L = X'^{i_1} X'^{i_2} \cdots X'^{i_l}$ 的 STF 部分,以后不再赘述. 于是天体 A 的引力自势表达式可以写成

$$W^+ = \sum_{l=0}^{\infty} \frac{(-1)^l}{l!} G M_L \partial_L \left(\frac{1}{R}\right). \tag{C.27}$$

可以用数学归纳法证明

$$\partial_L \left(\frac{1}{R}\right) = \frac{(-1)^l (2l)!}{2^l l!} \frac{\hat{n}^L}{R^{l+1}}. \tag{C.28}$$

在局部参考系里,符号 $n^i = X^i / R$ 是径向单位矢量的坐标分量. 从而牛顿引力自势的多极矩展开式为

$$W^+ = \sum_{l=0}^{\infty} \frac{(2l-1)!!}{l!} G M_L \frac{\hat{n}^L}{R^{l+1}}. \tag{C.29}$$

将上式与拉普拉斯方程的一般解(C.14)对比,可见 W^+ 是 R 为负次幂的那族解,对应无穷远处为零的边界条件.

式(C.26)定义的天体质量多极矩 M_L 在 $l = 0, 1, 2, \cdots$ 时,依次称为单极矩、偶极矩、四极矩、八极矩等,依次类推. 天体 A 的单极矩就是天体的质量

$$M = \int_A \rho \, \mathrm{d}^3 X'. \tag{C.30}$$

偶极矩有 3 个,表达式为

$$M_i = \int_A \rho X'^i \, \mathrm{d}^3 X'. \tag{C.31}$$

选择质量中心为坐标原点就是使所有的偶极矩为零.四极矩有 5 个独立分量,根据 STF 张量表达式(C.17),有

$$M_{ij} = \int_A \rho \left(X'^i X'^j - \frac{1}{3}\delta^{ij} R^2 \right) \mathrm{d}^3 X'. \tag{C.32}$$

实际天体的结构相当复杂,其质量多极矩的数值可以由对周围引力场的观测决定.恒星和行星接近球形,通常多极矩的数值随阶的提高而减小.从势的表达式(C.29)可见,展开式的项随 R 幂次的增加而减小,所以天体的质量和质量四极矩通常是天体最重要的参数.

传统的人造卫星动力学、地球物理学等学科,习惯用球谐函数对地球的引力势进行展开,用带谐、田谐等球谐系数来表示地球的结构和形状.独立的 2 阶球谐系数共有 5 个,而采用笛卡儿坐标的质量四极矩($l=2$)也是 5 个.同阶的 STF 多极矩与球谐系数之间存在明确的对应关系.[①]通常认为,使用 STF 多极矩在数学推导上更为方便.

C.5　牛顿引力外势的多极矩展开

现在讨论外势 $\overline{W}$,它是在天体 A 的局部参考系中,除 A 自身以外,其他天体在 A 附近空间区域产生的引力势.因为涉及 N 体中所有的成员,表述这些天体的位置和运动时,用 A 的局部参考系不再恰当,需要引入以 N 体质心为原点的全局笛卡儿坐标系 $\{x^i\}$.在全局系里的空间坐标用小写的拉丁字母表示,同样用上加箭头表示 3 维欧几里得空间矢量.

图 C.2 标明 N 体的质心 C,天体 A 以及其他天体的一个代表 B.这是不成比例的示意图,实际上天体的大小比天体间的距离小得多.要计算在 A 的局部系中,附近一点 K 受到的 B 的引力及相应的引力势.图中标明,A 和 B 的质心在全局系中的坐标矢量相应地为 $\vec{z}$ 和 $\vec{z}_B$.为简略起见,标记 A 一律省略.牛顿力学中全局系和局部系的关系是简单的平

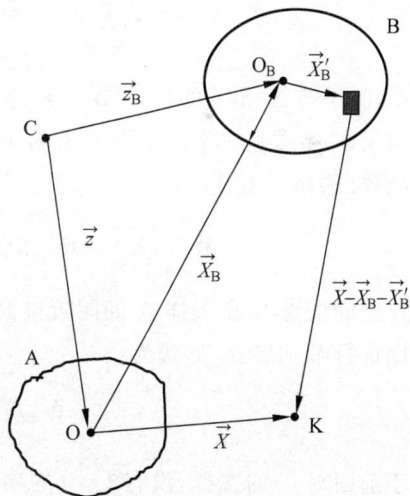

图 C.2　天体 A 外的场点 K,受天体 B 的引力作用示意图,图中 C 点是 N 体问题的质量中心

① 在牛顿框架下的对应关系见 Hartmann,T.,Soffel,M.H.,Kioustelidis,T.,1994,*Celes. Mech. & Dyn. Astron.* 60,139.

移,亦即 $\vec{X}=\vec{x}-\vec{z}$. 记全局系里,天体 B 产生的引力势为 $w_{\mathrm{B}}(t,\vec{x})$,它的梯度是全局系中 $\vec{x}$ 处,在 B 的引力作用下产生的加速度. 进一步定义

$$w^{\mathrm{ext}}(t,\vec{x}) \equiv \sum_{\mathrm{B} \neq \mathrm{A}} w_{\mathrm{B}}(t,\vec{x}) \tag{C.33}$$

为全局系中 A 以外天体产生的引力势. 如图 C.2 所示,在点 K 处,$\vec{x}=\vec{z}+\vec{X}$. 在 A 的局部系中测量,K 处由外部天体产生的引力加速度为

$$\bar{f}^i(t,\vec{X}) = \partial_i w^{\mathrm{ext}}(t,\vec{z}+\vec{X}) - \frac{\mathrm{d}^2 z^i}{\mathrm{d}t^2}, \tag{C.34}$$

其中,$\mathrm{d}^2\vec{z}/\mathrm{d}t^2$ 是天体 A 的质心在全局系中的加速度. 所以,在局部系中,A 以外天体的引力是潮汐力. 注意 A 是延展体,$\mathrm{d}^2\vec{z}/\mathrm{d}t^2$ 并不等于 w^{ext} 在 A 的质心处的梯度,而是

$$M\frac{\mathrm{d}^2 z^i}{\mathrm{d}t^2} = \int_{\mathrm{A}} \rho \partial_i w^{\mathrm{ext}}(\vec{z}+\vec{X}')\mathrm{d}^3 X'. \tag{C.35}$$

上面方程的右边,是 A 以外天体对 A 所有物质元的引力的合力. 只要牛顿第三定律成立,A 内部的相互引力总和为零,没有贡献. 方程中带撇的符号表示是天体内部体元的坐标,以和天体外部空间点的坐标相区别.

从式(C.34)看,局部参考系里外部天体的引力势应当为

$$\bar{W}(t,\vec{X}) = w^{\mathrm{ext}}(t,\vec{z}+\vec{X}) - \bar{C}(t) - \frac{\mathrm{d}^2 \vec{z}}{\mathrm{d}t^2} \cdot \vec{X}. \tag{C.36}$$

其中,$\bar{C}$ 是与 $\vec{X}$ 无关的量,$\partial^i \bar{W} = \bar{f}^i$ 是对局部系空间坐标的偏导数,与时间 t 无关. 上面方程中天体 A 质心在全局坐标系中的坐标 $\vec{z}$ 及其加速度等,都是时间 t 的函数,所以 $\bar{C}$ 是 t 的函数. 选择 $\bar{C}$ 如下

$$\bar{W}(t,\vec{X}) = w^{\mathrm{ext}}(t,\vec{z}+\vec{X}) - w^{\mathrm{ext}}(t,\vec{z}) - \frac{\mathrm{d}^2 \vec{z}}{\mathrm{d}t^2} \cdot \vec{X}. \tag{C.37}$$

所讨论的场点 K 在天体 A 的附近空间,与 A 的距离远小于 A 和其他天体之间的距离,所以可以进行泰勒展开,形式为

$$\bar{W}(t,\vec{X}) = \sum_{l=1}^{\infty} \frac{1}{l!} Q_L X^L. \tag{C.38}$$

由于前面对 $\bar{C}$ 的选择,没有 $l=0$ 的项. 当 $l=1$,

$$Q_i = \partial_i w^{\mathrm{ext}}(t,\vec{z}) - \frac{\mathrm{d}^2 z^i}{\mathrm{d}t^2}. \tag{C.39}$$

当 $l \geqslant 2$,

$$Q_L = \partial_L w^{\mathrm{ext}}(t,\vec{z}). \tag{C.40}$$

从式(C.40)看,w^{ext} 作为引力势,一定满足拉普拉斯方程,出于与上一小节同样的论证,Q_L 是 l 阶 STF 张量,是时间 t 的函数,称为潮汐多极矩.

将式(C.38)与拉普拉斯方程的完全解式(C.14)相对照,这是 R 为正次幂的那族解,对应的边界条件为在局部系的原点处为零.

Q_L 的表达式涉及其他天体在天体 B 质心处的引力势.以天体 B 为例,类似式(C.27)

$$w_\mathrm{B}(t,\vec{z}) = \int_\mathrm{B} \frac{G\rho_\mathrm{B}}{|\vec{z}-\vec{z}_\mathrm{B}-\vec{X}'_\mathrm{B}|}\,\mathrm{d}^3 X'_\mathrm{B} = \sum_{l=0}^{\infty} \frac{(-1)^l}{l!}GM_L^\mathrm{B}\partial_L\left(\frac{1}{|\vec{z}-\vec{z}_\mathrm{B}|}\right). \quad (\text{C.41})$$

其中天体 B 的 STF 质量多极矩为

$$M_L^\mathrm{B}(t) = \int_\mathrm{B} \rho_\mathrm{B} X'^{\langle L\rangle}_\mathrm{B}\,\mathrm{d}^3 X'_\mathrm{B}. \quad (\text{C.42})$$

这样就用其他天体的质量多极矩对 w_ext 进行了多极矩展开.

现在来看 A 的质心在全局系里的运动方程,其表达式为式(C.35).对该式进行天体 A 的质量多极矩展开,有

$$M\frac{\mathrm{d}^2 z^i}{\mathrm{d}t^2} = \sum_{l=0}^{\infty} \frac{M_L}{l!}\partial_{iL} w^\text{ext}(t,\vec{z}). \quad (\text{C.43})$$

上式中的 $w^\text{ext}(\vec{z})$ 用式(C.41)进行外部天体的质量多极矩展开,最后得到

$$M^\mathrm{A}\frac{\mathrm{d}^2 z_\mathrm{A}^i}{\mathrm{d}t^2} = G\sum_{\mathrm{B}\neq\mathrm{A}}\sum_{l,k\geqslant 0}\frac{(-1)^k}{l!\,k!}M_L^\mathrm{A}M_K^\mathrm{B}\partial_{iLK}^\mathrm{A}\left(\frac{1}{|\vec{z}_\mathrm{A}-\vec{z}_\mathrm{B}|}\right). \quad (\text{C.44})$$

为了清晰起见,有关天体 A 的量,标记 A 不再省略.在偏微商符号上加标记 A 表示每一项对 $\vec{z}_\mathrm{A}$ 求导.这是天体质量多极矩的双线性表达式,形式相当优美,可以看到引入笛卡儿坐标和 STF 张量的好处.

最后,讨论一下在天体 A 的局部参考系中,外部天体引力势 $\overline{W}$ 的潮汐多极矩展开式(C.38),经过对式(C.37)右边第二项的选择,显然有

$$\overline{W}(t,0) = 0. \quad (\text{C.45})$$

称为弱抹消条件.再看外势 $\overline{W}$ 引起的潮汐加速度(C.34),能否做到 $\overline{f}(t,0)=0$ 来进一步抹消外力的作用呢? 这就要看潮汐偶极矩 Q_i 是否等于零.将式(C.43)写成

$$M\frac{\mathrm{d}^2 z_i}{\mathrm{d}t^2} = M\partial_i w^\text{ext}(t,\vec{z}) + \frac{1}{2}M_{jk}\partial_{ijk}w^\text{ext}(t,\vec{z}) + \cdots, \quad (\text{C.46})$$

式中已经去除等于零的质量偶极矩项.再从 Q_i 的表达式(C.39),应用式(C.40),得到

$$Q_i = -\frac{1}{2}\frac{M_{jk}}{M}Q_{ijk} + \cdots. \quad (\text{C.47})$$

只要天体 A 的质量分布不是球对称,外部天体引起的潮汐偶极矩就不为零,也就是 $\overline{f}(t,0)$ 不等于零.在 A 的局部系里,围绕 A 运动的卫星的运动方程中有一个加速度 Q_i.从上式看,它的数值与 A 的四极矩和外势的潮汐八极矩的乘积有关,通常很小.

C.6　相对论 BD 多极矩

前面讲述的天体自势和外势的多极矩展开中,天体 A 的外势由 A 以外其他天体的自势转换而来,所以天体的自势用自身的质量多极矩进行展开是关键.

在讨论相对论引力势的多极矩展开时,首先要明确什么是相对论引力势. 在牛顿力学框架里,引力势是简单的标量势 U,在天体的密度分布 ρ 给定之后,由泊松方程确定. 在广义相对论框架里,引力势是时空度规 $g_{\mu\nu}$,在给定天体的能量动量张量 $T_{\mu\nu}$ 后,由爱因斯坦场方程确定. 关于 1PN 近似下的相对论 N 体问题的引力势,在 9.1 节中予以详细介绍.

至于表示引力源的能量动量张量 $T^{\alpha\beta}$,在广义相对论中的地位与牛顿力学中的质量密度 ρ 相当. 然而对称张量 $T^{\mu\nu}$ 有 10 个分量. 9.1 节论证,在 1PN 近似 N 体问题里,经过适当的规范选择,场方程中表示引力源的量只有 4 个. 在天体 A 的局部坐标系 $\{cT, X^a\}$ 中,这 4 个量与能量动量张量 $T^{\alpha\beta}$ 的关系是

$$
\begin{cases}
\Sigma = c^{-2}(T^{00} + T^{ss}), \\
\Sigma^a = c^{-1} T^{0a}.
\end{cases}
\tag{C.48}
$$

注意在上式中,$T^{00} + T^{ss}$ 是能量动量张量逆变分量 $T^{\alpha\beta}$ 的迹,而非混合或协变坐标分量的迹. Σ 称为"引力质量密度",Σ^a($a = 1, 2, 3$)称为"引力质量流密度". 这 4 个量合在一起,写成 $\Sigma_\alpha = (\Sigma, \Sigma_a)$,在 1PN 相对论多体问题中,它们表示产生引力的物质. 这里对物质模型没有做任何前提假设.

牛顿引力势的多极矩展开,核心的公式是式(C.26)和式(C.29). 前者用密度 ρ 构造了引力源的质量多极矩 M_L,用于表示引力源的结构,可以称为"源多极矩". 式(C.29)中的 M_L 表达引力势,也就是引力场的结构,可以称为"场多极矩". 在牛顿力学里,源多极矩和场多极矩完全相同,形式相当优美. 在广义相对论框架里,自然也要寻求这样的表达式. 然而对于一般的相对论系统,在 DSX 体系的主要论文的 Ⅵ 节 B 段中[1],作者写道:"主要问题是(i)在与引力源距离为有限处,不存在与式(6.5a)类似的引力场的表达式. (ii)也不存在与式(6.5b)类似的,表示物质分布的矩的表达式." 语句中的斜体字为该文作者所强调,所说的式(6.5a)和式(6.5b)即前文中的式(C.29)和式(C.26). 这是非常悲观的描述. 然而,如果局限于 1 阶后牛顿近似,上述问题得以解决. Blanchet 和 Damour 在 1989 年的论文[2]中建立了天体的 1PN 相对论质量多极矩. 设天体 A 的局部坐标系为 $\{cT, X^a\}$,其物质分布为 Σ^a,天体 A 的 BD 质量多极矩定义为

---

[1]　Thibault Damour,, Michael Soffel, Chongming Xu, 1991, *Phys. Rev. D*, 43, 3273. 所引文字见该文 p.3298.

[2]　L. Blanchet and T. Damour, 1989, *Ann. Inst. Henri Poincaré*, 50, 377. BD 质量多极矩的定义,可见该文式(2.27),也可见本页脚注[1]论文中式(6.11a).

$$M_L(T) \equiv \int_A \mathrm{d}^3 X \hat{X}^L \Sigma + \frac{1}{2(2l+3)c^2} \frac{\mathrm{d}^2}{\mathrm{d}T^2}\left(\int_A \mathrm{d}^3 X \hat{X}^L X^2 \Sigma\right) -$$

$$\frac{4(2l+1)}{(l+1)(2l+3)c^2} \frac{\mathrm{d}}{\mathrm{d}T}\left(\int_A \mathrm{d}^3 X \hat{X}^{aL} \Sigma^a\right). \tag{C.49}$$

上式的积分遍及天体 A 的内部,不出现 A 外部点的坐标,对空间坐标 X 不再加撇予以区分. 显然,第一项和牛顿质量多极矩式(C.26)在形式上完全相同,增加了第二项和第三项.

当 $l=0$,式(C.49)给出天体 BD 单极矩,也就是 BD 质量的定义:

$$M \equiv \int_A \mathrm{d}^3 X \Sigma + \frac{1}{6c^2} \frac{\mathrm{d}^2}{\mathrm{d}T^2}\left(\int_A \mathrm{d}^3 X X^2 \Sigma\right) - \frac{4}{3c^2} \frac{\mathrm{d}}{\mathrm{d}T}\left(\int_A \mathrm{d}^3 X X^a \Sigma^a\right). \tag{C.50}$$

当 $l=1$,BD 偶极矩为

$$M_a \equiv \int_A \mathrm{d}^3 X X^a \Sigma + \frac{1}{10c^2} \frac{\mathrm{d}^2}{\mathrm{d}T^2}\left(\int \mathrm{d}^3 X X^a X^2 \Sigma\right) - \frac{6}{5c^2} \frac{\mathrm{d}}{\mathrm{d}T}\left[\int_A \mathrm{d}^3 X \left(X^a X^b - \frac{1}{3}\delta^{ab} X^2\right)\Sigma^b\right]. \tag{C.51}$$

选择天体的质心为天体局部系的原点,就是在该局部系中有 $M_a=0$ 恒成立. 这一概念可以用到全局系,将全局系的所有天体看成一个孤立的天体系统,计算该系统的 BD 偶极矩 M_i,选择质心为坐标系原点就是使在该坐标系中 $M_i=0$ 恒成立. 因为广义相对论中多极矩定义并不唯一,质量和质心的定义也不唯一. 在 DSX 体系中,用的是 BD 多极矩.

方程(C.49)表明 M_L 是源多极矩,定义成 BD 质量多极矩的形式是因为在 1PN 近似中,它也是场多极矩,能够使相对论引力自势的展开式分外简单. 具体的展开式在第 9 章予以介绍. 然而,只有质量多极矩是不够的. 前面曾多次强调,相对论和牛顿力学的重要差别在于,在相对论中物质处于静止还是运动,产生的周围引力场并不相同. 在天体 A 的局部系中,从天体外部来看,天体内部物质流动的整体效应可以称为"自旋",因此还需要自旋多极矩 S_L,与 M_L 不同点在于,S_L 在应用中只在 $O(c^{-2})$ 量级的项中出现. 对于 1PN 近似计算,S_L 只需准到牛顿量级.

当 $l=1$,得到自旋向量,也就是天体 A 的自旋偶极矩为

$$S^c(T) = \int_A \mathrm{d}^3 X \varepsilon^{abc} X^a \Sigma^b. \tag{C.52}$$

回到理想流体情况,$\Sigma^b = \rho V^b$,所以 S^c 是天体整体角动量的 c 分量.

索　引